网络空间安全重点规划丛书

日志审计与分析实验指导

杨东晓　杨进国　王宁　王剑利　编著

清华大学出版社
北京

内 容 简 介

本书为"日志审计与分析"课程的配套实验指导教材。全书共7章，主要内容包括日志的基本配置、日志采集配置、资产日志管理与设置、系统日志采集配置、日志存储与分析、查询与报表，以及综合课程设计。

本书由奇安信集团针对高校网络空间安全专业的教学规划组织编写，既适合作为网络空间安全、信息安全等专业的本科生实验教材，也适合作为网络空间安全研究人员的基础读物。

图书在版编目(CIP)数据

日志审计与分析实验指导/杨东晓等编著. —北京：清华大学出版社，2019（2020.9重印）
（网络空间安全重点规划丛书）
ISBN 978-7-302-53420-4

Ⅰ. ①日… Ⅱ. ①杨… Ⅲ. ①计算机网络管理－教材 Ⅳ. ①TP393.07

中国版本图书馆CIP数据核字(2019)第178629号

责任编辑：张　民
封面设计：常雪影
责任校对：徐俊伟
责任印制：刘海龙

出版发行：清华大学出版社
网　　址：http://www.tup.com.cn，http://www.wqbook.com
地　　址：北京清华大学学研大厦A座　　**邮　　编**：100084
社 总 机：010-62770175　　**邮　　购**：010-83470235
投稿与读者服务：010-62776969，c-service@tup.tsinghua.edu.cn
质量反馈：010-62772015，zhiliang@tup.tsinghua.edu.cn
课件下载：http://www.tup.com.cn，010-83470236
印 刷 者：北京富博印刷有限公司
装 订 者：北京市密云县京文制本装订厂
经　　销：全国新华书店
开　　本：185mm×260mm　　**印　　张**：18.25　　**字　　数**：430千字
版　　次：2019年11月第1版　　**印　　次**：2020年9月第2次印刷
定　　价：49.50元

产品编号：080634-01

网络空间安全重点规划丛书

编审委员会

出版说明

21世纪是信息时代，信息已成为社会发展的重要战略资源，社会的信息化已成为当今世界发展的潮流和核心，而信息安全在信息社会中将扮演极为重要的角色，它会直接关系到国家安全、企业经营和人们的日常生活。随着信息安全产业的快速发展，全球对信息安全人才的需求量不断增加，但我国目前信息安全人才极度匮乏，远远不能满足金融、商业、公安、军事和政府等部门的需求。要解决供需矛盾，必须加快信息安全人才的培养，以满足社会对信息安全人才的需求。为此，教育部继2001年批准在武汉大学开设信息安全本科专业之后，又批准了多所高等院校设立信息安全本科专业，而且许多高校和科研院所已设立了信息安全方向的具有硕士和博士学位授予权的学科点。

信息安全是计算机、通信、物理、数学等领域的交叉学科，对于这一新兴学科的培养模式和课程设置，各高校普遍缺乏经验，因此中国计算机学会教育专业委员会和清华大学出版社联合主办了"信息安全专业教育教学研讨会"等一系列研讨活动，并成立了"高等院校信息安全专业系列教材"编审委员会，由我国信息安全领域著名专家肖国镇教授担任编委会主任，指导"高等院校信息安全专业系列教材"的编写工作。编委会本着研究先行的指导原则，认真研讨国内外高等院校信息安全专业的教学体系和课程设置，进行了大量具有前瞻性的研究工作，而且这种研究工作将随着我国信息安全专业的发展不断深入。系列教材的作者都是既在本专业领域有深厚的学术造诣，又在教学第一线有丰富的教学经验的学者、专家。

该系列教材是我国第一套专门针对信息安全专业的教材，其特点是：

① 体系完整、结构合理、内容先进。

② 适应面广：能够满足信息安全、计算机、通信工程等相关专业对信息安全领域课程的教材要求。

③ 立体配套：除主教材外，还配有多媒体电子教案、习题与实验指导等。

④ 版本更新及时，紧跟科学技术的新发展。

在全力做好本版教材，满足学生用书的基础上，还经由专家的推荐和审定，遴选了一批国外信息安全领域优秀的教材加入系列教材中，以进一步满足大家对外版书的需求。"高等院校信息安全专业系列教材"已于2006年年初正式列入普通高等教育"十一五"国家级教材规划。

2007年6月，教育部高等学校信息安全类专业教学指导委员会成立大会暨第一次会议在北京胜利召开。本次会议由教育部高等学校信息安全类专业教学指导委员会主任单位北京工业大学和北京电子科技学院主办，清华大学出版社协办。教育部高等学校信息安全类专业教学指导委员会的成立对我国信息安全专业的发展起到重要的指导和推动作用。2006年，教育部给武汉大学下达了“信息安全专业指导性专业规范研制”的教学科研项目。2007年起，该项目由教育部高等学校信息安全类专业教学指导委员会组织实施。在高教司和教指委的指导下，项目组团结一致，努力工作，克服困难，历时5年，制定出我国第一个信息安全专业指导性专业规范，于2012年年底通过经教育部高等教育司理工科教育处授权组织的专家组评审，并且已经得到武汉大学等许多高校的实际使用。2013年，新一届教育部高等学校信息安全专业教学指导委员会成立。经组织审查和研究决定，2014年，以教育部高等学校信息安全专业教学指导委员会的名义正式发布《高等学校信息安全专业指导性专业规范》(由清华大学出版社正式出版)。

2015年6月，国务院学位委员会、教育部出台增设“网络空间安全”为一级学科的决定，将高校培养网络空间安全人才提到新的高度。2016年6月，中央网络安全和信息化领导小组办公室(下文简称“中央网信办”)、国家发展和改革委员会、教育部、科学技术部、工业和信息化部及人力资源和社会保障部六大部门联合发布《关于加强网络安全学科建设和人才培养的意见》(中网办发文〔2016〕4号)。2019年6月，教育部高等学校网络空间安全专业教学指导委员会召开成立大会。为贯彻落实《关于加强网络安全学科建设和人才培养的意见》，进一步深化高等教育教学改革，促进网络安全学科专业建设和人才培养，促进网络空间安全相关核心课程和教材建设，在教育部高等学校网络空间安全专业教学指导委员会和中央网信办组织的“网络空间安全教材体系建设研究”课题组的指导下，启动了“网络空间安全重点规划丛书”的工作，由教育部高等学校网络空间安全专业教学指导委员会秘书长封化民教授担任编委会主任。本规划丛书基于“高等院校信息安全专业系列教材”坚实的工作基础和成果、阵容强大的编审委员会和优秀的作者队伍，目前已有多部图书获得中央网信办与教育部指导和组织评选的“网络安全优秀教材奖”，以及“普通高等教育本科国家级规划教材”“普通高等教育精品教材”“中国大学出版社图书奖”等多个奖项。

“网络空间安全重点规划丛书”将根据《高等学校信息安全专业指导性专业规范》(及后续版本)和相关教材建设课题组的研究成果不断更新和扩展，进一步体现科学性、系统性和新颖性，及时反映教学改革和课程建设的新成果，并随着我国网络空间安全学科的发展不断完善，力争为我国网络空间安全相关学科专业的本科和研究生教材建设、学术出版与人才培养做出更大的贡献。

我们的E-mail地址是：zhangm@tup.tsinghua.edu.cn，联系人：张民。

“网络空间安全重点规划丛书”编审委员会

前言

没有网络安全，就没有国家安全；没有网络安全人才，就没有网络安全。

为了更多、更快、更好地培养网络安全人才，如今，许多学校都在加大投入，聘请优秀教师，招收优秀学生，建设一流的网络空间安全专业。

网络空间安全专业建设需要体系化的培养方案、系统化的专业教材和专业化的师资队伍。优秀教材是网络空间安全专业人才培养的基础，也是一项十分艰巨的任务。原因有二：其一，网络空间安全的涉及面非常广，至少包括密码学、数学、计算机、通信工程、信息工程等多门学科，因此，其知识体系庞杂、难以梳理；其二，网络空间安全的实践性很强，技术发展更新非常快，对环境和师资要求也很高。

本书是"日志审计与分析"课程的配套实验指导教材。通过实践教学，理解和掌握日志审计与分析系统基本的配置方法、管理和使用流程，从而培养学生对日志审计与分析系统的部署能力，可以运用所学技术和方法解决不同应用的日志审计与分析需求。

本书共分为 7 章。第 1 章介绍日志的基本配置，第 2 章介绍日志采集配置，第 3 章介绍资产日志管理与设置，第 4 章介绍系统日志采集配置，第 5 章介绍日志存储与分析，第 6 章介绍查询与报表，第 7 章介绍综合课程设计，即日志审计与分析系统综合实验。

在本书的编写过程中，得到奇安信集团的裴智勇、翟胜军、王萌、卢梭和北京邮电大学雷敏等专家学者的鼎力支持，在此对他们的工作表示衷心的感谢！

本书适合作为网络空间安全、信息安全等相关专业的实验教材。随着新技术的不断发展，今后将不断地更新本书内容。

由于作者水平有限，书中难免存在疏漏和不妥之处，欢迎读者批评指正。

作　者
2019 年 3 月

目录

第1章 日志的基本配置

日志(log)是由各种不同的实体产生的“事件记录”的集合,通常是计算机系统、设备、软件等在某种情况下记录的信息,它可以记录系统产生的所有行为,并按照某种规范将这些行为表达出来。这些信息可以帮助系统进行排错、优化系统的性能,管理者还可以根据这些信息调整系统的行为。

在安全领域,日志主要是描述网络中所发生事件的信息,包括性能信息、故障检测和入侵检测,这些信息可以反映出很多的安全攻击行为,例如登录错误、异常访问等。日志不仅是在事故发生后查明“发生了什么”的一个很好的“取证”信息来源,还可以为审计所需的跟踪等工作提供有效的帮助。

日志在维护系统稳定性和安全防护方面都起到非常重要的作用,由此,对日志进行专门记录和管理的设备应运而生,各种不同的网络设备、复杂的应用系统以及数据库等每天都会以各自的标准记录大量相关的日志,这些日志可以通过专门的管理设备进行管理,这些设备称为日志管理设备。

1.1 日志审计与分析系统登录管理实验

【知识点】

HTTPS、SSH、Xshell。

【实验目的】

通过 Web 和 SSH 两种方式登录日志审计与分析系统平台。

【实验场景】

A 公司采购了一台日志审计与分析系统,安全运维工程师小王是设备的管理员,小王需要登录设备对设备进行基本的配置。请思考应如何以 Web、SSH 的方式登录设备。

【实验原理】

在管理机通过浏览器以 Web 方式登录日志审计与分析系统平台界面,并通过 Xshell

工具，以 SSH 的方式登录日志审计与分析系统后台。

【实验设备】

- 安全设备：日志审计与分析设备 1 台。

【实验拓扑】

日志审计与分析系统登录管理实验拓扑图如图 1-1 所示。

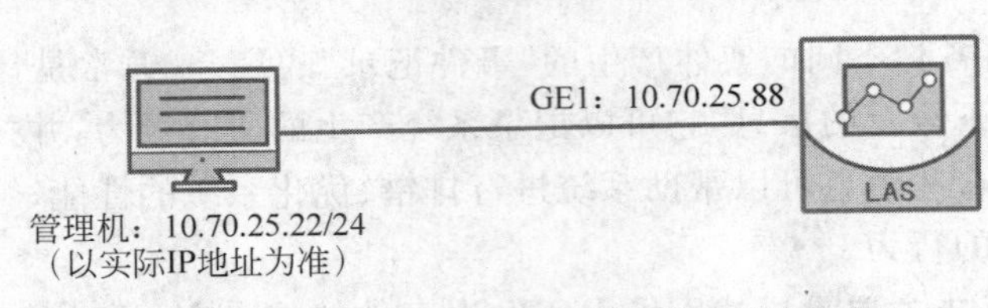

图 1-1 日志审计与分析系统登录管理实验拓扑图

【实验思路】

(1) 通过浏览器登录日志系统。

(2) 通过 Xshell 工具以 SSH 方式登录日志系统后台。

【实验步骤】

(1) 在管理机中打开浏览器，在地址栏中输入日志审计与分析产品的 IP 地址"https://10.70.25.88"(以实际 IP 地址为准)，打开平台登录界面。由于此网址的证书未经过认证，会显示"此站点不安全"，单击"详细信息"按钮，如图 1-2 所示。

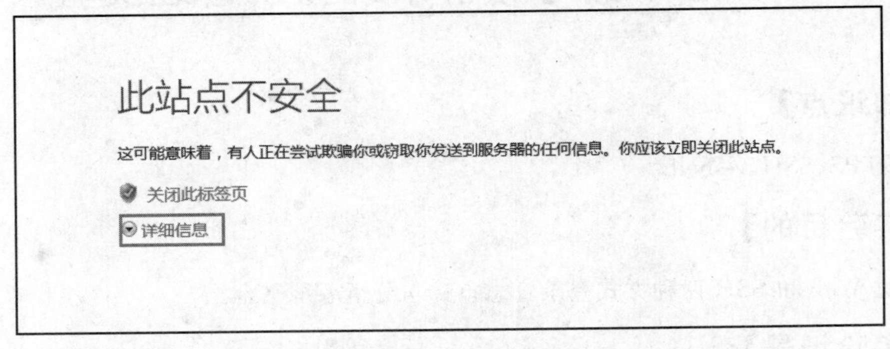

图 1-2 添加信任站点

(2) 在"详细信息"的下面，单击"转到此网页(不推荐)"按钮，这样在不关闭浏览器的情况下可以正常访问此网址，如图 1-3 所示。

(3) 使用管理员用户名/密码"admin/!1fw@2soc#3vpn"登录日志审计与分析系统。登录界面如图 1-4 所示。

(4) 登录后，需要修改 admin 用户的密码，本实验没有修改密码的必要，所以"原始密

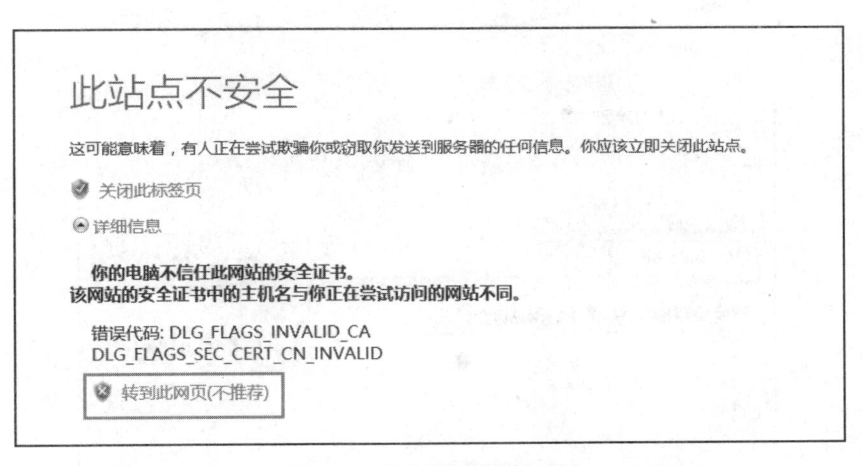

图 1-3　单击“转到此网页”

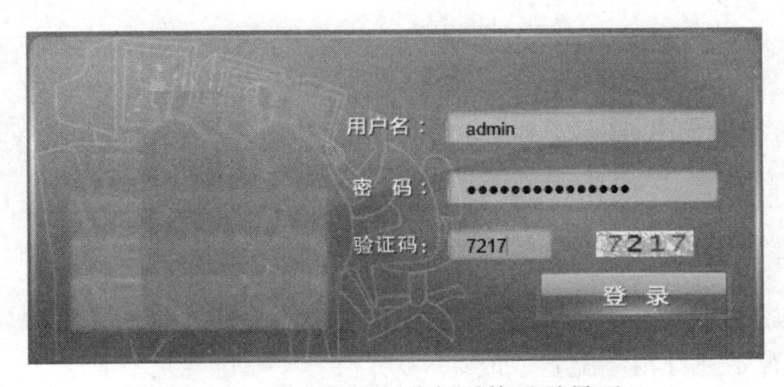

图 1-4　日志审计与分析系统登录界面

码”“新密码”“确认新密码”都输入“!1fw@2soc#3vpn”，单击“确定”按钮，如图 1-5 所示。

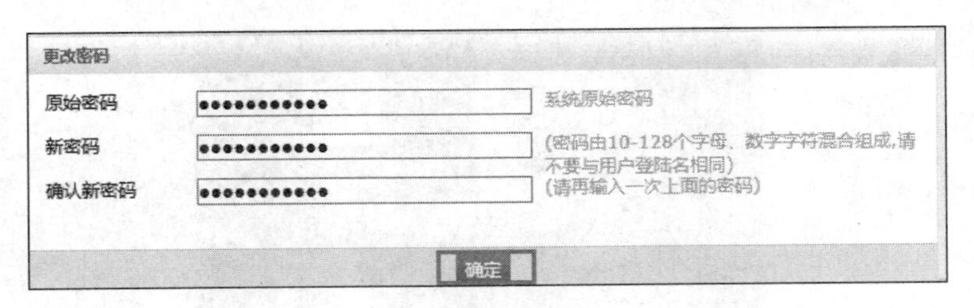

图 1-5　修改密码

(5) 登录后，将日志审计与分析系统的网址加入浏览器兼容性视图中，以保证网站中的内容可以正确显示，单击浏览器的“设置”→“兼容性视图设置”，进入“兼容性视图设置”界面，如图 1-6 所示。

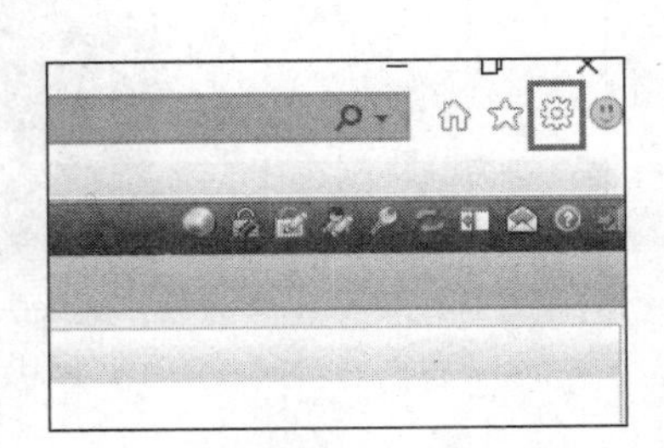

图 1-6　设置浏览器兼容性视图

(6) 进入“兼容性视图设置”界面后，在“添加此网站(D):”下面输入设备地址“10.70.25.88”，然后单击“添加(A)”按钮，如图 1-7 所示。

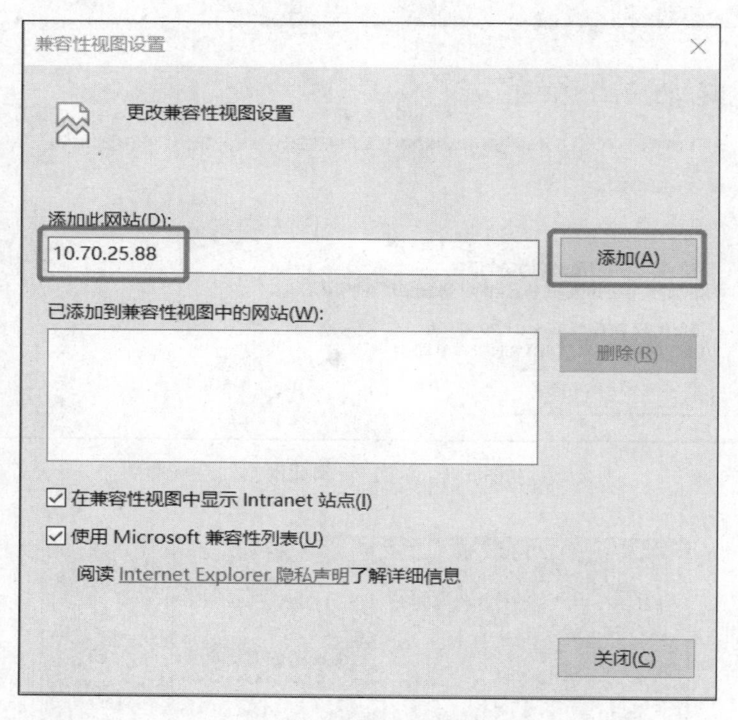

图 1-7　添加网址

(7) 完成兼容性设置后,关闭"兼容性视图设置"界面。进入日志审计与分析系统主页面,便可根据需要进行相应配置,如图 1-8 所示。

图 1-8　日志审计与分析系统主页面

(8) 在管理机中打开 Xshell 工具，使用此工具以 SSH 的方式远程连接日志审计与分析系统后台，如图 1-9 所示。

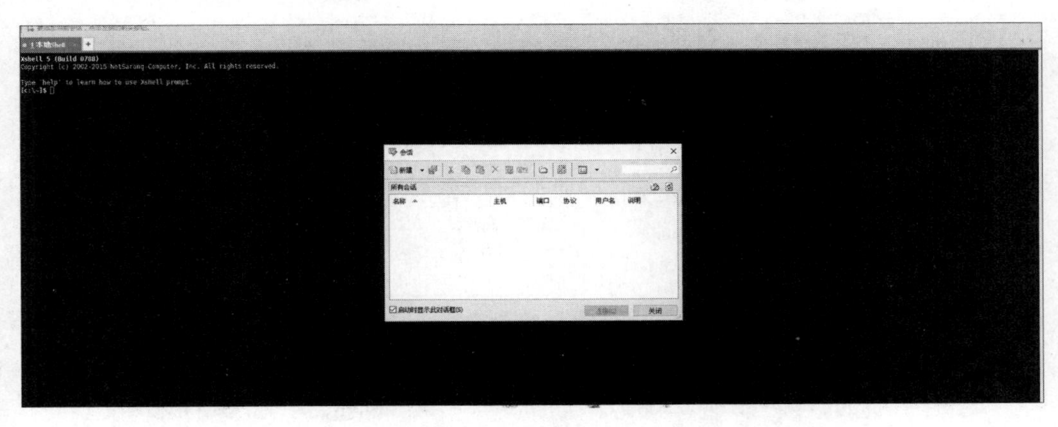

图 1-9　打开 Xshell 工具

(9) 在会话框中选择“新建”命令，如图 1-10 所示。

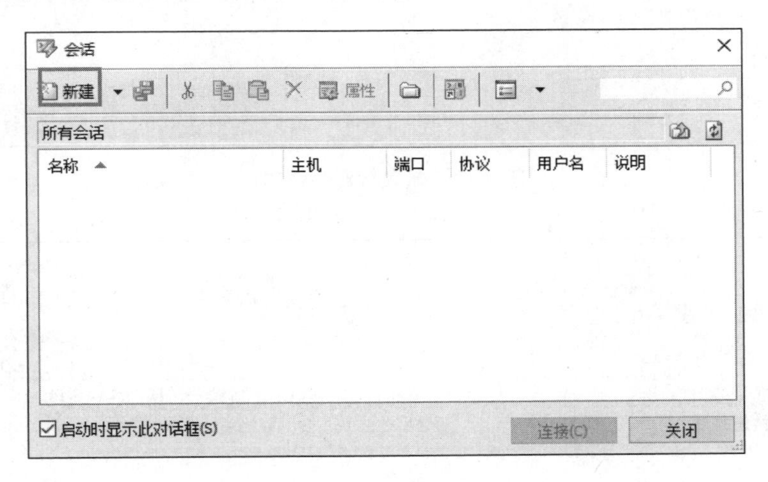

图 1-10　新建会话

(10) “主机”输入日志审计与分析系统的 IP 地址“10.70.25.88”(以实际 IP 地址为准)，其他设置保持默认，完成后单击“确定”按钮，如图 1-11 所示。

(11) 刚刚新建的会话会在“所有会话”中显示，选中“新建会话”，单击“连接(C)”按钮，如图 1-12 所示。

(12) 会话连接后，登录的用户名输入 admin，单击“确定”按钮，如图 1-13 所示。

(13) 进行 SSH 用户身份验证，输入“密码”为“@1fw#2soc$3vpn”，单击“确定”按钮，如图 1-14 所示。

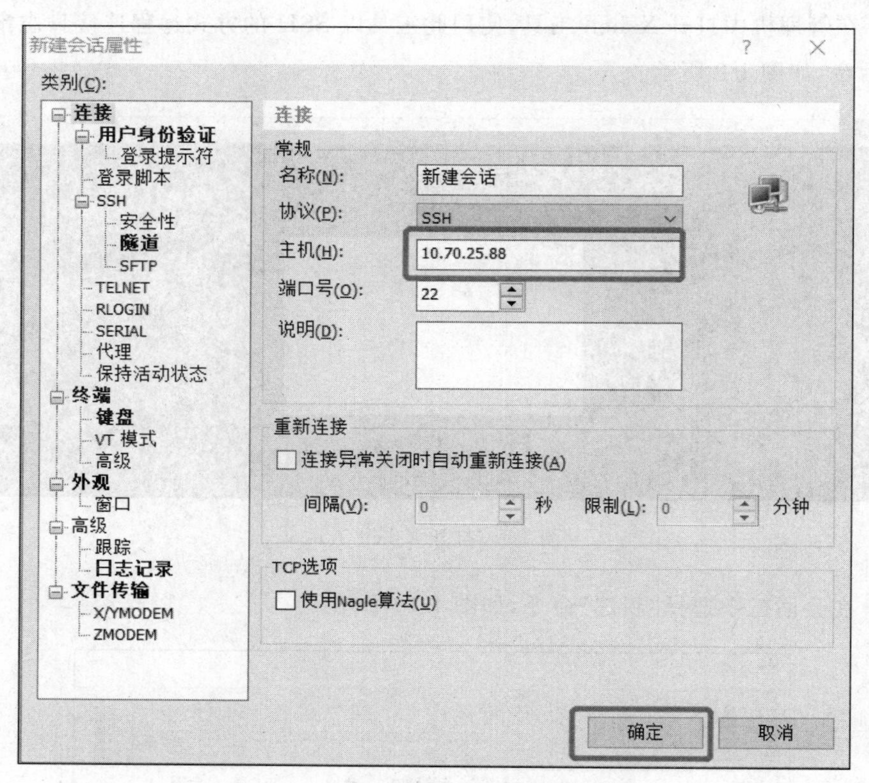

图 1-11　配置新建会话属性

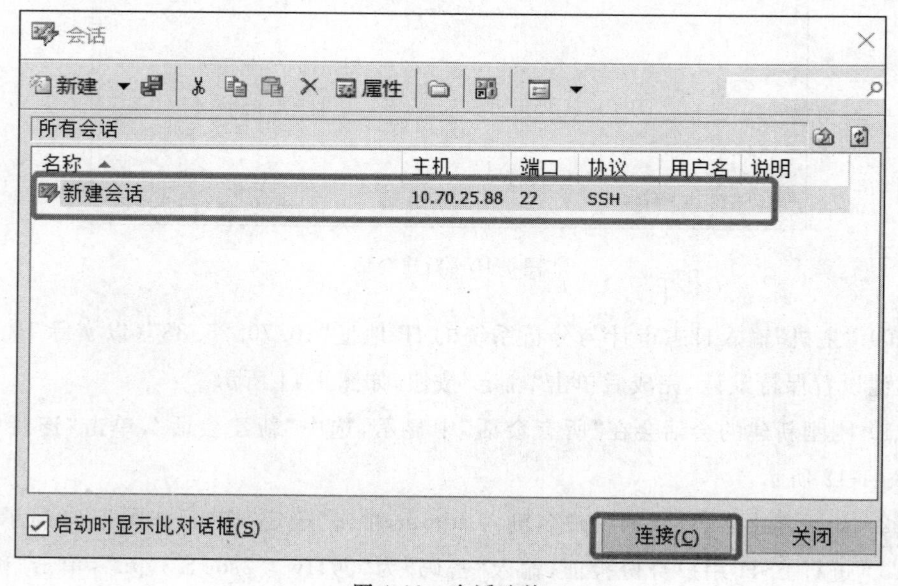

图 1-12　会话连接

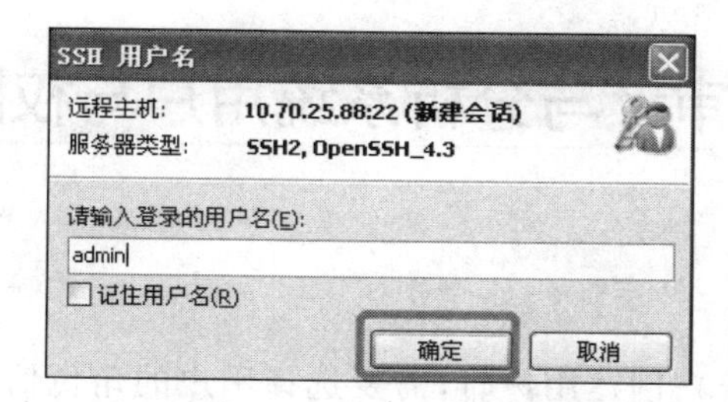

图 1-13 输入 SSH 用户名

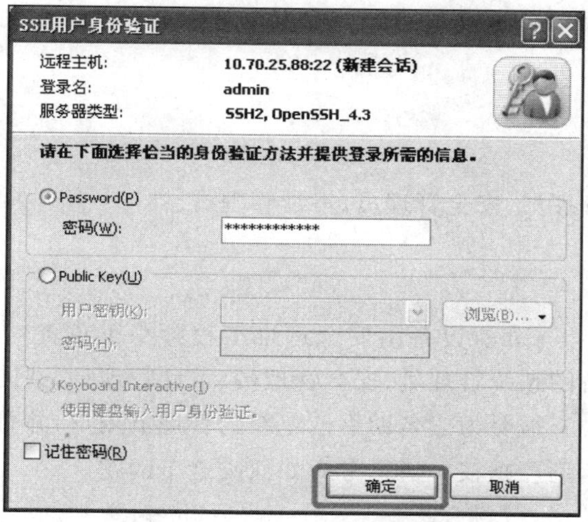

图 1-14 SSH 用户身份验证

【实验预期】

以 SSH 的方式登录系统后台成功。

【实验结果】

(1) 会话框中出现“admin@SecFox_LAS ～”,说明以 SSH 方式登录成功,如图 1-15 所示。

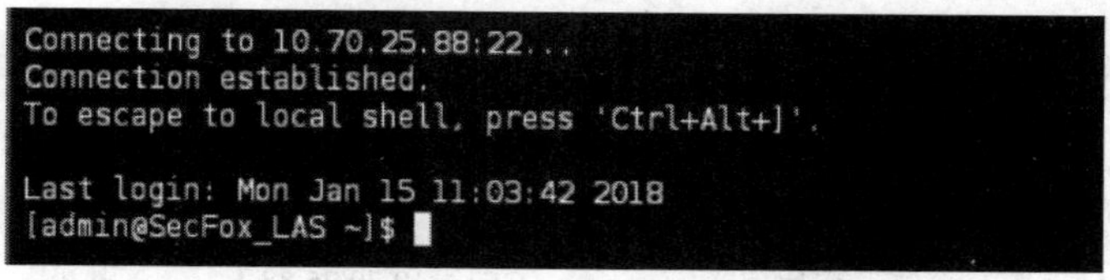

```
Connecting to 10.70.25.88:22...
Connection established.
To escape to local shell, press 'Ctrl+Alt+]'.

Last login: Mon Jan 15 11:03:42 2018
[admin@SecFox_LAS ~]$
```

图 1-15 SSH 登录成功

(2) 综上所述,日志审计与分析系统可以通过 HTTPS 和 SSH 两种方式登录。

【实验思考】

以 SSH 的方式登录后应该如何修改用户名密码?

1.2 日志审计与分析系统用户与权限管理实验

【实验目的】

日志审计与分析系统在创建用户时，需要选择用户的角色信息，不同的角色信息对应着不同的用户权限，登录 admin 管理员用户创建新的用户，并确定用户的角色信息，完成对用户的权限管理，本实验分别完成对系统管理员、安全管理员、审计管理员的创建和登录。

【知识点】

权限管理、系统管理员、安全管理员、审计管理员。

【实验场景】

A 公司的日志审计与分析设备由安全运维工程师小王负责。公司为小王增派了三名助手，分别作为设备的系统管理员、安全管理员、审计管理员，共同负责日志审计与分析设备的维护。因此，小王需要为三名助手创建新的管理员用户，并且要求每个助手只能管理自己所负责的部分，不可越权。请思考应如何决这个问题。

【实验原理】

日志审计与分析系统管理员用户 admin 拥有最高权限，可以创建其他管理员用户，日志审计与分析系统的管理员分为安全管理员、审计管理员和系统管理员三种。在创建管理员用户时，需要确定用户的角色信息，不同的角色信息对应着不同的用户权限，从而实现对用户的权限管理。

【实验设备】

- 安全设备：日志审计与分析设备 1 台。

【实验拓扑】

日志审计与分析系统用户与权限管理实验拓扑图如图 1-16 所示。

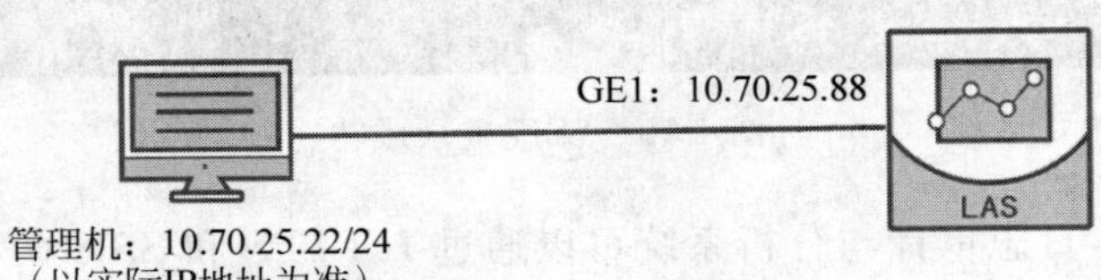

图 1-16　日志审计与分析系统用户与权限管理实验拓扑图

【实验思路】

(1) 以管理员 admin 用户的身份登录日志审计与分析系统。

(2) 创建一个系统管理员用户 zhushou1、一个安全管理员 zhushou2、一个审计管理员 zhushou3。

(3) 分别使用 zhushou1、zhushou2、zhushou3 用户登录系统,查看用户权限,并与 admin 用户权限进行比较。

【实验步骤】

(1) 在管理机中打开浏览器,在地址栏中输入日志审计与分析产品的 IP 地址"https://10.70.25.88"(以实际 IP 地址为准),打开平台登录界面。由于此网址的证书未经过认证,会显示"此站点不安全",单击"详细信息"按钮。

(2) 在"详细信息"的下面,单击"转到此网页"按钮,这样在不关闭浏览器的情况下可以正常访问此网址。

(3) 使用管理员用户名/密码"admin/!1fw@2soc#3vpn"登录日志审计与分析系统。登录界面。

(4) 登录后,需要修改 admin 用户的密码,本实验没有修改密码的必要,所以"原始密码""新密码""确认新密码"都输入"!1fw@2soc#3vpn",单击"确定"按钮。

(5) 登录后,将日志审计与分析系统的网址加入浏览器兼容性视图中(仅 IE 浏览器需设置),以保证网站中的内容可以正确显示,单击浏览器的"设置"→"兼容性视图设置",进入"兼容性视图设置"界面。

(6) 进入"兼容性视图设置"界面后,在"添加此网站(D):"下面输入设备地址"10.70.25.88",然后单击"添加"。

(7) 完成兼容性设置后,关闭"兼容性视图设置"界面,进入日志审计与分析系统界面,选择"权限"命令,进入权限模块,如图 1-17 所示。

图 1-17　进入"权限"模块

(8) 依次单击“权限”→“用户管理”,进入“用户管理”界面,选择“添加”命令,如图 1-18 所示。

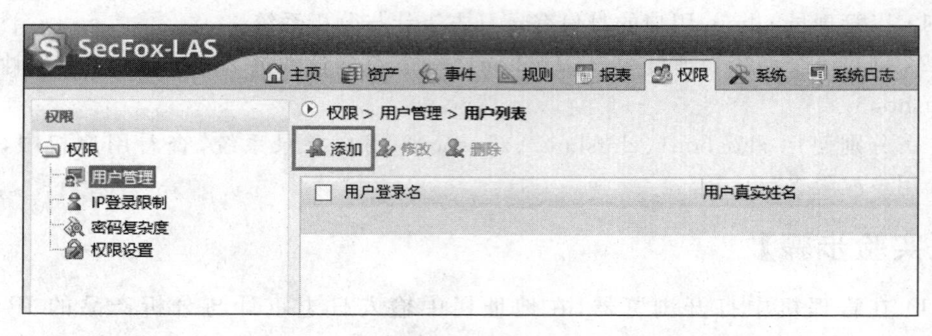

图 1-18　添加用户 1

(9) 添加用户时,首先编辑用户信息,用户登录名以及真实姓名均输入 zhushou1,登录密码和确认密码输入 360testtest,如图 1-19 所示。

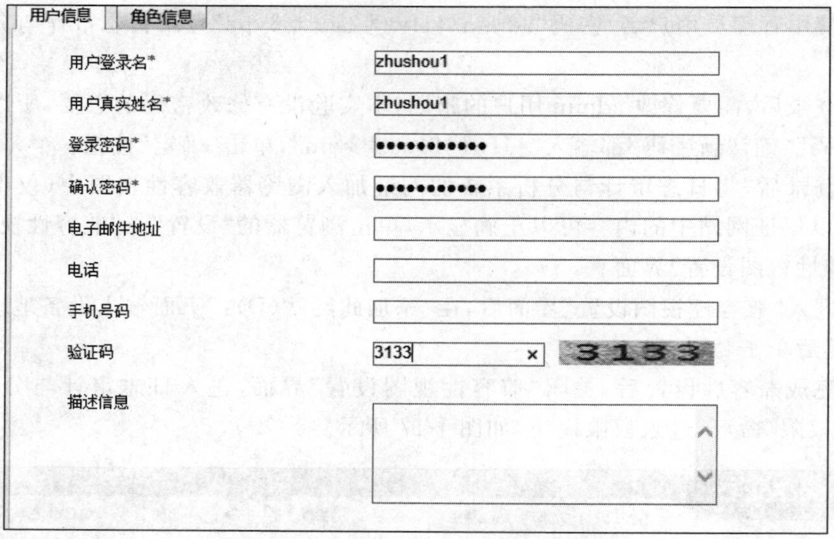

用户信息　角色信息

用户登录名*　zhushou1

用户真实姓名*　zhushou1

登录密码*　●●●●●●●●●●●

确认密码*　●●●●●●●●●●●

电子邮件地址

电话

手机号码

验证码　3133　3133

描述信息

图 1-19　编辑用户 1 信息

(10) 确定用户的“角色信息”,此处的角色信息为创建用户的必填选项,有三个身份可以选择:“系统管理员”“安全管理员”和“审计管理员”,本实验中选择“系统管理员”,单击“确定”按钮,如图 1-20 所示。

(11) 添加成功后,名为 zhushou1 的用户出现在用户列表中,如图 1-21 所示。

(12) 同理,继续添加安全管理员 zhushou2,按照步骤(8)～(9)的做法添加,但名称输入 zhushou2,密码依然为 360testtest,如图 1-22 所示。

(13) 确定用户的角色信息,zhushou2 的角色信息选定为“安全管理员”,如图 1-23 所示。

(14) 添加成功后,名为 zhushou2 的用户出现在用户列表中,如图 1-24 所示。

权限 > 用户管理 > 添加用户
用户信息　角色信息
角色
角色列表
☑ 系统管理员
☐ 安全管理员
☐ 审计管理员
确定　取消

图 1-20　选择角色 1 信息

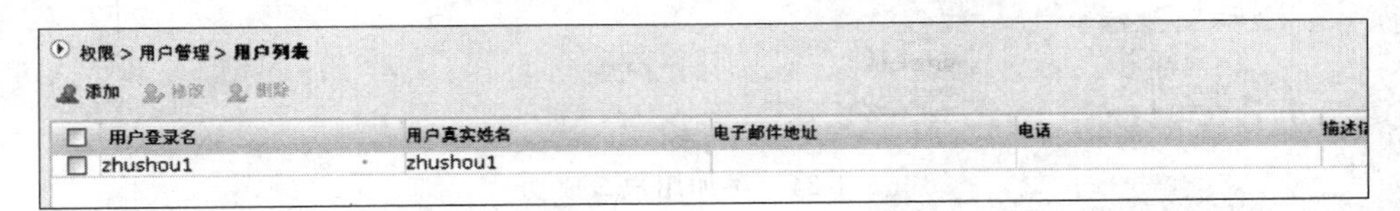

图 1-21　添加用户 1 成功

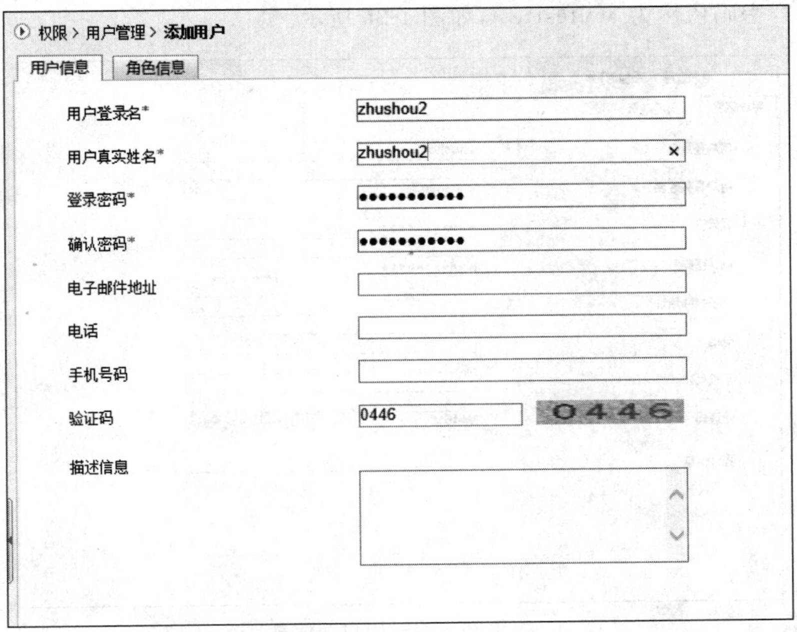

权限 > 用户管理 > 添加用户
用户信息　角色信息
用户登录名* zhushou2
用户真实姓名* zhushou2
登录密码* ••••••••••••
确认密码* ••••••••••••
电子邮件地址
电话
手机号码
验证码 0446　0446
描述信息

图 1-22　编辑用户 2 信息

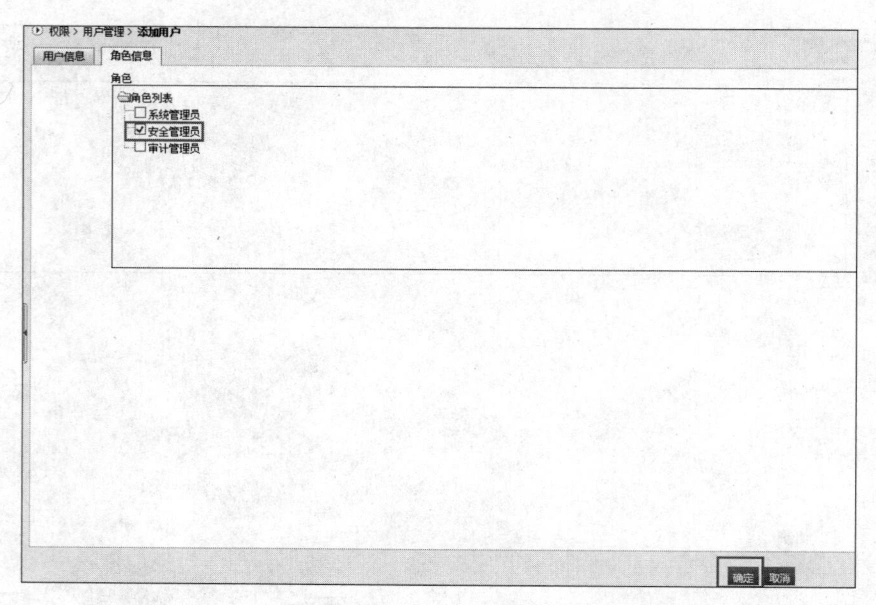

图 1-23　选择角色 2 信息

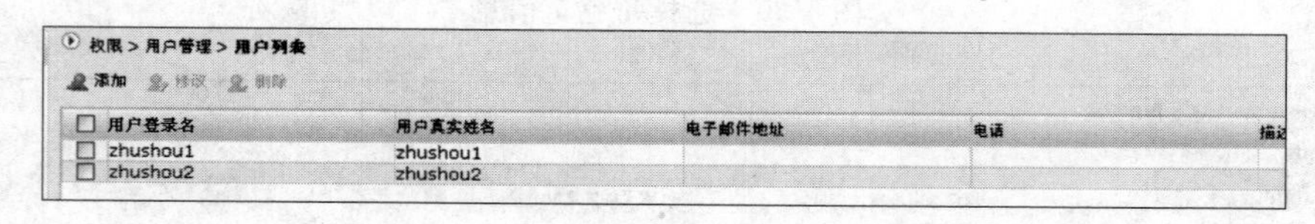

图 1-24　添加用户 2 成功

(15) 同理,继续添加安全管理员 zhushou3,按照步骤(8)～(9)的做法添加,但名称输入 zhushou3,密码依然为 360testtest,如图 1-25 所示。

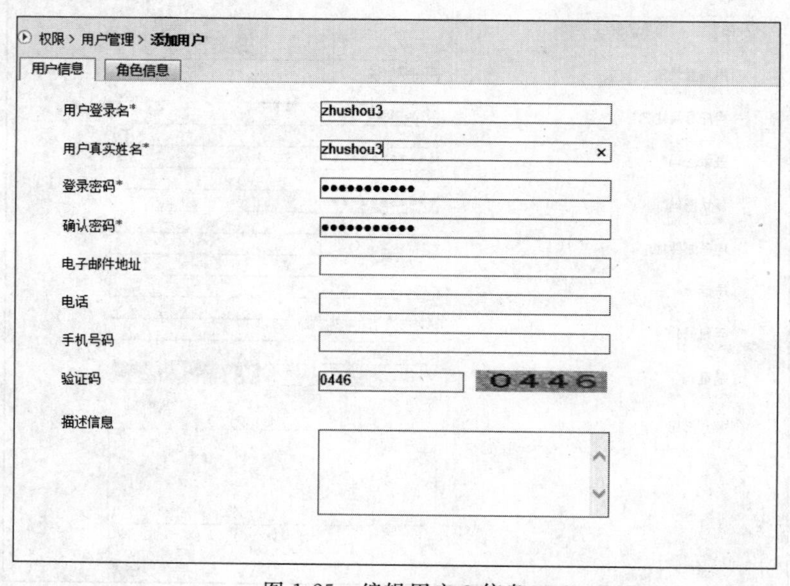

图 1-25　编辑用户 3 信息

（16）确定用户的角色信息，zhushou3 的角色信息选定为“审计管理员”，如图 1-26 所示。

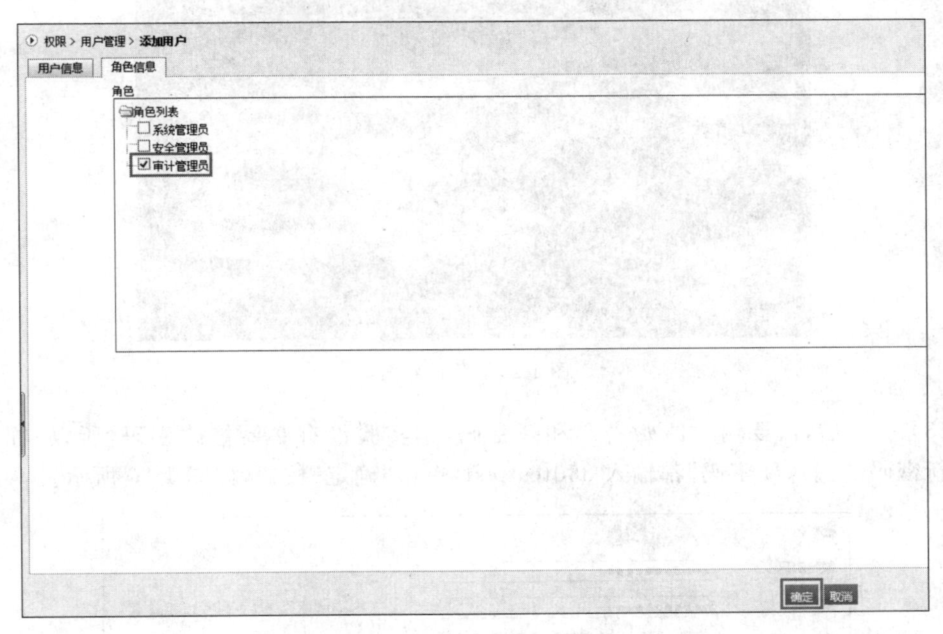

图 1-26　选择角色 3 信息

（17）添加成功后，名为 zhushou3 的用户出现在用户列表中，如图 1-27 所示。

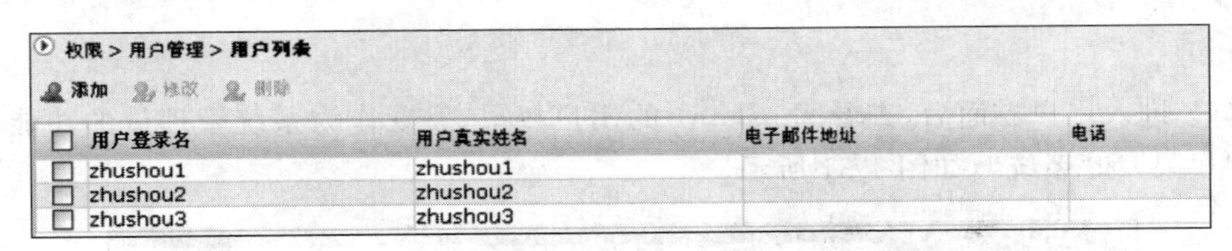

用户登录名	用户真实姓名	电子邮件地址	电话
zhushou1	zhushou1		
zhushou2	zhushou2		
zhushou3	zhushou3		

图 1-27　添加用户 3 成功

【实验预期】

（1）使用 zhushou1、zhushou2、zhushou3 用户可以正常登录。

（2）登录 zhuhsou1、zhushou2、zhushou3 用户后，查看用户权限并与 admin 用户比较。

【实验结果】

（1）单击日志审计与分析系统界面右上角的“退出”按钮，退出当前用户的登录，如图 1-28 所示。

（2）登录刚刚创建的用户，在浏览器地址栏中输入日志审计与分析产品的 IP 地址“https://10.70.25.88”（以实际 IP 地址为准），打开平台登录界面，使用用户名/密码

图 1-28　登录界面

“zhushou1/360testtest”登录设备平台，如图 1-29 所示。

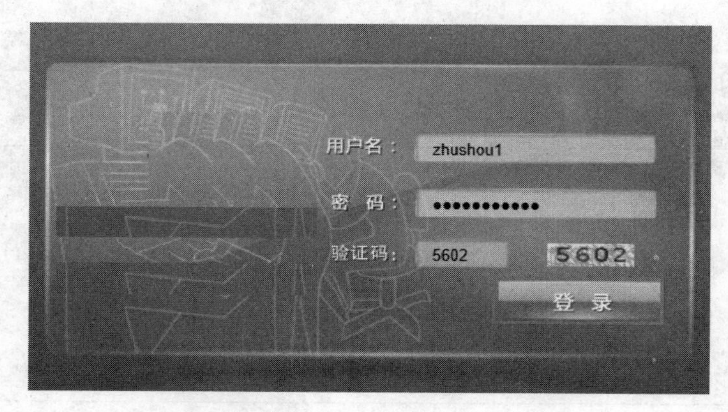

图 1-29　登录界面

（3）登录后，需要输入原始密码和新密码，本实验没有必要修改密码，所以“原始密码”“新密码”“确认新密码”都输入 360testtest，单击“确定”按钮，如图 1-30 所示。

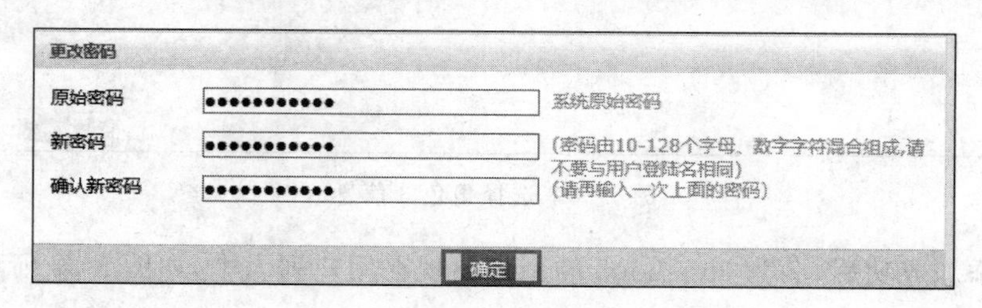

图 1-30　修改密码

（4）进入用户界面后，查看 zhushou1 的用户权限，发现作为系统管理员的功能模块只有“权限”和“系统”，如图 1-31 所示。

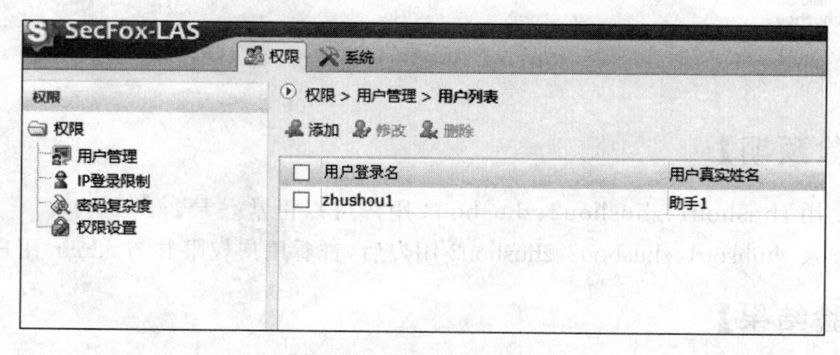

图 1-31　查看用户的权限

（5）在“权限”模块中，添加用户也仅仅可以添加系统管理员，如图 1-32 所示。

（6）同理，登录刚刚创建的 zhushou2，登录方式与“实验结果”中的步骤（1）～（3）相同，但用户名需要改为 zhushou2，但功能只有“主页”“资产”“事件”等模块，如图 1-33 所示。

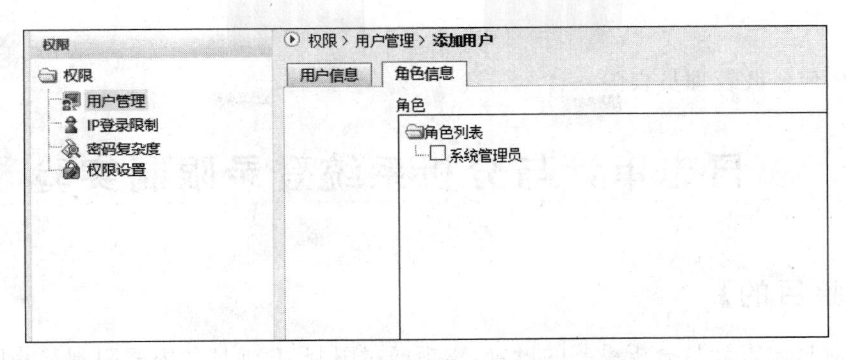

图 1-32　添加用户的权限

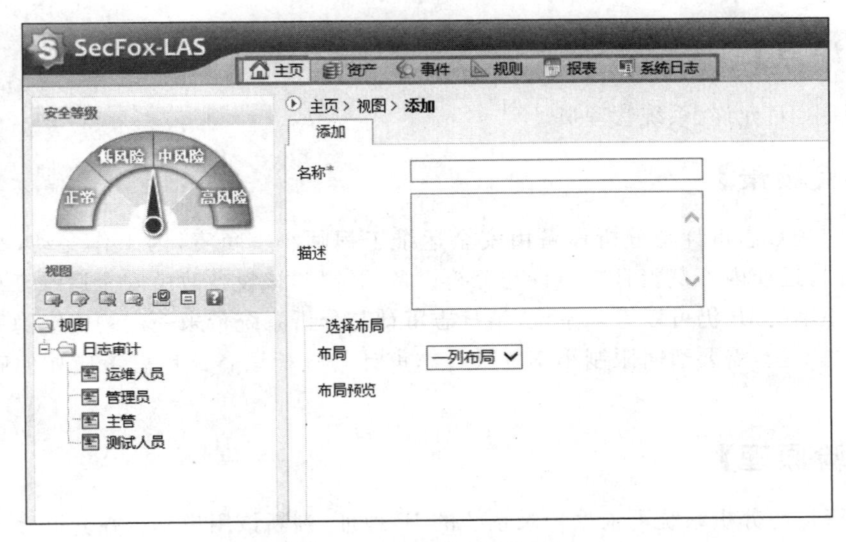

图 1-33　查看用户 2 的权限

(7) 同理,登录刚刚创建的 zhushou3,登录方式与“实验结果”中的步骤(1)～(3)相同,但用户名需要改为 zhushou3,但功能只有“系统日志”等模块,如图 1-34 所示。

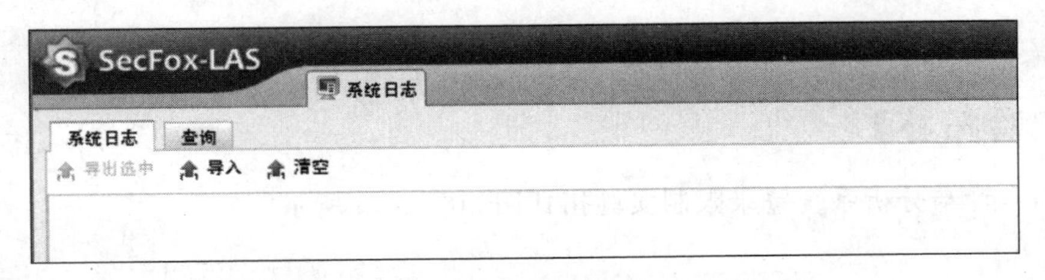

图 1-34　查看用户 3 的权限

综上所述,日志审计与分析系统可通过角色信息来管理用户权限,可成功解决实验场景中的类似问题。

【实验思考】

(1) 如果公司需要 zhushou1 系统管理员用户添加新的系统管理员用户,助手应该如何做?

(2) 如何修改管理员权限?

1.3 日志审计与分析系统登录限制实验

【实验目的】

通过对日志审计与分析系统的设置,实现通过限制 IP 地址的方式限制某些用户登录设备。

【知识点】

IP 限制、IP 允许、系统管理员。

【实验场景】

A 公司的日志审计与分析设备由安全运维工程师小李负责,因工作变动,小李暂调至其他部门,近期内不负责日志审计与分析设备的维护,该设备改由安全运维工程师小王负责。但小李的 IP 仍可以登录系统,给日志审计与分析系统带来一定的安全隐患。为了保障系统的安全,需要暂时限制小李登录日志审计与分析设备。请思考应如何解决这个问题。

【实验原理】

日志审计与分析系统可根据登录系统的 IP 地址,判断该用户是否在允许登录的范围内。用户可以以管理员身份登录日志审计与分析系统,并将不符合要求的用户名和 IP 加入到禁止登录范围内,从而解决限制特定用户使用特定 IP 地址登录设备的问题。

【实验设备】

- 安全设备:日志审计与分析设备 1 台。

【实验拓扑】

日志审计与分析系统登录限制实验拓扑图如图 1-35 所示。

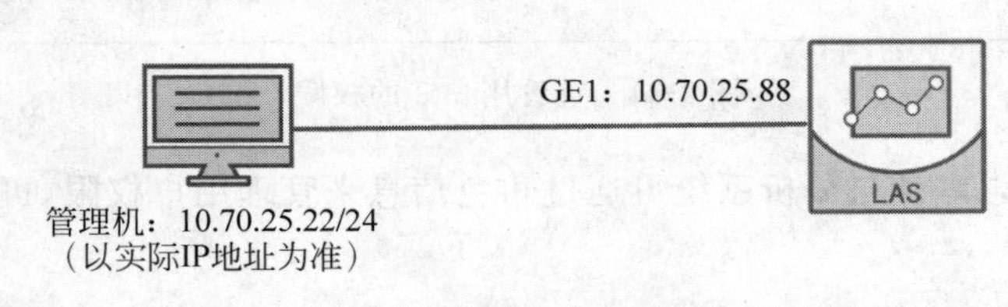

图 1-35 日志审计与分析系统登录限制实验拓扑图

【实验思路】

(1) 以管理员 admin 用户的身份登录日志审计与分析系统。

(2) 创建一个系统管理员用户 xiaoli。

(3) 将系统管理员 xiaoli 的 IP 添加到禁止登录的列表中。

【实验步骤】

(1) 在管理机中打开浏览器，在地址栏中输入日志审计与分析产品的 IP 地址"https://10.70.25.88"(以实际 IP 地址为准)，打开平台登录界面。由于此网址的证书未经过认证，会显示"此站点不安全"，单击"详细信息"按钮。

(2) 在"详细信息"的下面，单击"转到此网页"按钮，这样在不关闭浏览器的情况下可以正常访问此网址。

(3) 使用管理员用户名/密码"admin/!1fw@2soc#3vpn"登录日志审计与分析系统。登录界面。

(4) 登录后，需要修改 admin 用户的密码，本实验没有修改密码的必要，所以"原始密码""新密码""确认新密码"都输入"!1fw@2soc#3vpn"，单击"确定"按钮。

(5) 登录后，将日志审计与分析系统的网址加入浏览器兼容性视图中，以保证网站中的内容可以正确显示，单击浏览器的"设置"→"兼容性视图设置"，进入"兼容性视图设置"界面。

(6) 进入"兼容性视图设置"界面后，在"添加此网站(D):"下面输入设备地址"10.70.25.88"，然后单击"添加"按钮。

(7) 完成兼容性设置后，关闭"兼容性视图设置"界面，进入日志审计与分析系统界面，选择"权限"命令，进入"权限"模块，如图 1-36 所示。

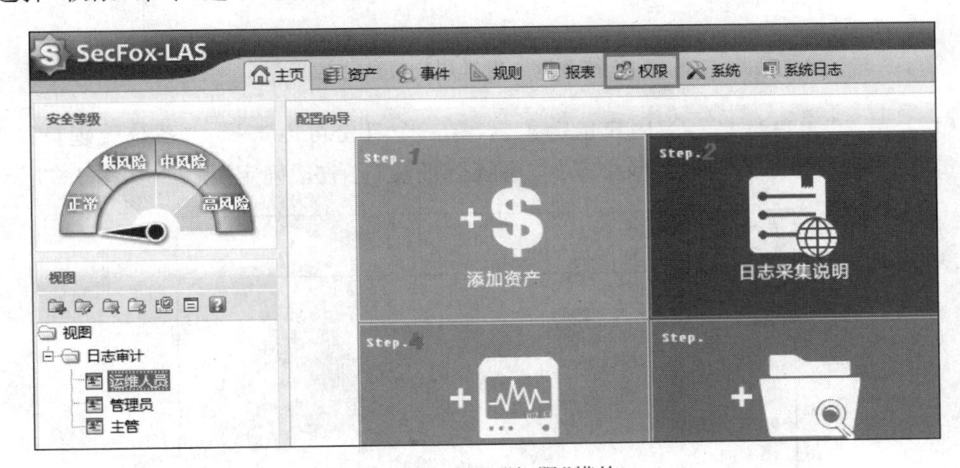

图 1-36　进入"权限"模块

(8) 依次单击"权限"→"用户管理"，进入用户管理界面，单击"添加"按钮，如图 1-37 所示。

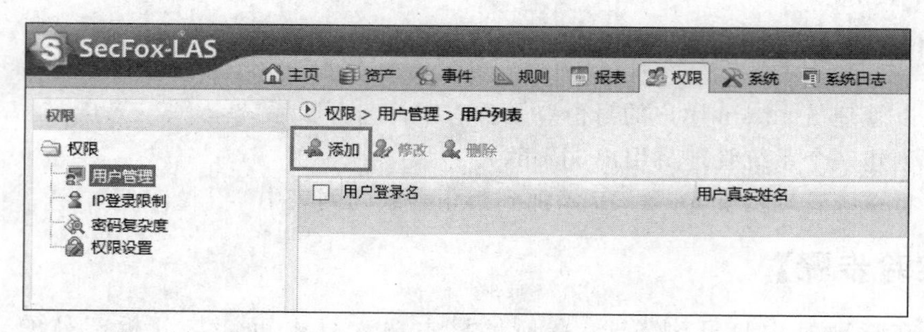

图 1-37　添加用户

(9) 添加用户时，首先编辑用户信息，用户登录名以及真实姓名输入 xiaoli，密码为 360testtest，如图 1-38 所示。

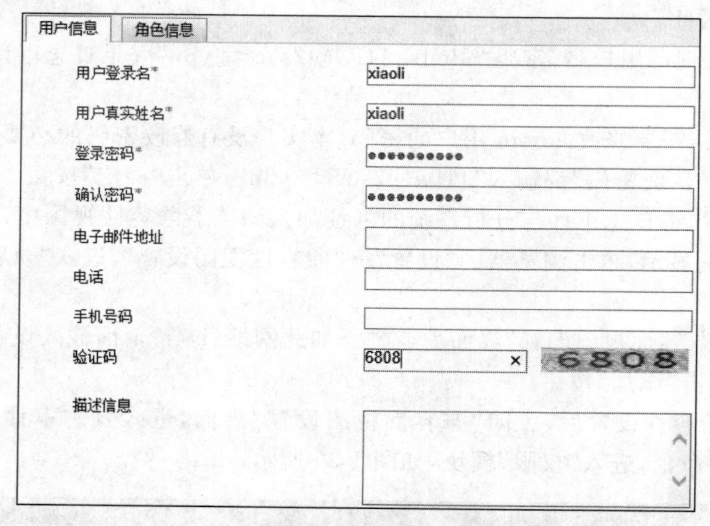

图 1-38　编辑用户信息

(10) 单击“角色信息”，为用户选定角色，有三个身份可以选择：“系统管理员”“安全管理员”和“审计管理员”，本实验中选择“系统管理员”，单击“确定”按钮，如图 1-39 所示。

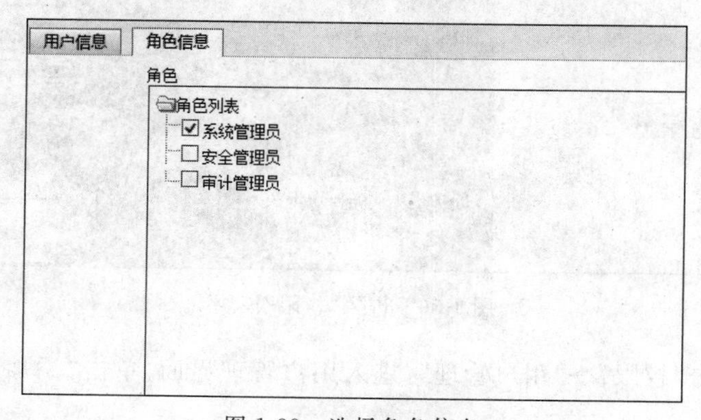

图 1-39　选择角色信息

(11) 添加成功后,名为 xiaoli 的用户出现在用户列表中,如图 1-40 所示。

图 1-40 添加用户成功

(12) 单击界面右上角的"退出"按钮,退出当前登录的 admin 用户,如图 1-41 所示。

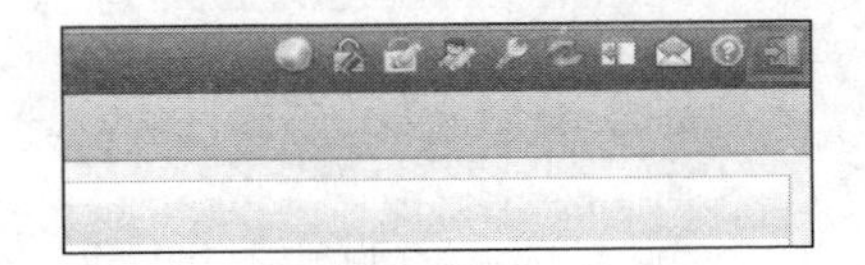

图 1-41 退出当前用户

(13) 登录刚刚创建的用户,在浏览器地址栏中输入日志审计与分析产品的 IP 地址"https://10.70.25.88"(以实际 IP 地址为准),打开平台登录界面,使用用户名/密码"xiaoli/360testtest"登录设备平台,如图 1-42 所示。

图 1-42 登录新用户

(14) 登录成功后,名为 xiaoli 的用户出现在用户列表中,如图 1-43 所示。

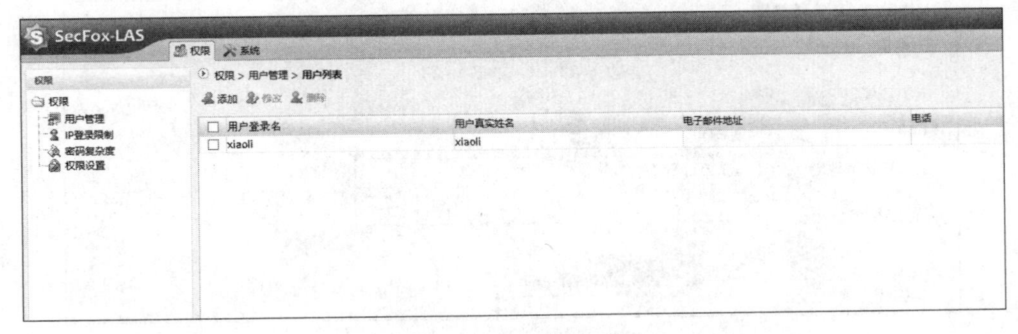

图 1-43 新用户添加成功

（15）单击右上角的"退出"按钮，退出 xiaoli 用户的登录，如图 1-44 所示。

（16）登录 admin 用户，在浏览器地址栏中输入日志审计与分析产品的 IP 地址"https://10.70.25.88"（以实际 IP 地址为准），打开平台登录界面，使用用户名/密码"admin/!1fw@2soc#3vpn"登录设备平台。

图 1-44　退出登录

（17）登录 admin 用户后，依次单击"权限"→"IP 登录限制"，如图 1-45 所示。

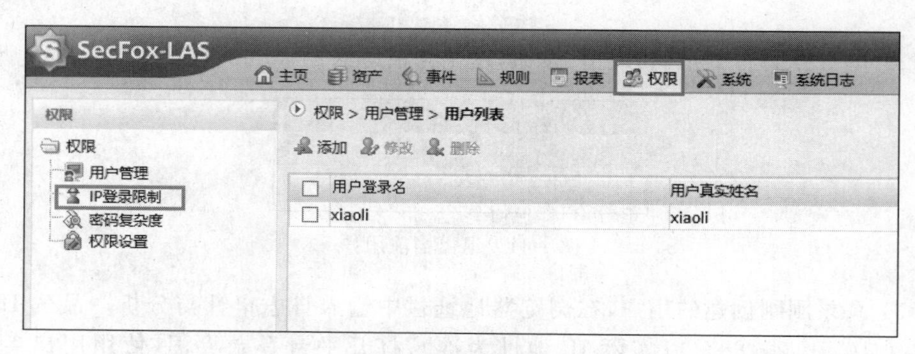

图 1-45　进入权限模块

（18）选择"添加"命令，添加限制登录的 IP 地址，如图 1-46 所示。

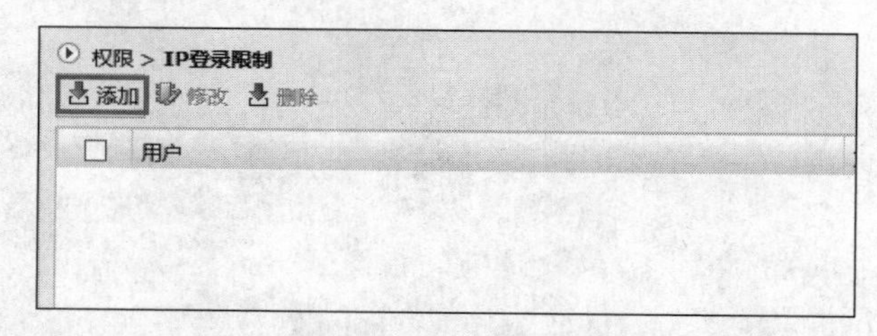

图 1-46　添加限制登录的 IP 地址

（19）"用户"设置为 xiaoli，"禁止 IP 登录地址"输入管理机 IP，本实验中以"10.70.25.22"为例，单击"确定"按钮，如图 1-47 所示。

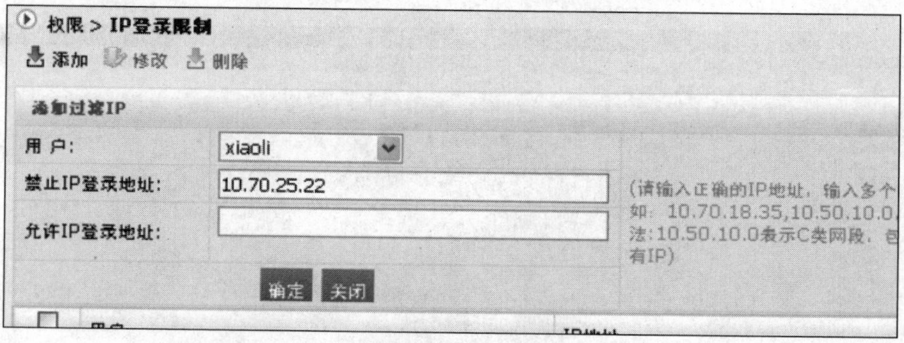

图 1-47　填写限制登录 IP

【实验预期】

(1) 使用管理员用户 admin 创建的 xiaoli 用户在未限制登录时可以正常登录。

(2) 在用户 admin 限制 xiaoli 用户的登录 IP 后,登录失败。

【实验结果】

(1) 重新登录 xiaoli 用户,在管理机中打开浏览器,在地址栏中输入日志审计与分析产品的 IP 地址“https://10.70.25.88”(以实际 IP 地址为准),打开平台登录界面。使用用户名/密码“xiaoli/360testtest”进行登录,如图 1-48 所示。

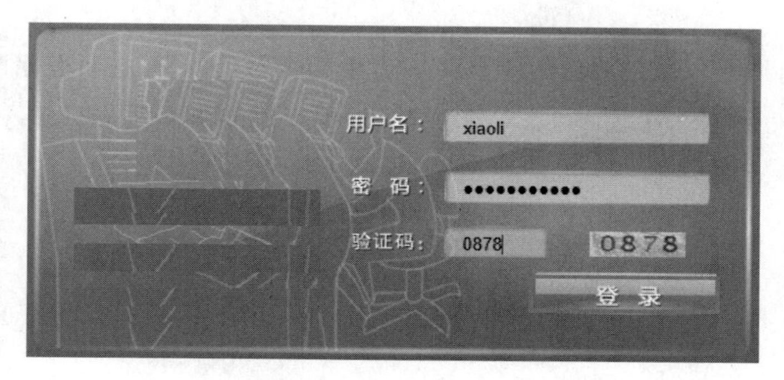

图 1-48 用户登录界面

(2) 登录失败,如图 1-49 所示。

(3) 综上所述,可以通过日志审计与分析设备对用户登录进行限制,满足预期要求。

(4) 若要恢复 xiaoli 用户的登录权限,依次单击“权限”→“IP 登录限制”,如图 1-50 所示。

(5) 选中 xiaoli 用户,单击“删除”按钮,即可正常登录,如图 1-51 所示。

图 1-49 用户登录失败

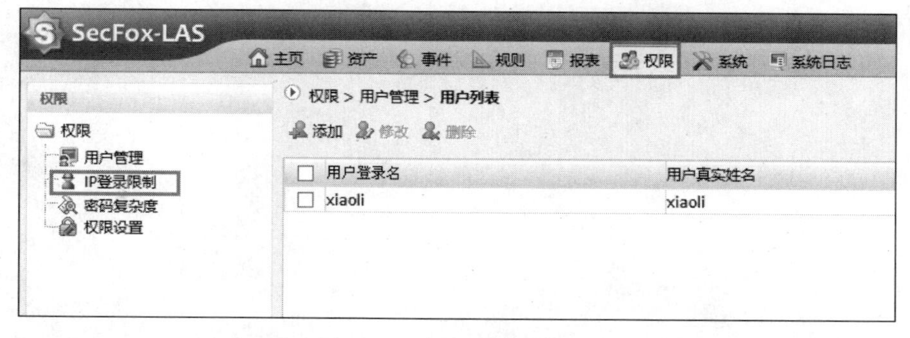

图 1-50 取消 IP 登录限制

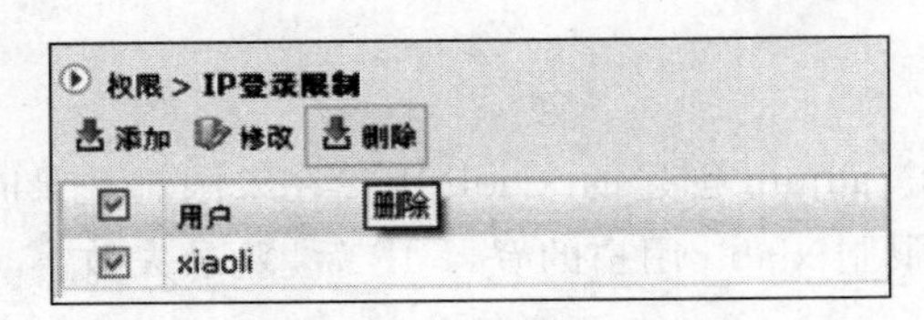

图 1-51 取消 IP 登录限制

【实验思考】

(1) 如果要允许新的 IP 登录日志审计与分析平台,小王应该对平台进行怎样的调整?

(2) 假设有同等权限的系统管理员甲、乙,甲能否对乙的 IP 进行登录限制?

第2章 日志采集配置

日志采集系统能够通过多种方式全面采集网络中各种设备、应用和系统的日志信息，确保用户能够收集并审计所有必需的日志信息，避免出现审计漏洞。同时，该系统还要尽可能地使用被审计节点自身具备的日志外发协议，尽量不在被审计节点上安装任何代理，保障被审计节点的完整性，使得对被审计节点的影响最小化。

日志信息的来源有很多，例如网络设备、操作系统、应用系统等。日志采集需要满足对多种多样日志信息源的采集支持，获取诸如 Syslog、Netflow 等日志传输协议、网络数据监测、设备监控信息中包含的各种运行状态，通过事件归一化和归并能力，屏蔽各种系统、厂商、产品关键日志的差异，提高日志的可读性，满足审计要求。

另外，针对能够产生日志，但是无法通过网络协议发送给日志采集系统的情形，可以通过为用户提供一个软通用日志采集器(Sensor，也称为事件传感器)对用户日志进行采集。该日志采集器能够自动将指定的日志(文件或者数据库记录)发送到审计中心。例如，针对 Windows 操作系统日志等。

可见，当前的日志审计与分析系统中的日志已经超越了传统日志的概念，真正实现了对全网 IT 资源的日志产生、收集、分析和审计。

2.1 日志审计与分析系统首页场景演示实验

【实验目的】

学会为不同权限的管理人员设置不同的主页场景。

【知识点】

视图、首页场景、实时监视。

【实验场景】

安全运维工程师小王负责 A 公司的日志审计与分析系统的总体维护工作。公司的测试人员比较关注数据库的相关事件情况，他们希望登录设备后可以直观地看到数据库的事件情况。请思考应如何设置。

【实验原理】

日志审计与分析系统可以为不同的用户角色设置不同的首页场景，管理员 admin 可以将用户重点关注的事件添加入首页场景，使工作更加方便。

【实验设备】

• 安全设备：日志审计与分析设备 1 台。

【实验拓扑】

日志审计与分析系统首页场景演示实验拓扑图如图 2-1 所示。

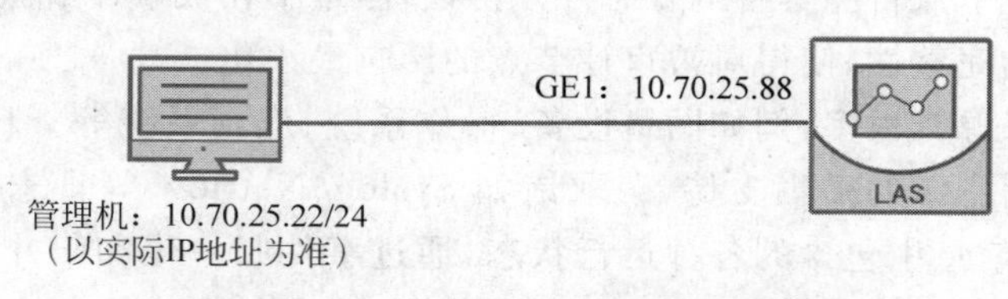

图 2-1　日志审计与分析系统首页场景演示实验拓扑图

【实验思路】

（1）以管理员 admin 用户的身份登录日志审计与分析系统。

（2）依次单击“视图”→“日志审计”，添加测试人员角色。

（3）为测试人员设置关于数据库的首页场景。

【实验步骤】

（1）在管理机中打开浏览器，在地址栏中输入日志审计与分析产品的 IP 地址“https://10.70.25.88”（以实际 IP 地址为准），打开平台登录界面。由于此网址的证书未经过认证，会显示“此站点不安全”，单击“详细信息”按钮。

（2）在“详细信息”的下面，单击“转到此网页”按钮，这样在不关闭浏览器的情况下可以正常访问此网址。

（3）使用管理员用户名/密码“admin/!1fw@2soc#3vpn”登录日志审计与分析系统。

（4）登录后，需要修改 admin 用户的密码，本实验没有修改密码的必要，所以“原始密码”“新密码”“确认新密码”都输入“!1fw@2soc#3vpn”，单击“确定”按钮。

（5）登录后，将日志审计与分析系统的网址加入浏览器兼容性视图中，以保证网站中的内容可以正确显示，单击浏览器的“设置”→“兼容性视图设置”，进入“兼容性视图设置”界面。

（6）进入“兼容性视图设置”界面后，在“添加此网站(D)：”下面输入设备地址“10.70.25.88”，然后单击“添加”按钮。

（7）完成兼容性设置后，关闭“兼容性视图设置”界面，进入日志审计与分析系统界面，单击“主页”→“日志审计”，如图 2-2 所示。

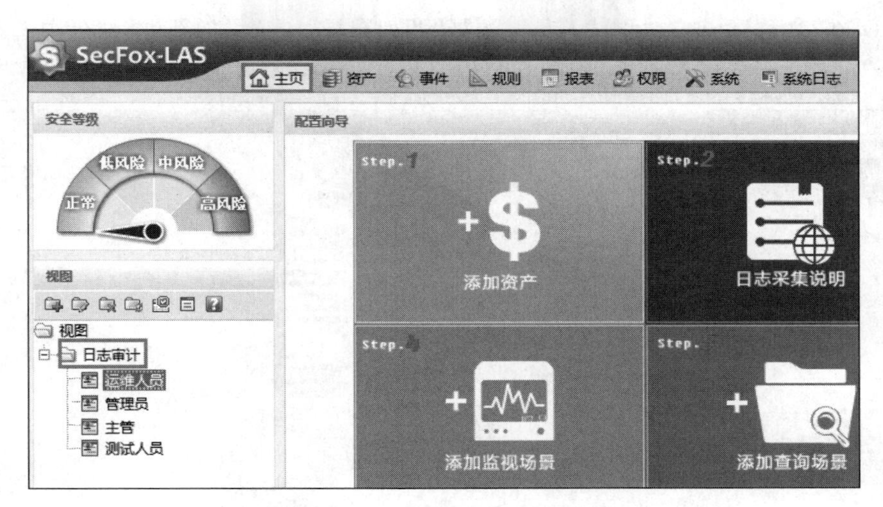

图 2-2　日志审计与分析系统界面

（8）选择“添加”命令，进行首页场景添加，如图 2-3 所示。

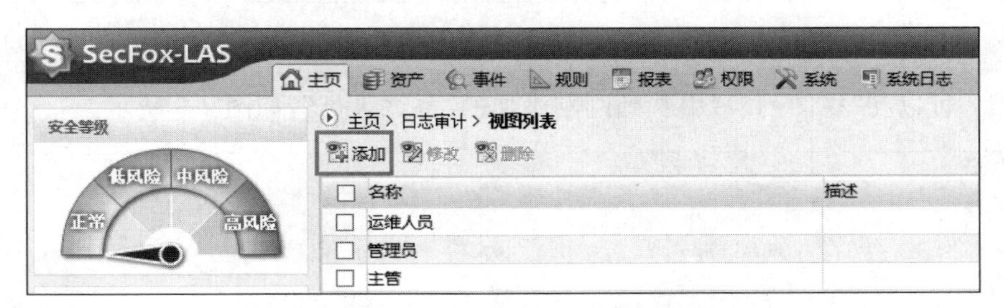

图 2-3　添加测试人员的首页场景

（9）进入添加场景界面，如图 2-4 所示。

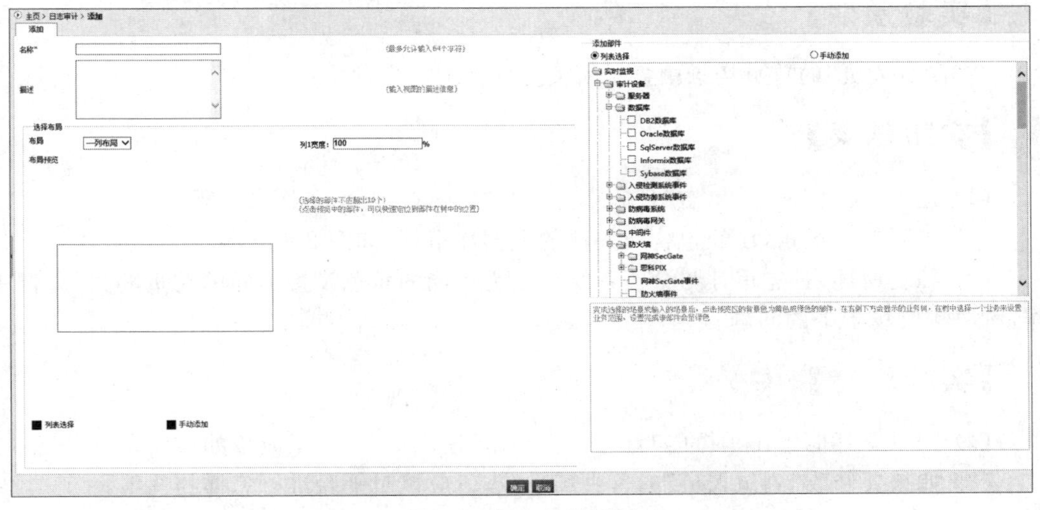

图 2-4　添加场景界面

（10）在“名称”处输入“测试人员”，选择“两列布局”，在“添加部件”部分中选择“实时监视”→“审计设备”→“数据库”中的5个相关数据库，单击“确定”按钮，如图2-5所示。

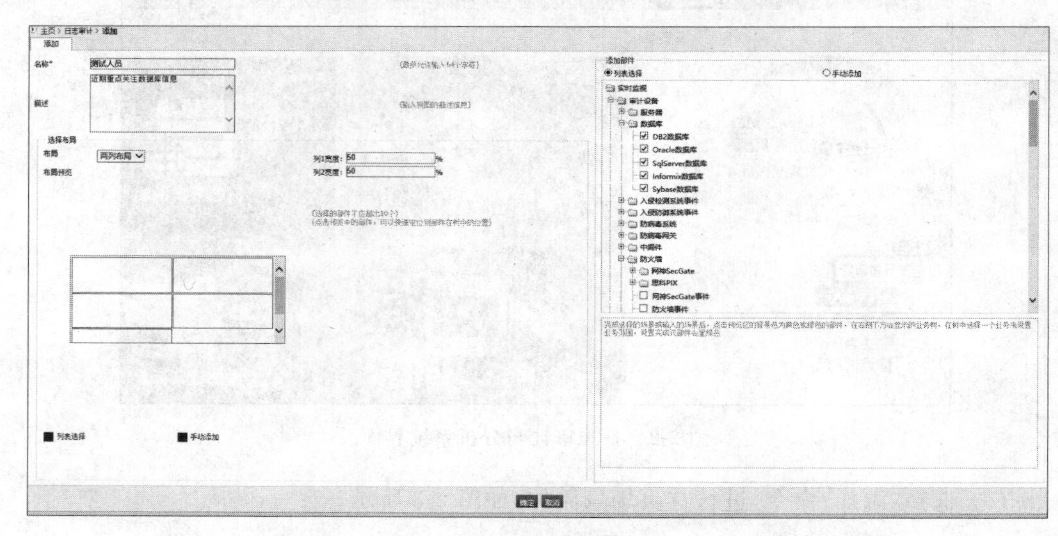

图2-5　首页场景设置

（11）可以在“视图列表”中看到刚刚添加的“测试人员”，如图2-6所示。

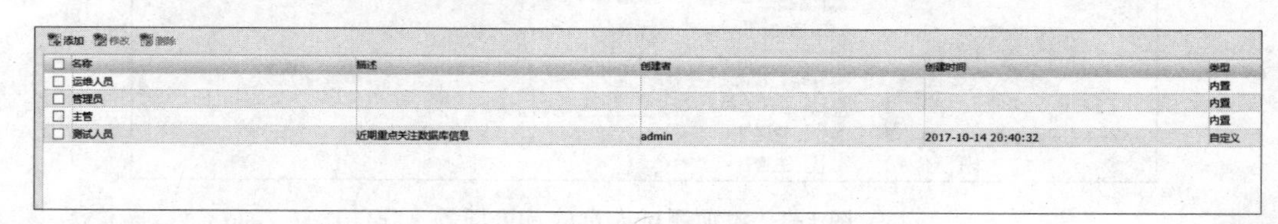

名称	描述	创建者	创建时间	类型
运维人员				内置
管理员				内置
主管				内置
测试人员	近期重点关注数据库信息	admin	2017-10-14 20:40:32	自定义

图2-6　添加成功

【实验预期】

在“测试人员”的首页场景中显示所关注的数据库事件。

【实验结果】

（1）选择“主页”命令，单击“日志审计”中的“测试人员”，如图2-7所示。

（2）查看首页场景，已经包含所关注的数据库事件，如图2-8所示。

（3）综上所述，日志审计与分析系统可以为不同的角色设置不同的首页场景，方便工作，解决实验场景中的问题。

【实验思考】

（1）如果有其他工作小组（如日志分析小组）使用平台，小王应该如何设置首页场景？

（2）如果要修改“测试人员”的首页场景，小王应该对平台进行怎样的调整？

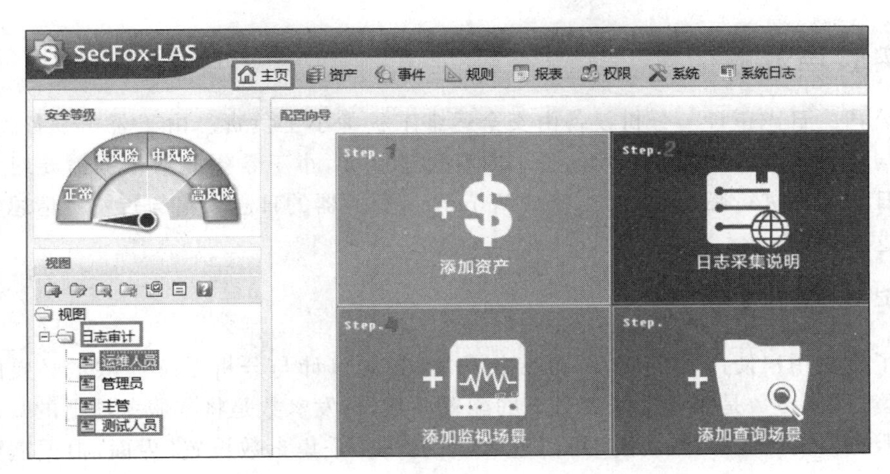

图 2-7　查看首页场景

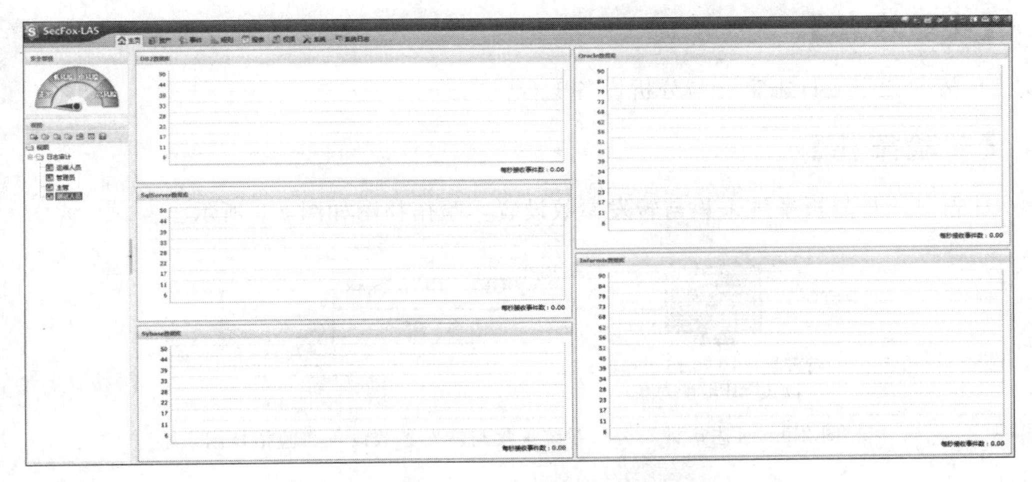

图 2-8　添加首页场景成功

2.2　日志审计与分析系统采集与转发参数设置实验

【实验目的】

采集参数是服务器采集日志的配置参数，转发参数是将本服务器上的日志转发到其他服务器的配置参数，本实验实现对日志审计与分析系统的采集参数以及转发参数的配置。

【知识点】

采集日志、转发日志、过滤器。

【实验场景】

A公司的日志审计与分析设备由安全运维工程师小王负责。由于公司设备太多，日志审计与分析系统收集以及转发的日志内容过于庞大，小王希望能够根据需要对采集和转发的日志文件进行筛选，例如实现对 Windows 服务器的日志采集与转发。请思考应如何解决这个问题。

【实验原理】

为了方便用户使用 SNMP Trap 接收功能，日志审计与分析系统提供了必要的参数配置环境，采集参数是服务器采集日志的配置参数，转发参数是将本服务器上的日志转发到其他服务器的配置参数。用户可以进入"系统"→"采集参数设置"界面，根据需要进行参数配置。

【实验设备】

- 安全设备：日志审计与分析设备1台。

【实验拓扑】

日志审计与分析系统采集与转发参数设置实验拓扑图如图2-9所示。

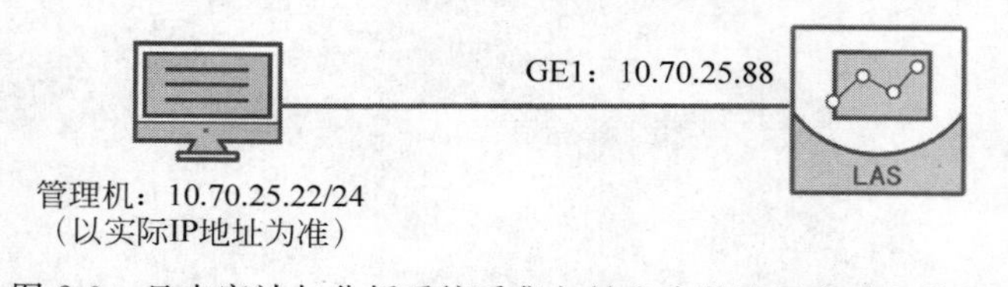

图2-9 日志审计与分析系统采集与转发参数设置实验拓扑图

【实验思路】

（1）以管理员 admin 用户的身份登录日志审计与分析系统。
（2）依次单击"系统"→"采集参数设置"，设置参数。
（3）完成配置参数后，单击"保存"按钮。

【实验步骤】

（1）在管理机中打开浏览器，在地址栏中输入日志审计与分析产品的 IP 地址"https://10.70.25.88"（以实际 IP 地址为准），打开平台登录界面。由于此网址的证书未经过认证，会显示"此站点不安全"，单击"详细信息"按钮。

（2）在"详细信息"的下面，单击"转到此网页"按钮，这样在不关闭浏览器的情况下可以正常访问此网址。

（3）使用管理员用户名/密码"admin/!1fw@2soc#3vpn"登录日志审计与分析系统。

（4）登录后，需要修改 admin 用户的密码，本实验没有修改密码的必要，所以"原始密码”“新密码”“确认新密码”都输入“!1fw@2soc#3vpn”，单击“确定”按钮。

(5) 登录后，将日志审计与分析系统的网址加入到浏览器兼容性视图中，以保证网站中的内容可以正确显示，单击浏览器的“设置”→“兼容性视图设置”，进入“兼容性视图设置”界面。

(6) 进入“兼容性视图设置”界面后，在“添加此网站”下面输入设备地址“10.70.25.88”，然后单击“添加”按钮。

(7) 完成兼容性设置后，关闭“兼容性视图设置”界面，进入日志审计与分析系统界面，单击“系统”，进入“系统”模块，如图 2-10 所示。

图 2-10　进入系统模块

(8) 依次单击“系统配置”→“采集参数设置”，设置数据备份的相关参数，如图 2-11 所示。

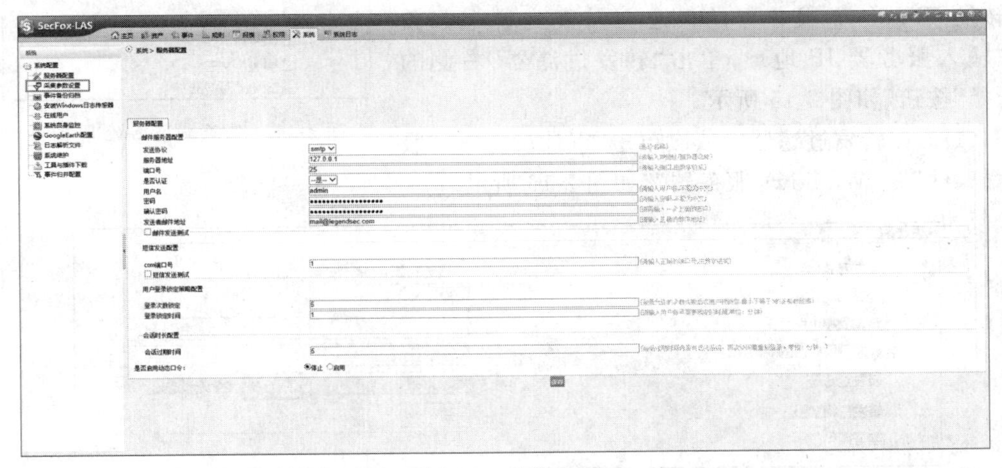

图 2-11　参数配置

(9) 单击“采集参数设置”后,可以看到“采集参数设置”界面,如图 2-12 所示。

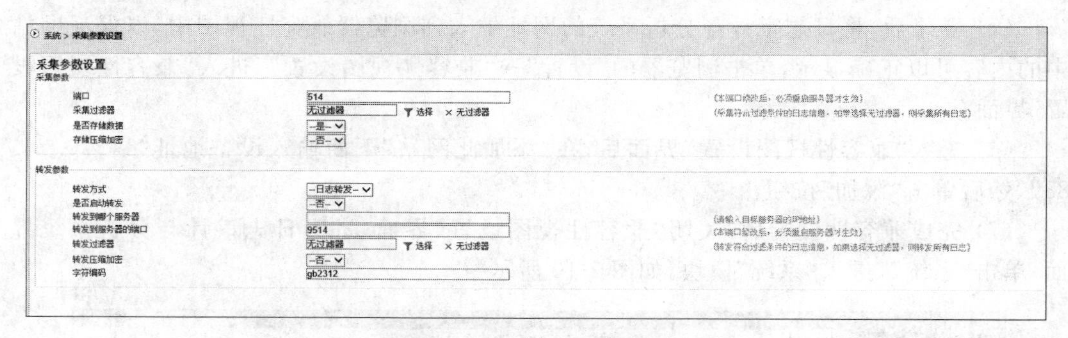

图 2-12　参数设置界面

(10) 本实验中,主要实现对 Windows 服务器的日志采集与转发。其中,采集参数对应的是日志审计与分析系统的日志采集功能,在采集时对日志文件进行筛选。本实验中将“采集过滤器”设置为 Windows 服务器,单击“采集过滤器”右侧的“选择”按钮,如图 2-13 所示。

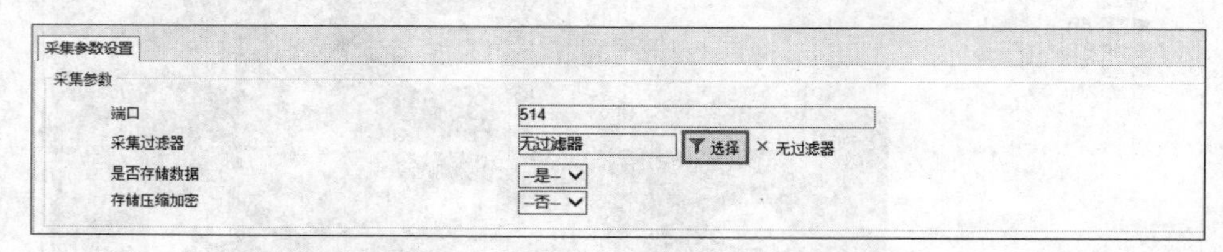

图 2-13　选择采集过滤器

(11) 在采集过滤器中依次单击“审计设备”→“服务器事件”→“Windows 服务器”,如图 2-14 所示。

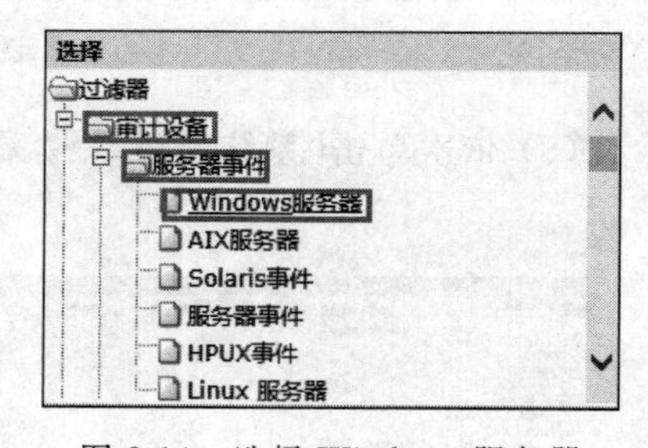

图 2-14　选择 Windows 服务器

(12) 日志审计与分析系统具有日志转发功能,可以将接收到的日志文件转发到指定服务器中。若需要转发 Windows 服务器的日志,“转发到哪个服务器”输入服务器 IP 地址,单击“转发过滤器”右侧的“选择”按钮,如图 2-15 所示。

(13) 在转发过滤器中依次单击“审计设备”→“服务器事件”→“Windows 服务器”,如图 2-16 所示。

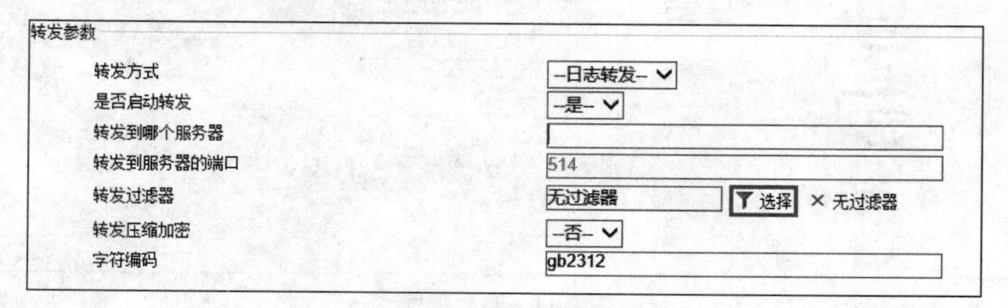

图 2-15　配置转发参数

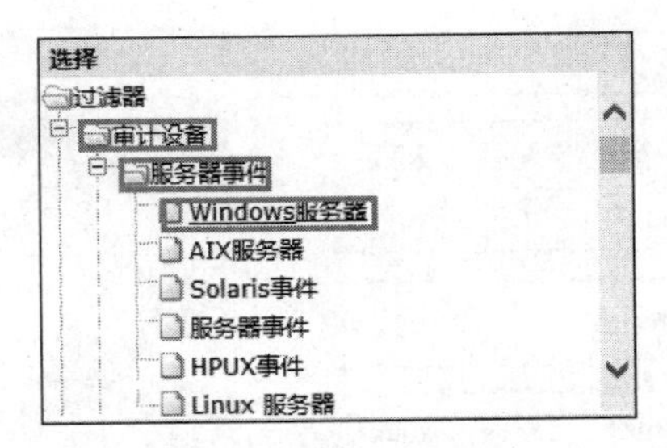

图 2-16　选择转发过滤器

(14) 确定采集及转发参数后，单击“保存”按钮，如图 2-17 所示。

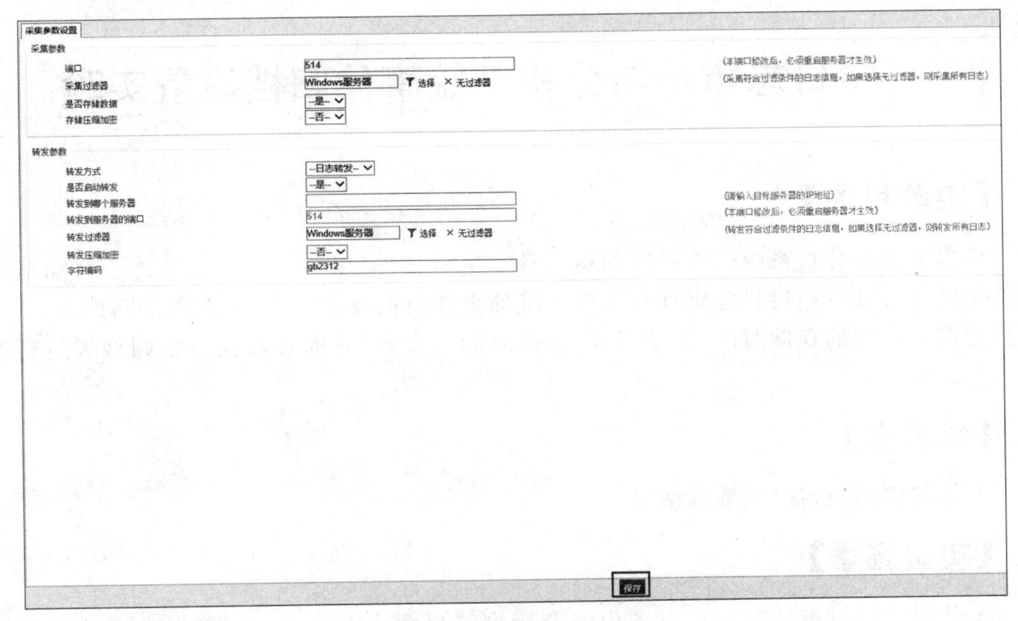

图 2-17　保存参数配置

【实验预期】

保存“采集参数设置”成功。

【实验结果】

退出“采集参数配置”界面后，再次重新单击“采集参数配置”，查看采集参数，发现与本实验此前设置的完全相同。说明采集参数设置成功，如图 2-18 所示。

【实验思考】

(1) 如何对参数中的过滤器进行设置?

(2) 字符编码中的 gb2312 是何含义?

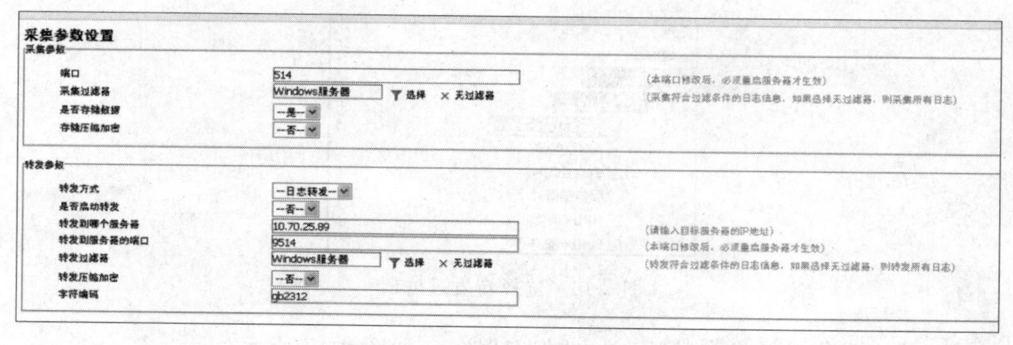

图 2-18　保存参数配置成功

2.3　日志审计与分析系统事件归档设置实验

【实验目的】

日志审计与分析系统会将系统的运行日志进行备份，以防系统日志文件丢失而造成意外损失。管理员通过日志审计与分析系统的事件归档设置，设置数据备份归档参数，本实验设置数据库的存储时间、存储目录、备份时间等参数，并通过数据备份归档表进行数据的备份与恢复。

【知识点】

事件归档、数据备份、数据恢复。

【实验场景】

A公司的日志审计与分析设备由安全运维工程师小王负责。随着日志审计与分析设备内部资产数量的不断增多，设备接收的日志文件数量也不断增大，为了便于对数据的自动维护，A公司张经理要求小王对日志审计与分析系统的数据做好定时备份，必要时可对备份文件进行恢复。请思考应如何解决这个问题。

【实验原理】

日志审计与分析系统为方便用户使用数据自动维护功能，提供了必要的参数设置环境，用户可以进入“系统配置”中的“数据备份归档”界面，根据需要进行参数配置。

【实验设备】

- 安全设备：日志审计与分析设备1台。

【实验拓扑】

日志审计与分析系统事件归档设置实验拓扑图如图2-19所示。

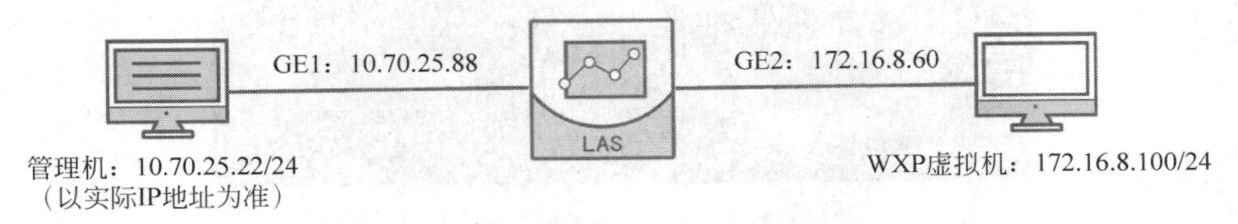

图 2-19　日志审计与分析系统事件归档设置实验拓扑图

【实验思路】

（1）以管理员 admin 用户的身份登录日志审计与分析系统。

（2）依次单击“系统设置”→“数据归档设置”，设置日志备份目录、时间间隔等参数。

（3）查看已备份的日志文件。

（4）尝试手动恢复备份文件。

【实验步骤】

（1）在管理机端单击 Xshell 图标，打开 Xshell，如图 2-20 所示。

图 2-20　打开 Xshell

（2）在会话框中单击“新建”按钮，创建新的会话。

（3）在“主机”栏中输入日志审计与分析系统 GE1 接口的 IP 地址“10.70.25.88”（以实际 IP 地址为准），其他设置保持不变，单击“确定”按钮。

（4）新建的会话会在“所有会话”中显示，选中“新建会话”，单击“连接”按钮。

（5）单击“一次性接受”按钮。

（6）在“请输入登录的用户名”一栏中输入用户名 admin，单击“确定”按钮。

（7）在“密码”栏中输入密码“@1fw#2soc$3vpn”，单击“确定”按钮。

（8）成功登录日志审计与分析系统后台，如图 2-21 所示。

（9）输入命令“secfox -e eth1　-p 172.16.8.60 -m 255.255.255.0”，设置日志审计与

```
Connecting to 10.70.25.88:22...
Connection established.
To escape to local shell, press 'Ctrl+Alt+]'.

Last login: Mon Jan 15 11:03:42 2018
[admin@SecFox_LAS ~]$
```

图 2-21　登录系统后台

分析系统 GE2 接口的 IP 地址。其中，“172.16.8.60”是 GE2 口的 IP 地址，“255.255.255.0”是 GE2 口的子网掩码。按 Enter 键，出现“modify ip ...”，说明接口信息配置成功，如图 2-22 所示。

图 2-22　配置 IP 地址

（10）打开浏览器，在地址栏中输入日志审计与分析系统的 IP 地址“https://10.70.25.88”（以实际 IP 地址为准），单击“继续浏览此网站”，打开平台登录界面。

（11）输入管理员用户名/密码“admin/!1fw@2soc#3vpn”，单击“登录”按钮，登录日志审计与分析系统。

（12）系统设置的密码有效期为 7 天，当登录系统后收到更改密码提示时，单击“确定”按钮，更改系统密码。

（13）在“原始密码”一栏输入原始密码“!1fw@2soc#3vpn”。在“新密码”一栏输入“!1fw@2soc#3vpn”，与原始密码相同。在“确认新密码”一栏输入“!1fw@2soc#3vpn”，单击“确定”按钮。

（14）单击浏览器中的“工具”→“兼容性视图设置”。

（15）输入日志审计与分析系统的 IP 地址“https://10.70.25.88”，单击“添加”按钮，添加网站兼容性视图。

（16）单击“关闭”按钮，退出设置。

（17）进入日志审计与分析系统后，单击“系统”→“系统维护”，可看到系统“IP 地址配置 1”为“172.16.8.60”，如图 2-23 所示。

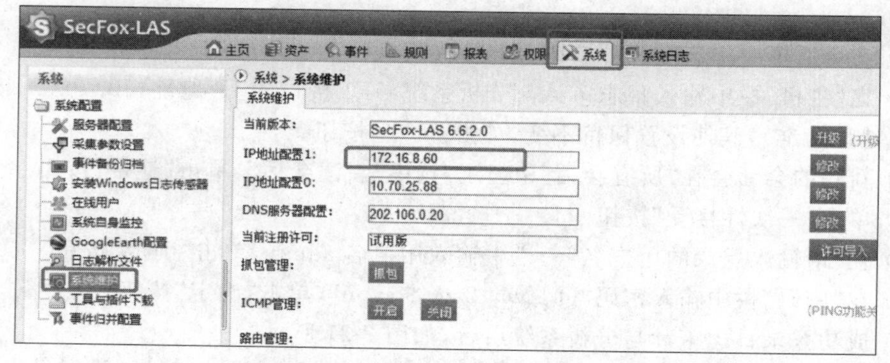

图 2-23　日志审计与分析系统 IP 地址

(18) 将管理机时间与日志审计与分析系统时间统一。在日志审计与分析系统中,单击“系统”→“系统维护”,选中“时间校对设置”框中的“手动校时”单选按钮,如图 2-24 所示。

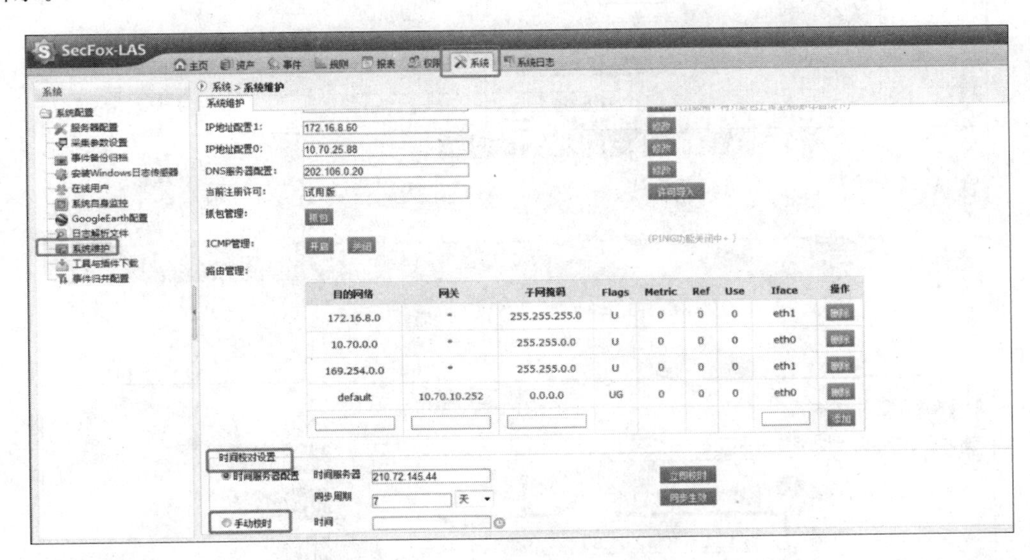

图 2-24　选择手动校时

(19) 单击“时间”一栏的钟表图案,如图 2-25 所示。

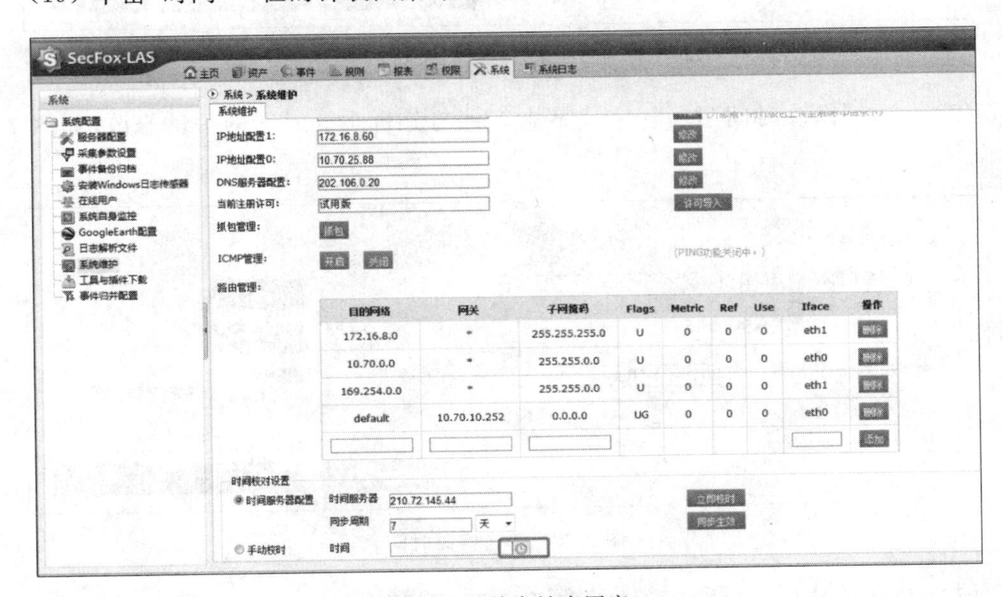

图 2-25　单击钟表图案

(20) 选择与管理机统一的时间,如图 2-26 所示。

(21) 单击屏幕空白处,退出设置,结果如图 2-27 所示。

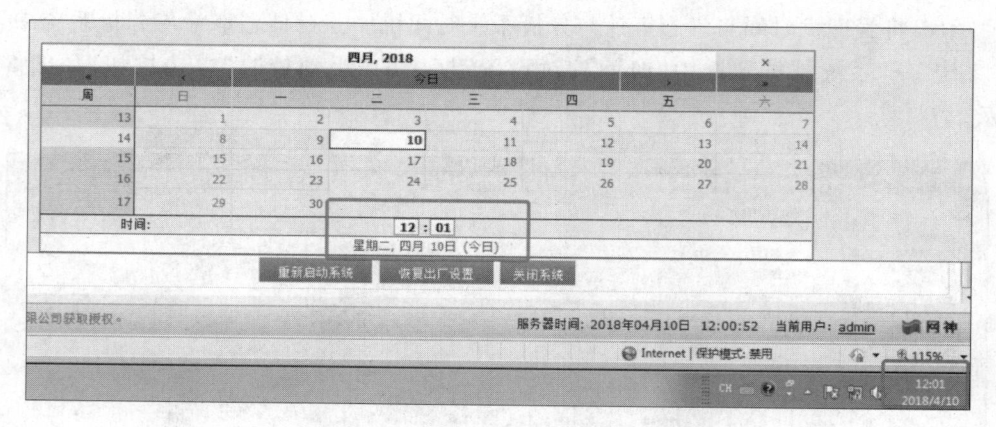

图 2-26　修改时间

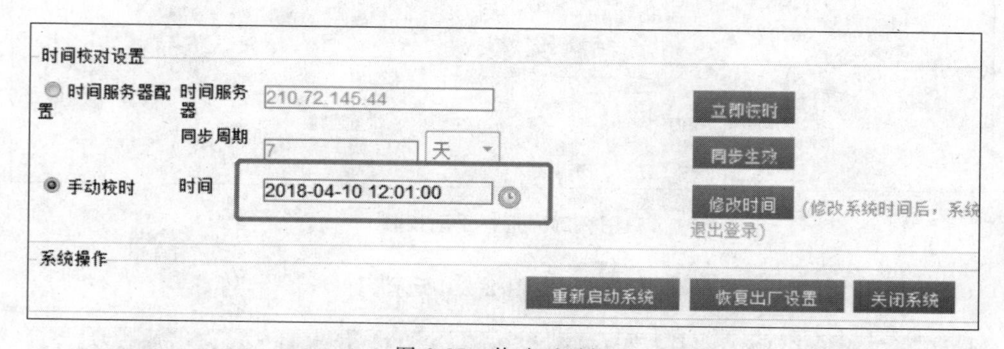

图 2-27　修改后时间

(22) 单击“修改时间”按钮，完成日志审计与分析系统时间的手动修改，如图 2-28 所示。

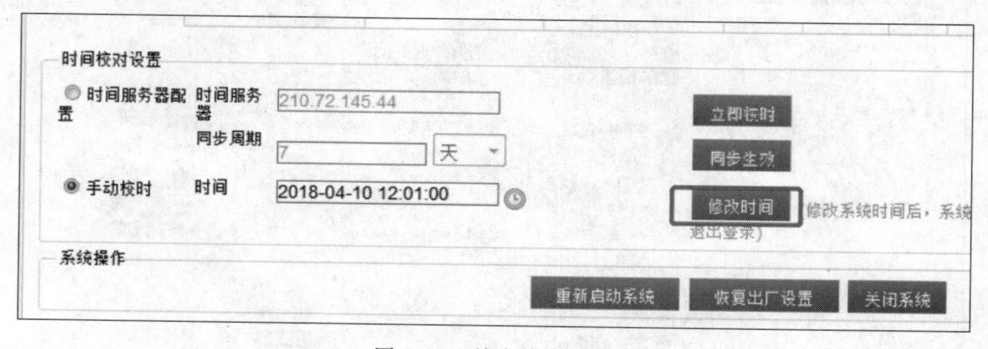

图 2-28　单击修改时间

(23) 修改成功后，系统会跳转至登录界面，重新输入用户名/密码“admin/!1fw@2soc#3vpn”，登录日志审计与分析系统。

(24) 重新登录后，查看系统界面右下方的时间，与管理机时间相同，如图 2-29 所示。

(25) 选择“系统”命令，进入系统模块，如图 2-30 所示。

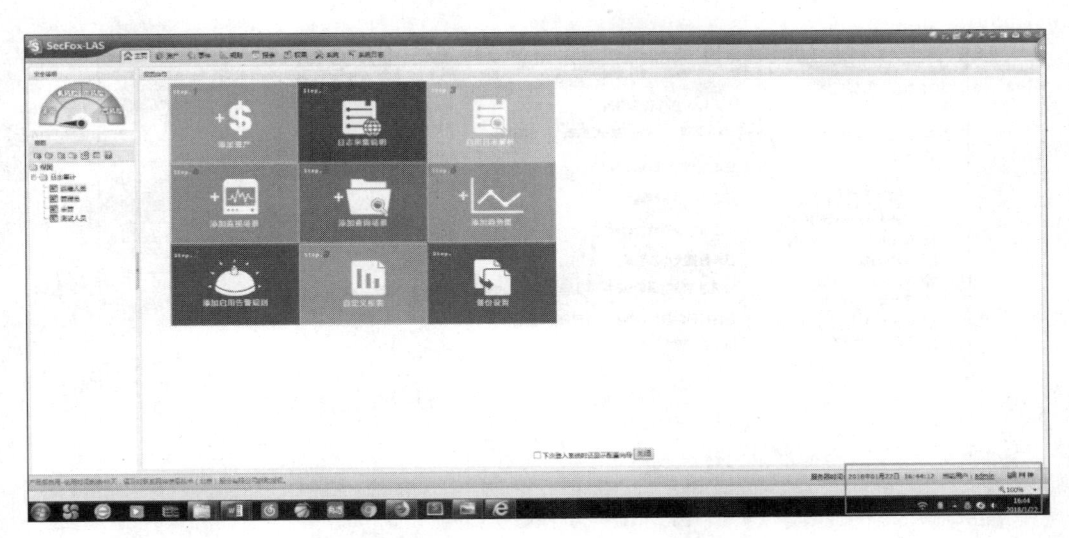

图 2-29　查看结果

图 2-30　“系统”模块

(26) 依次单击“系统配置”→“事件备份归档”，设置数据备份的相关参数，如图 2-31 所示。

(27) 单击“事件备份归档”后，进入参数配置界面，在“基本配置”页面，可设置“日志自动备份时间间隔”“日志保存最长时间”“日志备份保存最大时间”“日志数据大小告警阈值”。本实验中的参数设置保持默认值即可，如图 2-32 所示。

(28) 登录实验平台，打开虚拟机 WXPSP3，对应实验拓扑中的右侧设备，如图 2-33 所示。

(29) 进入虚拟机后，为保证日志审计与分析系统收到的日志文件时间与虚拟机时间

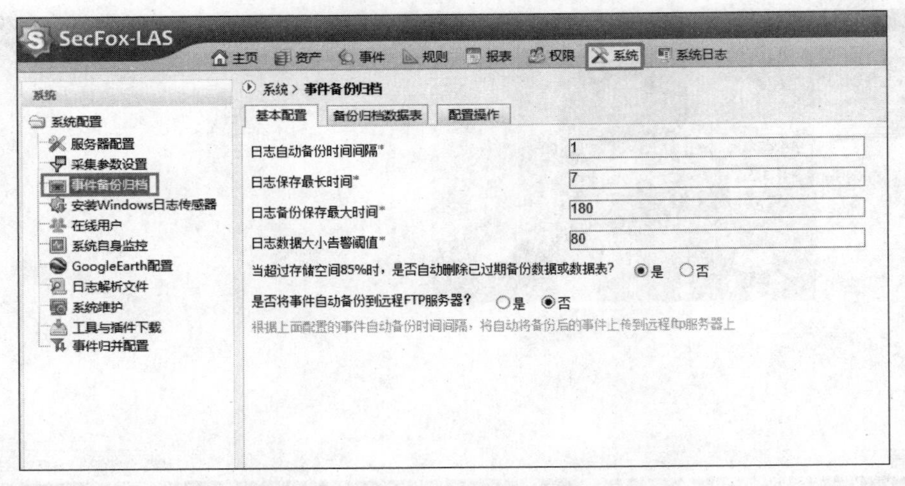

图 2-31 “事件备份归档”设置

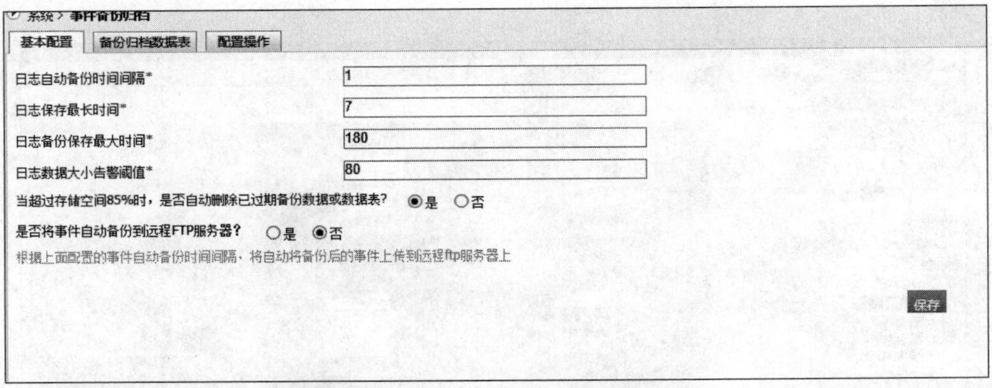

系统 > 事件备份归档
基本配置　备份归档数据表　配置操作
日志自动备份时间间隔* 1
日志保存最长时间* 7
日志备份保存最大时间* 180
日志数据大小告警阈值* 80
当超过存储空间85%时，是否自动删除已过期备份数据或数据表？ ◉是 ○否
是否将事件自动备份到远程FTP服务器？ ○是 ◉否
根据上面配置的事件自动备份时间间隔，将自动将备份后的事件上传到远程ftp服务器上
保存

图 2-32 数据备份基本配置

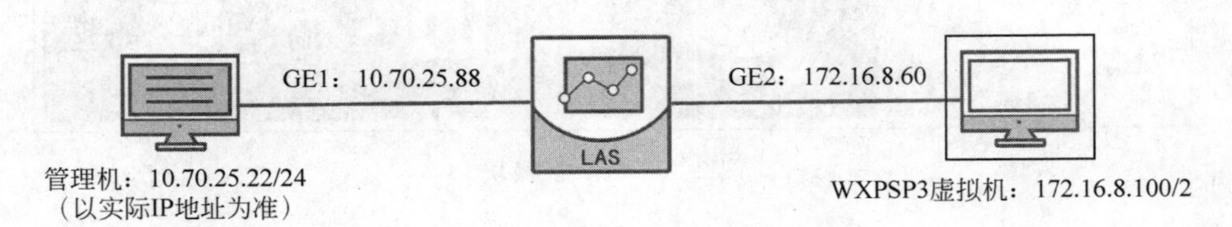

图 2-33 打开虚拟机

一致，首先查看虚拟机的系统时间与管理机的系统时间是否一致，如果不一致，则双击虚拟机界面右下角的时间进行调整，如图 2-34 所示。

图 2-34 调整虚拟机时间

(30) 根据管理机时间对虚拟机时间进行调整，然后单击“确定”按钮，如图 2-35 所示。

(31) 进入虚拟机桌面，打开桌面的“实验工具”，如图 2-36 所示。

(32) 单击文件夹 UDPSender，如图 2-37 所示。

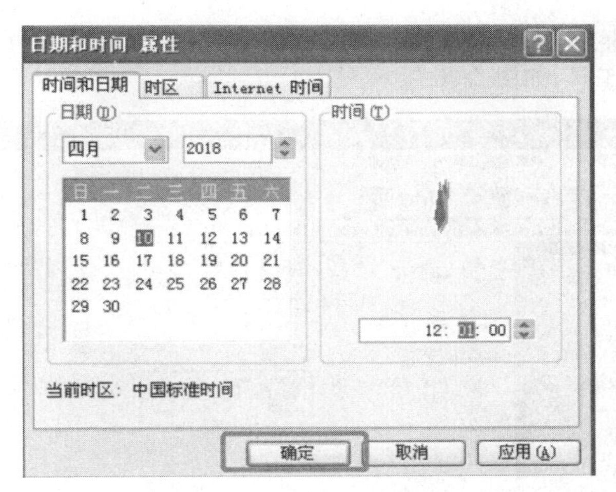

图 2-35　调整虚拟机时间

图 2-36　打开日志发送工具

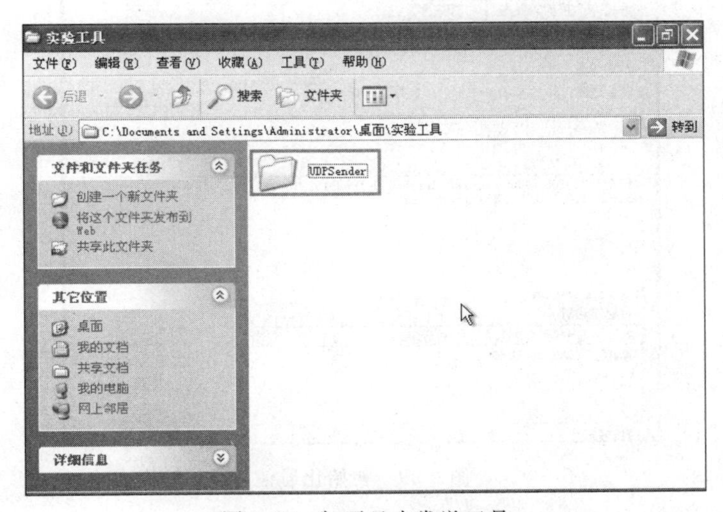

图 2-37　打开日志发送工具

（33）UDPsender 是模拟防火墙日志发送的工具，双击图标 UDPsender. exe，打开文件夹中的日志发送工具，如图 2-38 所示。

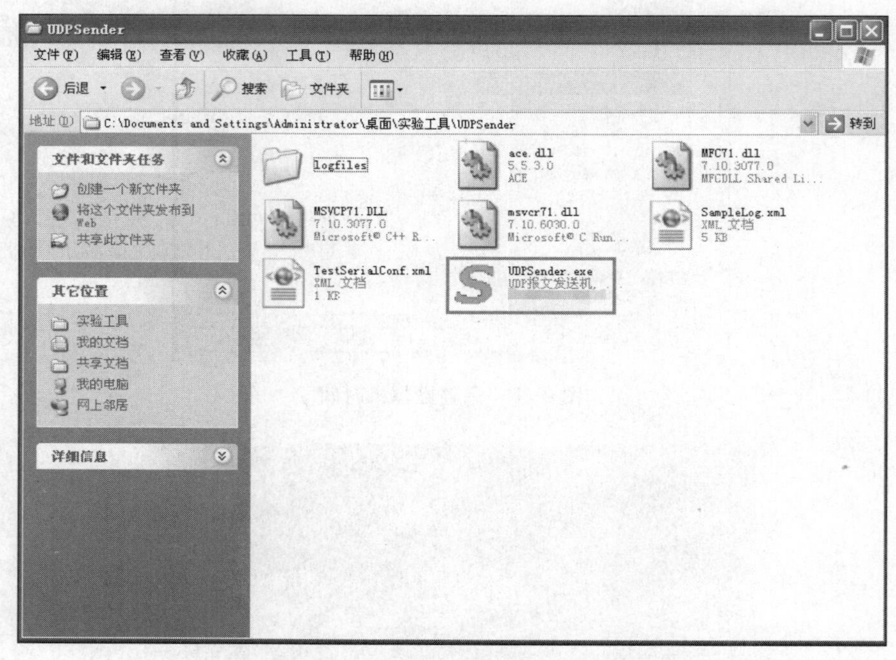

图 2-38　打开日志发送工具

（34）配置日志发送的相关信息，“协议”选中 Syslog 单选按钮，“方式”选中“按速度发送”单选按钮，“速度”输入 5，然后单击“初始化通信”按钮，如图 2-39 所示。

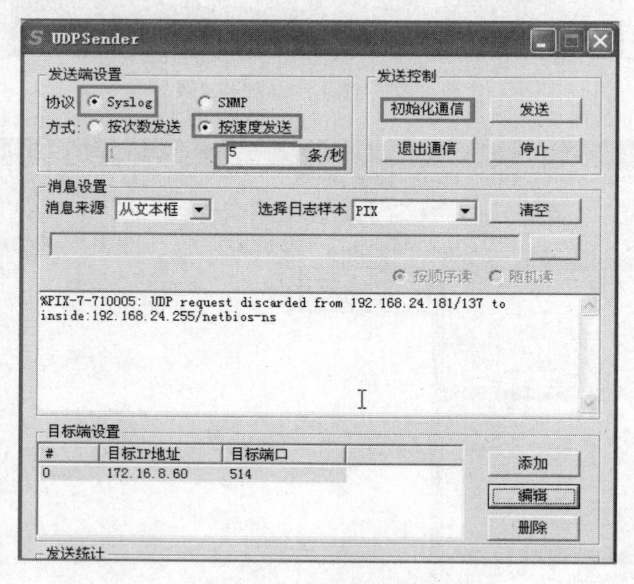

图 2-39　初始化通信

(35)“消息来源”设置为“从文件”,单击“...”按钮,选择目标日志文件,如图 2-40 所示。

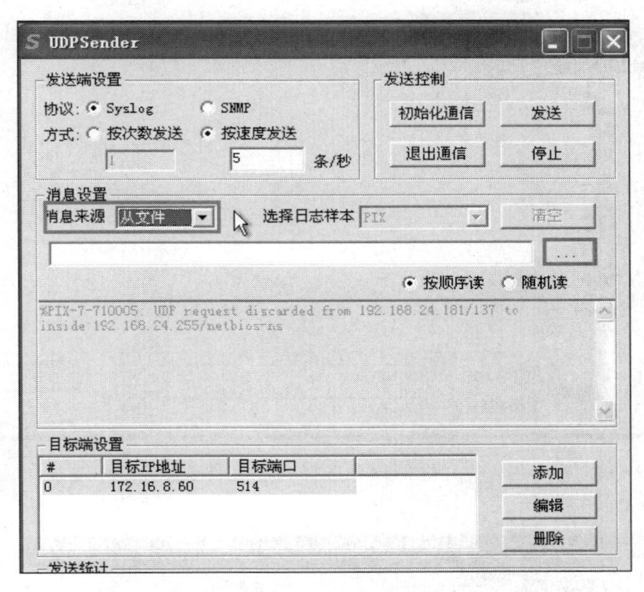

图 2-40　消息设置

(36)单击“查找范围”中的“桌面”,进入“实验工具”目录,单击 UDPSender 文件夹,如图 2-41 所示。

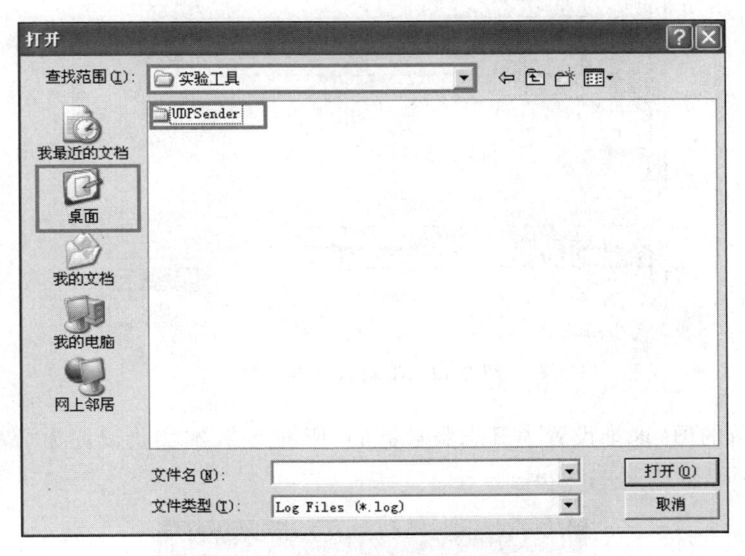

图 2-41　查找日志文件

(37)进入 logfiles 进行日志文件选择,本实验选择“FW_LOG_DEOM. log”,再单击“打开”按钮,如图 2-42 所示。

(38)在“目标端设置”中,选中序号为 0 的目标,单击“编辑”按钮,如图 2-43 所示。

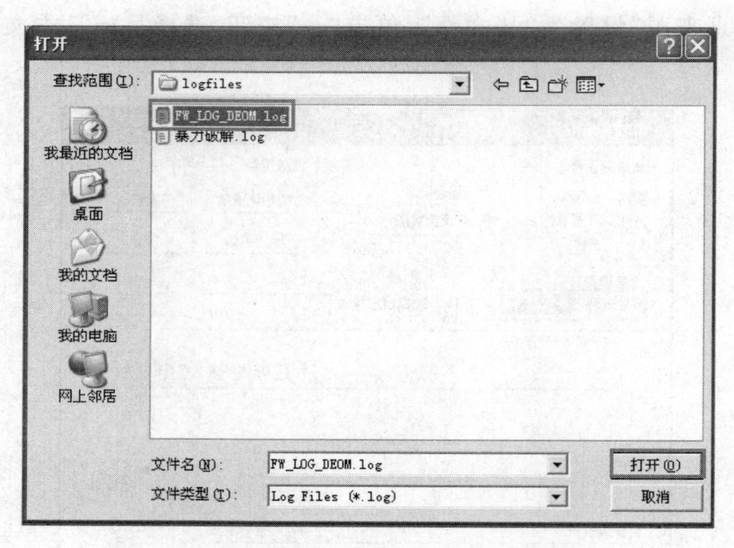

图 2-42 选择日志文件

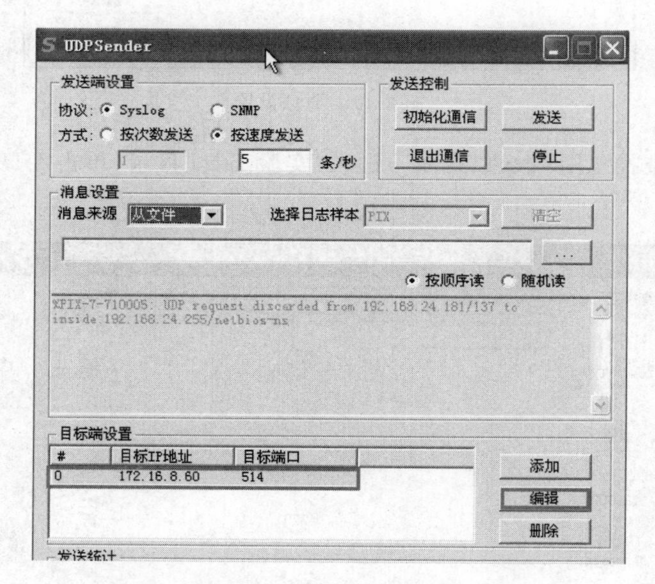

图 2-43 编辑目标端信息

(39) 将目的 IP 地址设置为日志服务器的“IP 地址”,本实验设置为“172.16.8.60”,端口设置为 514,如图 2-44 所示。

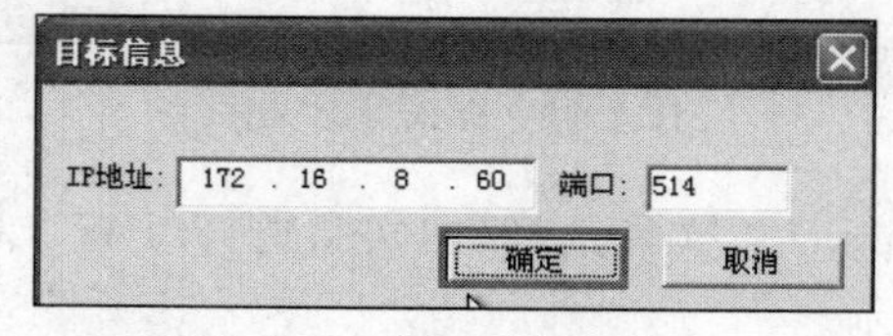

图 2-44 编辑目的 IP 地址

(40) 完成设置后，核对信息配置是否正确，然后单击“发送”按钮，如图 2-45 所示。

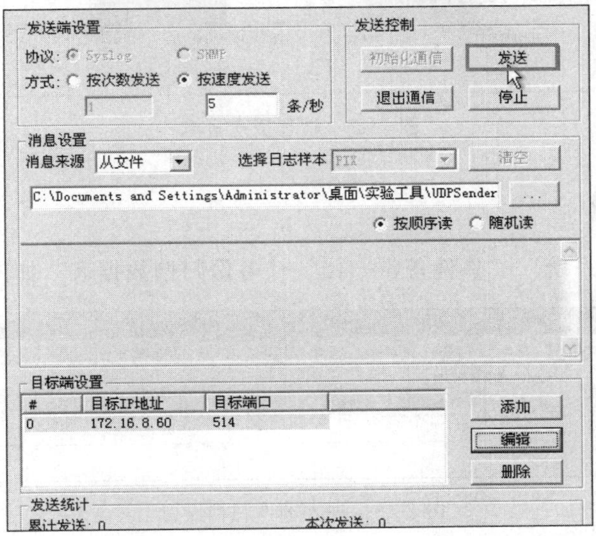

图 2-45　发送日志

(41) 完成日志发送过程后，在管理机中登录日志审计与分析系统平台，依次单击“资产”→“资产日志”，如图 2-46 所示。

图 2-46　进入资产日志界面

(42) 选中资产地址“172.16.8.100”，单击“允许接收”和“启用”按钮，以允许日志审计与分析系统接收日志，并启用“是否告警”，如图 2-47 所示。

【实验预期】

(1) 手动备份数据成功。

(2) 手动恢复数据成功。

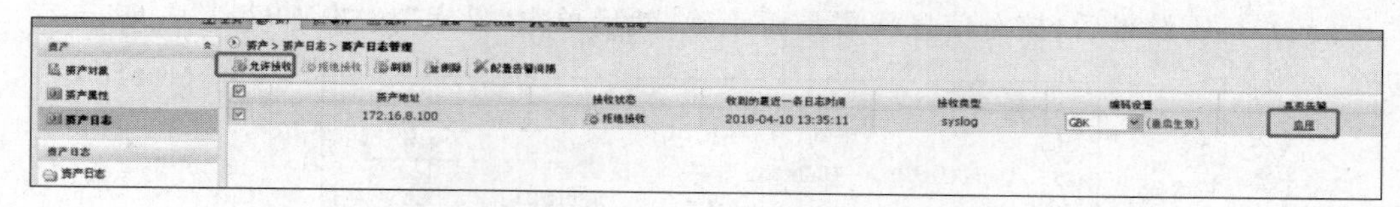

图 2-47　管理资产日志

【实验结果】

(1) 依次单击“系统”→“事件备份归档”→“备份归档数据表”,如图 2-48 所示。

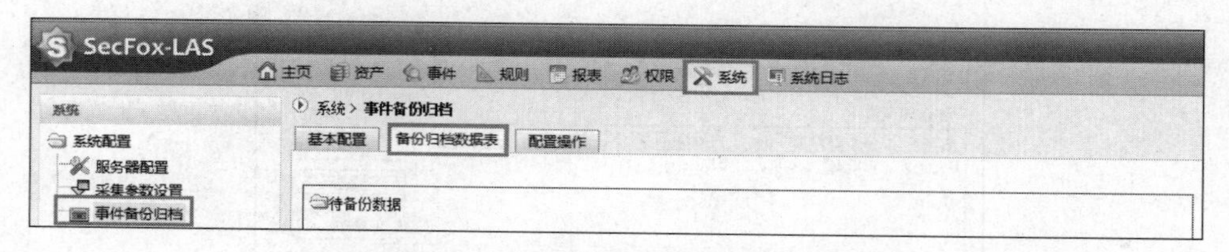

图 2-48　进入事件归档设置

(2) 由于日志审计与分析系统刚刚接收到事件,在“待备份数据”中选中数据 20180410,单击“手动备份”按钮,如图 2-49 所示。

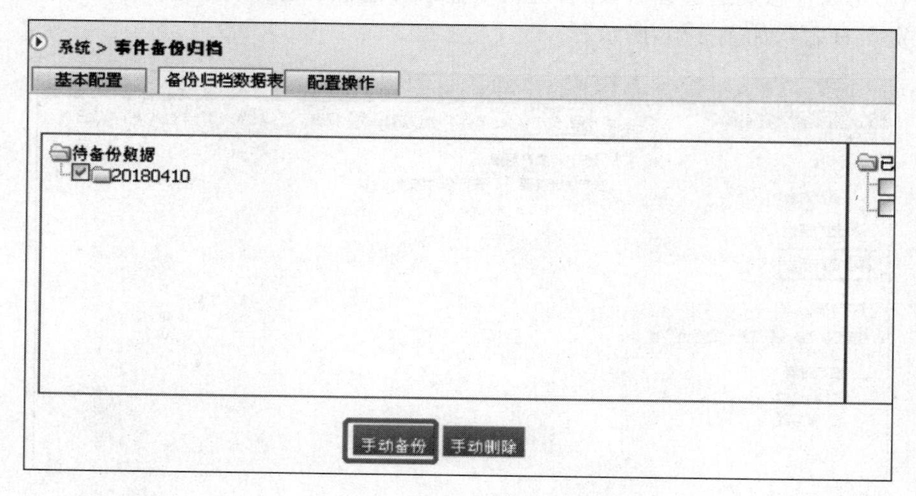

图 2-49　手动备份数据

(3) 界面下方显示手动备份成功,如图 2-50 所示。

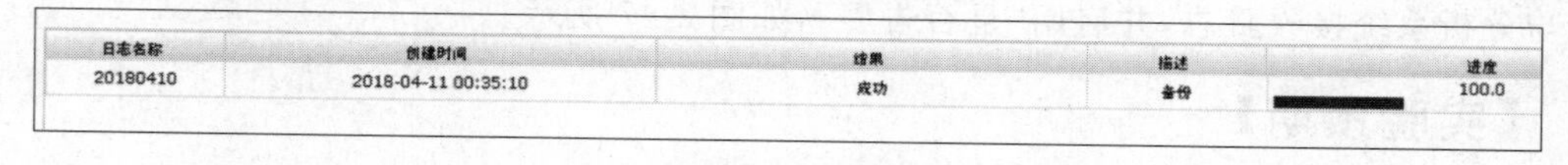

日志名称	创建时间	结果	描述	进度
20180410	2018-04-11 00:35:10	成功	备份	100.0

图 2-50　手动备份成功

(4) 在“已备份数据”中找到刚刚手动备份的数据 20180410,单击“手动恢复”按钮,如图 2-51 所示。

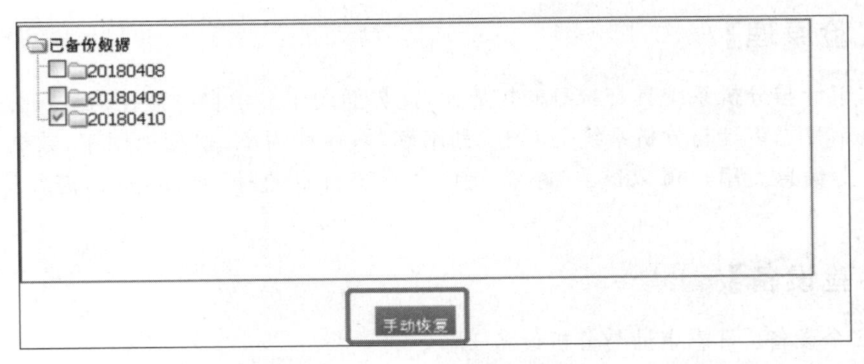

图 2-51　手动恢复数据

(5) 选择“系统日志”命令，下方显示手动恢复成功，如图 2-52 所示。

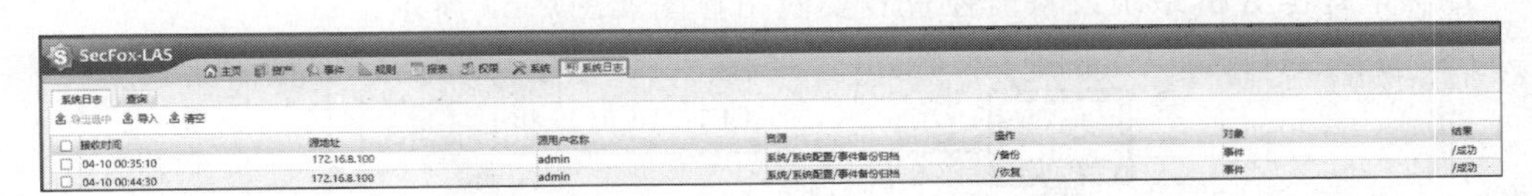

图 2-52　手动恢复成功

(6) 综上所述，日志审计与分析系统可以对系统内的事件进行备份归档，也可根据需要修改备份策略与基础参数，解决实验场景中的问题。

【实验思考】

日志数据大小告警阈值有何作用？

2.4 日志审计与分析系统设备监控查看实验

【实验目的】

查看日志审计与分析系统的自身监控界面，下载自身日志，实现对系统自身的性能监控。

【知识点】

CPU 利用率、内存利用率、系统日志。

【实验场景】

A 公司日志审计与分析设备由安全运维工程师小王负责。由于该设备负责监控公司很多核心业务设备的日志和事件，所以公司要求小王对该设备各项性能指标(如 CPU、磁盘、数据库、内存)进行监控。请思考应如何监控。

【实验原理】

日志审计与分析系统具有自身监控界面，此界面用于显示自身监控信息，通过图形化的方式显示日志审计与分析系统的 CPU 利用率、内存利用率、硬盘利用率、数据库、每秒接收事件等信息。用户可以进入“系统”中的“系统自身监控”界面，根据需要进行相应操作。

【实验设备】

- 安全设备：日志审计与分析设备 1 台。

【实验拓扑】

日志审计与分析系统设备监控查看实验拓扑图如图 2-53 所示。

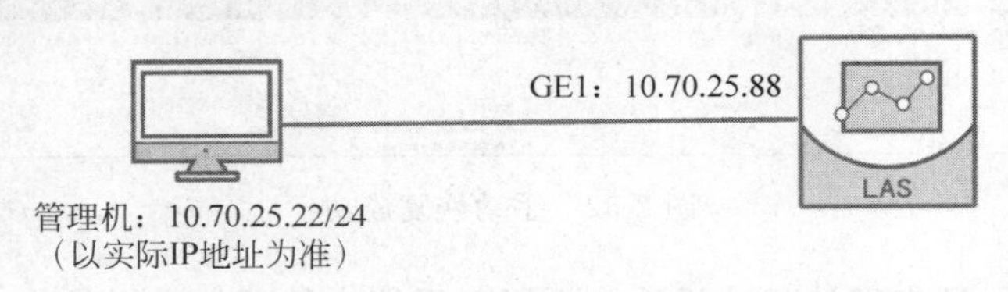

图 2-53　日志审计与分析系统设备监控查看实验拓扑图

【实验思路】

(1) 以管理员 admin 用户的身份登录日志审计与分析系统。

(2) 进入“系统”的“系统自身监控”界面查看系统自身性能。

(3) 下载系统自身日志文件。

【实验步骤】

(1) 在管理机中打开浏览器，在地址栏中输入日志审计与分析产品的 IP 地址“https://10.70.25.88”(以实际 IP 地址为准)，打开平台登录界面。由于此网址的证书未经过认证，会显示“此站点不安全”，单击“详细信息”按钮。

(2) 在“详细信息”的下面，单击“转到此网页”按钮，这样在不关闭浏览器的情况下可以正常访问此网址。

(3) 使用管理员用户名/密码“admin/!1fw@2soc#3vpn”登录日志审计与分析系统。

(4) 登录后，需要修改 admin 用户的密码，本实验没有修改密码的必要，所以“原始密码”“新密码”“确认新密码”都输入“!1fw@2soc#3vpn”，单击“确定”按钮。

(5) 登录后，将日志审计与分析系统的网址加入浏览器兼容性视图中，以保证网站中的内容可以正确显示，单击浏览器的“设置”→“兼容性视图设置”，进入“兼容性视图设置”界面。

(6) 进入“兼容性视图设置”界面后，在“添加此网站”下面输入设备地址“10.70.25.88”，然后单击“添加”按钮。

(7) 完成兼容性设置后,关闭“兼容性视图设置”界面。登录日志审计与分析系统的主界面,选择“系统”命令,如图 2-54 所示。

图 2-54　“系统”模块

(8) 依次单击“系统”→“系统配置”→“系统自身监控”,查看系统性能参数,如图 2-55 所示。

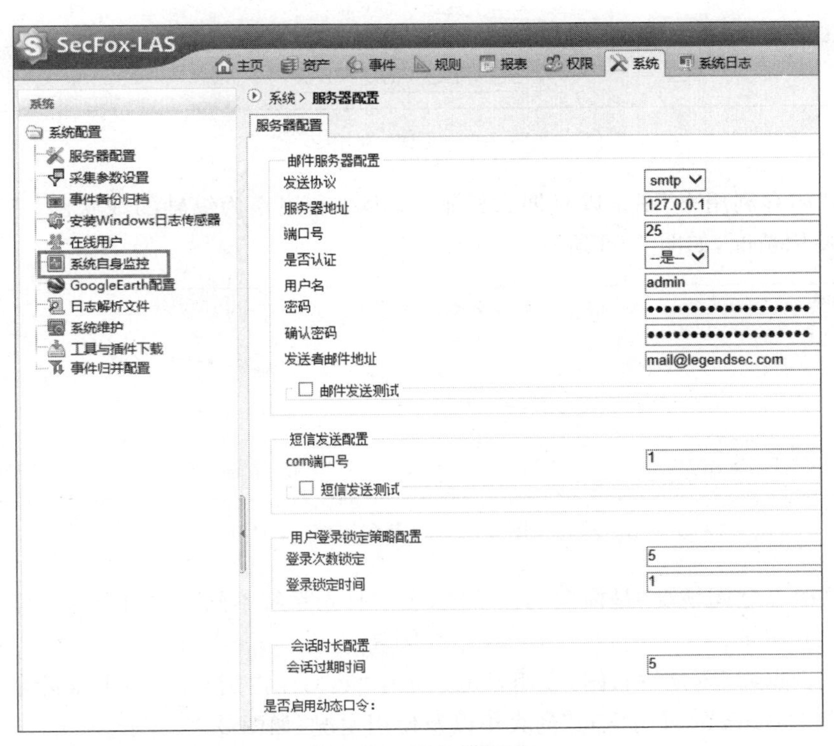

图 2-55　服务器配置

(9) 单击“系统自身监控”,图形化界面展示系统自身性能,如图 2-56 所示。

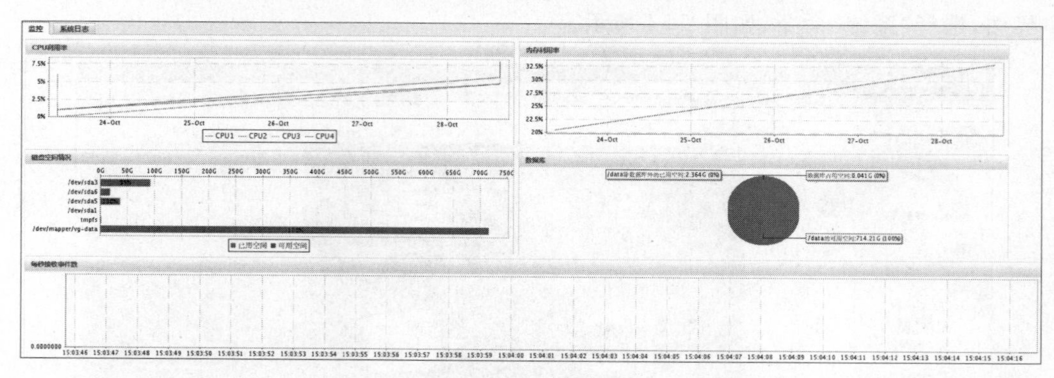

图 2-56　系统性能展示

(10) 在“系统自身监控”界面中,可以看到系统的 CPU 利用率、内存利用率、硬盘存储使用情况、数据库使用情况以及每秒接收的事件等信息。其中,“CPU 利用率”的图是以日期为横轴、CPU 利用率为纵轴的线状图,表明当前运行的程序对日志系统的 CPU 占用情况。“CPU 利用率”如图 2-57 所示。

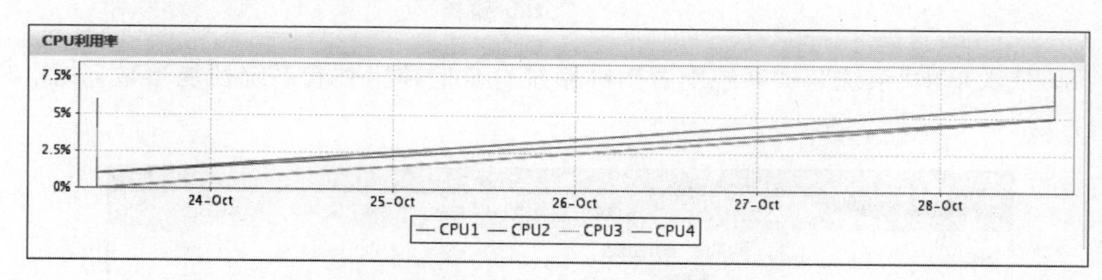

图 2-57　CPU 利用率

(11) “内存利用率”图是以日期为横轴、以内存利用率为纵轴的线状图,表明每天系统的内存使用情况,如图 2-58 所示。

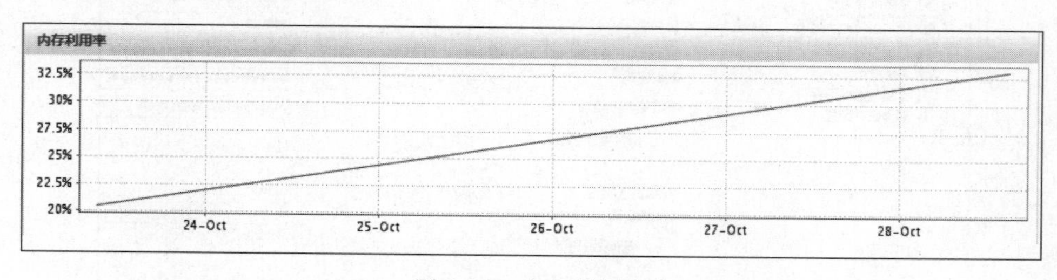

图 2-58　内存利用率

(12) “磁盘空间情况”是横向的柱状图,表明日志系统不同的磁盘分区的空间使用情况,如图 2-59 所示。

(13) “数据库”图是饼状图,表明日志系统中“数据库占用空间”“/data 除数据库外的已用空间”和“/data 的可用空间”的大小以及使用情况,如图 2-60 所示。

(14) 依次单击“系统”→“系统自身监控”→“系统日志”,进入“系统日志”界面。在

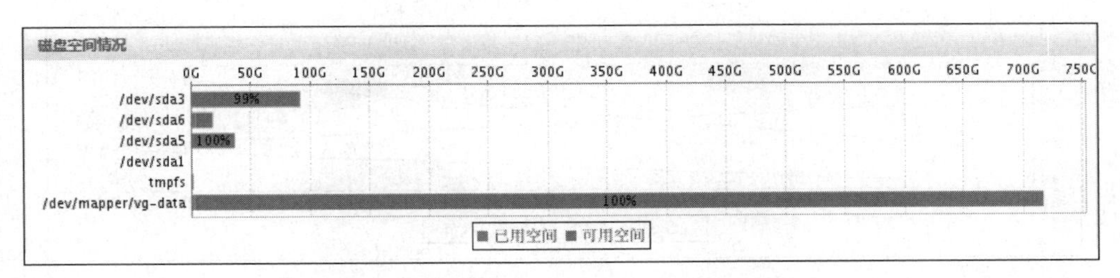

图 2-59　磁盘空间情况

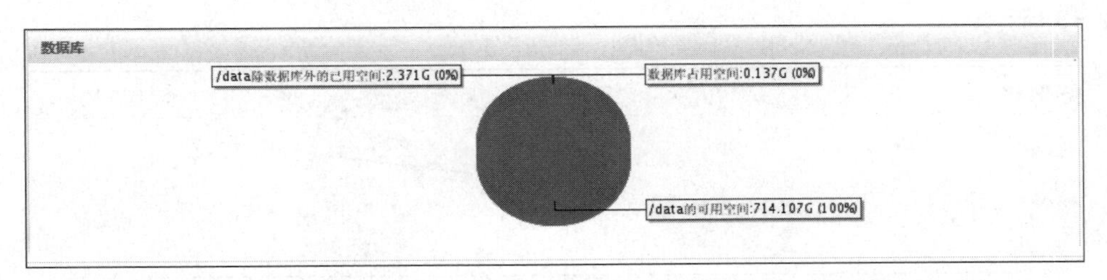

图 2-60　数据库

“系统日志”界面中，可以查看系统日志以及数据库日志的文件大小，防止日志过多造成系统内存溢出，对系统造成损害。本实验中的系统日志和数据库日志文件大小都很正常，若要进行具体分析，可以单击“下载当日日志”，进行下载并对日志文件进行分析，如图 2-61 所示。

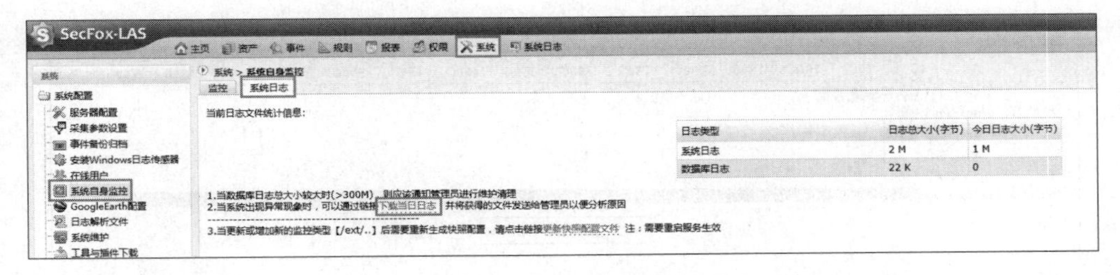

图 2-61　系统日志

【实验预期】

(1) 对比使用一段时间后的系统 CPU 利用率。

(2) 对比使用一段时间后的系统内存利用率。

【实验结果】

(1) 使用一段时间后，再次进入“系统”中的“系统自身监控”界面，查看日志审计与分析系统的“CPU 利用率”，发现曲线发生变化，曲线较为曲折，变化剧烈，说明在系统运行过程中程序占用的 CPU 资源在不停地发生变化，如图 2-62 所示。

(2) 使用一段时间后，再次查看日志审计与分析系统的“内存利用率”，发现曲线发生变化，曲线虽然曲折，但保持上升的趋势，说明数据传输占用的内存空间越来越多，如

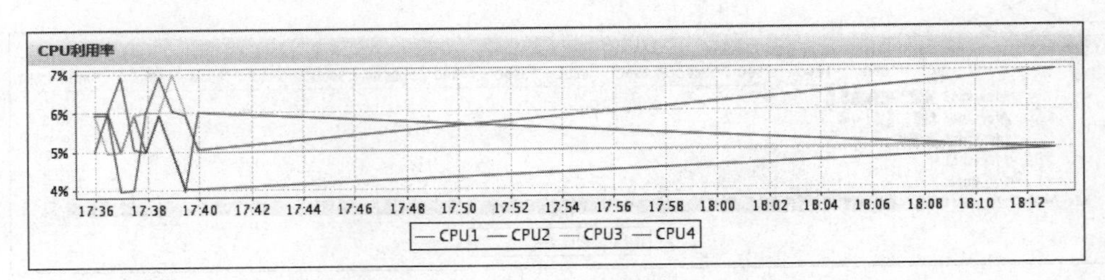

图 2-62　CPU 利用率对比

图 2-63 所示。

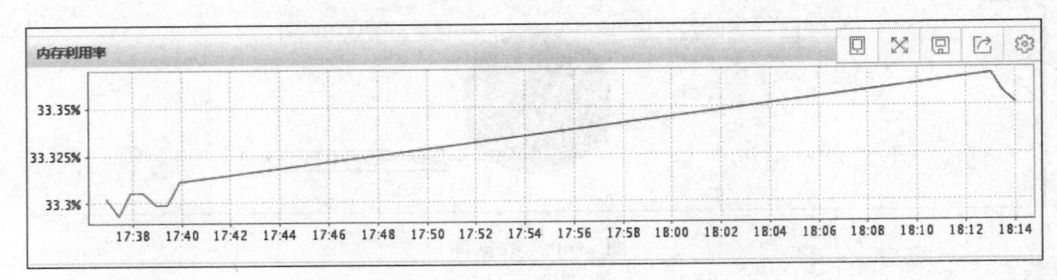

图 2-63　内存利用率对比

(3) 使用一段时间后，再次查看日志审计与分析系统的“磁盘空间情况”，发现磁盘空间的柱状图基本没有改变，说明系统的工作量较小，数据占用磁盘的情况基本没有变化，如图 2-64 所示。

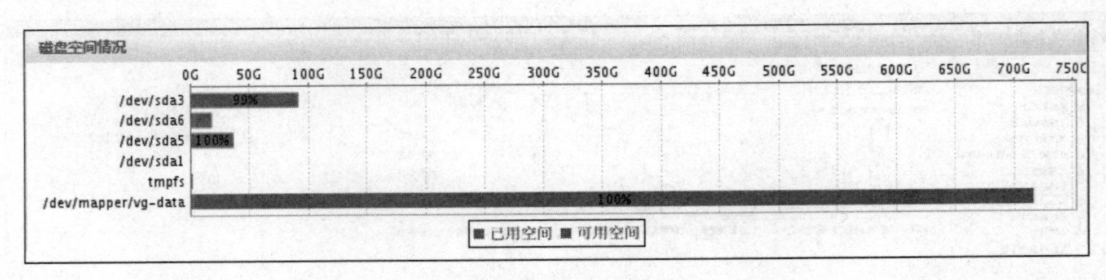

图 2-64　磁盘空间情况对比

(4) 使用一段时间后，再次查看日志审计与分析系统的“数据库”，发现“数据库占用空间”“/data 除数据库外的已用空间”和“/data 的可用空间”均发生了微小的变化，说明在这段时间的运行中，日志系统只进行了少量的数据存储，如图 2-65 所示。

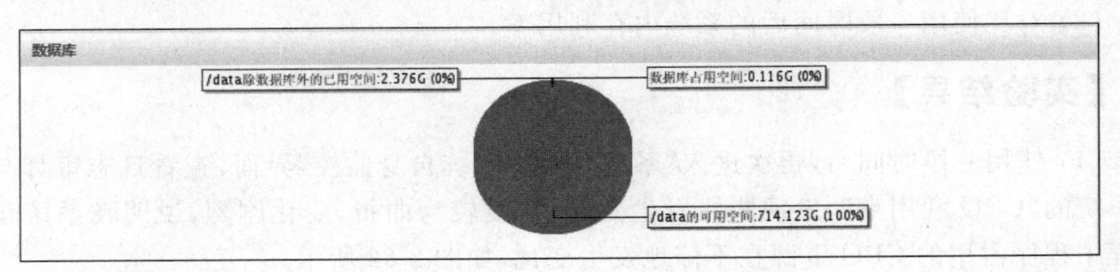

图 2-65　数据库对比

(5) 下载系统日志后,选中“打开,通过(O)”单选按钮,单击“确定”按钮,如图 2-66 所示。

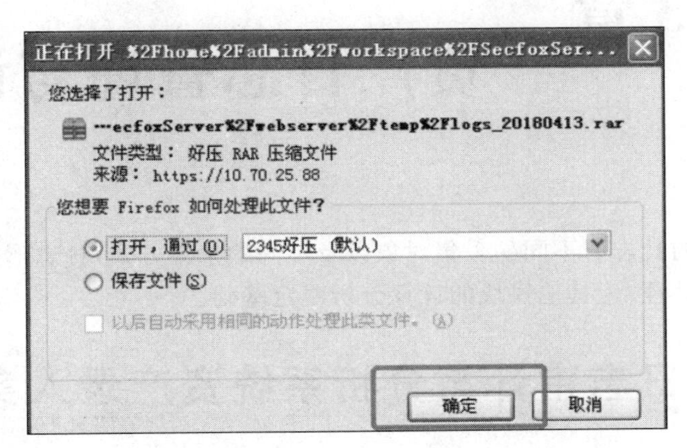

图 2-66　打开系统日志

(6) 打开的系统日志压缩包如图 2-67 所示,但这些均为加密文档,若需要打开日志文件查看具体内容,需要管理员提供相关密码。

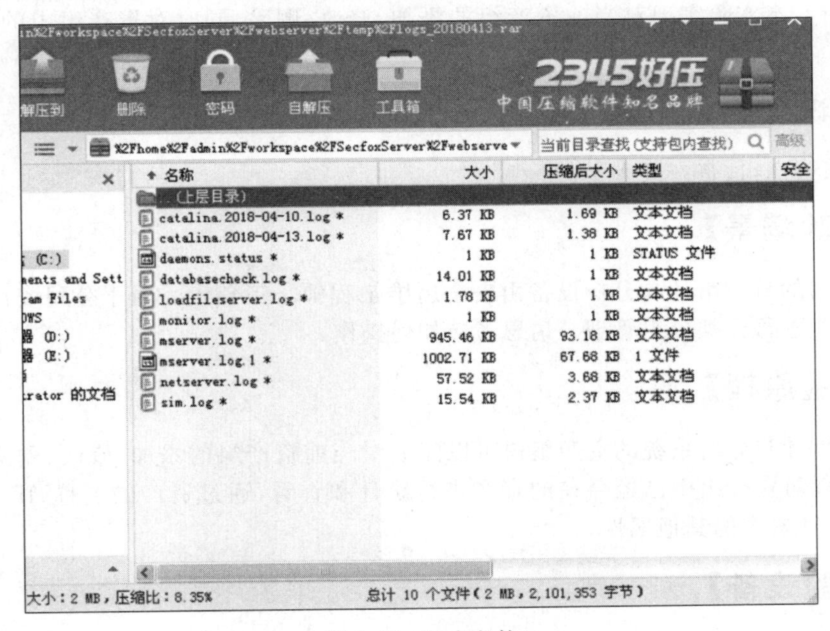

图 2-67　日志文件

(7) 综上所示,日志审计与分析系统的自身监控界面可以反映系统的自身性能,便于管理员对系统进行维护。

【实验思考】

系统日志文件过多会造成什么后果,应该如何操作?

第3章 资产日志管理与设置

网络系统中的日志有不同的采集对象以及不同的采集方式，日志形式也多种多样，故需要进行归一化处理，为其他模块的计算分析奠定基础。

3.1 日志审计与分析系统资产录入实验

【实验目的】

日志审计与分析系统将其他设备作为资产录入本系统，然后对这些设备的日志进行审计与分析，本实验实现对当前资产组的添加、修改、删除，同时对资产组中的资产进行录入。

【知识点】

资产、资产组、资产录入。

【实验场景】

A公司的日志审计与分析设备由安全运维工程师小王负责。由于公司资产较多，小王想对资产进行分类分组管理。请思考应如何操作。

【实验原理】

日志审计与分析系统的资产组树可以完成对当前资产组的添加、修改、删除等操作，同时还可以对资产组中已经存在的资产进行统计和查看，通过资产的名称、IP等信息查看资产，统计资产的其他属性。

【实验设备】

- 安全设备：日志审计与分析设备1台。

【实验拓扑】

日志审计与分析系统资产录入实验拓扑图如图3-1所示。

【实验思路】

（1）以管理员admin用户的身份登录日志审计与分析系统。

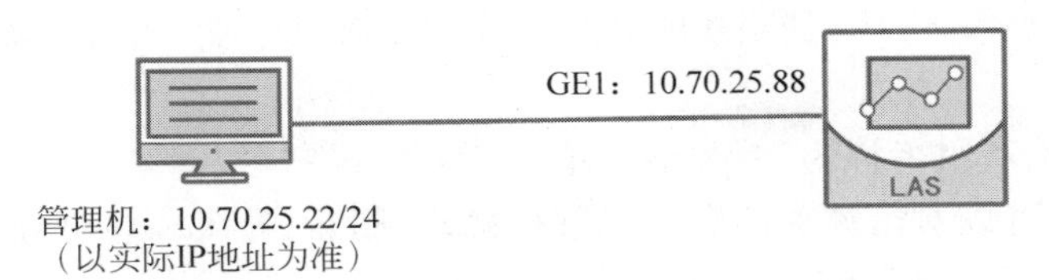

图 3-1　日志审计与分析系统资产录入实验拓扑图

（2）创建新的资产组“服务器”。

（3）在资产组中录入资产。

（4）对当前资产组中的资产进行统计和查看。

【实验步骤】

（1）在管理机中打开浏览器，在地址栏中输入日志审计与分析产品的 IP 地址“https://10.70.25.88”（以实际 IP 地址为准），打开平台登录界面。由于此网址的证书未经过认证，会显示“此站点不安全”，单击“详细信息”按钮。

（2）在“详细信息”的下面，单击“转到此网页”按钮，这样在不关闭浏览器的情况下可以正常访问此网址。

（3）使用管理员用户名/密码“admin/!1fw@2soc#3vpn”登录日志审计与分析系统。

（4）登录后，需要修改 admin 用户的密码，本实验没有修改密码的必要，所以“原始密码”“新密码”“确认新密码”都输入“!1fw@2soc#3vpn”，单击“确定”按钮。

（5）登录后，将日志审计与分析系统的网址加入浏览器兼容性视图中，以保证网站中的内容可以正确显示，单击浏览器的“设置”→“兼容性视图设置”，进入“兼容性视图设置”界面。

（6）进入“兼容性视图设置”界面后，在“添加此网站”下面输入设备地址“192.168.1.60”，然后单击“添加”按钮。

（7）完成兼容性设置后，关闭“兼容性视图设置”界面，进入日志审计与分析系统界面，选择“资产”命令，进入资产模块，如图 3-2 所示。

图 3-2　进入资产模块

(8) 首先进行资产分组,创建新的资产组,选中“资产对象”,单击“添加”按钮,如图 3-3 所示。

(9) 输入新资产组名称为“服务器”,单击“确定”按钮,如图 3-4 所示。

(10) 同时也可以对已添加的资产组进行修改、删除、导入和导出等操作,根据需要进行,本实验不再演示,如图 3-5 所示。

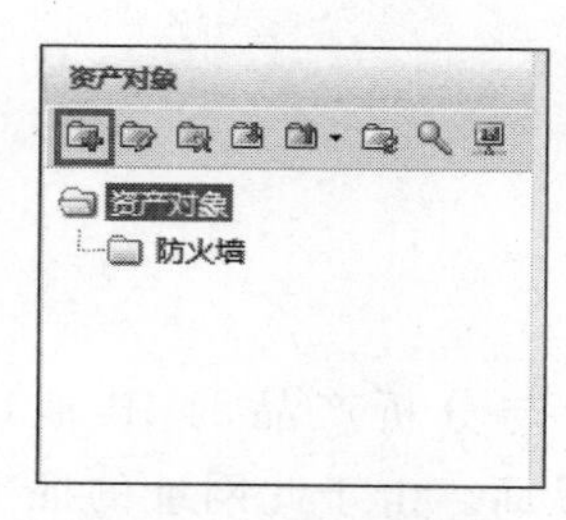

图 3-3 添加资产组

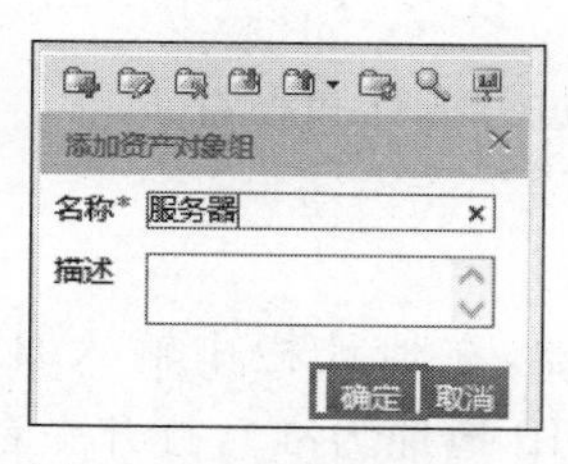

图 3-4 编辑资产组信息

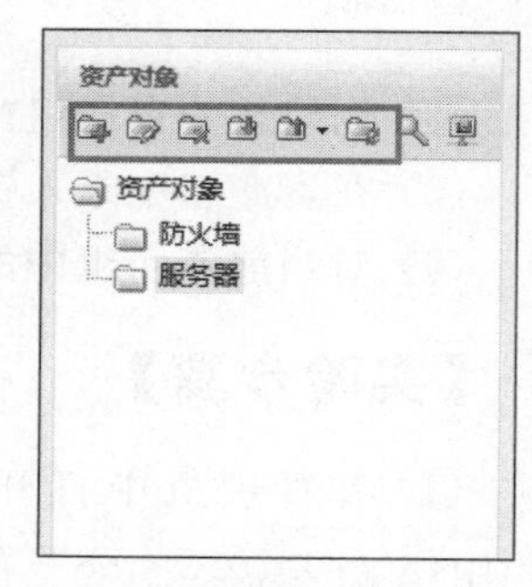

图 3-5 编辑资产组信息

(11) 接下来进行资产录入,单击新创建的资产组“服务器”,再单击“添加”按钮,进行资产添加,如图 3-6 所示。

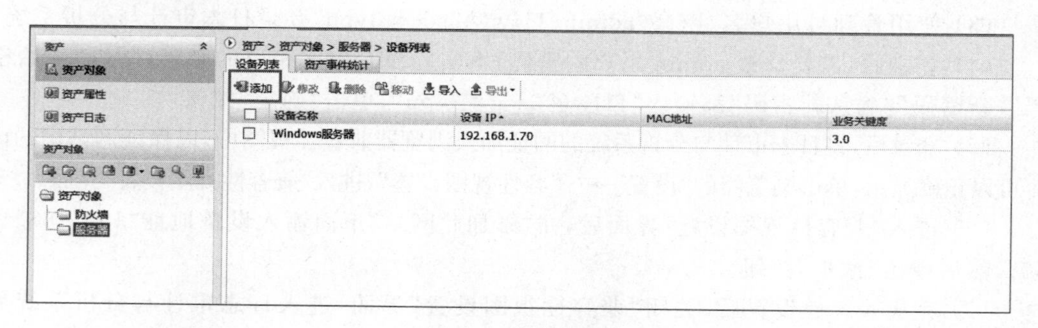

图 3-6 添加资产

(12) 编辑资产信息,“设备名称”输入“Windows 服务器”,“设备 IP”输入“192.168.1.70”,“子网掩码”输入“255.255.0.0”,“业务关键度”输入 3.0;选择“设备类型”为“服务器”,“设备型号”为 Windows。本实验中给出的设备 IP、子网掩码等信息仅供参考,请根据实际情况填写,单击“确定”按钮,如图 3-7 所示。

(13) 完成添加后,可以在设备列表中看到新录入的资产“Windows 服务器”,如图 3-8 所示。

(14) 若要修改资产信息,选中资产地址,单击“修改”命令,重新编辑资产信息。同理,也可以进行删除、移动、导入、导出等操作,如图 3-9 所示。

【实验预期】

(1) 可以看到新添加的分组“服务器”以及新添加的资产“Windows 服务器”。

(2) 对创建的资产“Windows 服务器”通过名称进行查询,并查看设备统计。

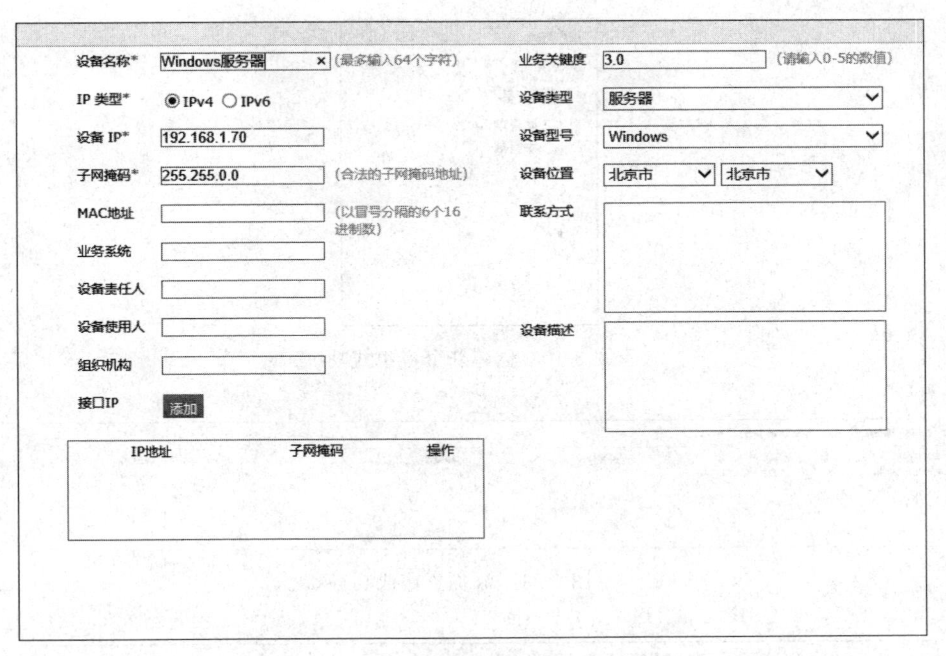

图 3-7　编辑资产信息

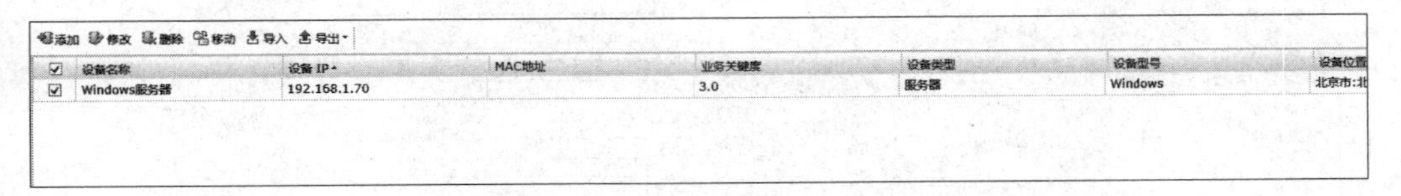

	设备名称	设备 IP	MAC地址	业务关键度	设备类型	设备型号	设备位置
☑	Windows服务器	192.168.1.70		3.0	服务器	Windows	北京市:北

图 3-8　资产组列表

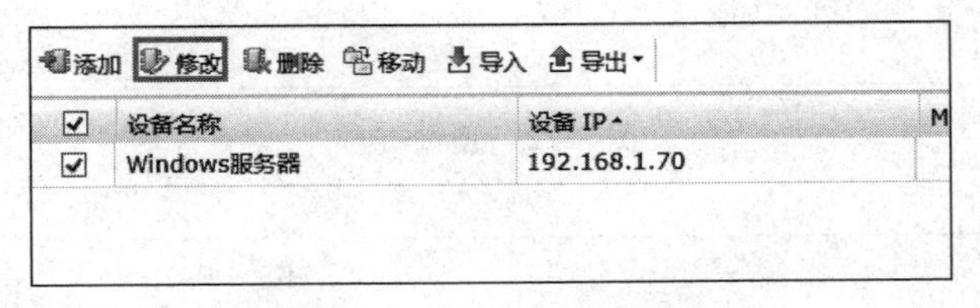

图 3-9　修改资产信息

【实验结果】

(1) 在资产对象的资产组树中显示添加成功的资产组“服务器”,如图 3-10 所示。

(2) 在设备列表中可看到新添加的资产“Windows 服务器”,如图 3-11 所示。

(3) 单击资产组中的“查询”,通过名称查找已有资产“Windows 服务器”,单击“确定”按钮,如图 3-12 所示。

(4) 成功查到已有资产“Windows 服务器”,如图 3-13 所示。

(5) 管理员在资产树中设备统计中可以查看资产信息,如图 3-14 所示。

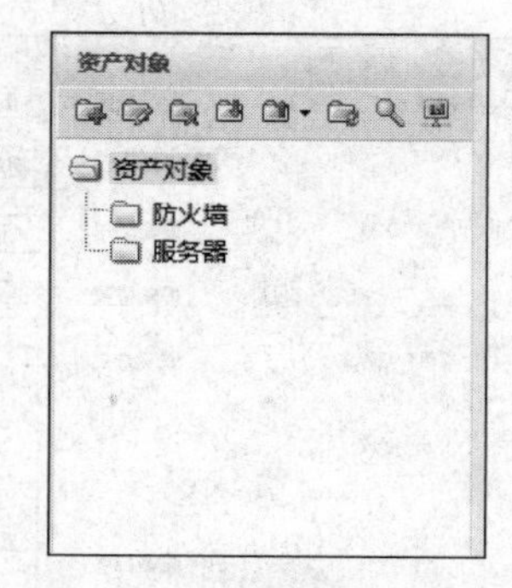

图 3-10　创建新资产组成功

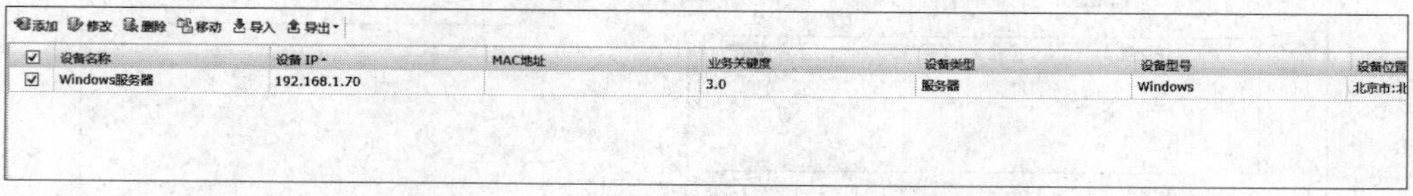

添加 修改 删除 移动 导入 导出

设备名称	设备IP	MAC地址	业务关键度	设备类型	设备型号	设备位置
Windows服务器	192.168.1.70		3.0	服务器	Windows	北京市:北

图 3-11　添加资产成功

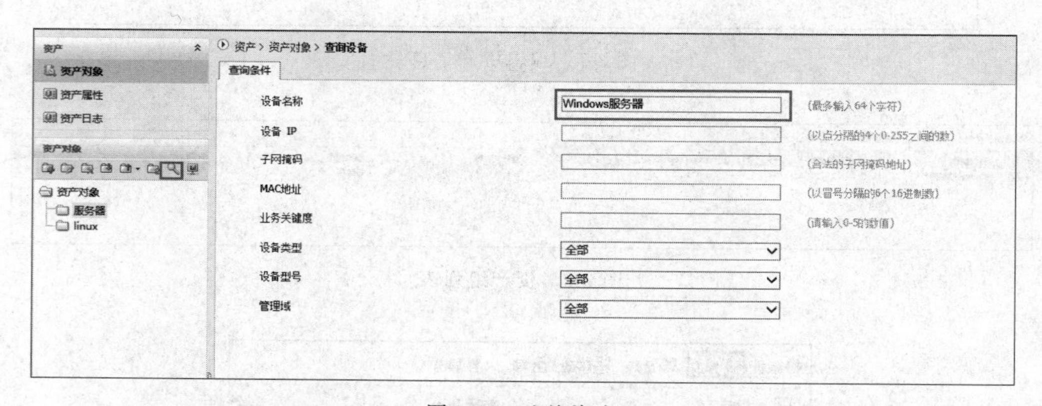

图 3-12　查询资产

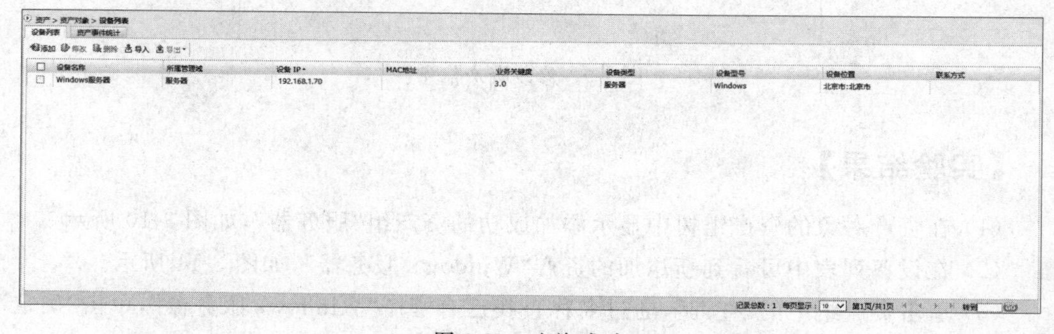

图 3-13　查询成功

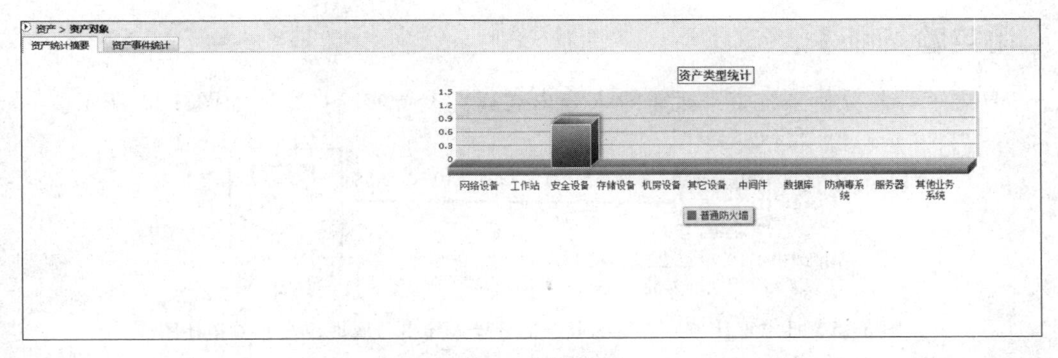

图 3-14　设备统计

【实验思考】

(1) 如果需要修改资产的 IP 信息,应该如何做?

(2) 在资产中如何设置接口信息?

3.2　日志审计与分析系统资产批量导入导出与属性设置实验

【实验目的】

本实验完成对日志审计与分析系统中资产的批量导入、导出以及属性设置。

【知识点】

资产导入、资产导出、XLS 格式。

【实验场景】

A 公司的日志审计与分析设备由安全运维工程师小王负责。公司需要将一批资产导入到日志审计与分析系统中,并对这些资产进行安全等级划分等操作。请思考应如何操作能够实现批量将这些资产导入到设备中,以及如何将资产信息导出设备。

【实验原理】

在日志审计与分析系统中,用户可以在资产对象安全域列表中,单击"导入",并在资产导入列表中,选择要导入的资产信息文件,确定导入策略,完成资产的批量导入。导出资产时只须选择资产信息导出路径,即可完成资产导出。资产属性的设置需要将"资产"→"资产属性"中的属性标签与资产相关联。

【实验设备】

- 安全设备:日志审计与分析设备 1 台。

【实验拓扑】

日志审计与分析系统资产批量导入导出与属性设置实验拓扑图如图 3-15 所示。

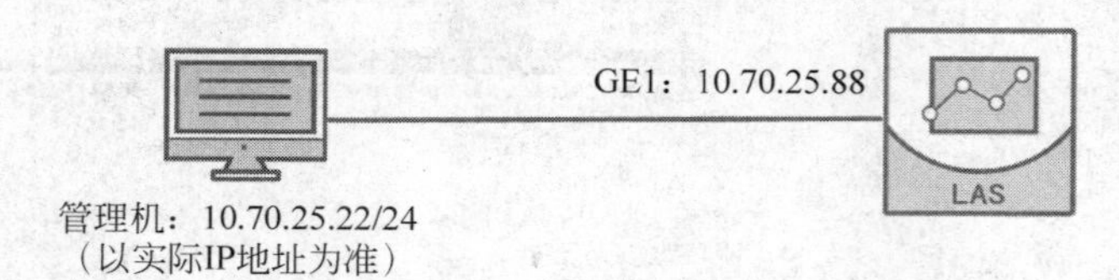

图 3-15　日志审计与分析系统资产批量导入导出与属性设置实验拓扑图

【实验思路】

(1) 以管理员 admin 的身份登录日志审计与分析系统。

(2) 依次单击"资产"→"资产列表"，进行资产信息批量导入导出。

(3) 设置资产属性。

【实验步骤】

(1) 在管理机中打开浏览器，在地址栏中输入日志审计与分析产品的 IP 地址"https://10.70.25.88"(以实际 IP 地址为准)，打开平台登录界面。由于此网址的证书未经过认证，会显示"此站点不安全"，单击"详细信息"按钮。

(2) 在"详细信息"的下面，单击"转到此网页"按钮，这样在不关闭浏览器的情况下可以正常访问此网址。

(3) 使用管理员用户名/密码"admin/!1fw@2soc#3vpn"登录日志审计与分析系统。

(4) 登录后，需要修改 admin 用户的密码，本实验没有修改密码的必要，所以"原始密码""新密码""确认新密码"都输入"!1fw@2soc#3vpn"，单击"确定"按钮。

(5) 登录后，将日志审计与分析系统的网址加入浏览器兼容性视图中，以保证网站中的内容可以正确显示，单击浏览器的"设置"→"兼容性视图设置"，进入"兼容性视图设置"界面。

(6) 进入"兼容性视图设置"界面后，在"添加此网站"下面输入设备地址"10.70.25.88"，然后单击"添加"按钮。

(7) 完成兼容性设置后，关闭"兼容性视图设置"界面，进入日志审计与分析系统界面，单击"资产"，进入资产模块，如图 3-16 所示。

(8) 依次单击"资产"→"资产对象"，首先新建资产组，单击"新建"按钮，如图 3-17 所示。

(9) 名称输入"服务器"，单击"确定"按钮，如图 3-18 所示。

(10) 在资产组"服务器"中进行资产添加，单击"添加"按钮，如图 3-19 所示。

(11) 编辑资产信息，"设备名称"输入"Windows 服务器"，"设备 IP"输入"192.168.0.104"，"子网掩码"输入"255.255.0.0"，"业务关键度"输入 3.0；选择"设备类型"为"服务器"，"设备型号"为 Windows。本实验中给出的设备 IP、子网掩码等信息仅供参考，请根据实际情况填写，单击"确定"按钮，如图 3-20 所示。

图 3-16　进入“资产”模块

图 3-17　新建资产组

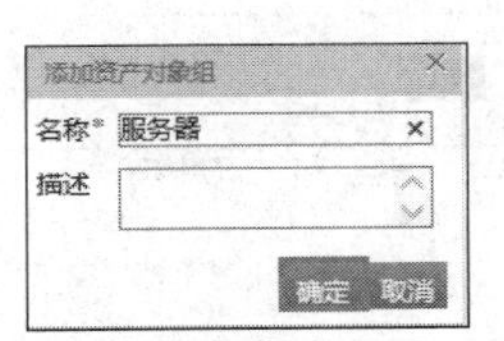

图 3-18　新建资产组

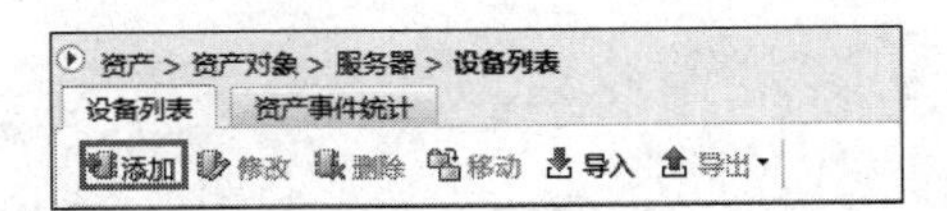

图 3-19　添加资产

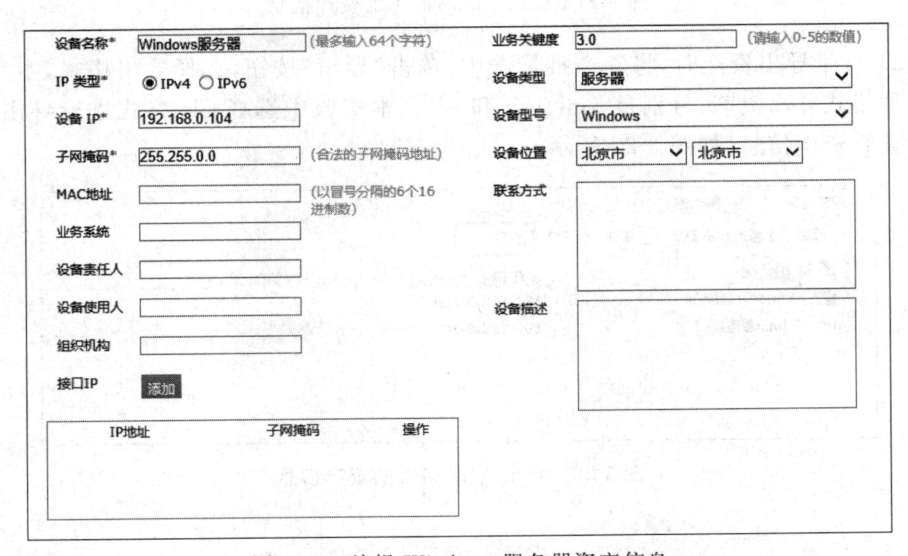

图 3-20　编辑 Windows 服务器资产信息

(12) 完成“Windows 服务器”添加后，继续进行“Linux 服务器”的添加，重复步骤(10)和(11)，编辑资产信息，“设备名称”输入“Linux 服务器”，“设备 IP”输入“192.168.0.105”，“子网掩码”输入“255.255.0.0”，“业务关键度”输入 3.0；选择“设备类型”为“服务器”，“设备型号”为 Linux。本实验中给出的设备 IP、子网掩码等信息仅供参考，请根据实际情况填写，单击“确定”按钮，如图 3-21 所示。

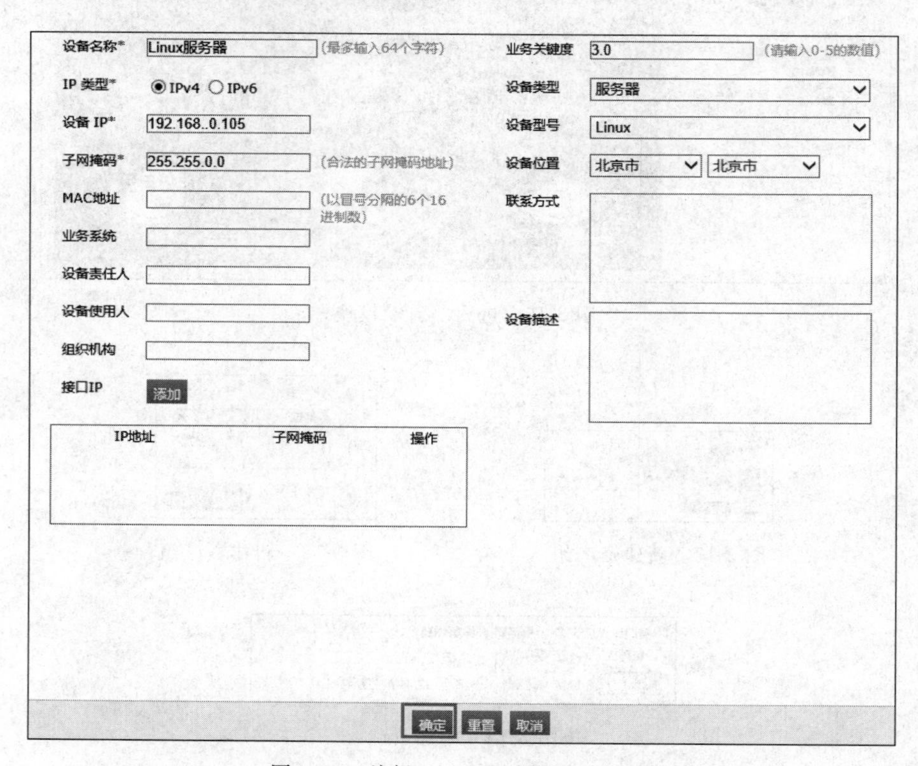

图 3-21　编辑 Linux 服务器资产信息

(13) 批量导出资产时，将资产批量选中，单击“导出”按钮，选择导出格式，本系统能够以三种格式导出资产，分别是 xml、csv 和 xls。本实验中选择 xls 格式进行导出，便于导出后查看资产信息，如图 3-22 所示。

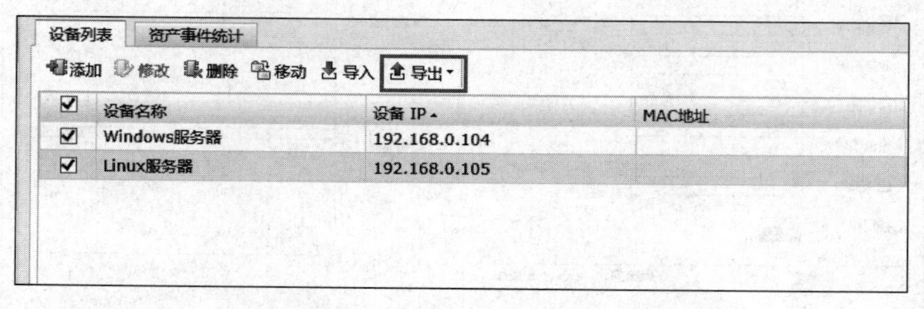

图 3-22　导出 XLS 格式的资产信息

(14) 单击“导出”按钮后，选择文件的保存路径，本实验中，将文件存放至管理机桌面。首先单击“保存”按钮，然后选择保存文件至桌面，如图 3-23 所示。

(15) 完成资产导出后进行资产导入，新建“防火墙”资产组，单击“新建”按钮，并输入资产组名称为“防火墙”，如图 3-24 所示。

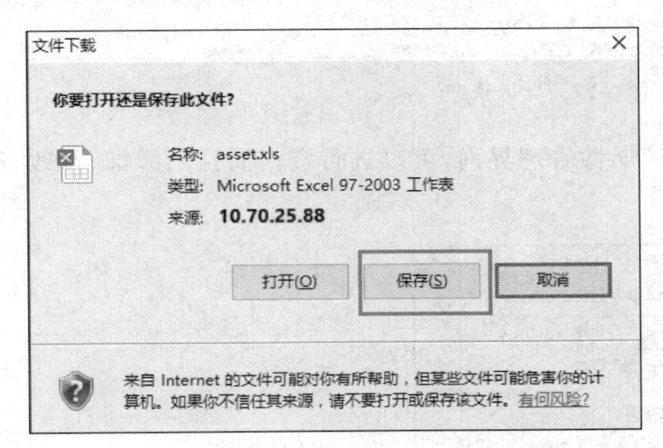

图 3-23　保存导出资产

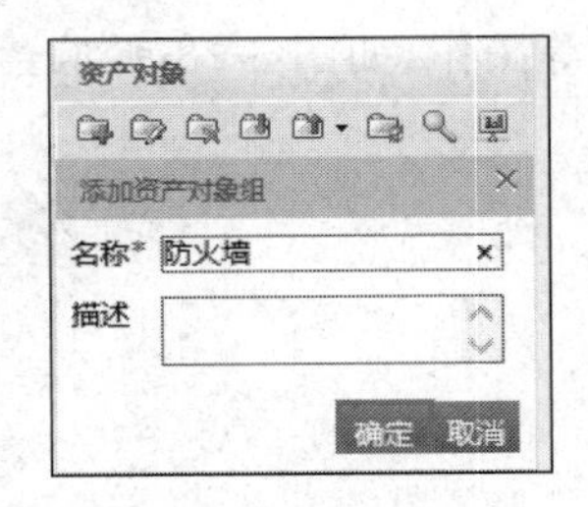

图 3-24　新建防火墙资产组

(16) 在批量导入资产信息时，必须符合日志系统要求的格式才可以被识别，因此需要按照模板来填写资产信息，单击“导入”按钮，单击“下载”按钮进行模板的下载，并将其存放于管理机桌面，如图 3-25 所示。

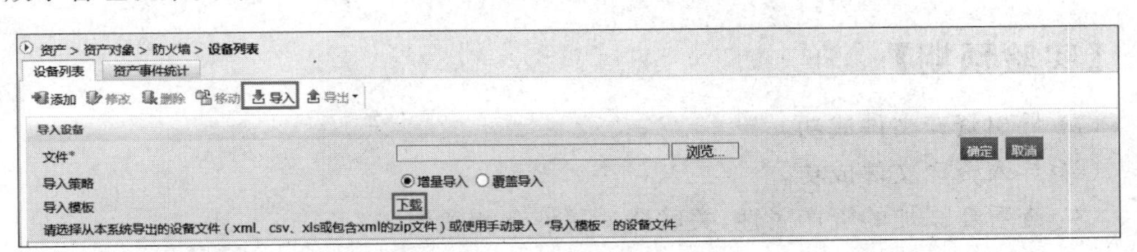

图 3-25　下载导入模板

(17) 打开刚刚下载的模板文件，按照模板输入“资产信息”，需要填写的有“设备名称”“设备 IP”“子网掩码”“业务关键度”“设备类型”“设备型号”“设备位置”等信息，按照图 3-26 进行填写，填写完毕后，以 xls 格式另存至管理机桌面。

A	B	C	D	E	F	G	H	I	J	K	L	M	N
设备名称	设备IP	子网掩码	MAC地址	业务关键度	设备类型	设备型号	设备位置	联系方式	设备描述	业务系统	设备责任人	设备使用人	组织机构
360防火墙	192.168.1.50	255.255.255.0		0.0	安全设备	普通防火墙	北京市:北京市						
360防火墙2	192.168.2.50	255.255.255.0		0.0	安全设备	普通防火墙	北京市:北京市						
360防火墙3	192.168.3.50	255.255.255.0		0.0	安全设备	普通防火墙	北京市:北京市						

图 3-26　填写资产导入文件

(18) 单击“导入”按钮后，选择导入的资产信息文件以及导入方式，本系统提供两种导入方式，分别是“增量导入”和“覆盖导入”，本实验中选择“增量导入”。单击“浏览”按钮，并选择存放在管理机桌面的资产文件“assetImportTemple. xls”，单击“确定”按钮，完成资产批量导入，如图 3-27 所示。

图 3-27　导入资产

(19) 单击“资产属性”,进入资产属性管理界面,可以进行资产属性的添加、修改、删除等操作,如图 3-28 所示。

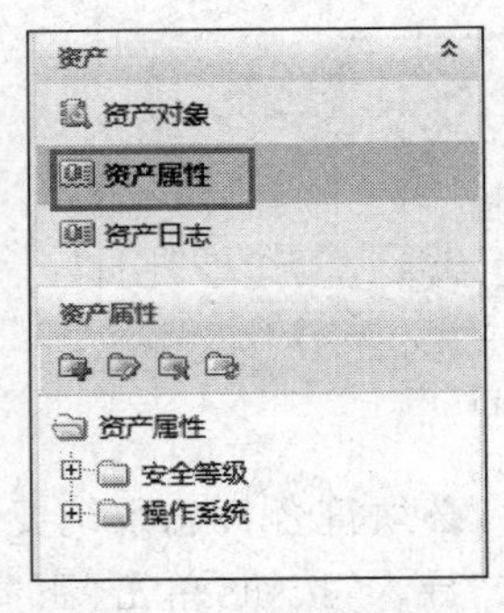

图 3-28　资产属性管理

【实验预期】

(1) 导出资产文件成功。

(2) 导入资产文件成功。

(3) 查看新添加的资产属性,关联资产属性和相关资产。

【实验结果】

(1) 导出资产文件成功,打开本实验中导出资产文件 asset. xl,打开该文件,可以查看导出资产的相关信息,如图 3-29 所示。

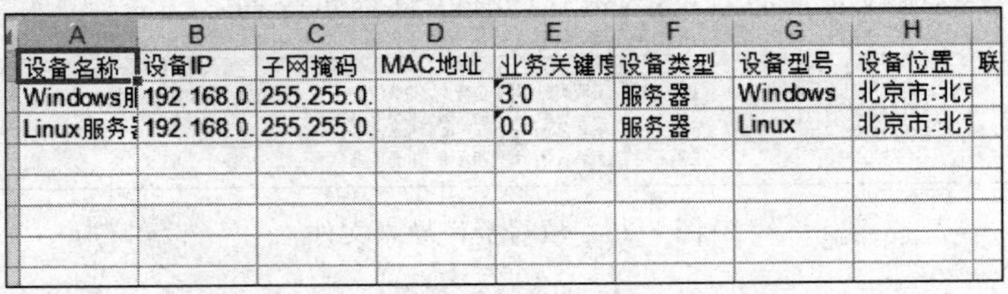

A	B	C	D	E	F	G	H	
设备名称	设备IP	子网掩码	MAC地址	业务关键度	设备类型	设备型号	设备位置	联
Windows刖	192.168.0.	255.255.0.		3.0	服务器	Windows	北京市:北京	
Linux服务	192.168.0.	255.255.0.		0.0	服务器	Linux	北京市:北京	

图 3-29　导出资产成功

(2) 导入资产文件成功,可以在“资产”→“资产对象”中的资产列表中找到刚刚导入的资产“防火墙”“防火墙 2”以及“防火墙 3”,证明导入成功,如图 3-30 所示。

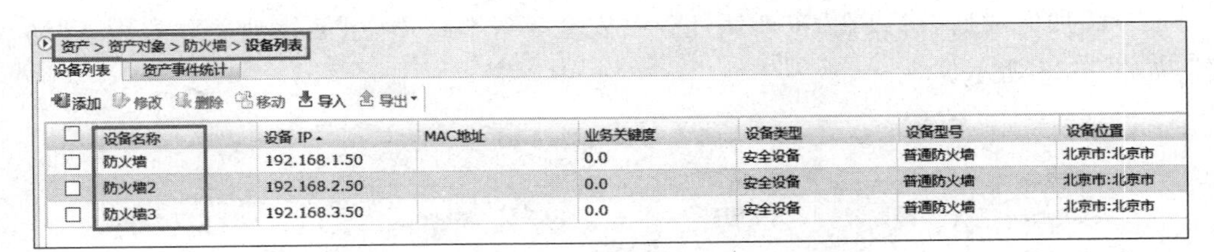

图 3-30　导入资产文件成功

(3) 关联资产属性与资产，首先关联"安全等级"，依次单击"安全等级"→"中"，单击"添加"按钮，如图 3-31 所示。

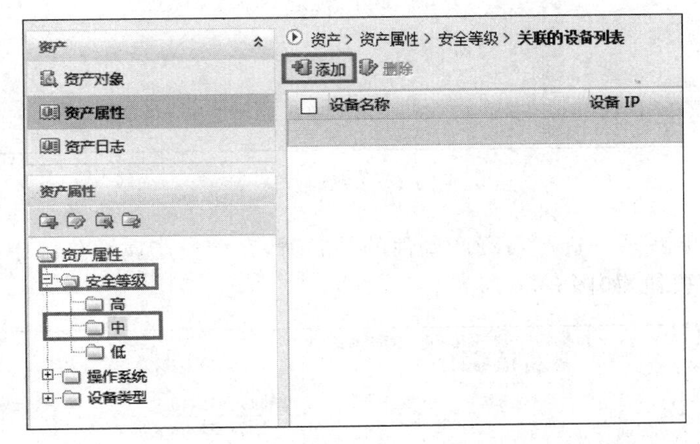

图 3-31　关联资产属性

(4) 选中需要关联的资产"防火墙"，单击"确定"按钮，如图 3-32 所示。

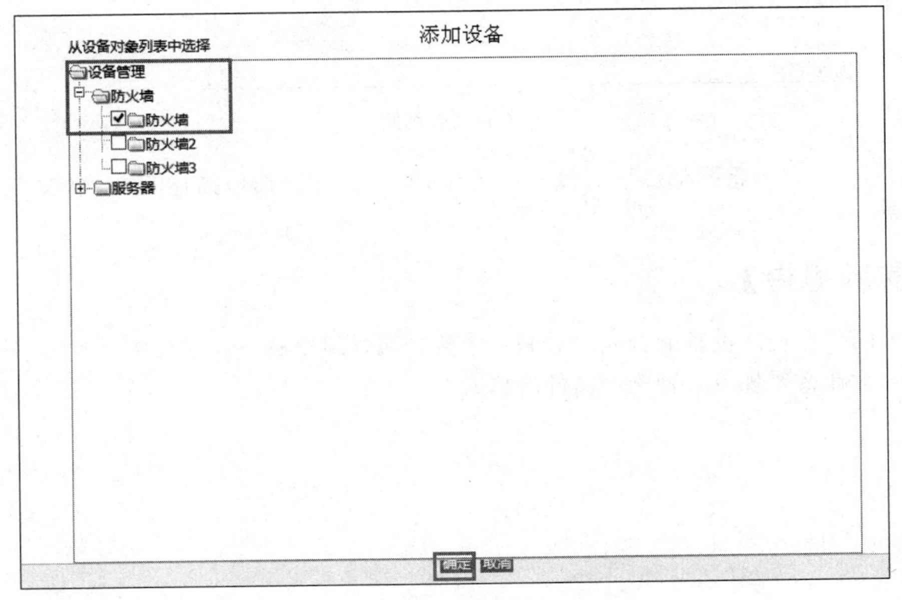

图 3-32　选中关联资产

(5) 添加完成后,可以在“资产属性”→“安全等级”→“中”里面找到关联的设备“防火墙”,如图 3-33 所示。

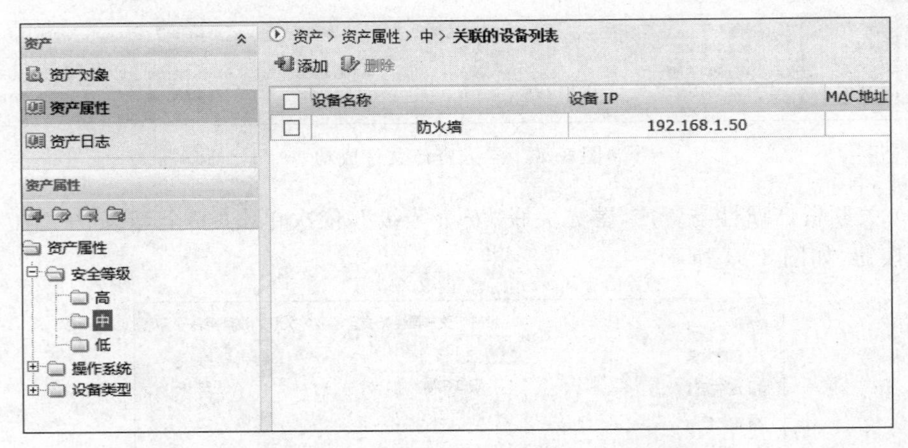

图 3-33 查询资产

(6) 当需要删除某一资产与资产属性的关联时,在该资产属性分组中找到该资产,选中后单击“删除”按钮,如图 3-34 所示。

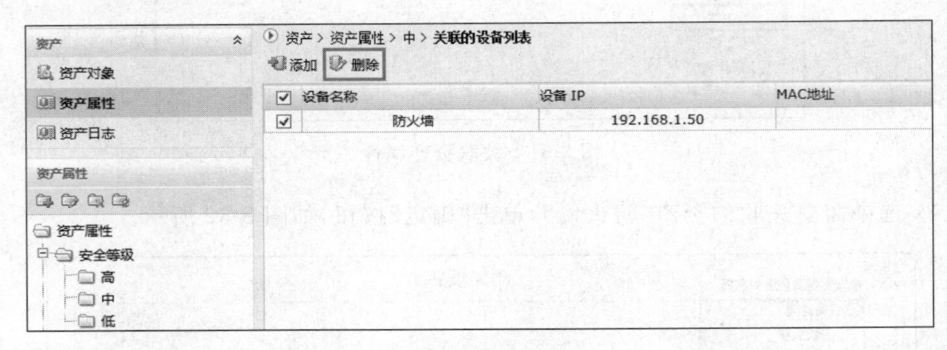

图 3-34 查询资产

(7) 同理,也可将其他属性与设备相关联,便于更加详细地描述资产,解决实验场景中的问题。

【实验思考】

(1) 同一个资产设备能否同时关联一个资产属性组中的不同属性?

(2) 为什么要规范几种资产文件的格式?

第4章 系统日志采集配置

为了防止恶意入侵给网络造成破坏，造成资源的丢失，网络管理人员需要能够准确、及时地了解整个网络的当前状态及未来安全趋势，及时发现攻击和危害行为，并进行应急响应，以便对网络的安全设置和资源配置做出合理的应急策略，达到事前预防、纵深防御的目的。网络安全态势评估和预测越来越受到人们的关注，成为网络安全管理领域研究中的热点问题，而关联分析则是快速定位故障和入侵的一个有效手段。

关联分析又称关联挖掘，指在关系数据或其他信息载体中，查找存在于对象集合之间的关联、相关性或因果结构，是一种在大型数据库中发现变量之间关系的方法。关联的含义是将所有系统中的事件以统一格式综合到一起进行观察。关联技术不但在商业领域被广泛使用，在医疗、保险、网络安全和电信行业等领域也得到了有效的应用。

4.1 日志审计与分析系统网络设备日志采集实验

【实验目的】

日志审计与分析系统提供日志采集功能，本实验通过 winbox 远程控制 MikroTik 路由器实现路由器的日志转发，将日志收集到日志审计与分析系统中。

【知识点】

日志收集、网络设备、路由器。

【实验场景】

A 公司的日志审计与分析系统由安全运维工程师小王负责。目前，公司要求小王利用日志审计与分析系统监控网络中的路由器的日志，以便及时发现和分析处理问题。请思考应如何实现。

【实验原理】

日志审计与分析系统能够通过多种方式全面采集网络中各种设备、应用和系统的日志，确保用户能够收集并审计必需的日志信息。RouterOS 路由系统可利用 winbox 控制台对其进行控制，通过 winbox 远程控制并修改 RouterOS 的日志参数，可将路由器的日志信息发送至日志审计与分析设备中，依次单击“资产”→“资产日志”，可查看对应的资产日志管理信息,此外,依次单击“事件”→“实时监视”→“接收的外部事件”,可查看接收到的路由器的日志信息。

【实验设备】

- 安全设备:日志审计与分析设备1台。
- 主机终端:Windows 主机1台。
- 网络设备:路由器1台。

【实验拓扑】

日志审计与分析系统网络设备日志采集实验拓扑图如图4-1所示。

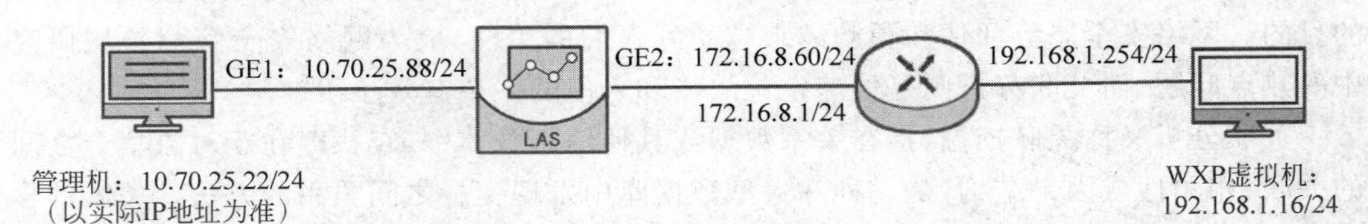

图4-1 日志审计与分析系统网络设备日志采集实验拓扑图

【实验思路】

(1) 在管理机端使用 Xshell 进入日志审计与分析系统后台,配置系统路由信息。

(2) 以管理员 admin 用户的身份登录日志审计与分析系统。

(3) 登录 Windows 系统,在 winbox 中进行路由器日志远程配置。

(4) 修改路由器设置。

(5) 在日志审计与分析系统端查看日志收集是否成功。

【实验步骤】

(1) 在管理机端单击 Xshell 图标,打开 Xshell。

(2) 在会话框中单击“新建”按钮,创建新的会话。

(3) 在“主机”栏中输入日志审计与分析系统 GE1 接口的 IP 地址“10.70.25.88”(以实际 IP 地址为准),其他设置保持不变,单击“确定”按钮。

(4) 新建的会话会在“所有会话”中显示,选中“新建会话”,单击“连接”按钮。

(5) 单击“一次性接受”按钮。

(6) 在“请输入登录的用户名”一栏中输入用户名 admin,单击“确定”按钮。

(7) 在“密码”栏中输入密码“@1fw#2soc$3vpn”,单击“确定”按钮。

(8) 成功登录日志审计与分析系统后台。

(9) 输入命令“secfox -e eth1-p 172.16.8.60 -m 255.255.255.0”(以实际 IP 地址为准),设置日志审计与分析系统 GE2 接口的 IP 地址。其中,“172.16.8.60”是 GE2 口的 IP 地址,“255.255.255.0”是 GE2 口的子网掩码。按 Enter 键,出现“modify ip ...”,说明

接口信息配置成功。

（10）打开浏览器，在地址栏中输入日志审计与分析系统的IP地址“https://10.70.25.88”（以实际IP地址为准），单击“继续浏览此网站”，打开平台登录界面。

（11）输入管理员用户名/密码“admin/!1fw@2soc#3vpn”，单击“登录”按钮，登录日志审计与分析系统。

（12）系统设置的密码有效期为7天，当登录系统后收到更改密码提示时，单击“确定”按钮，更改系统密码。

（13）在“原始密码”一栏输入原始密码“!1fw@2soc#3vpn”，在“新密码”一栏输入“!1fw@2soc#3vpn”，与原始密码相同，在“确认新密码”一栏输入“!1fw@2soc#3vpn”，单击“确定”按钮。

（14）单击浏览器中的“工具”→“兼容性视图设置”。

（15）输入日志审计与分析系统的IP地址“https://10.70.25.88”（以实际IP地址为准），单击“添加”按钮，添加网站兼容性视图。

（16）单击“关闭”按钮，退出设置。

（17）进入日志审计与分析系统后，单击“系统”→“系统维护”，可看到系统“IP地址配置1”为“172.16.8.60”，即日志审计与分析系统GE2接口的IP地址。

（18）将管理机时间与日志审计与分析系统时间统一。在日志审计与分析系统中，单击“系统”→“系统维护”，接着单击“时间校对设置”框中的“手动校时”选项。

（19）单击“时间”一栏的钟表图案。

（20）选择与管理机统一的时间（以实际时间为准）。

（21）单击屏幕空白处，退出设置。

（22）单击“修改时间”，完成日志审计与分析系统时间的手动修改。

（23）修改成功后，系统会跳转至登录界面，重新输入用户名/密码“admin/!1fw@2soc#3vpn”，登录日志审计与分析系统。

（24）重新登录后，查看系统界面右下方的时间，与管理机时间相同。

（25）选择“con-router”，打开路由器，如图4-2所示。

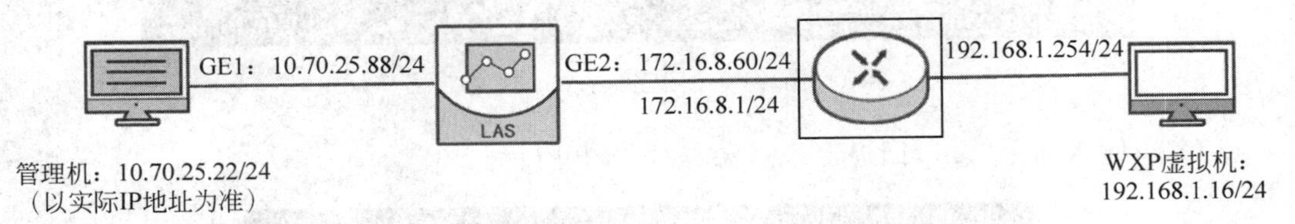

图4-2　打开路由器

（26）输入用户名admin，密码为空，登录路由器，如图4-3所示。

图4-3　登录路由器

(27) 输入命令“ip addr pri”,查看路由器网卡的 IP 配置。其中,与 Windows 系统相连的接口 2 的 IP 地址为“192.168.1.254”,与日志审计与分析系统相连的接口 1 的 IP 地址为“172.16.8.1”,如图 4-4 所示。

```
[admin@MikroTik] > ip addr pri
Flags: X - disabled, I - invalid, D - dynamic
 #   ADDRESS            NETWORK         INTERFACE
 0   172.16.8.1/24      172.16.8.0      ether1
 1   192.168.1.254/24   192.168.1.0     ether2
[admin@MikroTik] >
```

图 4-4 路由器 IP 配置

(28) 输入命令“/system ntp client”,设置时间同步,如图 4-5 所示。

```
[admin@MikroTik] > /system ntp client
[admin@MikroTik] /system ntp client> _
```

图 4-5 设置时间同步

(29) 输入命令“set mode=unicast primary-ntp=210.72.145.44 secondary-ntp=210.72.145.44 enabled=yes”,设置 ntp 地址,如图 4-6 所示。

```
[admin@MikroTik] /system ntp client> set mode=unicast primary-ntp=210.72.145.44
secondary-ntp=210.72.145.44 enabled=yes
[admin@MikroTik] /system ntp client>
```

图 4-6 配置 ntp 地址

(30) 输入命令“..”,回退至上一级,如图 4-7 所示。

```
[admin@MikroTik] /system ntp client> set mode=unicast primary-ntp=210.72.145.44
secondary-ntp=210.72.145.44 enabled=yes
[admin@MikroTik] /system ntp client> ..
[admin@MikroTik] /system ntp>
```

图 4-7 回退至上一级

(31) 输入命令“..”,回退至 system 目录下,如图 4-8 所示。

```
[admin@MikroTik] /system ntp client> ..
[admin@MikroTik] /system ntp> ..
[admin@MikroTik] /system>
```

图 4-8 回退至 system 目录

(32) 输入命令“..”,回退至根目录,如图 4-9 所示。

```
[admin@MikroTik] /system ntp client> ..
[admin@MikroTik] /system ntp> ..
[admin@MikroTik] /system> ..
[admin@MikroTik] >
```

图 4-9 回退至根目录

(33) 输入命令“/system clock set time-zone-name=Asia/Shanghai time=14:03:20 date=Apr/11/2018”(时间及日期设置以实际时间为准),其中,time-zone-name 表示时区名称,time 代表时间,date 代表日期,如图 4-10 所示。

图 4-10　设置当前时间

（34）输入命令“/system clock pri”，查看修改后的系统时间，与管理机时间统一，如图 4-11 所示。

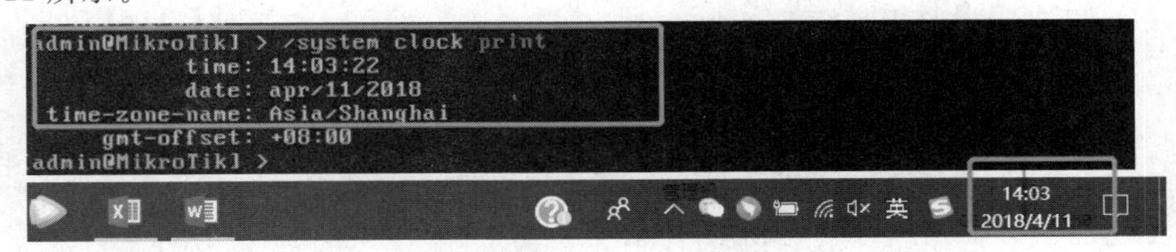

图 4-11　查看修改时间

（35）选择 WXPSP3，打开 Windows 系统，如图 4-12 所示。

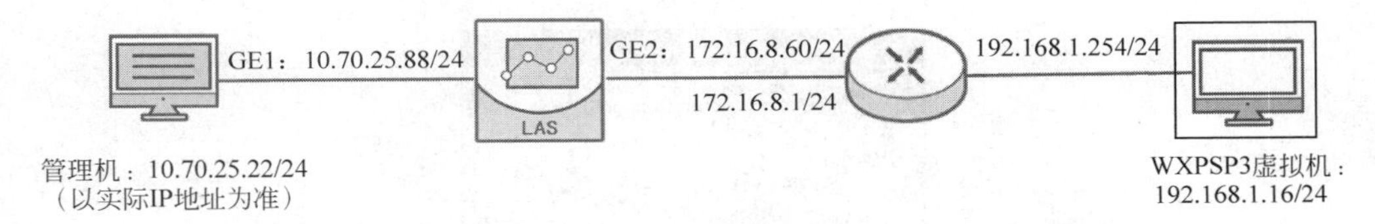

图 4-12　打开 Windows 系统

（36）单击桌面上的“实验工具”，双击 winbox 文件夹，查看 winbox 工具。winbox 是基于 Windows 的远程管理 RouterOS 路由系统的软件，为用户提供直观方便的图形界面，如图 4-13 所示。

图 4-13　打开 winbox 文件夹

（37）双击“winbox5. x 中文版. exe”，打开 winbox 工具，如图 4-14 所示。

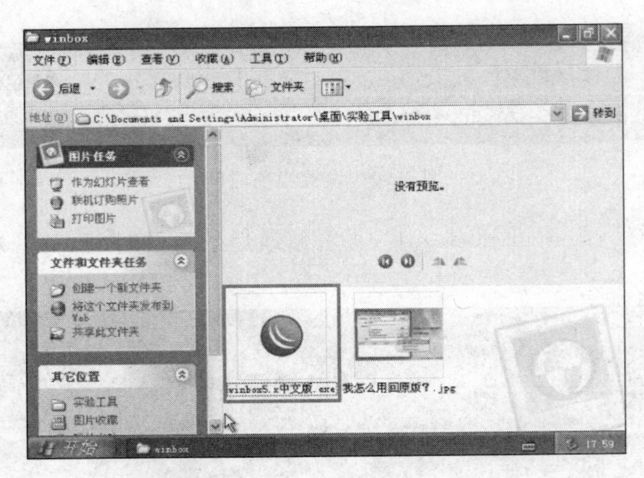

图 4-14　打开 winbox 工具

(38) 在“路由地址”一栏输入路由器接口 2 的 IP 地址“192.168.1.254”(以实际 IP 地址为准),单击“连接”按钮,如图 4-15 所示。

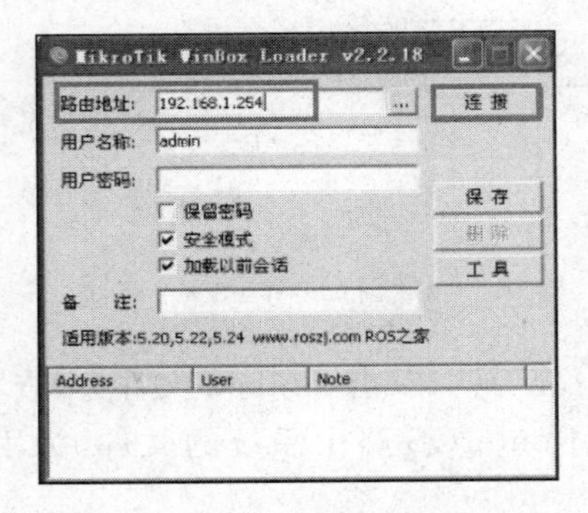

图 4-15　winbox 远程连接路由器

(39) 单击“系统”→“日志”,打开 winbox 的日志管理,如图 4-16 所示。

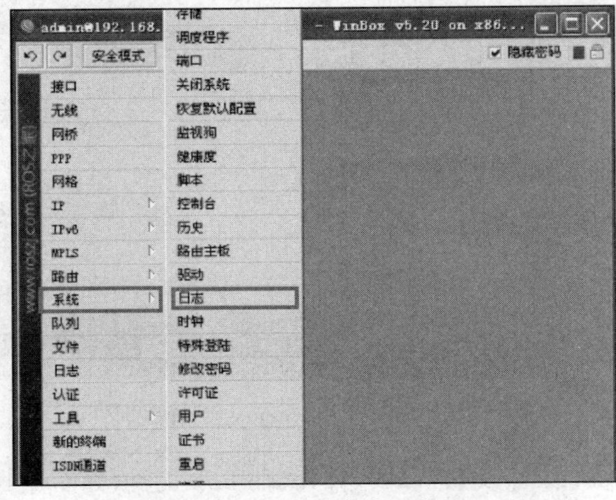

图 4-16　打开 winbox 日志管理

（40）选择“动作”标签页，双击名称为 remote 且类型为“远程”一栏，配置远程地址，如图 4-17 所示。

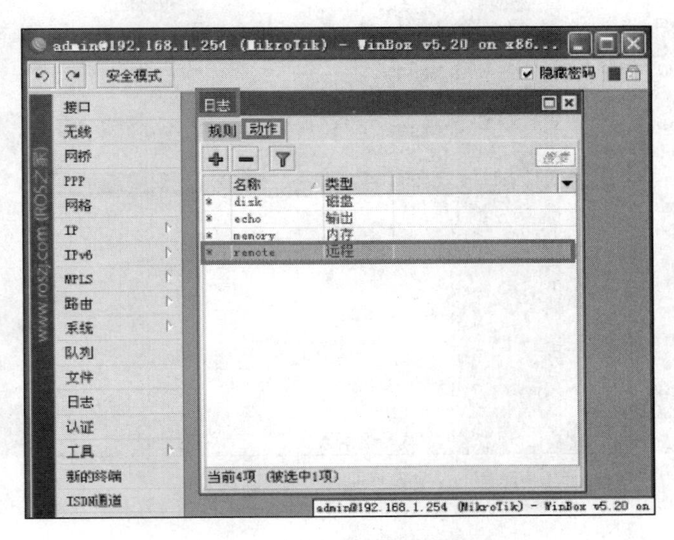

图 4-17　打开日志的远程设置

（41）在“远程地址”一栏输入日志审计与分析系统的 IP 地址“172.16.8.60”，其他配置保持默认值不变，单击“确定”按钮，如图 4-18 所示。

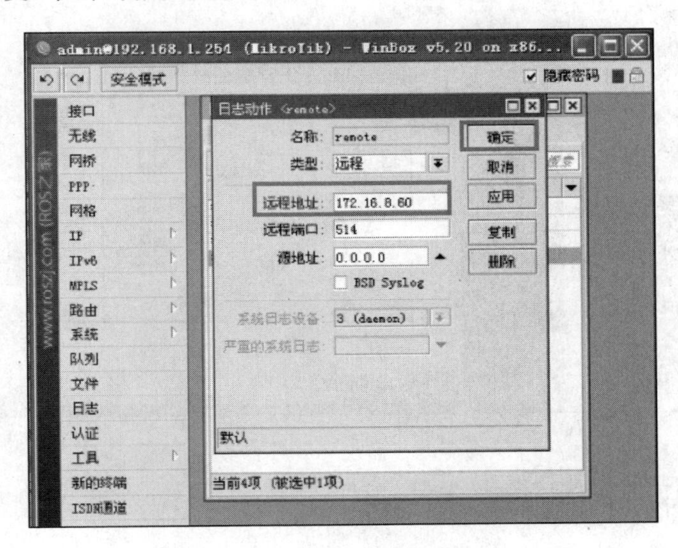

图 4-18　设置日志远程地址

（42）选择“规则”标签页，双击主题为 info 一栏，如图 4-19 所示。

（43）单击“动作”一栏的下拉选项，选择 remote，单击“确定”按钮，将 info 信息发送至日志审计与分析系统，如图 4-20 所示。

（44）将主题为 critical、error 和 warning 对应的动作也修改为 remote，操作与 info 一

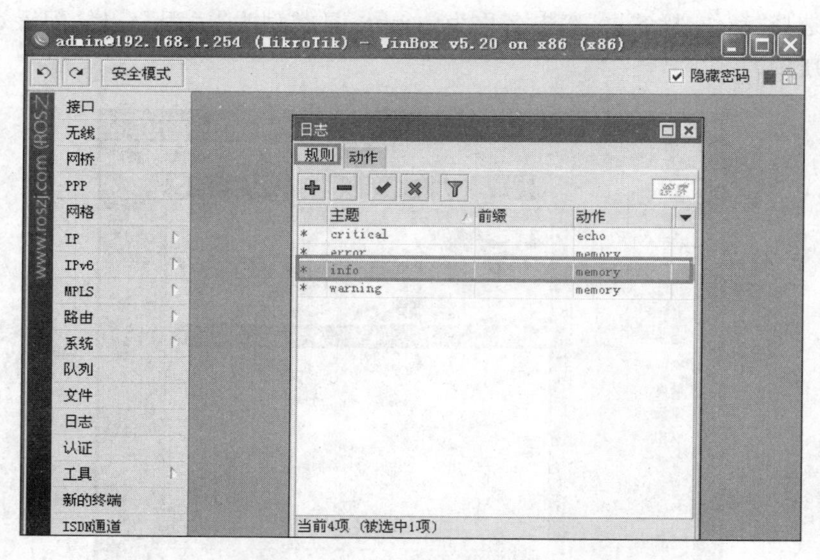

图 4-19　打开 info 规则

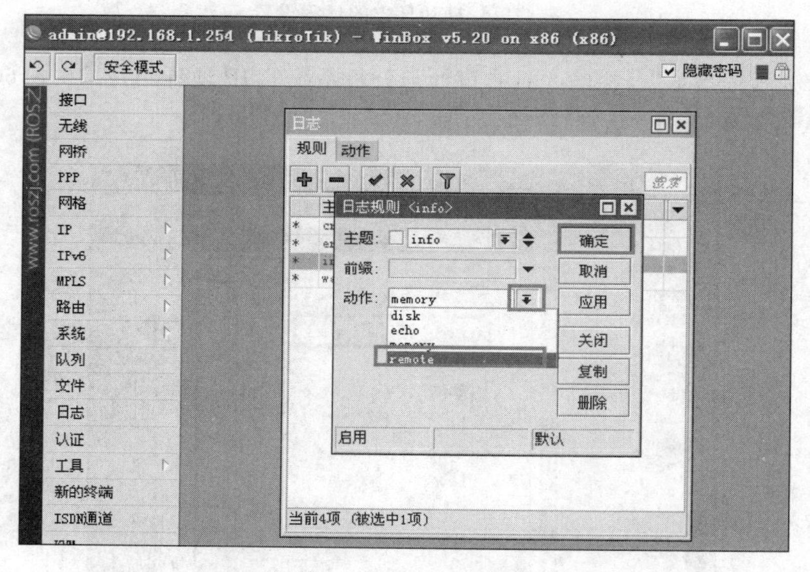

图 4-20　修改 info 日志动作

致,修改结果如图 4-21 所示。

【实验预期】

(1) 单击“资产”→“资产日志”,可查看路由器 IP 对应的资产日志管理信息。

(2) 在 Windows 端修改路由器日志规则,依次单击日志审计与分析系统界面中的“事件”→“实时监视”→“接收的外部事件”,可以接收到该日志信息。

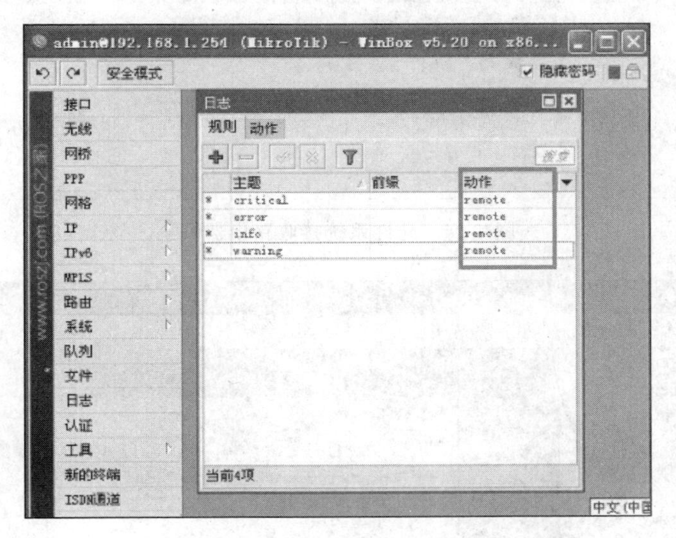

图 4-21　修改全部日志动作为 remote

【实验结果】

(1) 在日志审计与分析系统主界面中单击“资产”→“资产日志”,接着单击“刷新”按钮,可看到路由器 IP 对应的资产日志管理信息,如图 4-22 所示。

图 4-22　查看路由器日志管理信息

(2) 选中路由器的资产日志管理信息,单击“允许接收”按钮,使日志审计与分析系统及时接收路由器的日志信息,如图 4-23 所示。

图 4-23　修改接收状态

(3)“接收状态”一栏被更改为“允许接收”,如图 4-24 所示。

(4) 在 Windows 系统的 winbox 中,选择“规则”标签页,双击主题为 critical 一栏,如图 4-25 所示。

(5) 单击“动作”一栏的下拉选项,选择 echo,单击“确定”按钮,如图 4-26 所示。

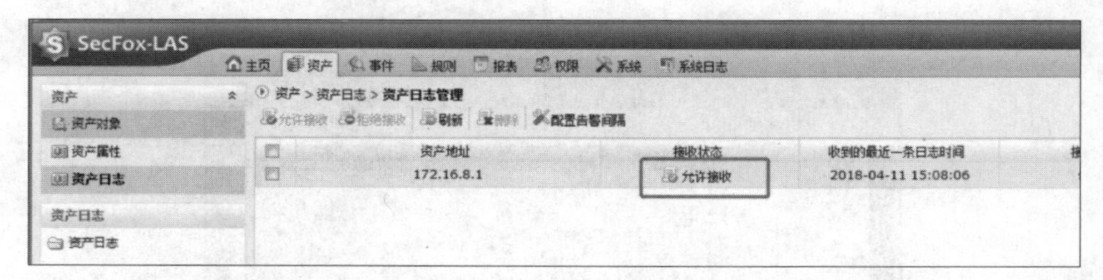

图 4-24　允许系统接收路由器日志

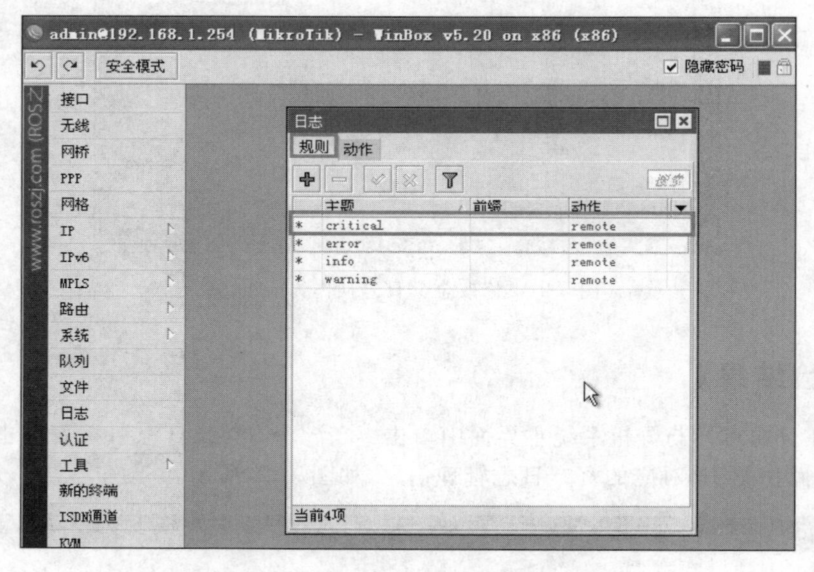

图 4-25　打开 critical 规则

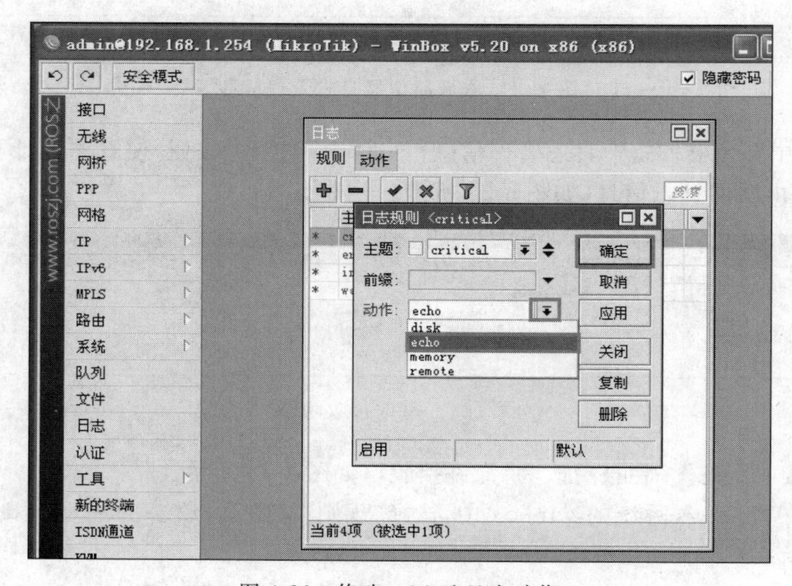

图 4-26　修改 critical 日志动作

(6) 在日志审计与分析系统主界面中依次单击“事件”→“实时监视”→“接收的外部事件”,可查看路由器日志规则修改的日志信息,如图 4-27 所示。

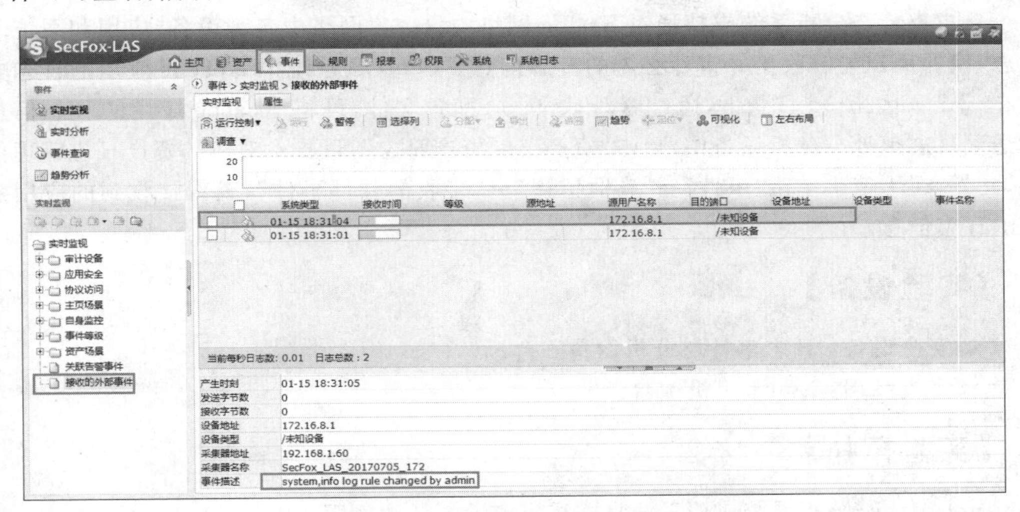

图 4-27　查看到日志信息

【实验思考】

如何收集 Cisco 交换机的日志信息?

4.2　日志审计与分析系统应用系统日志采集实验

【实验目的】

日志审计与分析系统提供日志收集功能,本实验通过更新 Rsyslog 配置文件实现 Apache 应用的日志转发,将日志收集到日志审计与分析系统中。

【知识点】

日志收集、应用系统、Apache。

【实验场景】

A 公司新购进了一台日志审计与分析设备,并将此设备交由安全运维工程师小王负责。在购进日志审计与分析设备之前,小王都采用 Perl 脚本登录到应用系统对应的服务器上查看日志信息,非常麻烦。现小王想将新购进的日志审计与分析设备作为一个统一的日志服务器,将 Apache 应用的日志都发送到这台日志服务器中,及时获取 Apache 应用最近的日志信息。请思考应如何解决这个问题。

【实验原理】

日志审计与分析系统支持通过 Syslog 网络协议采集网络中各种设备、应用和系统的日志，确保用户能够收集并审计必需的日志信息。CentOS 系统中 Apache 应用的日志文件在/var/log/httpd 目录下，通过更新 Rsyslog 配置文件，可将 Apache 应用的日志信息发送至日志审计与分析设备中，单击“资产”→“资产日志”，可查看对应的资产日志管理信息，此外，还可依次单击“事件”→“实时监视”→“接收的外部事件”，查看接收到的应用系统的日志信息。

【实验设备】

- 安全设备：日志审计与分析设备 1 台。
- 主机终端：Linux 主机 1 台。

【实验拓扑】

日志审计与分析系统应用系统日志采集实验拓扑图如图 4-28 所示。

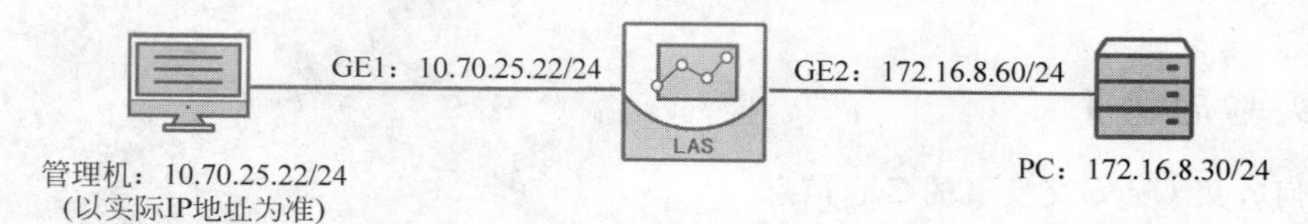

图 4-28　日志审计与分析系统应用系统日志采集实验拓扑图

【实验思路】

(1) 在学生机端使用 Xshell 进入日志审计与分析系统后台，配置系统路由信息。
(2) 以管理员 admin 用户的身份登录日志审计与分析系统。
(3) 登录 Linux 系统，配置系统硬件地址。
(4) 创建 Apache 相关的 Rsyslog 子配置文件，并重启服务。
(5) 查看日志收集是否成功。

【实验步骤】

(1) 在学生机端单击 Xshell 图标，打开 Xshell。

(2) 在会话框中单击“新建”按钮，创建新的会话。

(3) 在“主机”栏中输入日志审计与分析系统 GE1 接口的 IP 地址“10.70.25.88”(以实际 IP 地址为准)，其他设置保持不变，单击“确定”按钮。

(4) 新建的会话会在“所有会话”中显示，选中“新建会话”，单击“连接”按钮。

(5) 单击“一次性接受”按钮。

(6) 在“请输入登录的用户名”一栏中输入用户名 admin，单击“确定”按钮。

(7) 在“密码”栏中输入密码“@1fw＃2soc＄3vpn”，单击“确定”按钮。

(8) 成功登录日志审计与分析系统后台。

(9) 输入命令“secfox -e eth1 -p 172.16.8.60 -m 255.255.255.0”,设置日志审计与分析系统 GE2 接口的 IP 地址。其中,“172.16.8.60”是 GE2 口的 IP 地址,“255.255.255.0”是 GE2 口的子网掩码。按 Enter 键,出现“modify ip ...”说明接口信息配置成功。

(10) 打开浏览器,在地址栏中输入日志审计与分析系统的 IP 地址“https://10.70.25.88”(以实际 IP 地址为准),单击“继续浏览此网站”,打开平台登录界面。

(11) 输入管理员用户名/密码“admin/!1fw@2soc#3vpn$”,单击“登录”按钮,登录日志审计与分析系统。

(12) 系统设置的密码有效期为 7 天,当登录系统后收到更改密码提示时,单击“确定”按钮,更改系统密码。

(13) 在“原始密码”一栏输入原始密码“!1fw@2soc#3vpn$”。在“新密码”一栏输入“!1fw@2soc#3vpn$”,与原始密码相同。在“确认新密码”一栏输入“!1fw@2soc#3vpn$”,单击“确定”按钮。

(14) 单击浏览器中的“工具”→“兼容性视图设置”。

(15) 在弹出的“兼容性视图设置”界面中会自动输入日志审计与分析系统的 IP 地址“https://10.70.25.88”(以实际 IP 地址为准),单击“添加”按钮,添加网站兼容性视图。

(16) 添加成功后,再单击“关闭”按钮,退出设置。

(17) 进入日志审计与分析系统后,单击“系统”→“系统维护”,可看到系统“IP 地址配置 1”为“172.16.8.60”,即日志审计与分析系统 GE2 接口的 IP 地址。

(18) 将管理机时间与日志审计与分析系统时间统一。在日志审计与分析系统中,单击“系统”→“系统维护”,接着单击“时间校对设置”框中的“手动校时”选项。

(19) 单击“时间”一栏的钟表图案。

(20) 选择与学生机统一的时间。

(21) 单击屏幕空白处,退出设置。

(22) 单击“修改时间”,完成日志审计与分析系统时间的手动修改。

(23) 修改成功后,系统会跳转至登录界面,重新输入用户名/密码“admin/!1fw@2soc#3vpn$”登录日志审计与分析系统。

(24) 重新登录后,查看系统界面右下方的时间,与学生机时间相同。

(25) 选择“LC6.6APACHE”,打开 Linux 系统,如图 4-29 所示。

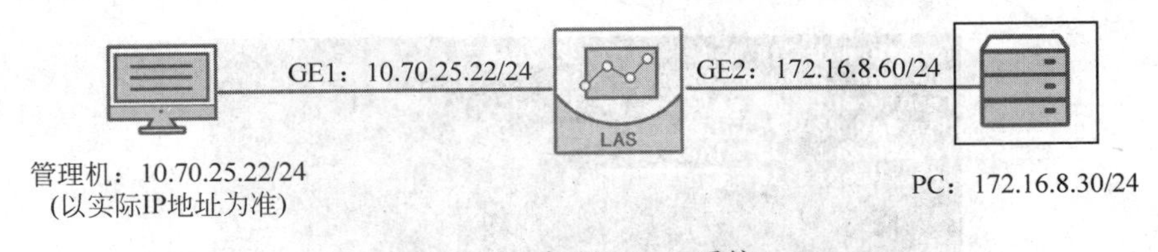

图 4-29　打开 Linux 系统

(26) 输入用户名/密码“root/123456”,登录 Linux 系统,如图 4-30 所示。

(27) 修改 Linux 系统的时间,使其与学生机时间保持一致。输入命令“date -s 01/22/2018”(以实际时间为准),修改系统日期,如图 4-31 所示。

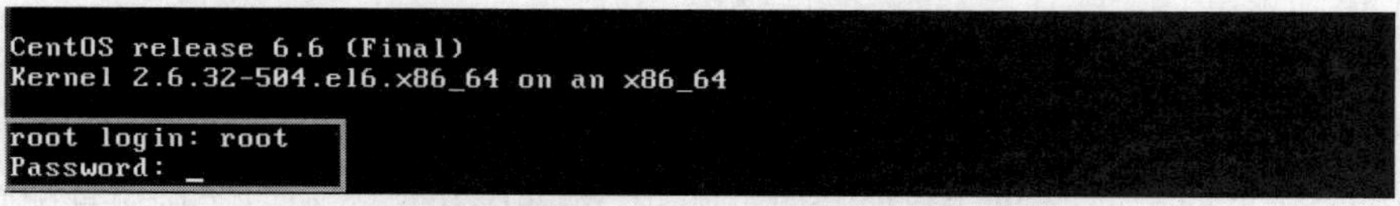

```
CentOS release 6.6 (Final)
Kernel 2.6.32-504.el6.x86_64 on an x86_64

root login: root
Password: _
```

图 4-30　登录 Linux 系统

```
[root@root ~]# date -s 01/22/2018
Mon Jan 22 00:00:00 EST 2018
[root@root ~]#
```

图 4-31　修改日期

(28) 输入命令“date -s 17:37:33”(以实际时间为准)，修改系统时间，如图 4-32 所示。

```
[root@root ~]# date -s 01/22/2018
Mon Jan 22 00:00:00 EST 2018
[root@root ~]# date -s 17:37:33
Mon Jan 22 17:37:33 EST 2018
[root@root ~]#
```

17:37
2018/1/22

图 4-32　修改时间

(29) 输入命令“clock -w”，把时间更改写入 cmos，使得重启后依然生效，如图 4-33 所示。

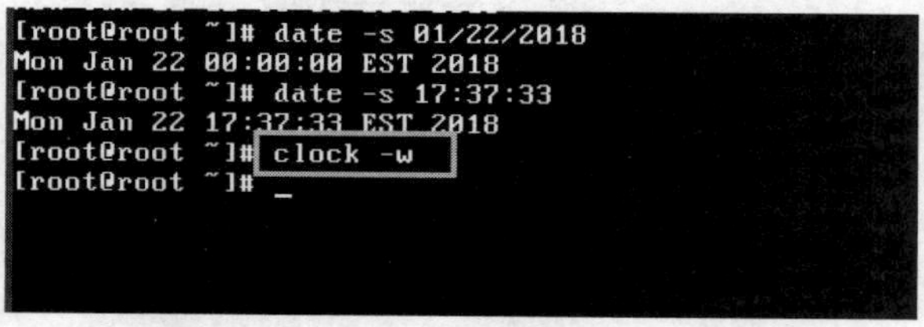

```
[root@root ~]# date -s 01/22/2018
Mon Jan 22 00:00:00 EST 2018
[root@root ~]# date -s 17:37:33
Mon Jan 22 17:37:33 EST 2018
[root@root ~]# clock -w
[root@root ~]# _
```

图 4-33　修改生效

(30) 输入命令“date”，查看修改后的系统时间，与学生机时间一致，如图 4-34 所示。

图 4-34　查看修改后的系统时间

(31) 输入命令“ifconfig”,查看 Linux 系统的 IP 地址,如图 4-35 所示。

```
CentOS release 6.6 (Final)
Kernel 2.6.32-504.el6.x86_64 on an x86_64

root login: root
Password:
[root@root ~]# ifconfig
eth3      Link encap:Ethernet  HWaddr 02:31:35:07:12:3A
          inet addr:192.168.122.17  Bcast:192.168.122.255  Mask:255.255.255.0
          inet6 addr: fe80::31:35ff:fe07:123a/64 Scope:Link
          UP BROADCAST RUNNING MULTICAST  MTU:1500  Metric:1
          RX packets:79103 errors:0 dropped:0 overruns:0 frame:0
          TX packets:12 errors:0 dropped:0 overruns:0 carrier:0
          collisions:0 txqueuelen:1000
          RX bytes:4746180 (4.5 MiB)  TX bytes:720 (720.0 b)

lo        Link encap:Local Loopback
          inet addr:127.0.0.1  Mask:255.0.0.0
          inet6 addr: ::1/128 Scope:Host
          UP LOOPBACK RUNNING  MTU:65536  Metric:1
          RX packets:34 errors:0 dropped:0 overruns:0 frame:0
          TX packets:34 errors:0 dropped:0 overruns:0 carrier:0
          collisions:0 txqueuelen:0
          RX bytes:2484 (2.4 KiB)  TX bytes:2484 (2.4 KiB)
```

图 4-35　查看 Linux 系统的 IP 地址

(32) 当前活跃网卡为 eth3,再次输入命令“ifconfig eth3 172.16.8.30 netmask 255.255.255.0”,设置 CentOS 服务器的 IP 地址为“172.18.8.30”,子网掩码为“255.255.255.0”,如图 4-36 所示。

```
[root@root ~]# ifconfig eth3 172.16.8.30 netmask 255.255.255.0
[root@root ~]#
```

图 4-36　设置 CentOS 服务器地址

(33) 命令执行完成后,再次输入命令“ifconfig”,可见 eth3 的 IP 地址已变更为“172.16.8.30”,如图 4-37 所示。

(34) 输入命令“service httpd start”,启动服务器的 Web 服务,如图 4-38 所示。

(35) CentOS 系统中 Apache 应用的日志路径默认为/var/log/httpd。输入命令“cd

```
[root@root ~]# ifconfig
eth3      Link encap:Ethernet  HWaddr 02:31:35:07:12:3A
          inet addr:172.16.8.30  Bcast:172.16.8.255  Mask:255.255.255.0
          inet6 addr: fe80::31:35ff:fe07:123a/64 Scope:Link
          UP BROADCAST RUNNING MULTICAST  MTU:1500  Metric:1
          RX packets:2274528 errors:0 dropped:0 overruns:0 frame:0
          TX packets:12 errors:0 dropped:0 overruns:0 carrier:0
          collisions:0 txqueuelen:1000
          RX bytes:136471680 (130.1 MiB)  TX bytes:720 (720.0 b)

lo        Link encap:Local Loopback
          inet addr:127.0.0.1  Mask:255.0.0.0
          inet6 addr: ::1/128 Scope:Host
          UP LOOPBACK RUNNING  MTU:65536  Metric:1
          RX packets:36 errors:0 dropped:0 overruns:0 frame:0
          TX packets:36 errors:0 dropped:0 overruns:0 carrier:0
          collisions:0 txqueuelen:0
          RX bytes:2592 (2.5 KiB)  TX bytes:2592 (2.5 KiB)
```

图 4-37 确认 IP 地址

```
[root@root ~]# service httpd start
Starting httpd: httpd: apr_sockaddr_info_get() failed for root
httpd: Could not reliably determine the server's fully qualified domain name, us
ing 127.0.0.1 for ServerName
                                                           [  OK  ]
[root@root ~]#
```

图 4-38 启动 Web 服务

/var/log/httpd”，进入该目录，接着输入“ls”，可以看到目录内包含 Apache 日志文件“access_log”和“error_log”，如图 4-39 所示。

```
[root@root ~]# cd /var/log/httpd/
[root@root httpd]# ls
access_log  error_log
[root@root httpd]#
```

图 4-39 查看应用日志

(36) 输入命令“cd”，返回 Linux 系统根目录，如图 4-40 所示。

```
[root@root ~]# cd /var/log/httpd
[root@root httpd]# ls
access_log           error_log           ssl_access_log  ssl_error_log-20180117
access_log-20180117  error_log-20180117  ssl_error_log   ssl_request_log
[root@root httpd]# cd
[root@root ~]#
```

图 4-40 返回系统根目录

(37) 输入命令“mkdir -v /var/spool/rsyslog”，创建“/var/spool/rsyslog”目录，该目录为 Apache 应用对应的 Rsyslog 子配置文件的工作目录，如图 4-41 所示。

```
[root@root ~]# mkdir -v /var/spool/rsyslog
mkdir: created directory '/var/spool/rsyslog'
[root@root ~]#
```

图 4-41 创建工作目录

(38) 输入命令“vi /etc/rsyslog. d/apache-biglog. conf”，新建 Rsyslog 的子配置文件 apache-biglog. conf，如图 4-42 所示。

(39) 按 Enter 键，进入新创建的文件，此时文件内容为空，如图 4-43 所示。

(40) 按 i 键，进入输入模式。在文件中输入配置信息：

```
[root@root httpd]# cd
[root@root ~]# mkdir -v /var/spool/rsyslog
mkdir: created directory `/var/spool/rsyslog'
[root@root ~]# vi /etc/rsyslog.d/apache-biglog.conf
```

图 4-42 新建子配置文件

图 4-43 打开子配置文件

```
$ModLoad imfile
$InputFilePollInterval 10
$WorkDirectory /var/spool/rsyslog
$PrivDropToGroup adm

$InputFileName /var/log/httpd/access_log
$InputFileTag apache-access:
$InputFileStateFile stat-apache-access
$InputFileSeverity info
$InputFilePersistStateInterval 25000
$InputRunFileMonitor

$InputFileName /var/log/httpd/error_log
$InputFileTag apache-error:
$InputFileStateFile stat-apache-error
$InputFileSeverity info
$InputFilePersistStateInterval 25000
$InputRunFileMonitor

$template BiglogFormatApache,"%msg%\n"
if $programname=='apache-access' then @172.16.8.60:514;BiglogFormatApache
if $programname=='apache-access' then ~
if $programname=='apache-error' then @172.16.8.60:514;BiglogFormatApache
if $programname=='apache-error' then ~
```

将日志文件名、文件路径、日志发送端地址和接口等信息写入配置文件。其中，InputFileName 表示需要采集的日志文件路径，使用@代表使用 UDP 协议，“172.16.8.60”代表日志接收端的 IP 地址，实验的日志接收端即为日志审计与分析系统，514 表示日志文件的接收端口，如图 4-44 所示。

```
$ModLoad imfile
$InputFilePollInterval 10
$WorkDirectory /var/spool/rsyslog
$PrivDropToGroup adm

$InputFileName /var/log/httpd/access_log
$InputFileTag apache-access:
$InputFileStateFile stat-apache-access
$InputFileSeverity info
$InputFilePersistStateInterval 25000
$InputRunFileMonitor

$InputFileName /var/log/httpd/error_log
$InputFileTag apache-error:
$InputFileStateFile stat-apache-error
$InputFileSeverity info
$InputFilePersistStateInterval 25000
$InputRunFileMonitor

$template BiglogFormatApache,"%msg%\n"
if $programname == 'apache-access' then @172.16.8.60:514;BiglogFormatApache
if $programname == 'apache-acess' then
if $programname == 'apache-error' then @172.16.8.60:514;BiglogFormatApache
if $programname == 'apache-error' then
```

图 4-44 编辑子配置文件

(41) 按 Esc 键，输入命令“:wq”，保存并退出，如图 4-45 所示。

```
$ModLoad imfile
$InputFilePollInterval 10
$WorkDirectory /var/spool/rsyslog
$PrivDropGroup adm

$InputFileName /var/log/httpd/access_log
$InputFileTag apache-access:
$InputFileStateFile stat-apache-access
$InputFileSeverity info
$InputFilePersistStateInterval 25000
$InputRunFileMonitor

$InputFileName /var/log/httpd/error_log
$InputFileTag apache-error:
$InputFileStateFile stat-apache-error
$InputFileSeverity info
$InputFilePersistStateInterval 25000
$InputRunFileMonitor

$template BiglogFormatApache,"%msg%\n"
if $programme == 'apache-access' then @172.16.8.60:514;BiglogFormatApache
if $programme == 'apache-access' then ~
if $programme == 'apache-error' then @172.16.8.60:514;BiglogFormatApache
if $Programme == 'apache-error' then ~
:wq
```

图 4-45 保存并退出文件

(42) 输入命令“service rsyslog start”，启动 rsyslog 服务，如图 4-46 所示。

```
[root@root httpd]# service rsyslog start
Starting system logger:                                    [  OK  ]
[root@root httpd]# _
```

图 4-46 重启 rsyslog 服务

【实验预期】

（1）单击"资产"→"资产日志"，可查看 Apache 应用所在系统的 IP 对应的资产日志管理信息。

（2）在日志发送端将 Apache 服务停止，依次单击日志审计与分析系统界面中的"事件"→"实时监视"→"接收的外部事件"可以接收到该日志信息。

【实验结果】

（1）在日志审计与分析系统主界面中单击"资产"→"资产日志"，接着单击"刷新"按钮，可看到 Apache 应用所在系统的 IP 对应的资产日志管理信息，如图 4-47 所示。

图 4-47　查看 Apache 日志管理信息

（2）选中 Apache 应用所在系统的 IP 对应的资产日志管理信息，单击"允许接收"按钮，使日志审计与分析系统及时接收 Apache 的日志信息，如图 4-48 所示。

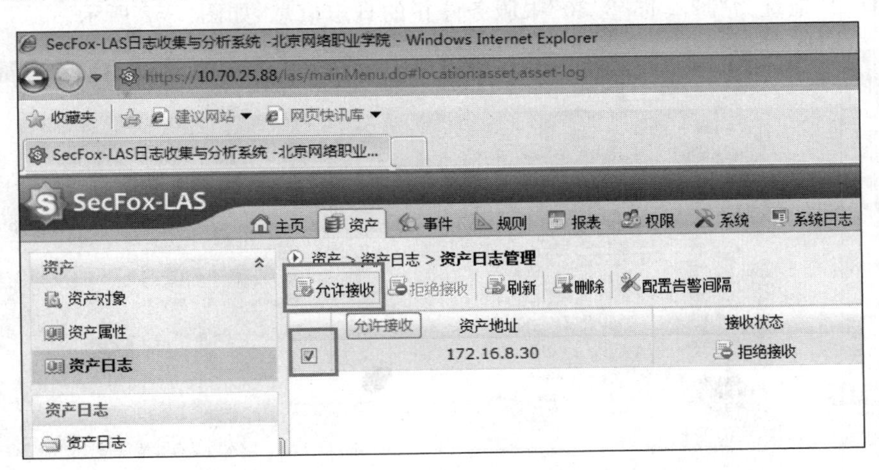

图 4-48　单击"允许接收"

（3）"接收状态"转变为"允许接收"，如图 4-49 所示。

（4）返回 PC 服务器，打开 Linux 系统，如图 4-50 所示。

（5）输入命令"service httpd stop"，停止 Apache 服务，如图 4-51 所示。

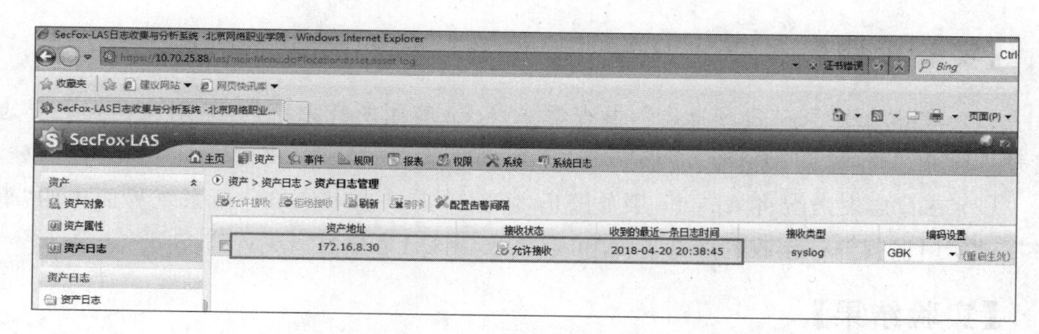

图 4-49 接收状态被修改

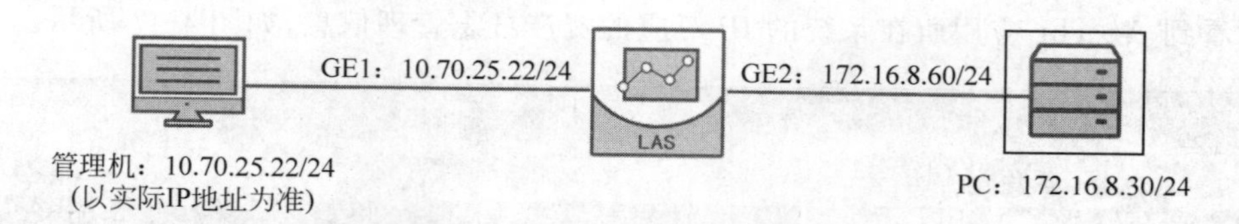

图 4-50 打开 Linux 系统

图 4-51 停止 Apache 服务

(6) 在日志审计与分析系统主界面中单击“事件”→“实时监视”→“接收的外部事件”，查看 IP 地址为“172.16.8.30”中服务停止的日志信息，如图 4-52 所示。

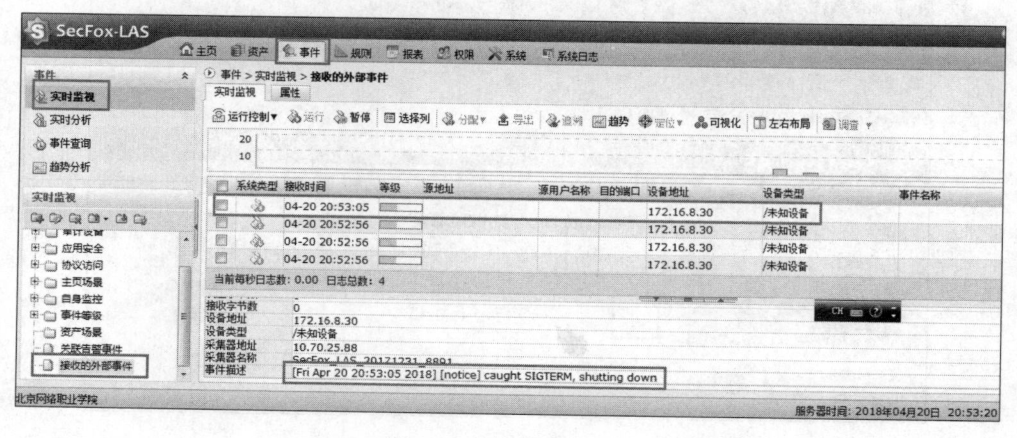

图 4-52 查看日志信息

【实验思考】

如何收集 Ubuntu 系统中 Apache 应用的日志信息？

4.3 日志审计与分析系统安全设备日志采集实验

【实验目的】

日志审计与分析系统具有日志解析功能，本实验完成防火墙日志的采集。

【知识点】

日志采集、网关。

【实验场景】

A 公司的日志审计与分析系统由安全运维工程师小王负责运维，近期公司上线了一台防火墙，公司要求将防火墙的日志发送到日志审计与分析系统中。请思考应如何实现。

【实验原理】

日志审计与分析系统具有日志采集功能，在防火墙中将日志服务器设置为日志审计与分析系统，这样防火墙的登录日志、内容日志、URL 过滤日志等都会发送到日志审计与分析系统，管理员用户可以依次单击"事件"→"实时监视"→"接收的外部事件"，查看收到的日志事件。

【实验设备】

- 安全设备：日志审计与分析设备 1 台，防火墙设备 1 台。

【实验拓扑】

日志审计与分析系统安全设备日志采集实验拓扑图如图 4-53 所示。

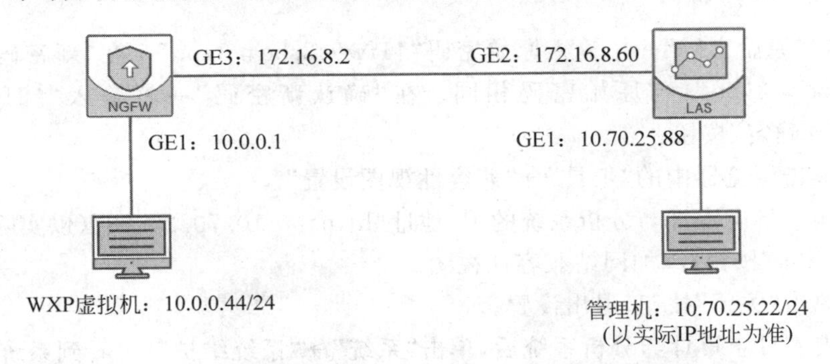

图 4-53　日志审计与分析系统安全设备日志采集实验拓扑图

【实验思路】

(1) 配置日志平台网络接口。

(2) 配置防火墙平台网络接口。

(3) 为防火墙平台添加日志服务器。

(4) 在日志审计与分析系统中查看防火墙日志。

【实验步骤】

(1) 在管理机端单击 Xshell 图标，打开 Xshell。

(2) 在会话框中单击"新建"按钮，创建新的会话。

(3) 在"主机"栏中输入日志审计与分析系统 GE1 接口的 IP 地址"10.70.25.88"(以实际 IP 地址为准)，其他设置保持不变，单击"确定"按钮。

(4) 新建的会话会在"所有会话"中显示，选中"新建会话"，单击"连接"按钮。

(5) 单击"一次性接受"按钮。

(6) 在"请输入登录的用户名"一栏中输入用户名 admin，单击"确定"按钮。

(7) 在"密码"栏中输入密码"@1fw#2soc$3vpn"，单击"确定"按钮。

(8) 成功登录日志审计与分析系统后台。

(9) 输入命令"secfox -e eth1 -p 172.16.8.60 -m 255.255.255.0"，设置日志审计与分析系统 GE2 接口的 IP 地址。其中"172.16.8.60"是 GE2 口的 IP 地址，"255.255.255.0"是 GE2 口的子网掩码。按 Enter 键，出现"modify ip ..."说明接口信息配置成功。

(10) 打开浏览器，在地址栏中输入日志审计与分析系统的 IP 地址"https://10.70.25.88"(以实际 IP 地址为准)，单击"继续浏览此网站"，打开平台登录界面。

(11) 输入管理员用户名/密码"admin/!1fw@2soc#3vpn"，单击"登录"按钮，登录日志审计与分析系统。

(12) 系统设置的密码有效期为 7 天，当登录系统后收到更改密码提示时，单击"确定"按钮更改系统密码。

(13) 在"原始密码"一栏输入原始密码"!1fw@2soc#3vpn"。在"新密码"一栏输入"!1fw@2soc#3vpn"，与原始密码相同。在"确认新密码"一栏输入"!1fw@2soc#3vpn"，单击"确定"按钮。

(14) 单击浏览器中的"工具"→"兼容性视图设置"。

(15) 输入日志审计与分析系统的 IP 地址"https://10.70.25.88"(以实际 IP 地址为准)，单击"添加"按钮，添加网站兼容性视图。

(16) 单击"关闭"按钮，退出设置。

(17) 进入日志审计与分析系统后，单击"系统"→"系统维护"，可看到系统"IP 地址配置 1"为"172.16.8.60"。

(18) 将管理机时间与日志审计与分析系统时间统一。在日志审计与分析系统中，单击"系统"→"系统维护"，接着单击"时间校对设置"框中的"手动校时"选项。

(19) 单击"时间"一栏的钟表图案。

(20) 选择与管理机统一的时间。

(21) 单击屏幕空白处,退出设置。

(22) 单击“修改时间”,完成日志审计与分析系统时间的手动修改。

(23) 修改成功后,系统会跳转至登录界面,重新输入用户名/密码“admin/!1fw@2soc#3vpn”,登录日志审计与分析系统。

(24) 重新登录后,查看系统界面右下方的时间,与管理机时间相同。

(25) 在管理机中打开浏览器,在地址栏中输入防火墙的 IP 地址“https://10.0.0.1”,进入防火墙的登录界面,输入管理员用户名 admin 和密码“!1fw@2soc#3vpn”,登录防火墙。登录界面如图 4-54 所示。

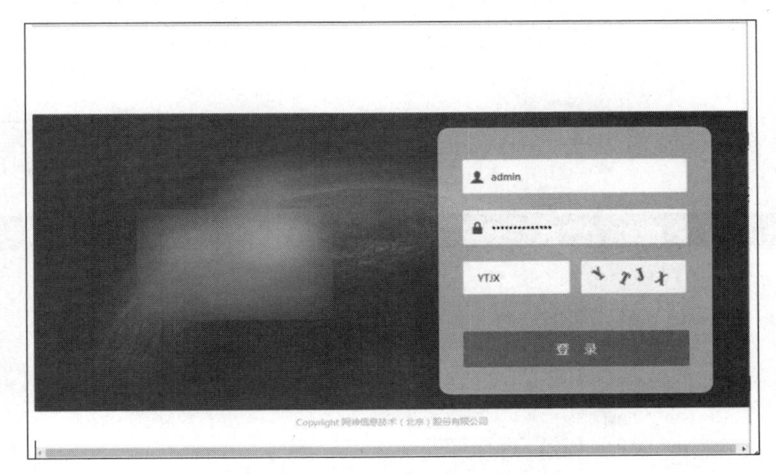

图 4-54 防火墙登录界面

(26) 用户使用默认密码登录防火墙时,为提高防火墙系统的安全性,防火墙系统会提示用户修改初始密码,本实验不需要修改默认密码,单击“取消”按钮,如图 4-55 所示。

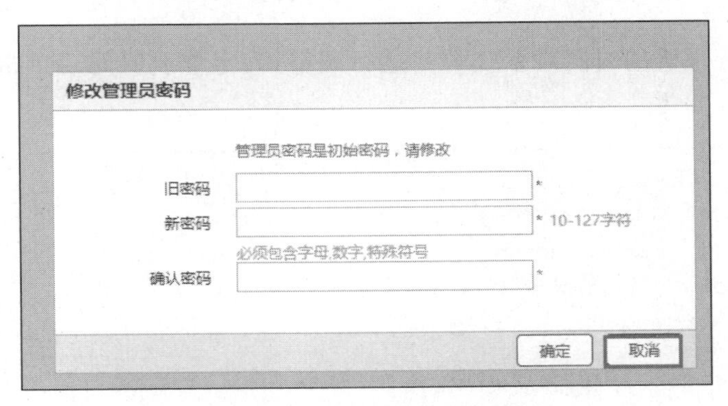

图 4-55 修改初始密码界面

(27) 登录防火墙设备后,显示防火墙的面板界面,如图 4-56 所示。

(28) 首先将防火墙平台的系统时间与管理机的时间进行统一(以实际时间为准),单击“系统设置”,进行时间调整,如图 4-57 所示。

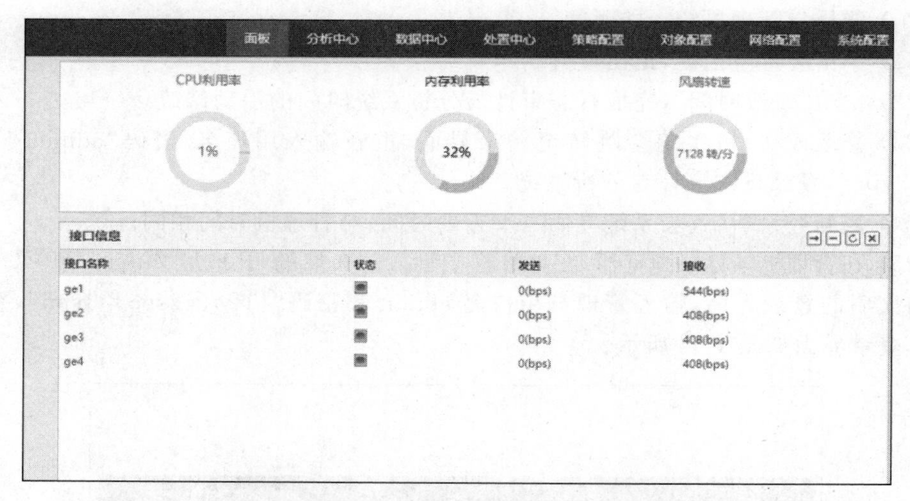

图 4-56　防火墙面板界面

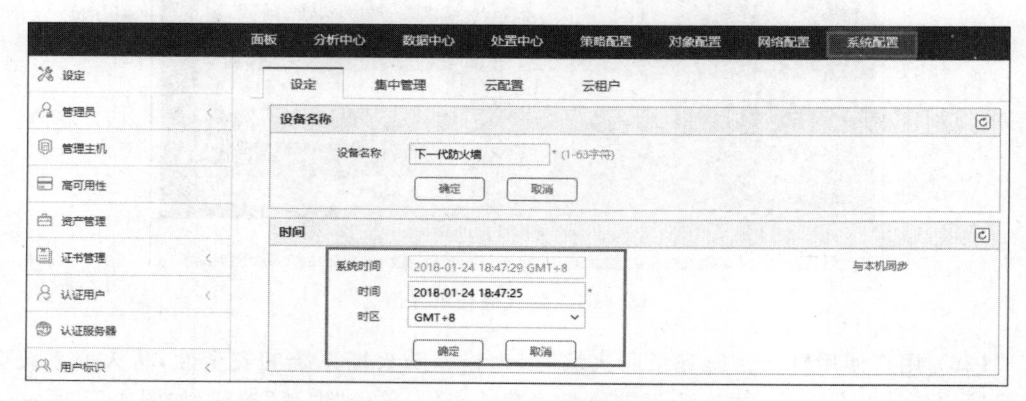

图 4-57　防火墙系统设置

(29) 根据管理机的时间对系统时间进行调整，确定修改时间后单击“确认”按钮，如图 4-58 所示。

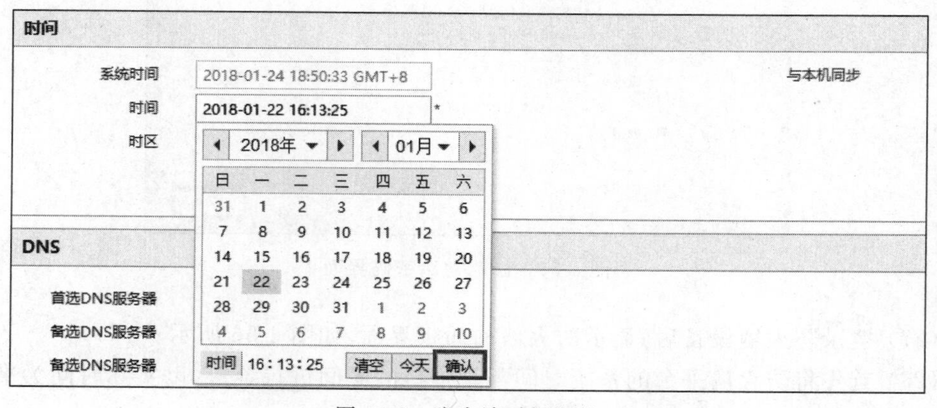

图 4-58　防火墙时间调整

(30) 配置网络接口。单击面板上方导航栏中的“网络配置”→“接口”,显示当前接口列表,单击 GE3 右侧“操作”中的笔型标志,编辑 GE3 接口设置,如图 4-59 所示。

名称	工作模式	接入信息	HA组	安全域	状态 物理口	IPv4	IPv6	引用	启用	操作
ge1	路由模式	10.0.0.1/255.255.255.0 192.168.3.50/255.255.0.0 fe80::216:31ff:fee1:6a66/64	0					0		
ge2	路由模式	110.69.70.2/255.255.255.0 fe80::216:31ff:fee1:6a67/64	0					0		
ge3	路由模式	172.16.8.2/255.255.255.0 fe80::216:31ff:fee1:6a68/64	0					0		
ge4	路由模式	fe80::216:31ff:fee1:6a69/64	0					0		
ge5	路由模式	fe80::216:31ff:fee1:6a6a/64	0					0		
ge6	路由模式	1.1.1.1/255.255.255.0 fe80::216:31ff:fee1:6a6b/64	0					1		

图 4-59　编辑 GE3 接口

(31) 在弹出的“编辑物理接口”界面中,GE3 是模拟连接内网的接口,因此“安全域”设置为 any,“工作模式”选中“路由模式”单选按钮,在“本地地址列表”中的 IPv4 标签栏中,单击“+添加”按钮,如图 4-60 所示。

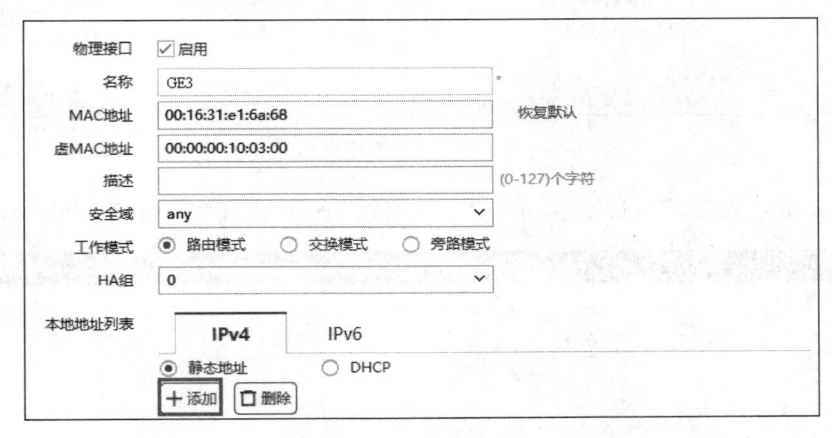

图 4-60　编辑 GE3 接口

(32) 在弹出的“添加 IPv4 本地地址”界面中,在“本地地址”中输入 GE3 对应的 IP 地址“172.16.8.2”,此处注意与日志审计与分析系统的 GE2 对应的 IP 地址应处于同一网段,“子网掩码”输入“255.255.255.0”,“类型”设置为 float,如图 4-61 所示。

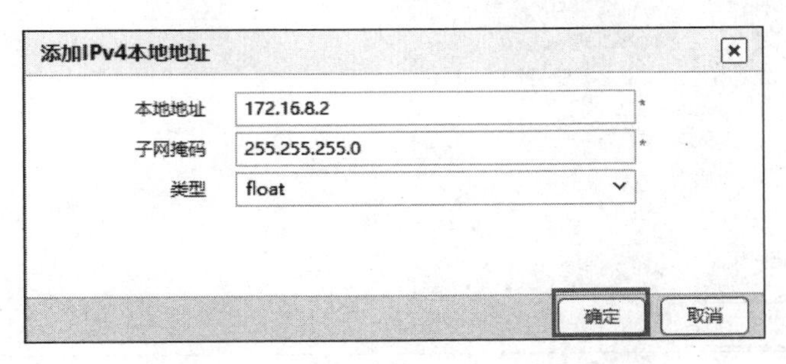

图 4-61　输入 GE3 对应 IP 地址

(33) 单击“确定”按钮,返回“编辑物理接口”界面,确认 GE3 接口信息是否无误,如图 4-62 所示。

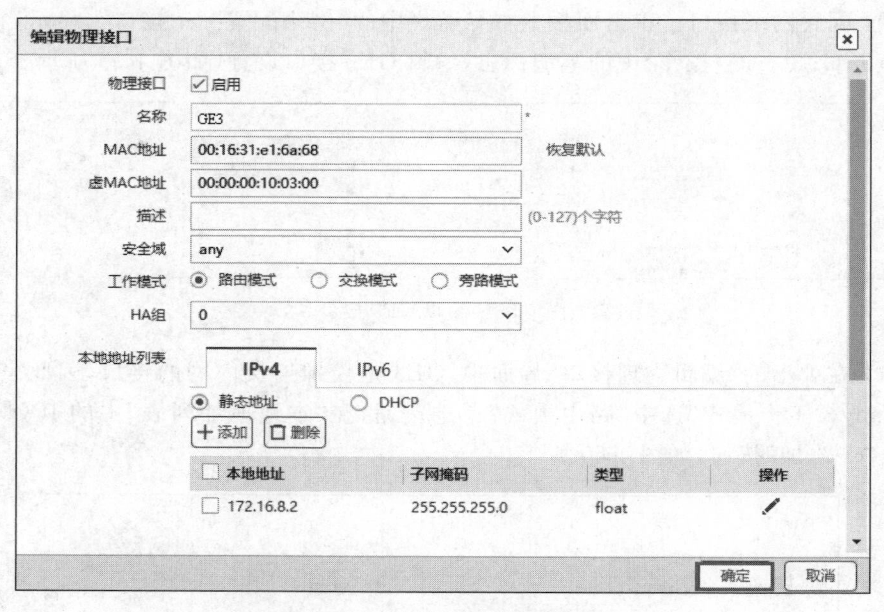

图 4-62　确认 GE3 接口信息

(34) 接下来配置日志服务器，单击“系统配置”→“日志配置”，如图 4-63 所示。

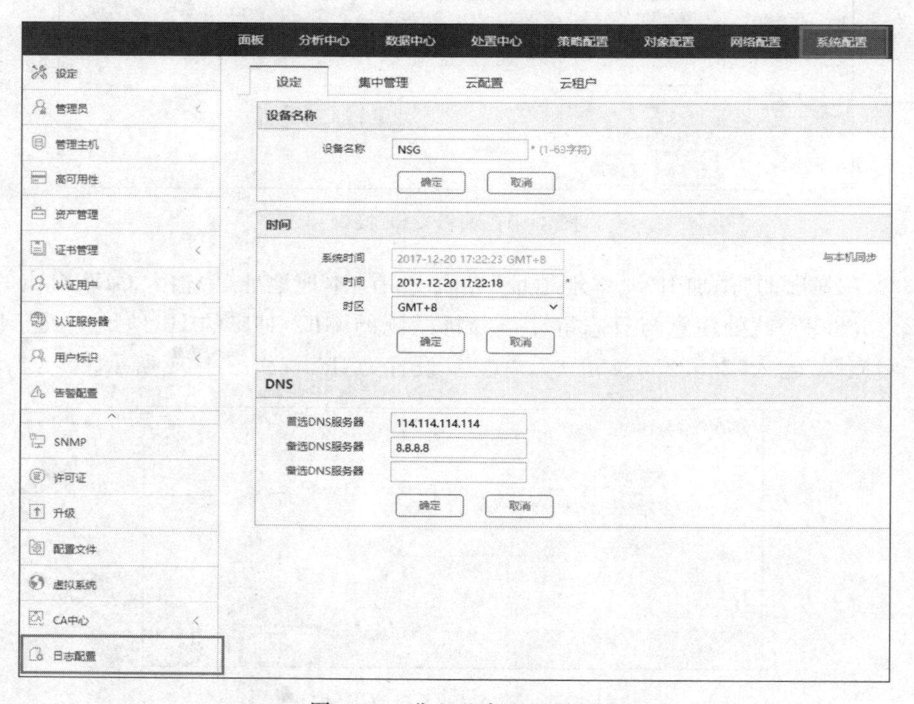

图 4-63　进入日志配置界面

(35) 在“日志配置”界面单击“添加”按钮，为防火墙平台添加日志服务器，如图 4-64 所示。

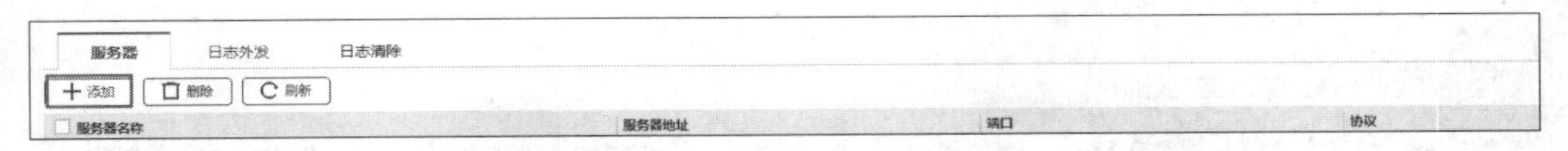

图 4-64　添加日志服务器

(36) 在"服务器名称"中输入"日志审计与分析系统","服务器地址"根据日志审计与分析系统的 GE2 口 IP 输入,本实验输入"172.16.8.60",协议设置为 UDP,端口输入 514,配置完信息后,单击"确定"按钮,如图 4-65 所示。

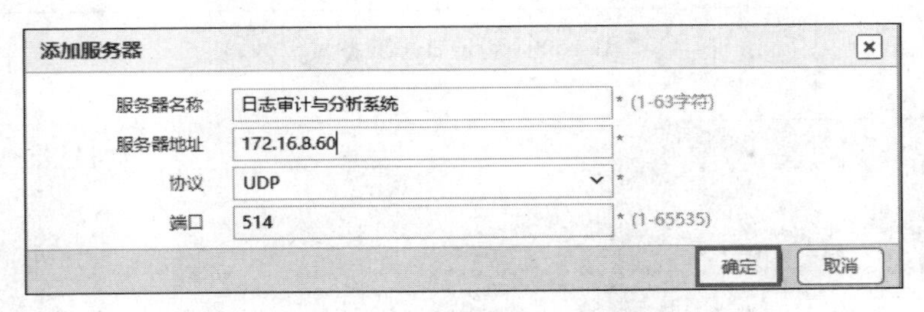

图 4-65　编辑日志服务器信息

(37) 添加日志服务器后,进入"日志外发"界面,选择服务器,如图 4-66 所示。

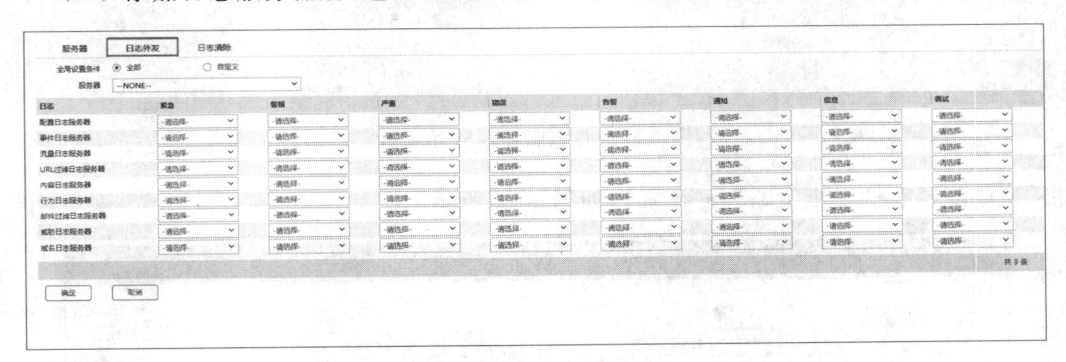

图 4-66　日志外发

(38) 为了方便看到结果,在"全局设置条件"中将"服务器"设置为"日志审计与分析系统",如图 4-67 所示。

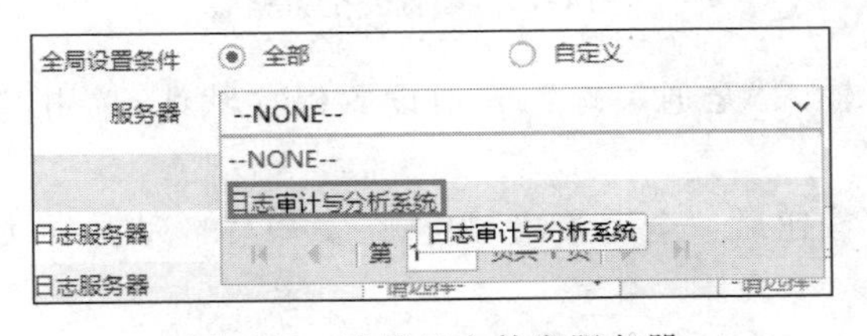

图 4-67　选择日志外发服务器

(39) 选择日志服务器,单击"确定"按钮,如图 4-68 所示。

(40) 系统提示执行成功,如图 4-69 所示。

(41) 接下来为保证日志可以顺利发送,需要对防火墙的安全策略进行配置,依次单

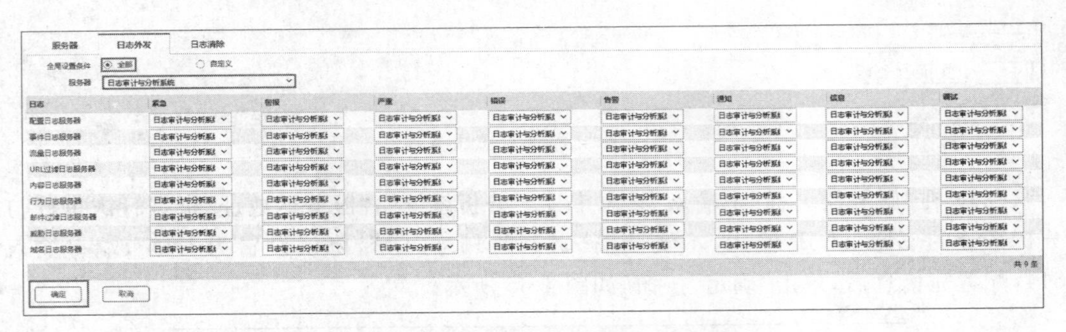

图 4-68　确定日志服务器

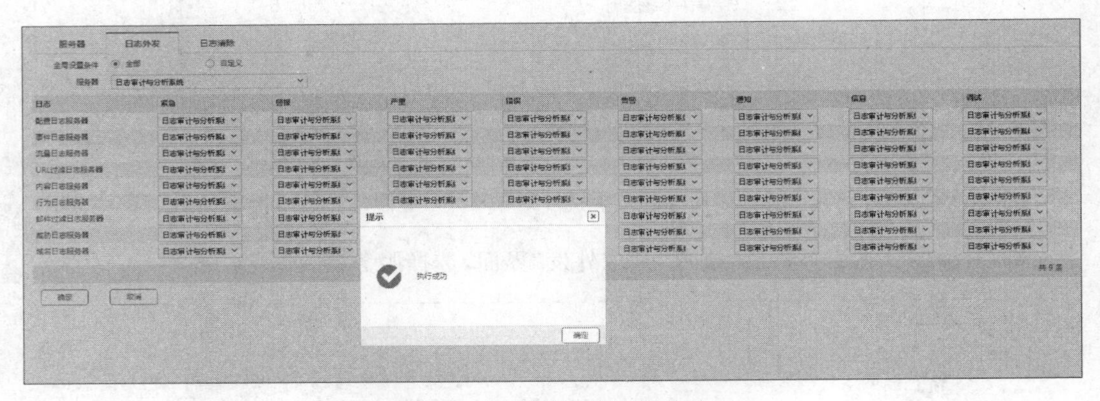

图 4-69　日志服务器配置成功

击“策略配置”→“安全策略”→“添加”，如图 4-70 所示。

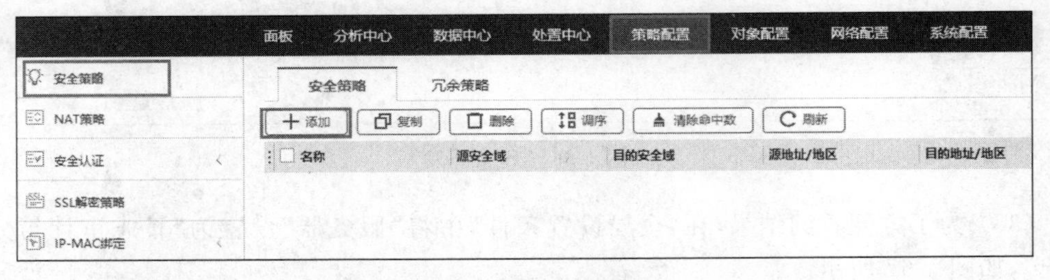

图 4-70　配置安全策略

(42) 在“名称”中输入“全通策略”，其他设置保存默认，单击“确定”按钮，如图 4-71 所示。

(43) 单击“确定”按钮后，“全通策略”出现在安全策略列表中，如图 4-72 所示。

【实验预期】

(1) 在日志审计与分析系统中可以看到防火墙平台发过来的日志。

(2) 查看日志文件基本信息。

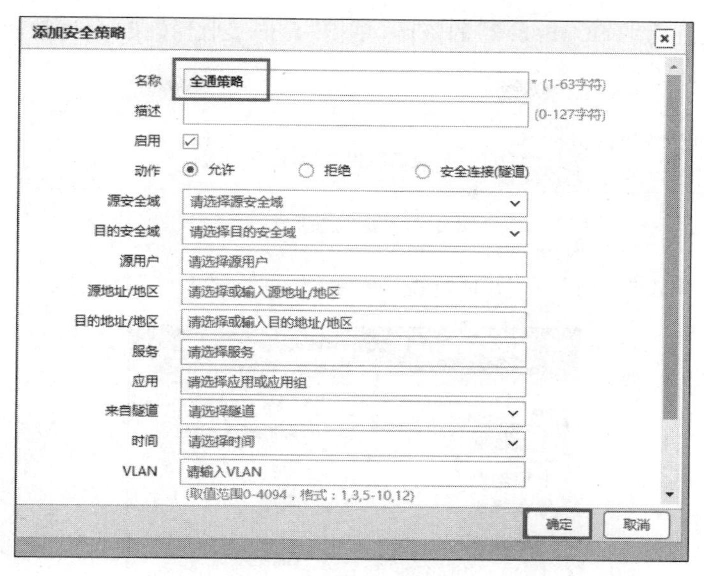

图 4-71　配置全通策略

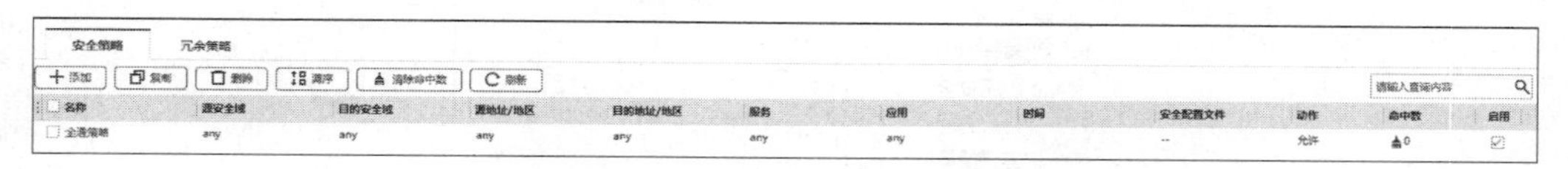

图 4-72　添加全通策略成功

【实验结果】

(1) 在管理机中打开浏览器，在地址栏中输入日志审计与分析产品的 IP 地址“https://10.70.25.88”(以实际 IP 地址为准)，打开平台登录界面。使用管理员用户名/密码“admin/!1fw@2soc#3vpn”登录日志审计与分析系统。

(2) 在管理机中登录日志审计与分析系统平台，依次单击“资产”→“资产日志”，如图 4-73 所示。

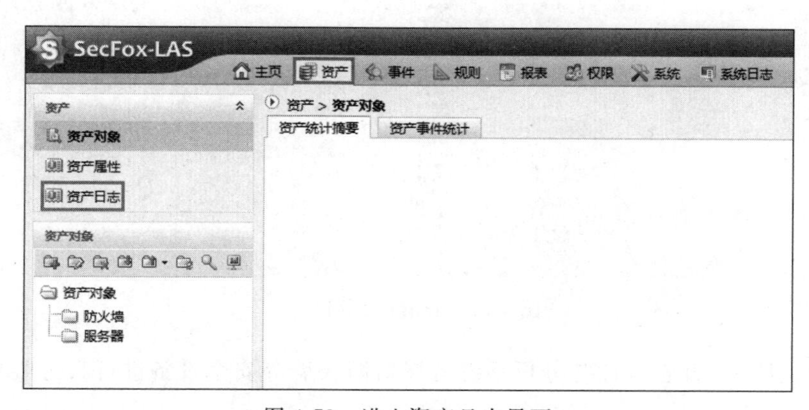

图 4-73　进入资产日志界面

(3) 选中地址为“172.16.8.2”的资产，单击“允许接收”按钮，允许接收防火墙平台日志，如图 4-74 所示。

图 4-74 成功接收日志

(4) 再依次单击“事件”→“实时监视”→“接收的外部事件”，如图 4-75 所示。

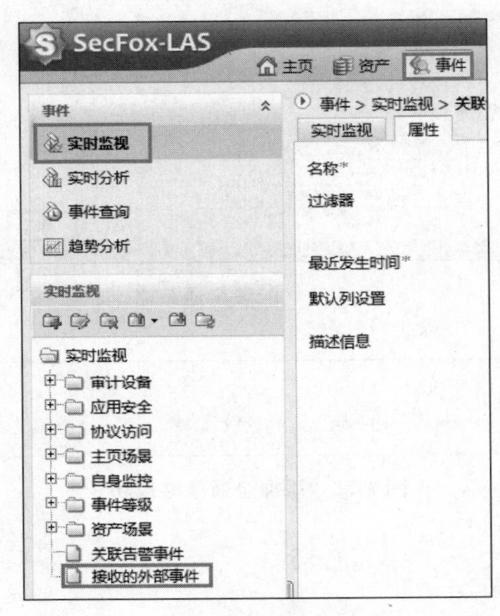

图 4-75 查看防火墙日志

(5) 查看防火墙发过来的日志，可以看到接收的防火墙相关日志，如图 4-76 所示。

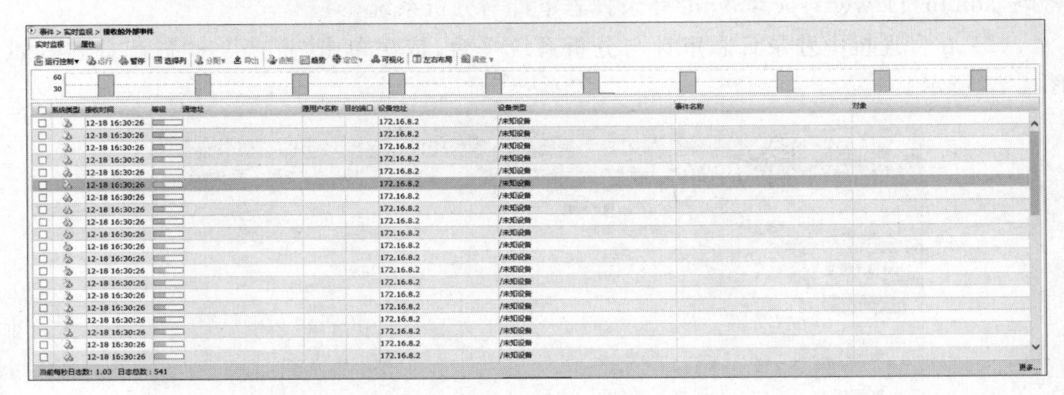

图 4-76 查看防火墙日志

(6) 综上所述，日志审计与分析系统可以对防火墙等安全设备进行日志收集。

【实验思考】

为什么配置日志服务器时要选择 UDP 协议？

4.4　日志审计与分析系统数据库日志采集实验

【实验目的】

日志审计与分析系统提供日志收集功能，本实验通过更新 Rsyslog 配置文件实现 MySQL 数据库的日志转发，将日志收集到日志审计与分析系统中。

【知识点】

日志收集、数据库、MySQL。

【实验场景】

A 公司的日志审计与分析系统由安全运维工程师小王管理，小王接到数据库运维小组的反馈，由于数据库的日志文件占用了本地太多的磁盘空间，且可读性较差。数据库运维小组的同事希望利用日志审计与分析系统来监控和收集数据库系统所产生的日志和事件。请思考应如何操作。

【实验原理】

日志审计与分析系统支持通过 Syslog 网络协议采集网络中各种设备、应用、系统和数据库的日志信息，确保用户能够收集并审计必需的日志信息。MySQL 数据库中最常用的日志为 alert 日志，它记录了数据库启动和关闭、数据库结构的改变、回退段的修改、死锁和内部错误等信息。通过更新 Rsyslog 配置文件，可将 MySQL 数据库的日志信息发送至日志审计与分析设备中。单击“资产”→“资产日志”，可查看对应的资产日志管理信息，此外，依次单击“事件”→“实时监视”→“接收的外部事件”，可查看接收到的数据库的日志信息。

【实验设备】

- 安全设备：日志审计与分析设备 1 台。
- 主机终端：Linux 主机 1 台。

【实验拓扑】

日志审计与分析系统数据库日志采集实验拓扑图如图 4-77 所示。

【实验思路】

（1）在管理机端使用 Xshell 进入日志审计与分析系统后台，配置系统路由信息。

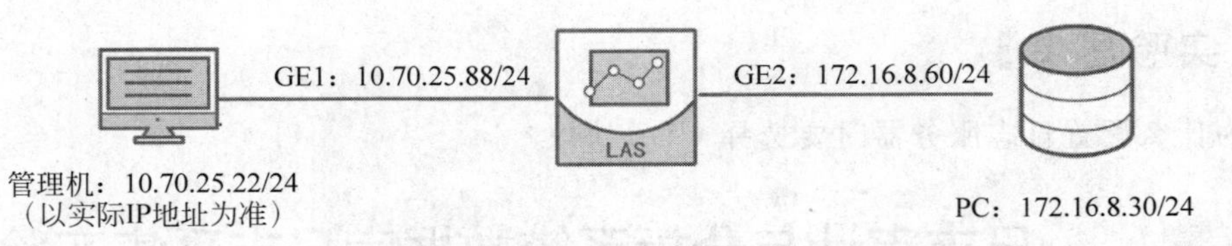

图 4-77　日志审计与分析系统数据库日志采集实验拓扑图

（2）以管理员 admin 用户的身份登录日志审计与分析系统。

（3）登录 Linux 系统，配置系统硬件地址。

（4）创建 MySQL 相关的 Rsyslog 子配置文件，并重启服务。

（5）查看日志收集是否成功。

【实验步骤】

（1）登录管理机（Administrator/123456），双击 Xshell 快捷方式，运行 Xshell 程序。

（2）在会话框中单击“新建”按钮，创建新的会话。

（3）在“主机”栏中输入日志审计与分析系统 GE1 接口的 IP 地址“10.70.25.88”（以实际 IP 地址为准），其他设置保持不变，单击“确定”按钮。

（4）新建的会话会在“所有会话”中显示，选中“新建会话”，单击“连接”按钮。

（5）单击“一次性接受”按钮。

（6）在“请输入登录的用户名”一栏中输入用户名 admin，单击“确定”按钮。

（7）在“密码”栏中输入密码“@1fw＃2soc＄3vpn”，单击“确定”按钮。

（8）成功登录日志审计与分析系统后台。

（9）输入命令“secfox -e eth1 -p 172.16.8.60 -m 255.255.255.0”（以实际 IP 地址为准），设置日志审计与分析系统 GE2 接口的 IP 地址。其中，“172.16.8.60”是 GE2 口的 IP 地址，“255.255.255.0”是 GE2 口的子网掩码。按 Enter 键，出现“modify ip ...”说明接口信息配置成功。

（10）运行 IE 浏览器，在地址栏中输入日志审计与分析系统的 IP 地址“https://10.70.25.88”（以实际 IP 地址为准），单击“继续浏览此网站”按钮，打开平台登录界面。

（11）输入管理员用户名/密码“admin/!1fw@2soc＃3vpn”，单击“登录”按钮，登录日志审计与分析系统。

（12）系统设置的密码有效期为 7 天，当登录系统后收到更改密码提示时，单击“确定”按钮，更改系统密码。

（13）在“原始密码”一栏输入原始密码“!1fw@2soc＃3vpn”。在“新密码”一栏输入“!1fw@2soc＃3vpn”，与原始密码相同。在“确认新密码”一栏输入“!1fw@2soc＃3vpn”。

（14）单击浏览器中的“工具”→“兼容性视图设置”。

（15）输入日志审计与分析系统的 IP 地址“https://10.70.25.88”（以实际 IP 地址为准），单击“添加”按钮，添加网站兼容性视图。

（16）单击“关闭”按钮，退出设置。

(17) 进入日志审计与分析系统后,单击"系统"→"系统维护",可看到系统"IP 地址配置 1"为"172.16.8.60",即日志审计与分析系统 GE2 接口的 IP 地址。

(18) 将管理机时间与日志审计与分析系统时间统一。在日志审计与分析系统中,单击"系统"→"系统维护",接着单击"时间校对设置"框中的"手动校时"选项。

(19) 单击"时间"一栏的钟表图案。

(20) 选择与管理机统一的时间。

(21) 单击屏幕空白处,退出设置。

(22) 单击"修改时间",完成日志审计与分析系统时间的手动修改。

(23) 修改成功后,系统会跳转至登录界面,重新输入用户名/密码"admin/!1fw@2soc#3vpn"登录日志审计与分析系统。

(24) 重新登录后,查看系统界面右下方的时间,与管理机时间相同。

(25) 登录右侧数据库服务器,如图 4-78 所示。

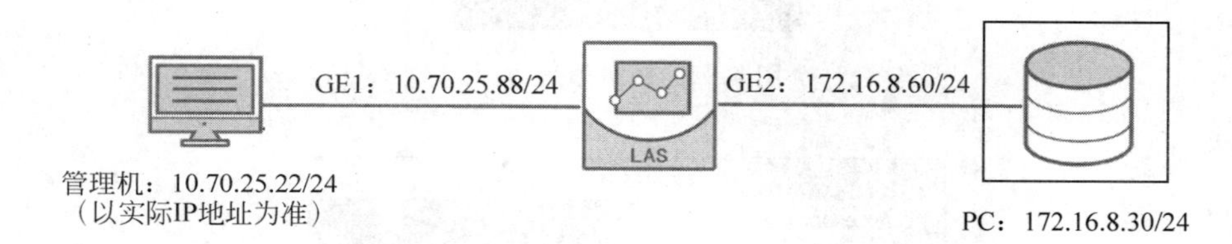

图 4-78　打开 Linux 系统

(26) 在系统登录界面选择下方的 Other,如图 4-79 所示。

(27) 在 Username 中输入用户名 root,并单击"Log In"按钮,如图 4-80 所示。

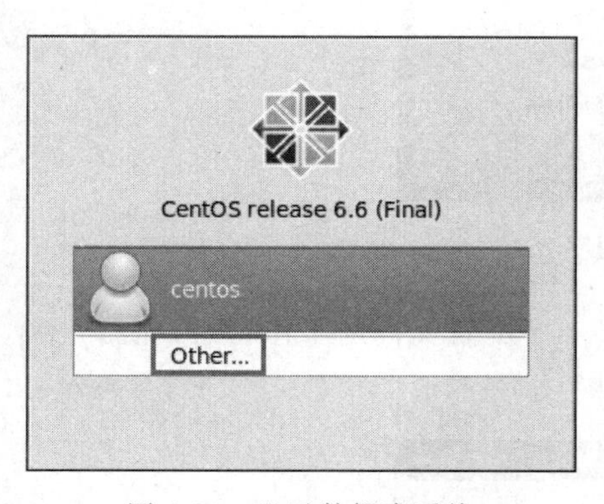

图 4-79　登录数据库系统

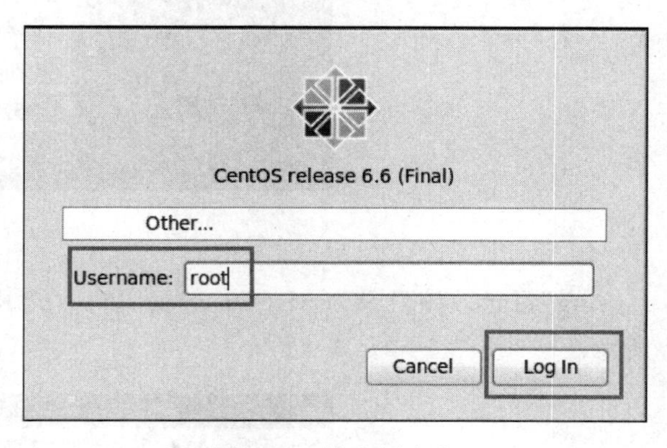

图 4-80　输入用户名

(28) 输入登录密码 123456,并单击"Log In"按钮,如图 4-81 所示。

(29) 查看右上角显示的系统的时间,使其与管理机时间保持一致,如图 4-82 所示。

(30) 系统时间相匹配后,依次单击左上方的 Applications→System Tools→Terminal,运行终端程序,如图 4-83 所示。

(31) 在终端程序中输入命令"mkdir -v /var/spool/rsyslog",创建"/var/spool/

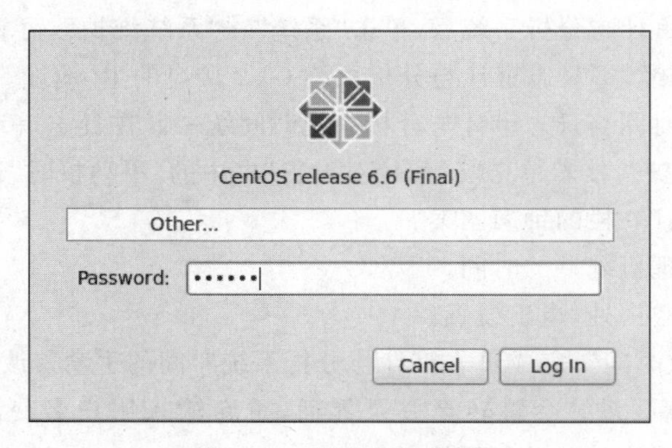

图 4-81　输入登录密码

图 4-82　核对系统时间

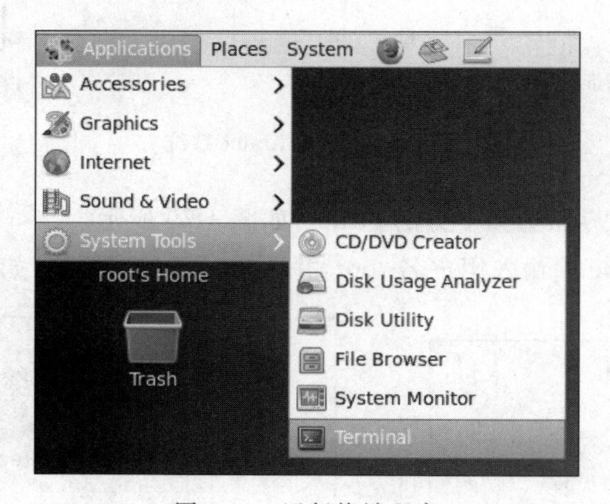

图 4-83　运行终端程序

rsyslog"目录。该目录为 MySQL 数据库对应的 Rsyslog 子配置文件的工作目录，如图 4-84 所示。

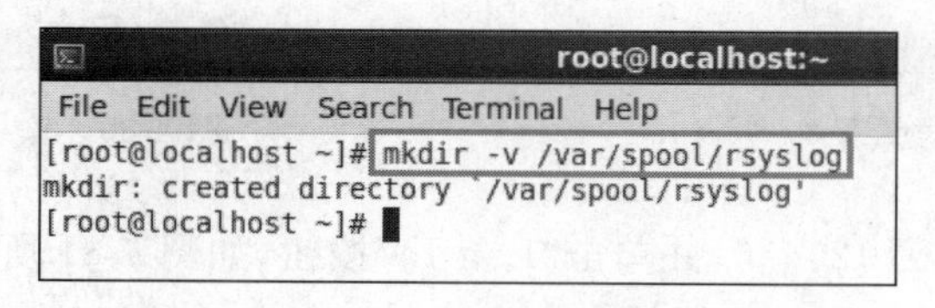

图 4-84　创建目录

（32）输入命令"vi /etc/rsyslog. d/mysql-biglog. conf"，新建 Rsyslog 的子配置文件"mysql-biglog. conf"，如图 4-85 所示。

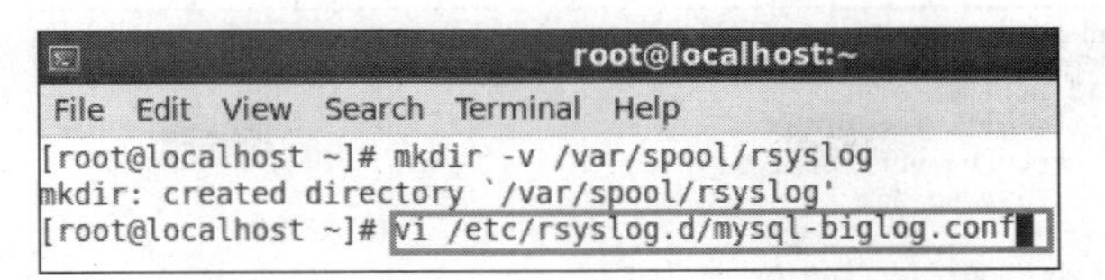

图 4-85　新建 Rsyslog 子配置文件

(33) 按 Enter 键，进入新创建的文件，此时文件内容为空，如图 4-86 所示。

图 4-86　进入子配置文件

(34) 按 i 键，进入输入模式。在文件中输入配置信息：

```
$ModLoad imfile
$InputFilePollInterval 3
$WorkDirectory /var/spool/rsyslog
$PrivDropToGroup adm

$InputFileName /var/log/mysql.log
$InputFileTag mysql_alert:
$InputFileStateFile stat_mysql_alert
$InputFileSeverity info
$InputFilePersistStateInterval 25000
$InputRunFileMonitor

$template BiglogFormatMySQL,"%msg%\n"
if $programname=='mysql_alert' then @172.16.8.60:514;BiglogFormatMySQL
if $programname=='mysql_alert' then ~
```

将日志文件名、文件路径、日志发送端地址和接口等信息写入配置文件。其中，InputFileName 表示需要采集的日志文件路径，使用@代表使用 UDP 协议，“172.16.8.60”代表日志接收端的 IP 地址，实验的日志接收端即为日志审计与分析系统，514 表示日志文件的接收端口，如图 4-87 所示。

```
mysql-biglog.conf
$ModLoad imfile
$InputFilePollInterval 3
$WorkDirectory /var/spool/rsyslog
$PrivDropToGroup adm

$InputFileName /var/log/mysql.log
$InputFileTag mysql_alert:
$InputFileStateFile stat_mysql_alert
$InputFileSeverity info
$InputFilePersistStateInterval 25000
$InputRunFileMonitor

$template BiglogFormatmysql,"%msg%\n"
if $programname == 'mysql_alert' then @172.16.8.60:514;BiglogFormatmysql
if $programname == 'mysql_alert' then ~
```

图 4-87　编辑子配置文件

(35) 按 Esc 键,关闭编辑模式,在下方的提示框中输入 wq,标识写入文件并关闭编辑器,如图 4-88 所示。

```
root@localhost:~
File Edit View Search Terminal Help
$ModLoad imfile
$InputFilePollInterval 3
$WorkDirector /var/spool/rsyslog
$PrivDropToGroup adm

$InputFileName /var/log/mysql.log
$InputFileTag mysql_alert
$InputFileStateFile stat_mysql_alert
$InputFileServerity info
$InputFilePersistStateInterval 25000
$InputRunFileMonitor

$template BiglogFormatMySQL,"%msg%\n"
if $programname=='mysql_alert' then @172.16.8.60:514;BiglogFormatMySQL
if $programname=='mysql_alert' then ~
~
~
~
~
~
~
~

:wq
```

图 4-88　退出编辑状态

(36) 返回终端程序界面后,再输入命令"service rsyslog restart",重启 Rsyslog 服务,如图 4-89 所示。

```
root@localhost:~
File Edit View Search Terminal Help
[root@localhost ~]# mkdir -v /var/spool/rsyslog
mkdir: created directory `/var/spool/rsyslog'
[root@localhost ~]# vi /etc/rsyslog.d/mysql-biglog.conf
[root@localhost ~]# service rsyslog restart
Shutting down system logger:                               [  OK  ]
Starting system logger:                                    [  OK  ]
[root@localhost ~]#
```

图 4-89　重启 Rsyslog 服务

【实验预期】

(1) 单击"资产"→"资产日志",可查看 MySQL 数据库所在系统的 IP 对应的资产日志管理信息。

(2) 在 Linux 系统中启动 MySQL 数据库,依次单击日志审计与分析系统的"事件"→"实时监视"→"接收的外部事件",可以接收到该日志信息。

【实验结果】

(1) 在日志审计与分析系统主界面中单击"资产"→"资产日志",接着单击"刷新"按钮,可以查看 MySQL 数据库所在系统的 IP 对应的资产日志管理信息,如图 4-90 所示。

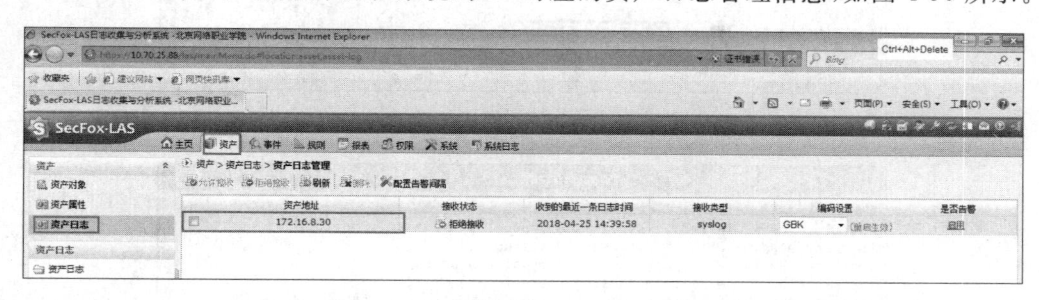

图 4-90　查看 MySQL 日志管理信息

(2) 选中 MySQL 数据库所在系统的 IP 对应的资产日志管理信息,单击"允许接收"按钮,使日志审计与分析系统及时接收 MySQL 的日志信息,如图 4-91 所示。

图 4-91　单击"允许接收"

(3) 单击"刷新"按钮,可见该设备的"接收状态"转变为"允许接收",如图 4-92 所示。

图 4-92　接收状态被修改

(4) 返回"数据库服务器",打开 Linux 系统,如图 4-93 所示。

(5) 在终端程序中继续输入命令"service mysqld status",查看 MySQL 服务是否在运行,如图 4-94 所示。

(6) 显示的"mysqld is running"表明 MySQL 服务运行正常,再输入命令"mysql -u root -p",表明使用 MySQL 的 root 账户登录,如图 4-95 所示。

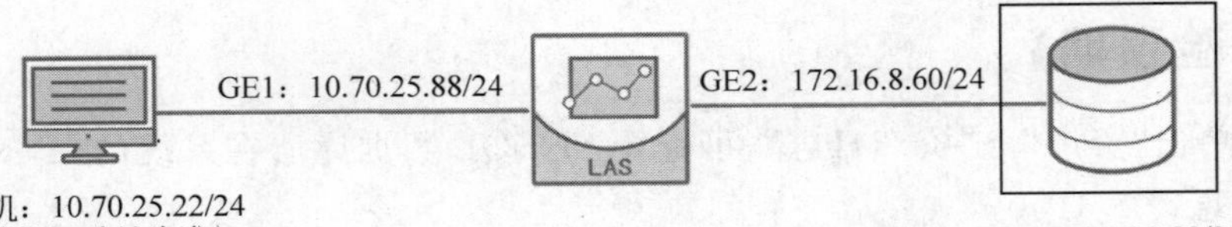

图 4-93　打开 Linux 系统

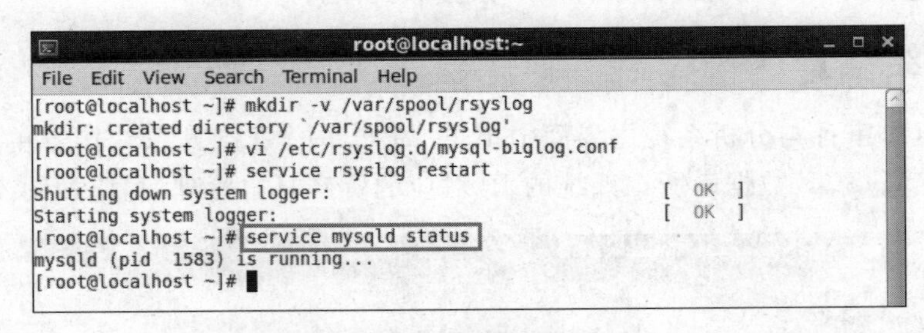

图 4-94　查看 MySQL 运行状态

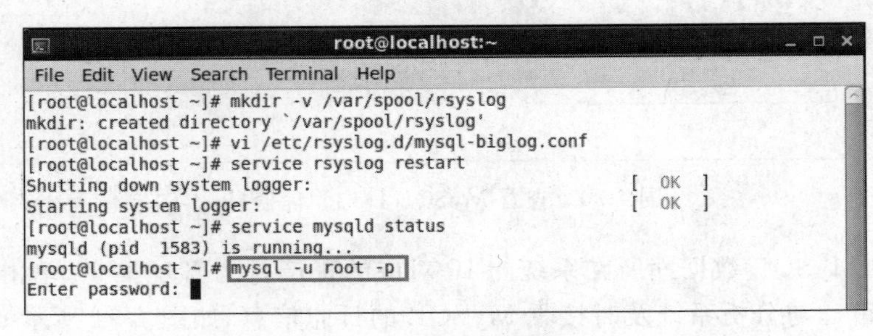

图 4-95　登录数据库

（7）输入密码 root，显示数据流连接信息，并显示“mysql>”，表明成功连接数据库，如图 4-96 所示。

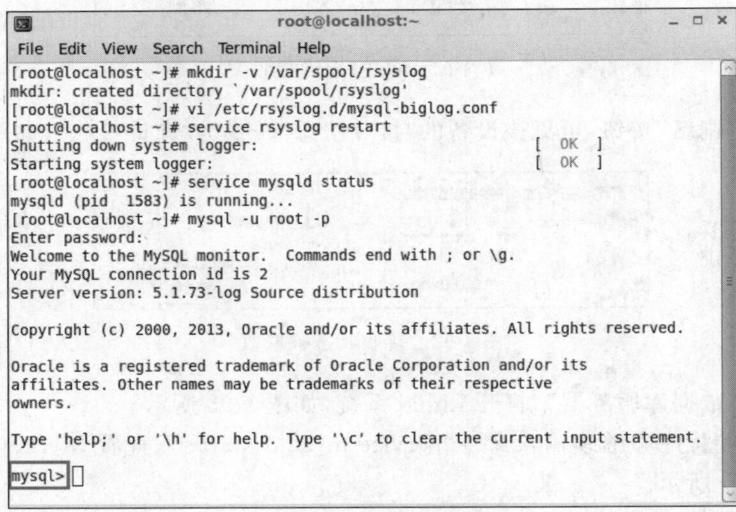

图 4-96　连接数据库

（8）输入命令“show databases;”，显示数据库中现有的数据库列表，如图 4-97 所示。

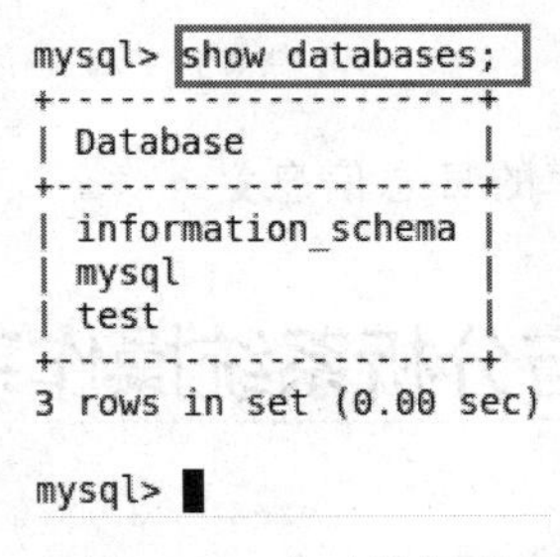

图 4-97　启动数据库

（9）在日志审计与分析系统主界面中依次单击“事件”→“实时监视”→“接收的外部事件”，查看 IP 地址为“172.16.8.30”的数据库查询的日志信息，如图 4-98 所示。

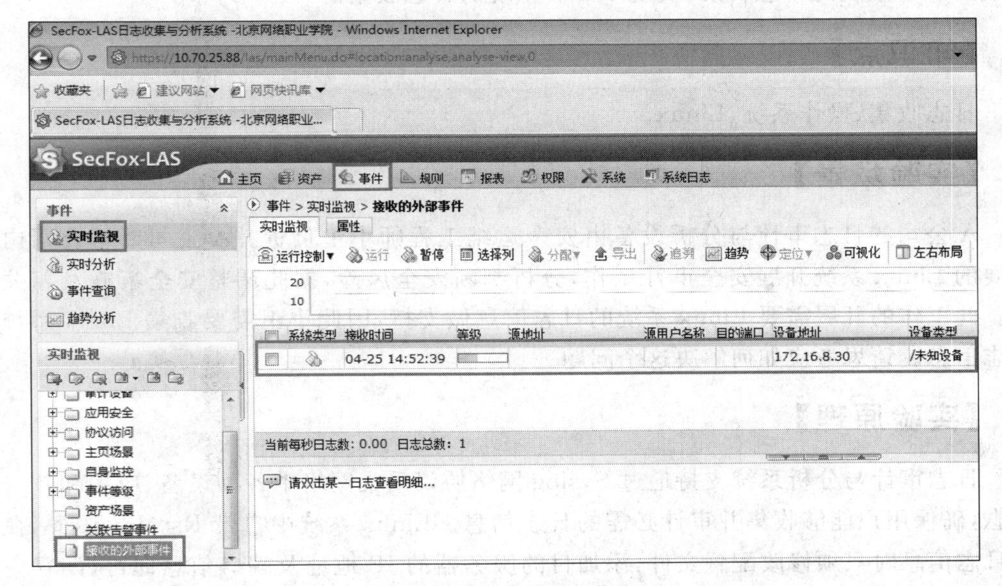

图 4-98　采集到日志信息

（10）双击该日志信息，可查看该日志的详细信息，如图 4-99 所示。

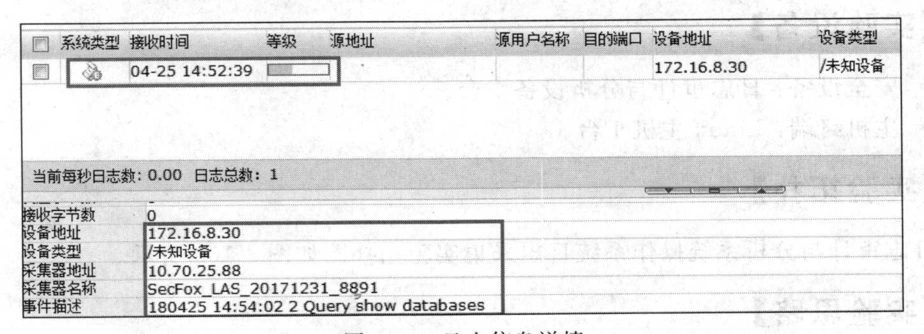

图 4-99　日志信息详情

(11) 日志审计与分析系统实现了对数据库服务器日志信息的采集,实验完毕。

【实验思考】

如何收集 SQL Server 数据库的日志信息?

4.5 日志审计与分析系统操作系统日志采集实验

【实验目的】

日志审计与分析系统提供日志收集功能,本实验通过修改 Rsyslog 服务的配置文件完成 Linux 系统的日志转发,实现 Linux 系统的日志收集。

【知识点】

日志收集、操作系统、Linux。

【实验场景】

A 公司的日志审计与分析设备由安全运维工程师小王负责。A 公司要对公司内部重要的 Linux 系统开展安全审计工作,分析判断安全风险,据此调整安全策略及相关配置。此工作的开展需要 Linux 系统的日志信息做支持,因此小王需要收集 Linux 系统的日志信息。请思考应如何解决这个问题。

【实验原理】

日志审计与分析系统支持通过 Syslog 网络协议采集网络中各种设备、应用和系统的日志,确保用户能够收集并审计必需的日志信息。Linux 系统中自带 Rsyslog 服务,在收集日志信息时只须修改配置文件,添加目的服务器的 IP 地址及端口信息即可,配置完成后即可单击"资产"→"资产日志",查看到对应的资产日志管理信息,此外,还可依次单击"事件"→"实时监视"→"接收的外部事件",查看接收的 Linux 系统的日志信息。

【实验设备】

- 安全设备:日志审计与分析设备 1 台。
- 主机终端:Linux 主机 1 台。

【实验拓扑】

日志审计与分析系统操作系统日志采集实验拓扑图如图 4-100 所示。

【实验思路】

(1) 在管理机端使用 Xshell 进入日志审计与分析系统后台,配置系统路由信息。

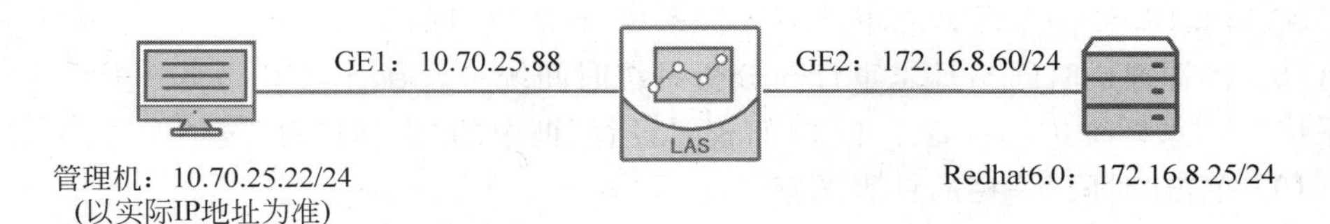

图 4-100　日志审计与分析系统操作系统日志采集实验拓扑图

(2) 以管理员 admin 用户的身份登录日志审计与分析系统。

(3) 登录 Linux 系统，配置系统硬件地址。

(4) 修改 Rsyslog 配置文件并重启服务。

(5) 查看日志收集是否成功。

【实验步骤】

(1) 在管理机端单击 Xshell 图标，打开 Xshell。

(2) 在会话框中单击“新建”，创建新的会话。

(3) 在“主机”栏中输入日志审计与分析系统 GE1 接口的 IP 地址“10.70.25.88”(以实际 IP 地址为准)，其他设置保持不变，单击“确定”按钮。

(4) 新建的会话会在“所有会话”中显示，选中“新建会话”，单击“连接”按钮。

(5) 单击“一次性接受”按钮。

(6) 在“请输入登录的用户名”一栏中输入用户名 admin，单击“确定”按钮。

(7) 在“密码”栏中输入密码“@1fw#2soc$3vpn”，单击“确定”按钮。

(8) 成功登录日志审计与分析系统后台。

(9) 输入命令“secfox -e eth1 -p 172.16.8.60 -m 255.255.255.0”，设置日志审计与分析系统 GE2 接口的 IP 地址。其中，“172.16.8.60”是 GE2 口的 IP 地址，“255.255.255.0”是 GE2 口的子网掩码。按 Enter 键，出现“modify ip ...”，说明接口信息配置成功。

(10) 打开浏览器，在地址栏中输入日志审计与分析系统的 IP 地址“https://10.70.25.88”(以实际 IP 地址为准)，单击“继续浏览此网站”按钮，打开平台登录界面。

(11) 输入管理员用户名/密码“admin/!1fw@2soc#3vpn”，单击“登录”按钮，登录日志审计与分析系统。

(12) 系统设置的密码有效期为 7 天，当登录系统后收到更改密码提示时，单击“确定”按钮，更改系统密码。

(13) 在“原始密码”一栏输入原始密码“!1fw@2soc#3vpn”。在“新密码”一栏输入“!1fw@2soc#3vpn”，与原始密码相同。在“确认新密码”一栏输入“!1fw@2soc#3vpn”，单击“确定”按钮。

(14) 单击浏览器中的“工具”→“兼容性视图设置”。

(15) 输入日志审计与分析系统的 IP 地址“https://10.70.25.88”(以实际 IP 地址为准)，单击“添加”按钮，添加网站兼容性视图。

(16) 单击“关闭”按钮，退出设置。

(17) 进入日志审计与分析系统后，单击“系统”→“系统维护”，可看到系统“IP 地址配置 1”为“172.16.8.60”，即日志审计与分析系统 GE2 接口的 IP 地址。

（18）将管理机时间与日志审计与分析系统时间统一。在日志审计与分析系统中，单击“系统”→“系统维护”，接着单击“时间校对设置”框中的“手动校时”选项。

（19）单击“时间”一栏的钟表图案。

（20）选择与管理机统一的时间。

（21）单击屏幕空白处，退出设置。

（22）单击“修改时间”，完成日志审计与分析系统时间的手动修改。

（23）修改成功后，系统会跳转至登录界面，重新输入用户名/密码“admin/!1fw@2soc#3vpn”，登录日志审计与分析系统。

（24）重新登录后，查看系统界面右下方的时间，与管理机时间相同。

（25）选择 Redhat6.0，打开 Linux 系统，如图 4-101 所示。

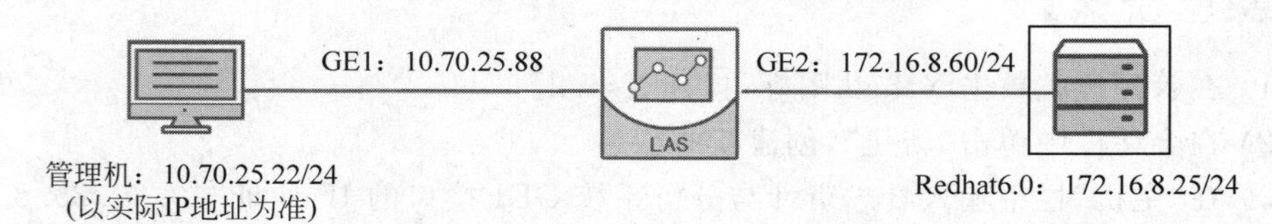

图 4-101　打开 Linux 系统

（26）输入用户名/密码“root/123456”，登录 Linux 系统，如图 4-102 所示。

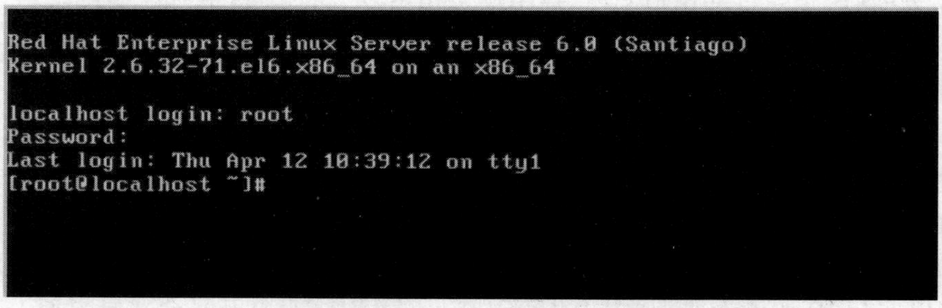

```
Red Hat Enterprise Linux Server release 6.0 (Santiago)
Kernel 2.6.32-71.el6.x86_64 on an x86_64

localhost login: root
Password:
Last login: Thu Apr 12 10:39:12 on tty1
[root@localhost ~]#
```

图 4-102　登录 Linux 系统

（27）修改 Linux 系统的时间，使其与管理机时间保持一致。输入命令“date -s 04/12/2018”（以实际时间为准），修改系统日期，如图 4-103 所示。

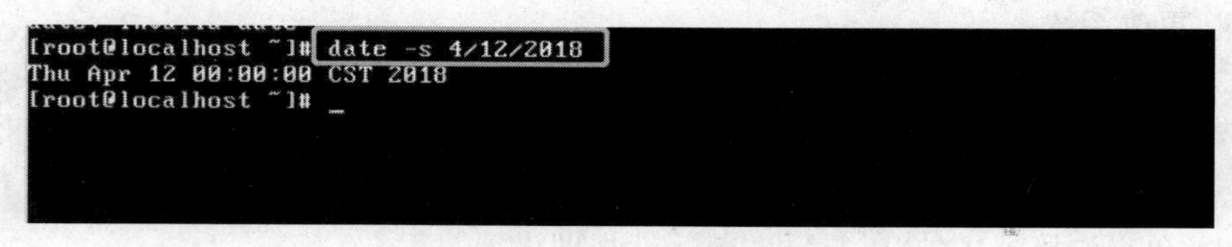

图 4-103　修改 Linux 系统日期

（28）输入命令“date -s 14:08:52”（以实际时间为准），修改系统时间，如图 4-104 所示。

（29）输入命令“clock -w”，使修改生效，如图 4-105 所示。

```
[root@localhost ~]# date -s 4/12/2018
Thu Apr 12 00:00:00 CST 2018
[root@localhost ~]# date -s 14:08:52
Thu Apr 12 14:08:52 CST 2018
[root@localhost ~]#
```

图 4-104　修改 Linux 系统时间

```
[root@localhost ~]# date -s 4/12/2018
Thu Apr 12 00:00:00 CST 2018
[root@localhost ~]# date -s 14:08:52
Thu Apr 12 14:08:52 CST 2018
[root@localhost ~]# clock -w
[root@localhost ~]# _
```

图 4-105　修改生效

(30) 输入命令“date”，查看修改后的系统时间，与管理机时间一致，如图 4-106 所示。

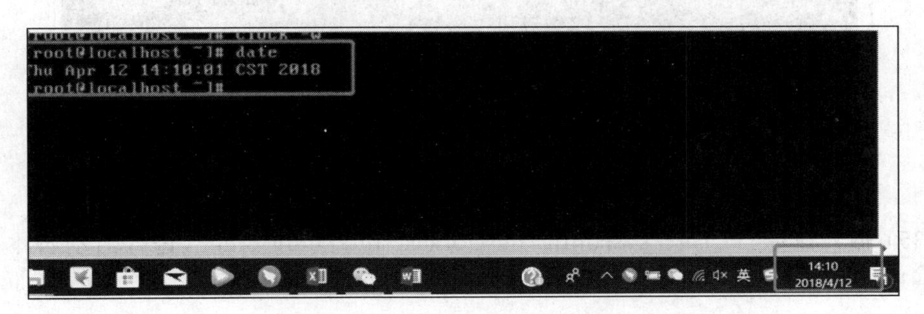

图 4-106　查看修改后系统时间

(31) 输入命令“vi /etc/udev/rules. d/70-persistent-net. rules”，修改 udev 中的规则脚本，使 MAC 地址与网卡对应，如图 4-107 所示。

图 4-107　进入规则脚本

(32) 按 i 键，进入输入模式。记录 eth1 接口的硬件地址“02:db:2e:8e:20:c6”(以实际 MAC 地址为准)，将“NAME='eth1'”修改为“NAME='eth0'”，如图 4-108 所示。

```
# program, run by the persistent-net-generator.rules rules file.
#
# You can modify it, as long as you keep each rule on a single
# line, and change only the value of the NAME= key.
#
# PCI device 0x8086:0x100e (e1000)
SUBSYSTEM=="net", ACTION=="add", DRIVERS=="?*", ATTR{address}=="02:db:2e:8e:20:c
6", ATTR{type}=="1", KERNEL=="eth*", NAME="eth1"
```

图 4-108　修改脚本

(33) 修改后结果如图 4-109 所示。

```
# PCI device 0x8086:0x100e (e1000)
SUBSYSTEM=="net", ACTION=="add", DRIVERS=="?*", ATTR{address}=="02:db:2e:8e:2
6", ATTR{type}=="1", KERNEL=="eth*", NAME="eth0"
```

图 4-109　修改结果

(34) 按 Esc 键,输入命令":wq",保存并退出,如图 4-110 所示。

```
# program, run by the persistent-net-generator.rules rules file.
#
# You can modify it, as long as you keep each rule on a single
# line, and change only the value of the NAME= key.

# PCI device 0x8086:0x100e (e1000)
SUBSYSTEM=="net", ACTION=="add", DRIVERS=="?*", ATTR{address}=="02:db:2e:8e:20:c
6", ATTR{type}=="1", KERNEL=="eth*", NAME="eth0"

:wq
```

图 4-110　保存脚本

(35) 输入命令"vi /etc/sysconfig/network-scripts/ifcfg-eth0",进入启动脚本文件,如图 4-111 所示。

```
[root@localhost network-scripts]# vi /etc/sysconfig/network-scripts/ifcfg-eth0
```

图 4-111　进入启动脚本

(36) 按 i 键,进入输入模式,如图 4-112 所示。

DEVICE="eth0"
ONBOOT="yes"
BOOTPROTO=dhcp
-- INSERT --

图 4-112　进入输入模式

(37) 修改脚本文件,添加如下信息:

```
HWADDR="02:db:2e:8e:20:c6" (以实际 MAC 地址为准)
NM_CONTROLLED="yes"
IPADDR="172.16.8.25"
NETMASK="255.255.255.0"
删除 BOOTPROTO=dhcp
```

其中,“02:db:2e:8e:20:c6”为步骤(32)中 Linux 系统 eth1 接口的硬件地址,如图 4-113 所示。

图 4-113　修改硬件地址

(38) 按 Esc 键,输入命令“:wq”,保存并退出,如图 4-114 所示。

图 4-114　退出并保存修改

(39) 输入命令“reboot”,重启系统,如图 4-115 所示。

(40) 输入命令“ifconfig”,查看 Linux 系统的 IP 地址,如图 4-116 所示。

```
[root@localhost network-scripts]# reboot
```

图 4-115 重启系统

```
Kernel 2.6.32-71.el6.x86_64 on an x86_64

localhost login: root
Password:
Last login: Thu Apr 12 14:15:00 on tty1
[root@localhost ~]# ifconfig
eth0      Link encap:Ethernet  HWaddr 02:DB:2E:8E:20:C6
          inet addr:172.16.8.25  Bcast:172.16.8.255  Mask:255.255.255.0
          inet6 addr: fe80::db:2eff:fe8e:20c6/64 Scope:Link
          UP BROADCAST RUNNING MULTICAST  MTU:1500  Metric:1
          RX packets:0 errors:0 dropped:0 overruns:0 frame:0
          TX packets:14 errors:0 dropped:0 overruns:0 carrier:0
          collisions:0 txqueuelen:1000
          RX bytes:0 (0.0 b)  TX bytes:804 (804.0 b)

lo        Link encap:Local Loopback
          inet addr:127.0.0.1  Mask:255.0.0.0
          inet6 addr: ::1/128 Scope:Host
          UP LOOPBACK RUNNING  MTU:16436  Metric:1
          RX packets:0 errors:0 dropped:0 overruns:0 frame:0
          TX packets:0 errors:0 dropped:0 overruns:0 carrier:0
          collisions:0 txqueuelen:0
          RX bytes:0 (0.0 b)  TX bytes:0 (0.0 b)

[root@localhost ~]#
```

图 4-116 查看 Linux 系统的 IP 地址

(41) 输入命令“vi /etc/rsyslog. conf”,进入 Rsys,如图 4-117 所示。

```
[root@localhost ~]# vi /etc/rsyslog.conf
```

图 4-117 进入配置文件

(42) 按 i 键,进入输入模式,如图 4-118 所示。

```
#rsyslog v3 config file

# if you experience problems, check
# http://www.rsyslog.com/troubleshoot for assistance

#### MODULES ####

$ModLoad imuxsock.so    # provides support for local system logging (e.g. via logger command)
$ModLoad imklog.so      # provides kernel logging support (previously done by rklogd)
#$ModLoad immark.so     # provides --MARK-- message capability

# Provides UDP syslog reception
#$ModLoad imudp.so
#$UDPServerRun 514

# Provides TCP syslog reception
#$ModLoad imtcp.so
#$InputTCPServerRun 514


#### GLOBAL DIRECTIVES ####
-- INSERT --
```

图 4-118 再次进入输入模式

(43) 在文件末添加“*.* @172.16.8.60”。其中,“172.16.8.60”是日志审计与分

析系统的 IP 地址,如图 4-119 所示。

```
# Save boot messages also to boot.log
local7.*                                                /var/log/boot.log



# ### begin forwarding rule ###
# The statement between the begin ... end define a SINGLE forwarding
# rule. They belong together, do NOT split them. If you create multiple
# forwarding rules, duplicate the whole block!
# Remote Logging (we use TCP for reliable delivery)
#
# An on-disk queue is created for this action. If the remote host is
# down, messages are spooled to disk and sent when it is up again.
#$WorkDirectory /var/spppl/rsyslog # where to place spool files
#$ActionQueueFileName fwdRule1 # unique name prefix for spool files
#$ActionQueueMaxDiskSpace 1g   # 1gb space limit (use as much as possible)
#$ActionQueueSaveOnShutdown on # save messages to disk on shutdown
#$ActionQueueType LinkedList   # run asynchronously
#$ActionResumeRetryCount -1    # infinite retries if host is down
# remote host is: name/ip:port, e.g. 192.168.0.1:514, port optional
#*.* @@remote-host:514
# ### end of the forwarding rule ###
*.* @172.16.8.60
-- INSERT --
```

图 4-119 修改 Rsyslog 配置文件

(44) 按 Esc 键,输入命令":wq",保存并退出,如图 4-120 所示。

```
# Save boot messages also to boot.log
local7.*                                                /var/log/boot.log



# ### begin forwarding rule ###
# The statement between the begin ... end define a SINGLE forwarding
# rule. They belong together, do NOT split them. If you create multiple
# forwarding rules, duplicate the whole block!
# Remote Logging (we use TCP for reliable delivery)
#
# An on-disk queue is created for this action. If the remote host is
# down, messages are spooled to disk and sent when it is up again.
#$WorkDirectory /var/spppl/rsyslog # where to place spool files
#$ActionQueueFileName fwdRule1 # unique name prefix for spool files
#$ActionQueueMaxDiskSpace 1g   # 1gb space limit (use as much as possible)
#$ActionQueueSaveOnShutdown on # save messages to disk on shutdown
#$ActionQueueType LinkedList   # run asynchronously
#$ActionResumeRetryCount -1    # infinite retries if host is down
# remote host is: name/ip:port, e.g. 192.168.0.1:514, port optional
#*.* @@remote-host:514
# ### end of the forwarding rule ###
*.* @172.16.8.60
:wq_
```

图 4-120 退出并保存 Rsyslog 配置文件

(45) 输入命令"service rsyslog restart",重启 Rsyslog 服务,如图 4-121 所示。

```
"/etc/rsyslog.conf" 79L, 2758C written
[root@localhost ~]# service rsyslog restart
Shutting down system logger:                              [  OK  ]
Starting system logger:                                   [  OK  ]
[root@localhost ~]#
```

图 4-121 重启服务

【实验预期】

(1) 单击“资产”→“资产日志”,可查看到 Linux 系统所属 IP 的资产日志管理信息。

(2) 重启 Linux 系统,依次单击日志审计与分析系统主界面中的“事件”→“实时监视”→“接收的外部事件”,可接收到日志信息。

【实验结果】

(1) 在日志审计与分析系统主界面中单击“资产”→“资产日志”,接着单击“刷新”按钮,如图 4-122 所示。

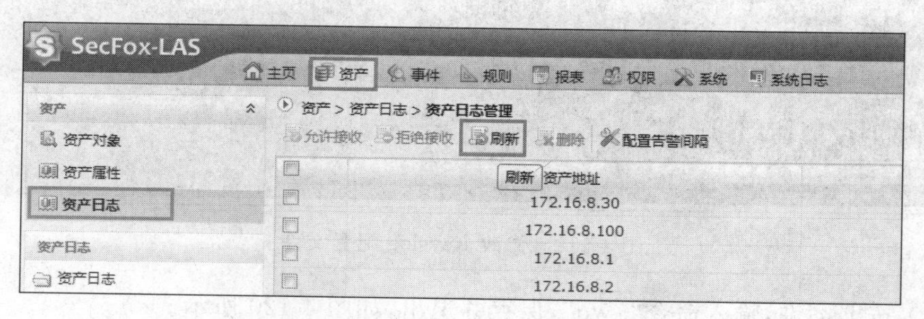

图 4-122 刷新资产日志信息

(2) 刷新后,可以查看 Linux 系统 IP 地址“172. 16. 8. 25”的资产日志管理信息,如图 4-123 所示。

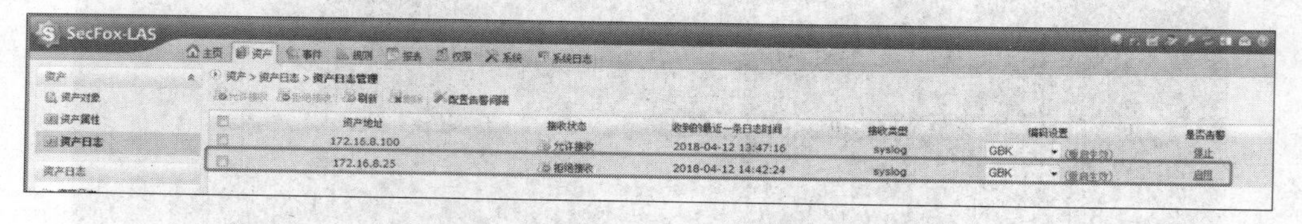

图 4-123 查看 Linux 日志管理信息

(3) 选中 Linux 系统 IP 对应的资产日志管理信息,单击“允许接收”按钮,使日志审计与分析系统及时接收 Linux 系统的日志信息,如图 4-124 所示。

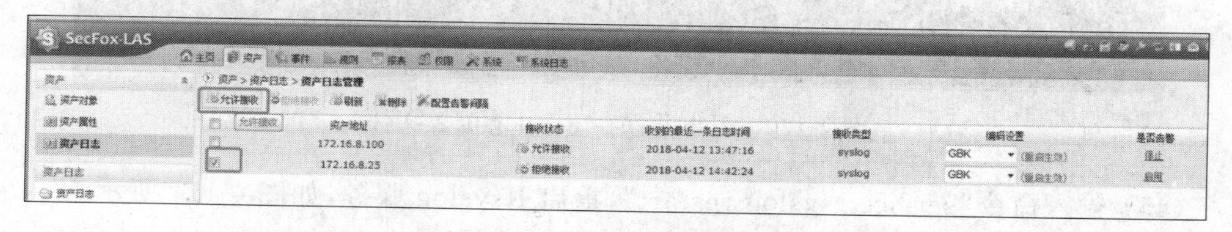

图 4-124 单击“允许接收”

(4) “接收状态”转变为“允许接收”,如图 4-125 所示。

(5) 选择 Redhat6. 0,打开 Linux 系统,如图 4-126 所示。

(6) 输入命令“shutdown -r now”,重启 Linux 系统,如图 4-127 所示。

(7) 在日志审计与分析系统主界面中依次单击“事件”→“实时监视”→“接收的外部

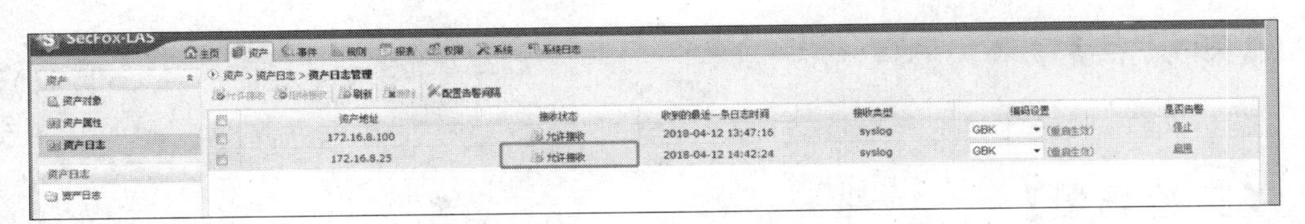

图 4-125　接收状态被修改

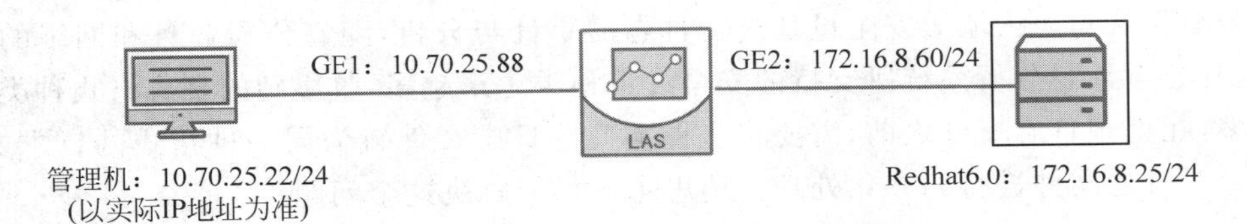

图 4-126　打开 Linux 系统

图 4-127　重启 Linux 系统

事件”，查看 IP 地址为“172.16.8.25”的日志信息，如图 4-128 所示。

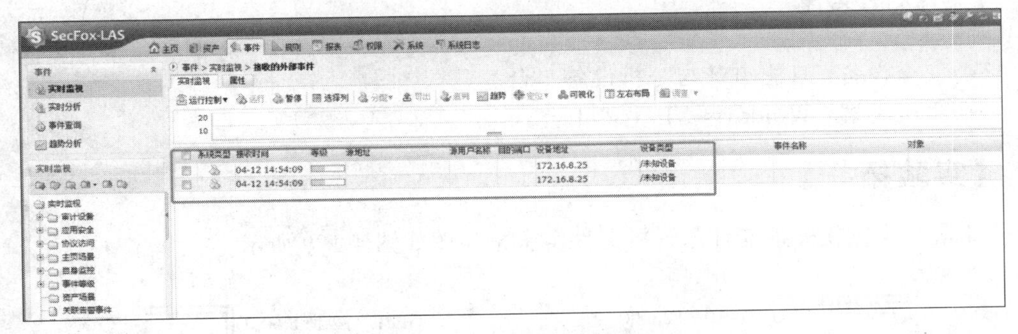

图 4-128　查看日志信息

【实验思考】

(1) 如何审计 Windows 操作系统的日志信息？

(2) Windows 日志审计与 Linux 系统有何区别？

4.6　日志审计与分析系统日志解析文件实验

【实验目的】

日志解析文件是日志分析的重要部分，日志审计与分析系统利用系统内的日志解析文件，对接收到的日志文件进行解析，分析日志文件中携带的信息。

【知识点】

解析文件、归一化。

【实验场景】

A公司的日志审计与分析设备由安全运维工程师小王负责。公司需要使用日志审计与分析系统对防火墙等安全设备进行日志的审计与分析，随着公司业务和网络的不断扩大，日志审计与分析系统所支持的安全设备种类越来越多，收集到的日志格式种类也越来越多，在处理日志文件之前，需要将多种类型的日志文件转为同一种格式的日志文件，也就是对日志文件进行归一化处理。请思考应如何解决这个问题。

【实验原理】

日志审计与分析系统提供日志解析功能，在启用相关日志解析文件后，再收到相关日志时，便会对日志的事件性质、设备类型等属性进行解析。在虚拟机中使用UDPsender向日志审计与分析系统服务器发送防火墙日志，用户单击"系统"→"日志解析文件"，启用日志解析文件，然后可以查看接收的防火墙日志已经解析出相关属性。

【实验设备】

- 安全设备：日志审计与分析设备1台。
- 主机终端：Windows XP主机1台。

【实验拓扑】

日志审计与分析系统日志解析文件实验拓扑图如图4-129所示。

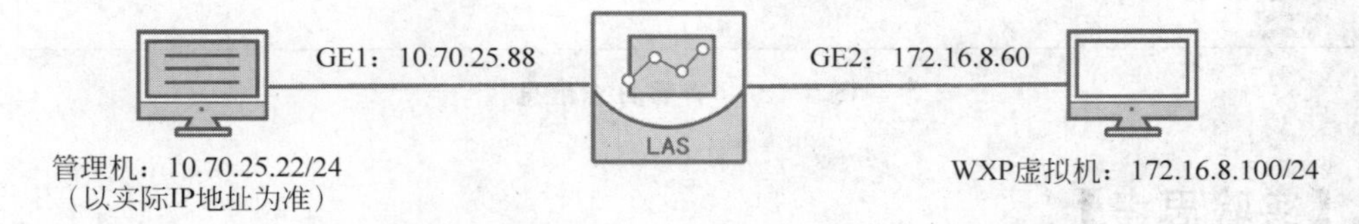

图4-129　日志审计与分析系统日志解析文件实验拓扑图

【实验思路】

（1）配置日志平台的网络接口。
（2）登录WXP虚拟机向日志服务器发送防火墙日志。
（3）以管理员admin用户的身份登录日志审计与分析系统。
（4）启用日志解析文件。
（5）查看完成解析的防火墙日志文件。

【实验步骤】

(1) 在管理机端单击 Xshell 图标,打开 Xshell。

(2) 在会话框中单击“新建”按钮,创建新的会话。

(3) 在“主机”栏中输入日志审计与分析系统 GE1 接口的 IP 地址“10.70.25.88”(以实际 IP 地址为准),其他设置保持不变,单击“确定”按钮。

(4) 新建的会话会在“所有会话”中显示,选中“新建会话”,单击“连接”按钮。

(5) 单击“一次性接受”按钮。

(6) 在“请输入登录的用户名”一栏中输入用户名 admin,单击“确定”按钮。

(7) 在“密码”栏中输入密码“@1fw#2soc$3vpn”,单击“确定”按钮。

(8) 成功登录日志审计与分析系统后台。

(9) 输入命令“secfox -e eth1 -p 172.16.8.60 -m 255.255.255.0”,设置日志审计与分析系统 GE2 接口的 IP 地址。其中,“172.16.8.60”是 GE2 口的 IP 地址,“255.255.255.0”是 GE2 口的子网掩码。按 Enter 键,出现“modify ip ...”,说明接口信息配置成功。

(10) 打开浏览器,在地址栏中输入日志审计与分析系统的 IP 地址“https://10.70.25.88”(以实际 IP 地址为准),单击“继续浏览此网站”按钮,打开平台登录界面。

(11) 输入管理员用户名/密码“admin/!1fw@2soc#3vpn”,单击“登录”,登录日志审计与分析系统。

(12) 系统设置的密码有效期为 7 天,当登录系统后收到更改密码提示时,单击“确定”按钮,更改系统密码。

(13) 在“原始密码”一栏输入原始密码“!1fw@2soc#3vpn”。在“新密码”一栏输入“!1fw@2soc#3vpn”,与原始密码相同。在“确认新密码”一栏输入“!1fw@2soc#3vpn”,单击“确定”按钮。

(14) 单击浏览器中的“工具”→“兼容性视图设置”。

(15) 输入日志审计与分析系统的 IP 地址“https://10.70.25.88”,单击“添加”按钮,添加网站兼容性视图。

(16) 单击“关闭”按钮,退出设置。

(17) 进入日志审计与分析系统后,单击“系统”→“系统维护”,可看到系统“IP 地址配置 1”为“172.16.8.60”。

(18) 将管理机时间与日志审计与分析系统时间统一。在日志审计与分析系统中,单击“系统”→“系统维护”,接着单击“时间校对设置”框中的“手动校时”选项。

(19) 单击“时间”一栏的钟表图案。

(20) 选择与管理机统一的时间。

(21) 单击屏幕空白处,退出设置。

(22) 单击“修改时间”,完成日志审计与分析系统时间的手动修改。

(23) 修改成功后,系统会跳转至登录界面,重新输入用户名/密码“admin/!1fw@2soc#3vpn”登录日志审计与分析系统。

(24) 重新登录后,查看系统界面右下方的时间,与管理机时间相同。

(25) 登录实验平台,打开虚拟机 WXPSP3,对应实验拓扑中的右侧设备,如图 4-130 所示。

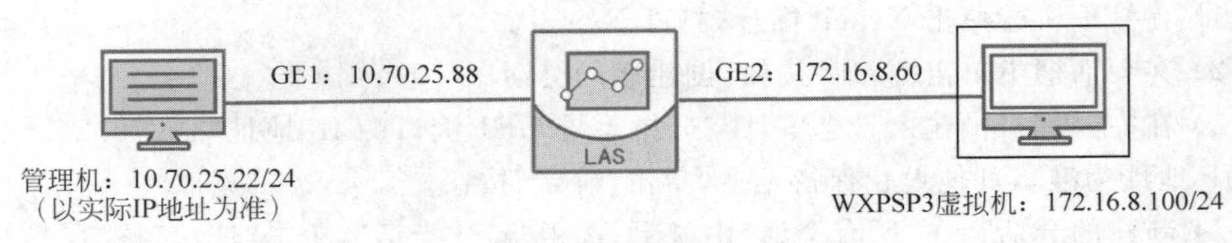

图 4-130　打开虚拟机 WXPSP3

(26) 进入虚拟机后,为保证日志审计与分析系统收到的日志文件时间与虚拟机时间一致,首先查看虚拟机的系统时间与管理机的系统时间是否一致,如果不一致,则双击虚拟机界面右下角的时间进行调整。

(27) 根据管理机时间对虚拟机时间进行调整(以实际时间为准),单击"确定"按钮。

(28) 进入虚拟机桌面,打开桌面上的"实验工具"。

(29) 单击文件夹 UDPSender。

(30) UDPsender 是模拟防火墙日志发送的工具,双击图标"UDPsender. exe",打开文件夹中的日志发送工具。

(31) 配置日志发送的相关信息,"协议"设置为 Syslog,"方式"设置为"按速度发送","速度"输入 5,然后单击"初始化通信"。

(32) "消息来源"设置为"从文件",单击"..."按钮,选择目标日志文件。

(33) 在查找范围中的"桌面"进入"实验工具"目录,单击 UDPSender 文件夹。

(34) 进入 logfiles 进行日志文件选择,本实验选择"FW_LOG_DEOM. log",再单击"打开"。

(35) 在目标端设置中,选中序号为 0 的目标,单击"编辑"按钮。

(36) 将"目的 IP 地址"设置为"日志服务器的 IP 地址",本实验设置为"172. 16. 8. 60",端口设置为 514。

(37) 完成设置后,核对信息配置是否正确,然后单击"发送"按钮。

(38) 完成日志发送过程后,按照步骤(1),在管理机中登录日志审计与分析系统平台,依次单击"资产"→"资产日志",如图 4-131 所示。

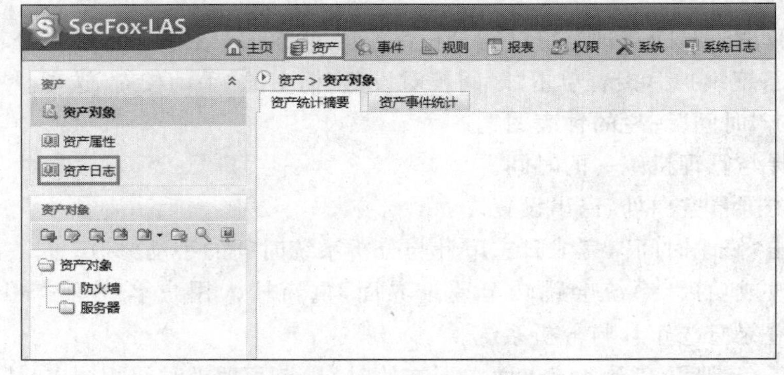

图 4-131　进入资产日志界面

（39）选中资产地址“172.16.8.100”，单击“允许接收”和“启用”按钮，以允许日志审计与分析系统接收日志，并启用“是否告警”，如图 4-132 所示。

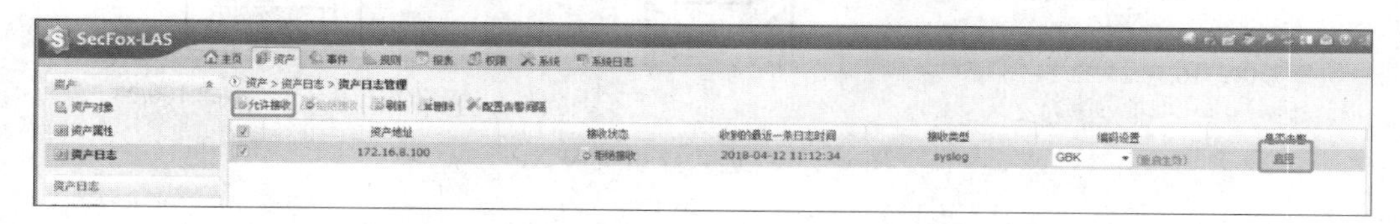

图 4-132　管理资产日志

【实验预期】

（1）在日志审计与分析系统中启用日志解析文件。

（2）查看完成解析的日志文件。

【实验结果】

（1）在管理机中重新登录日志审计与分析系统，依次单击“事件”→“实时监视”→“接收的外部事件”，如图 4-133 所示。

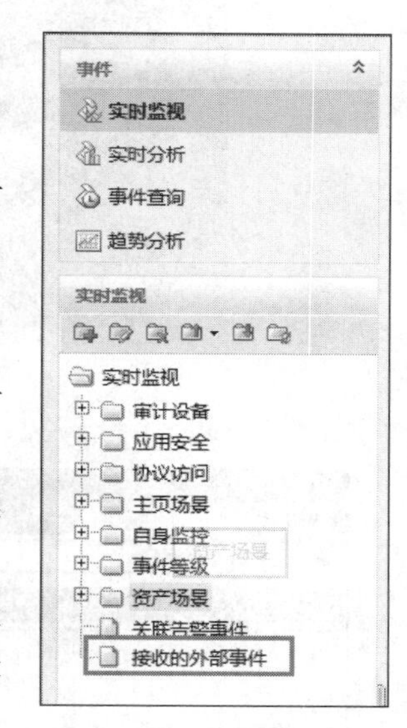

图 4-133　接收外部事件

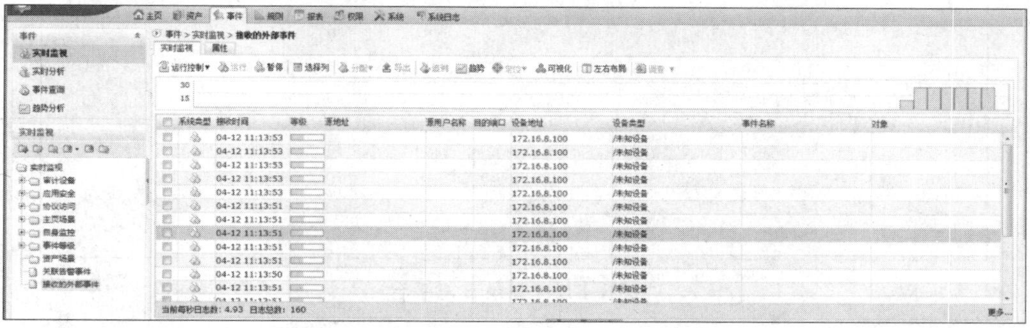

（2）可以在“接收的外部事件”中实时查看发送过来的日志信息，如图 4-134 所示。

（3）登录实验平台对应实验拓扑右侧的 WXP 虚拟机，对应实验拓扑中的右侧设备，如图 4-135 所示。

（4）在虚拟机中登录日志审计与分析系统，打开虚拟机桌面的火狐浏览器，如图 4-136 所示。

（5）在地址栏中输入日志审计与分析产品的 IP 地址“https://172.16.8.60”（以实际 IP 地址为准），打开平台登录界面，如图 4-137 所示。

（6）出现“您的连接不安全”，单击“高级”按钮，如图 4-138 所示。

图 4-134　接收日志成功

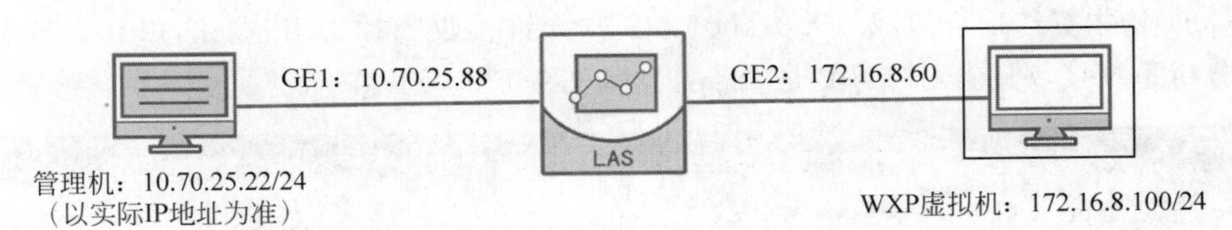

图 4-135　进入虚拟机 WXP

图 4-136　打开浏览器

图 4-137　登录日志平台

(7) 在“高级”设置中，单击“添加例外”按钮，如图 4-139 所示。

(8) 在弹出的“添加安全例外”的界面，单击“确认安全例外”按钮，如图 4-140 所示。

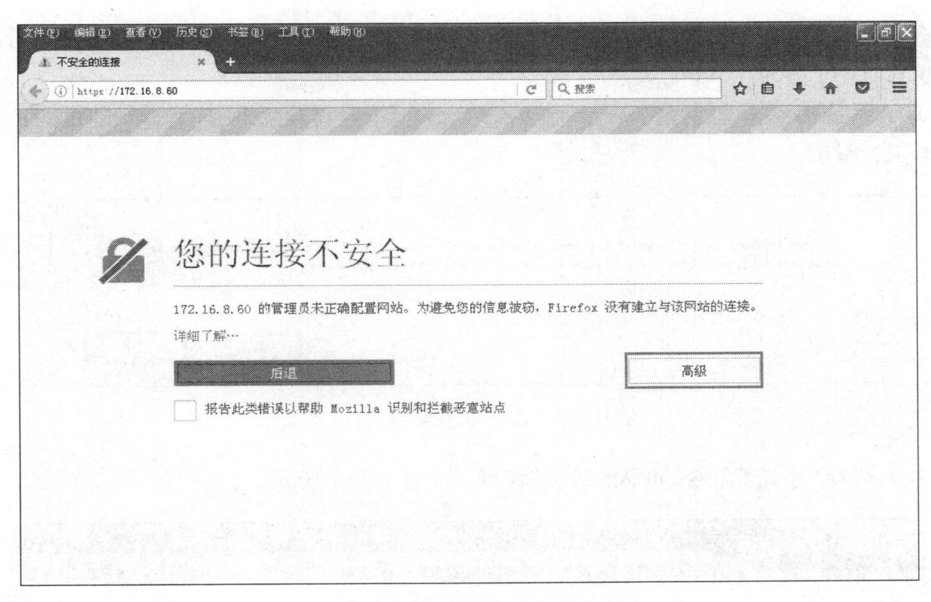

图 4-138　浏览器设置

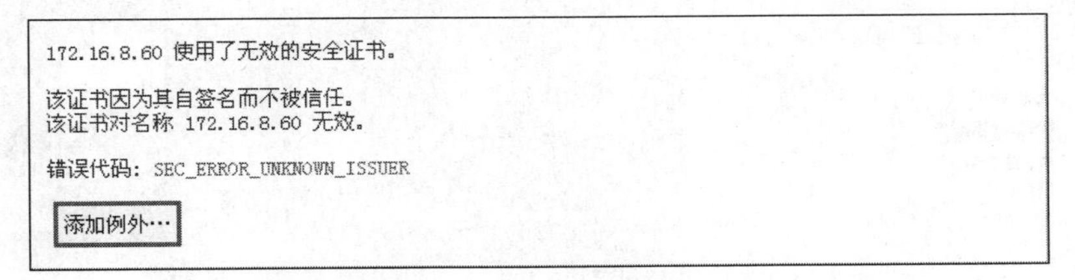

图 4-139　添加安全例外

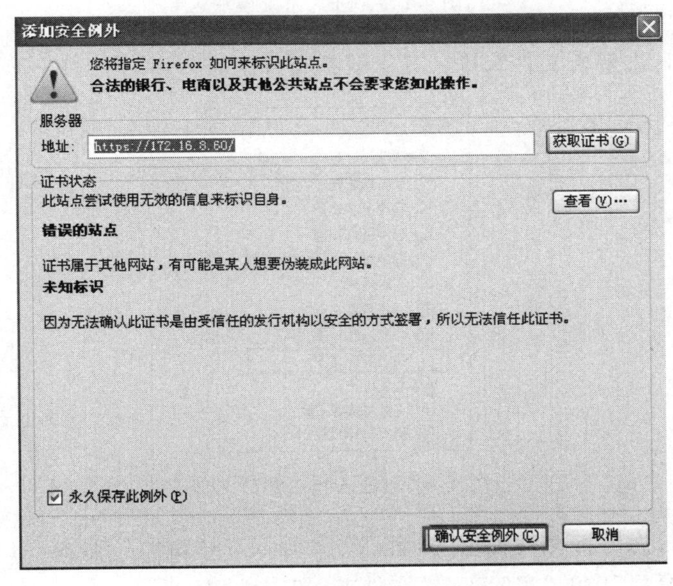

图 4-140　确认添加安全例外

(9) 添加安全例外后,可以正常登录日志审计与分析系统平台,输入用户名密码"admin/!1fw@2soc#3vpn"。

(10) 系统提示需要安装"Adobe Flash Player",本实验无须安装,单击"取消"按钮,如图4-141所示。

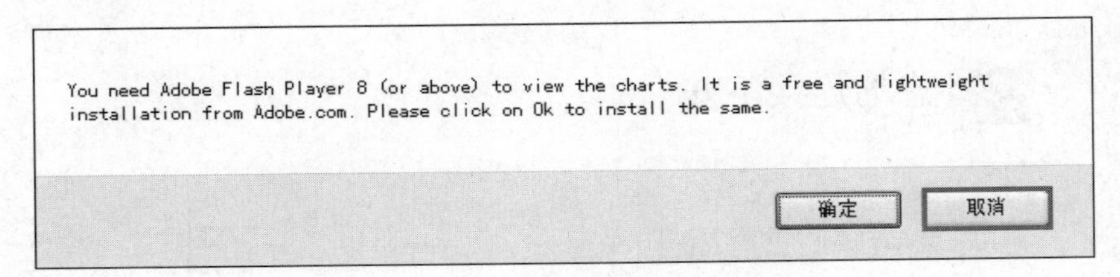

图4-141 取消安装软件

(11) 选择"系统"命令,进入"系统"模块,如图4-142所示。

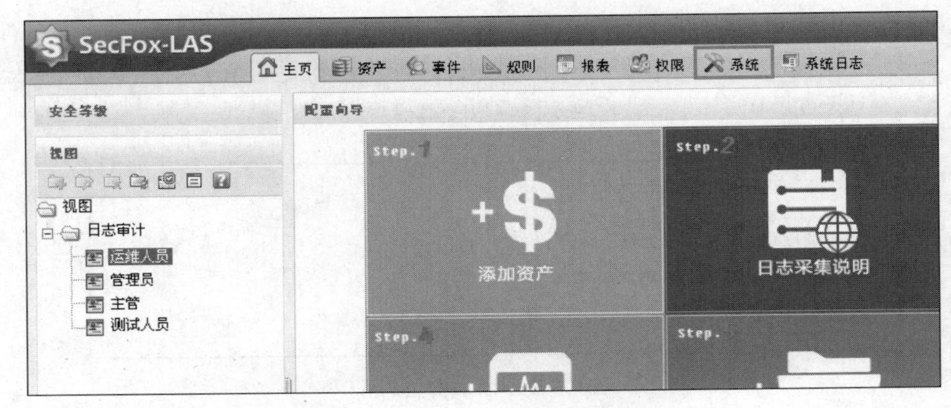

图4-142 进入系统模块

(12) 单击"日志解析文件",进行日志解析文件的导入,如图4-143所示。

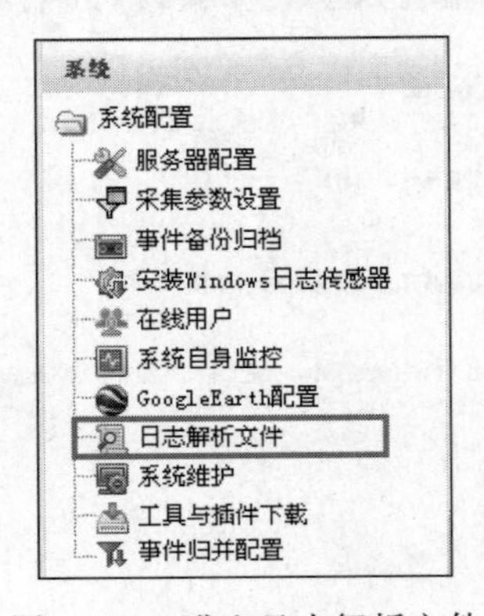

图4-143 进入日志解析文件

(13) 进入"日志解析文件管理"界面,单击"导入"→"浏览",如图4-144所示。

(14) 选择"桌面"中的"实验工具"文件夹,如图4-145所示。

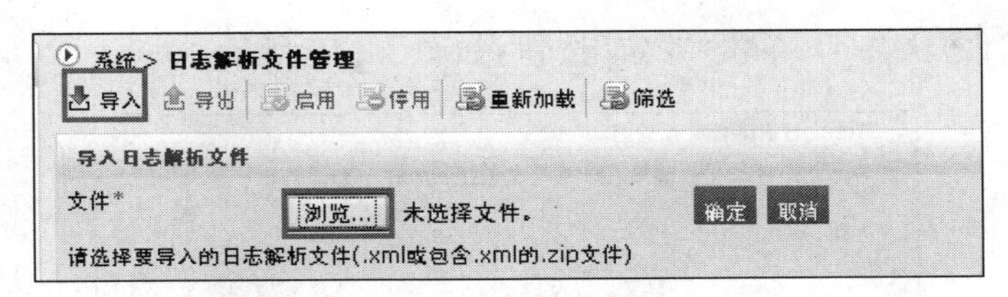

图 4-144　导入日志解析文件

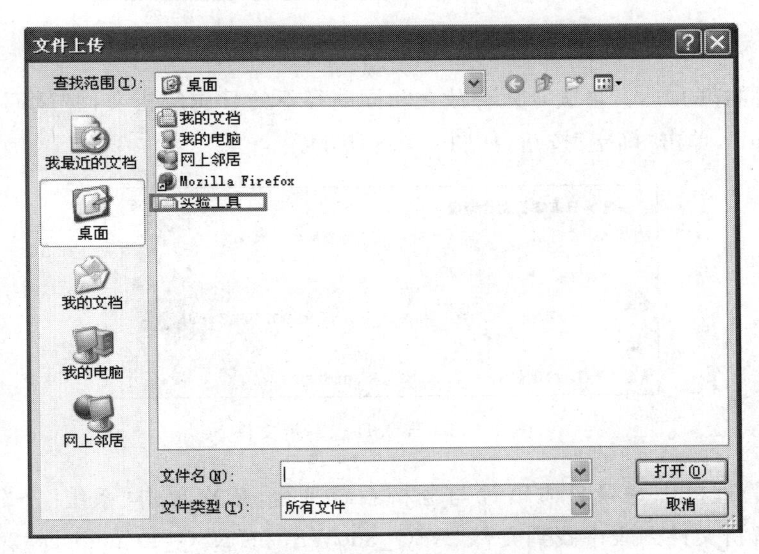

图 4-145　选择“实验工具”文件夹

(15) 选择“NSG_360WS.xml”，单击“打开”按钮，如图 4-146 所示。

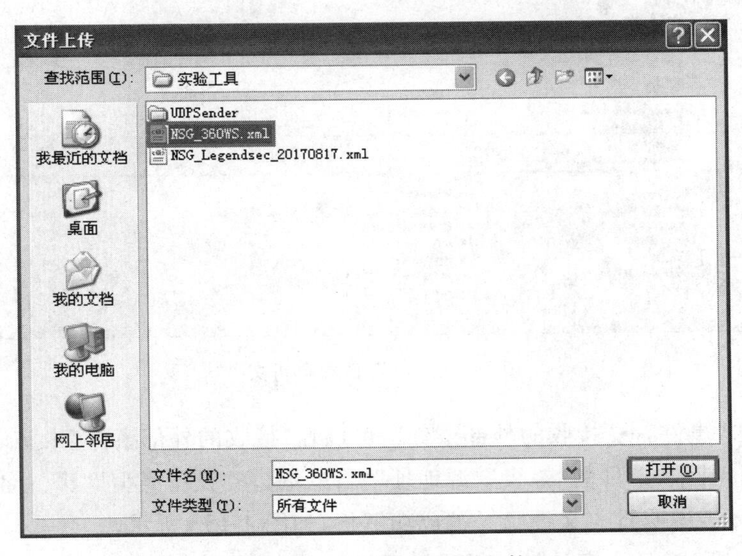

图 4-146　选择日志解析文件

(16) 选择日志文件后,单击"确定"按钮,如图 4-147 所示。

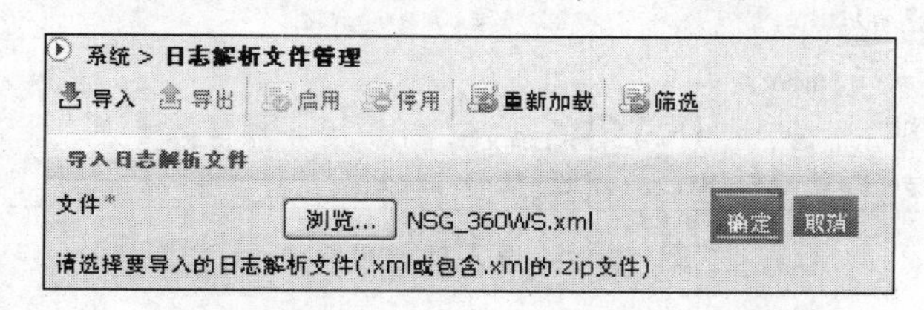

图 4-147 导入日志解析文件

(17) 以同样的方式,再次导入存放在相同路径下的日志解析文件"NSG_Legendsec_20170817.xml",单击"确定"按钮,如图 4-148 所示。

图 4-148 导入日志解析文件

(18) 在管理机中登录日志审计与分析系统平台,依次单击"系统"→"日志解析文件",在日志解析文件列表中找到文件"NSG_360WS"和"NSG_Legendsec_20170817",单击"启用"按钮,如图 4-149 所示。

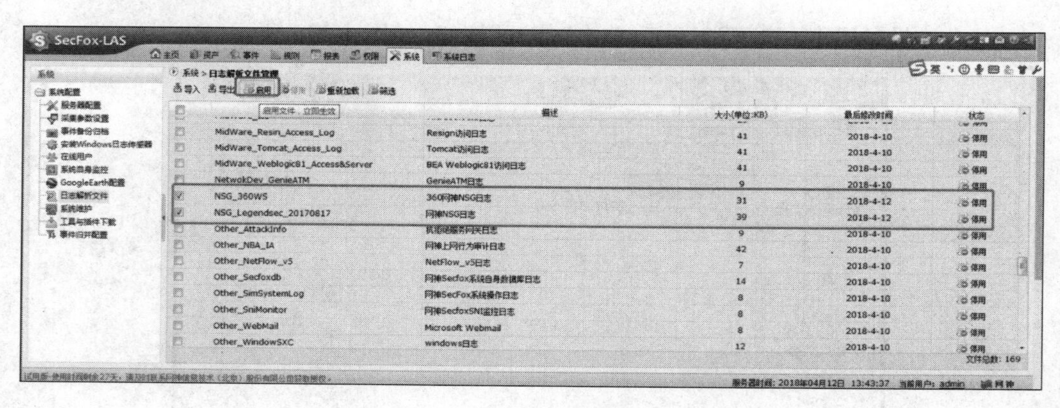

图 4-149 启用日志解析文件

(19) 单击"事件"→"接收的外部事件",可以在"接收的外部事件"中实时查看发送过来的日志信息,其中,事件的"等级""源地址""目的端口""设备类型""事件名称"等属性都有具体内容显示,说明日志文件已经被成功解析,如图 4-150 所示。

(20) 综上所述,日志审计与分析系统可以通过日志解析文件对接收的日志文件进行解析,并可以查看日志文件的相关信息。

图 4-150　查看解析完成的日志文件

【实验思考】

日志审计与分析系统如何解析不同类型的日志文件？

第5章 日志存储与分析

日志数据主要是根据数据的存储格式、日志数据所需存储空间、日志数据检索速度、存储所需成本等需求策略进行存储。本节首先介绍日志数据的存储格式，主要有基于文本的日志文件存储、二进制文件存储以及压缩文件的存储。随后，综合存储日志所需的空间的大小和检索速度，介绍本地数据库存储和以 Hadoop 存储为代表的分布式存储策略。

5.1 日志审计与分析系统实时监视实验

【实验目的】

日志审计与分析系统提供实时监视功能，可以监视最近时间内发生的事件，包括外部事件、告警事件等。本实验通过向日志审计与分析系统发送防火墙日志来查看实时监视结果。

【知识点】

实时监视、外部事件。

【实验场景】

近期，A 公司安全运维工程师小王发现公司防火墙的 IP 访问频繁，为了实时了解防火墙日志的具体信息，及时发现并处理安全隐患，小王需要对防火墙进行实时监控。请思考应如何操作。

【实验原理】

在虚拟机中使用 UDPsender 向日志审计与分析系统服务器发送防火墙日志，用户单击“事件”→“实时监视”→“接受的外部事件”，可以查看接收的防火墙日志，在停止接收日志后在“实时监视”中查看相关告警事件。

【实验设备】

- 安全设备：日志审计与分析设备 1 台。
- 主机终端：Windows XP 主机 1 台。

【实验拓扑】

日志审计与分析系统实时监视实验拓扑图如图 5-1 所示。

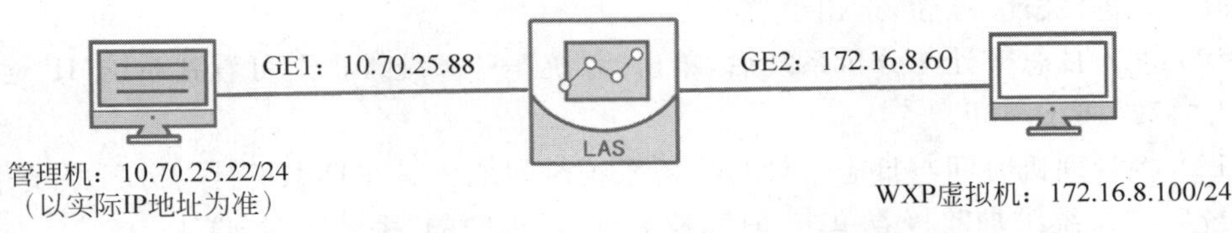

图 5-1　日志审计与分析系统实时监视实验拓扑图

【实验思路】

（1）登录 WXP 虚拟机向日志服务器发送防火墙日志。

（2）以管理员 admin 用户的身份登录日志审计与分析系统。

（3）查看"实时监视"内容。

（4）双击查看日志信息。

【实验步骤】

（1）在管理机端单击 Xshell 图标，打开 Xshell。

（2）在会话框中单击"新建"按钮，创建新的会话。

（3）在"主机"栏中输入日志审计与分析系统 GE1 接口的 IP 地址"10.70.25.88"（以实际 IP 地址为准），其他设置保持不变，单击"确定"按钮。

（4）新建的会话会在"所有会话"中显示，选中"新建会话"，单击"连接"按钮。

（5）单击"一次性接受"按钮。

（6）在"请输入登录的用户名"一栏中输入用户名 admin，单击"确定"按钮。

（7）在"密码"栏中输入密码"@1fw＃2soc＄3vpn"，单击"确定"按钮。

（8）成功登录日志审计与分析系统后台。

（9）输入命令"secfox -e eth1 -p 172.16.8.60 -m 255.255.255.0"，设置日志审计与分析系统 GE2 接口的 IP 地址。其中，"172.16.8.60"是 GE2 口的 IP 地址，"255.255.255.0"是 GE2 口的子网掩码。按 Enter 键，出现"modify ip ..."，说明接口信息配置成功。

（10）打开浏览器，在地址栏中输入日志审计与分析系统的 IP 地址"https://10.70.25.88（以实际 IP 地址为准）"，单击"继续浏览此网站"按钮，打开平台登录界面。

（11）输入管理员用户名/密码"admin/!1fw@2soc＃3vpn"，单击"登录"按钮，登录日志审计与分析系统。

（12）系统设置的密码有效期为 7 天，当登录系统后收到更改密码提示时，单击"确定"按钮，更改系统密码。

（13）在"原始密码"一栏输入原始密码"!1fw@2soc＃3vpn"。在"新密码"一栏输入"!1fw@2soc＃3vpn"，与原始密码相同。在"确认新密码"一栏输入"!1fw@2soc＃3vpn"，单击"确定"按钮。

(14) 单击浏览器中的“工具”→“兼容性视图设置”。

(15) 输入日志审计与分析系统的 IP 地址“https://10.70.25.88”(以实际 IP 地址为准),单击“添加”按钮,添加网站兼容性视图。

(16) 单击“关闭”按钮,退出设置。

(17) 进入日志审计与分析系统后,单击“系统”→“系统维护”,可看到系统“IP 地址配置 1”为“172.16.8.60”。

(18) 将管理机时间与日志审计与分析系统时间统一。在日志审计与分析系统中,单击“系统”→“系统维护”,接着单击“时间校对设置”框中的“手动校时”选项。

(19) 单击“时间”一栏的钟表图案。

(20) 选择与管理机统一的时间。

(21) 单击屏幕空白处,退出设置。

(22) 单击“修改时间”,完成日志审计与分析系统时间的手动修改。

(23) 修改成功后,系统会跳转至登录界面,重新输入用户名/密码“admin/!1fw@2soc#3vpn”,登录日志审计与分析系统。

(24) 重新登录后,查看系统界面右下方的时间,与管理机时间相同。

(25) 登录实验平台,打开虚拟机 WXPSP3,对应实验拓扑中的右侧设备,如图 5-2 所示。

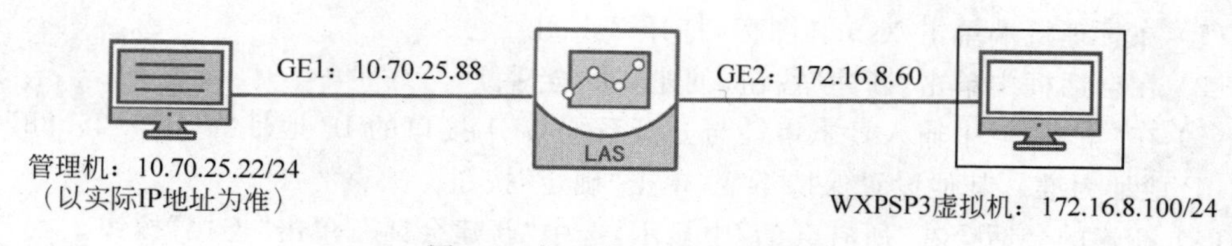

图 5-2 打开虚拟机 WXPSP3

(26) 进入虚拟机后,为保证日志审计与分析系统收到的日志文件时间与虚拟机时间一致,首先查看虚拟机的系统时间与管理机的系统时间是否一致,如果不一致,则双击虚拟机界面右下角的时间进行调整。

(27) 根据管理机时间对虚拟机时间进行调整,时间确定后单击“确定”按钮。

(28) 进入虚拟机桌面,打开桌面上的“实验工具”。

(29) 单击文件夹 UDPSender。

(30) UDPsender 是模拟防火墙日志发送的工具,双击图标“UDPsender.exe”,打开文件夹中的日志发送工具。

(31) 配置日志发送的相关信息,“协议”设置为 Syslog,“方式”设置为“按速度发送”,“速度”输入 5,然后单击“初始化通信”。

(32) “消息来源”设置为“从文件”,单击“...”按钮,选择目标日志文件。

(33) 从查找范围中的“桌面”进入“实验工具”目录,单击 UDPSender 文件夹。

(34) 进入 logfiles 进行日志文件选择,本实验选择“FW_LOG_DEOM.log”,再单击“打开”按钮。

(35) 在目标端设置中,选中序号为 0 的目标,单击“编辑”。

(36) 将“目的 IP 地址”设置为“日志服务器的 IP 地址”，本实验设置为“172.16.8.60”，端口设为 514。

(37) 完成设置后，核对信息配置是否正确，然后单击“发送”按钮。

(38) 完成日志发送过程后，按照步骤(1)，在管理机中登录日志审计与分析系统平台，依次单击“资产”→“资产日志”，如图 5-3 所示。

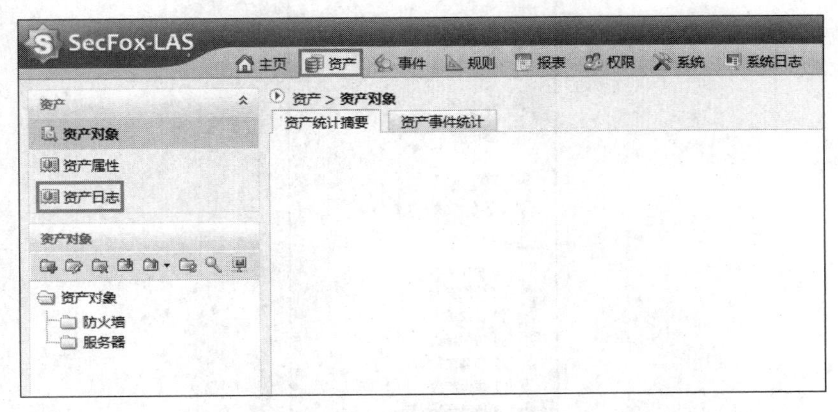

图 5-3　进入资产日志界面

(39) 选中资产地址“172.16.8.100”，单击“允许接收”和“启用”按钮，以允许日志审计与分析系统接收日志，并启用“是否告警”，如图 5-4 所示。

图 5-4　管理资产日志

(40) 修改“配置告警间隔”，系统默认告警间隔为 1 天，在本实验中将其设置为 1 分钟，以便于观察实验结果，如图 5-5 所示。

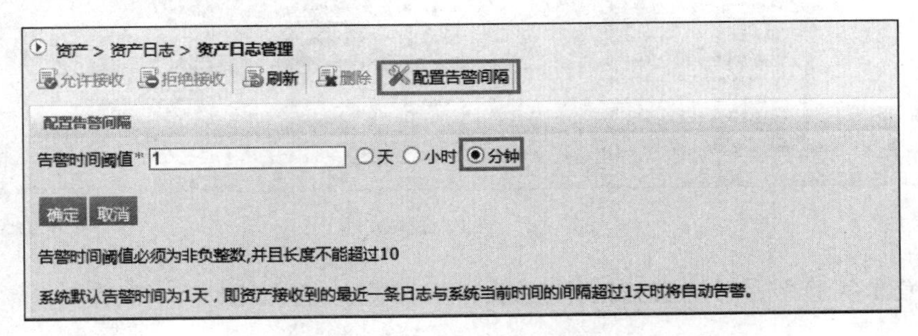

图 5-5　配置告警间隔

【实验预期】

(1) 在日志审计与分析系统中可以查看到接收的日志文件。

(2) 停止日志发送后在实时监视中可以查看告警信息。

【实验结果】

（1）在管理机中重新登录日志审计与分析系统平台，依次单击“事件”→“实时监视”→“接收的外部事件”，如图 5-6 所示。

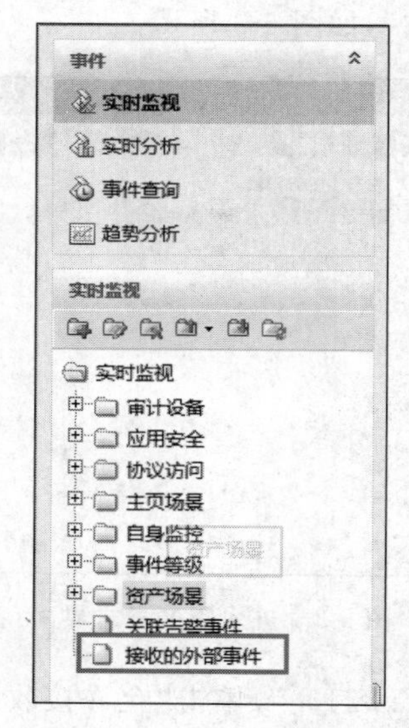

图 5-6　接收的外部事件

（2）可以在“接收的外部事件”中实时查看发送过来的日志信息，如图 5-7 所示。

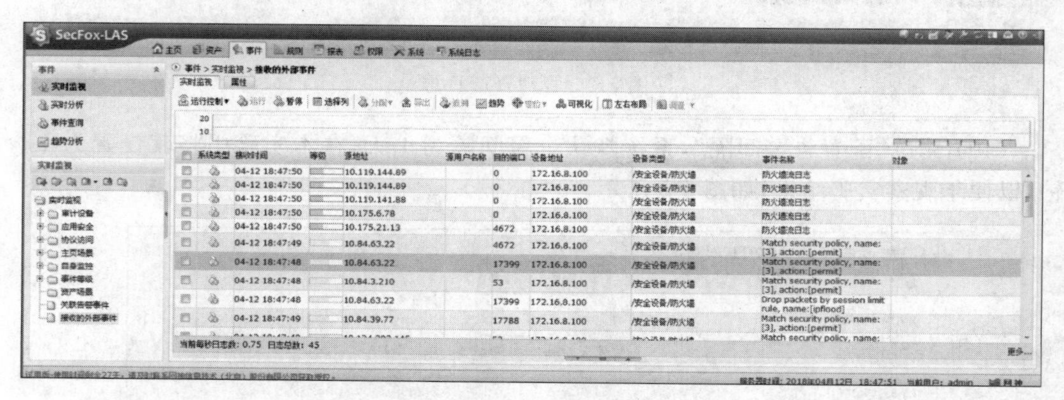

图 5-7　接收日志成功

（3）登录实验平台对应实验拓扑右侧的 WXP 虚拟机，如图 5-8 所示。

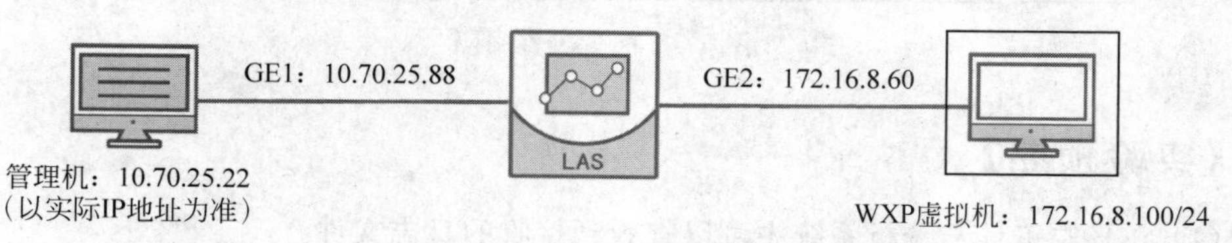

图 5-8　进入虚拟机 WXP

(4) 停止发送日志，在 UDPsender 界面单击“停止”按钮。

(5) 在管理机中登录日志审计与分析系统平台，依次单击“事件”→“实时监视”→“主页场景”→“最近 5 分钟产生的告警事件”，进入“属性”界面调整时间设置，将“最近发生时间”设置为 5 天，如图 5-9 所示。

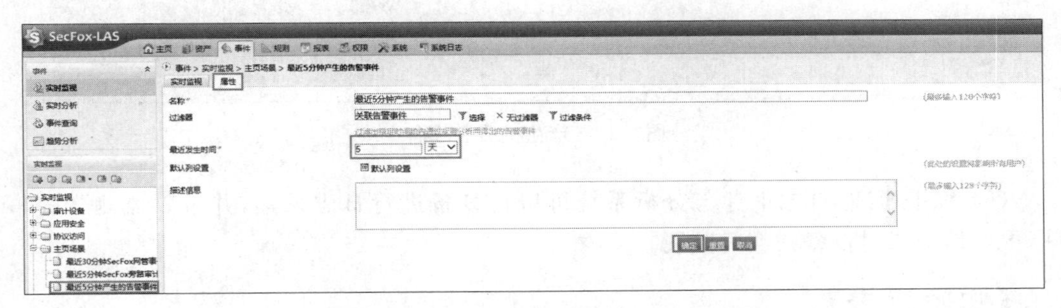

图 5-9　时间设置

(6) 在“最近 5 分钟产生的告警事件”的实时监视界面，可以看到产生的告警事件，如图 5-10 所示。

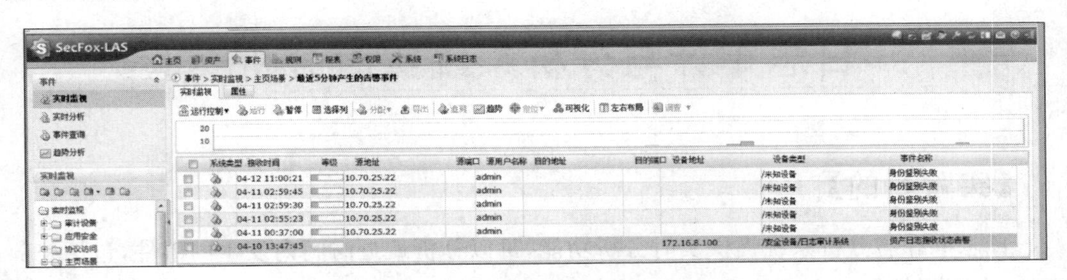

图 5-10　实时监视告警事件

(7) 同样在“实时监视”模块，依次单击“事件等级”→“警告事件”，进入“属性”界面调整时间设置，将“最近发生时间”设置为 5 天，如图 5-11 所示。

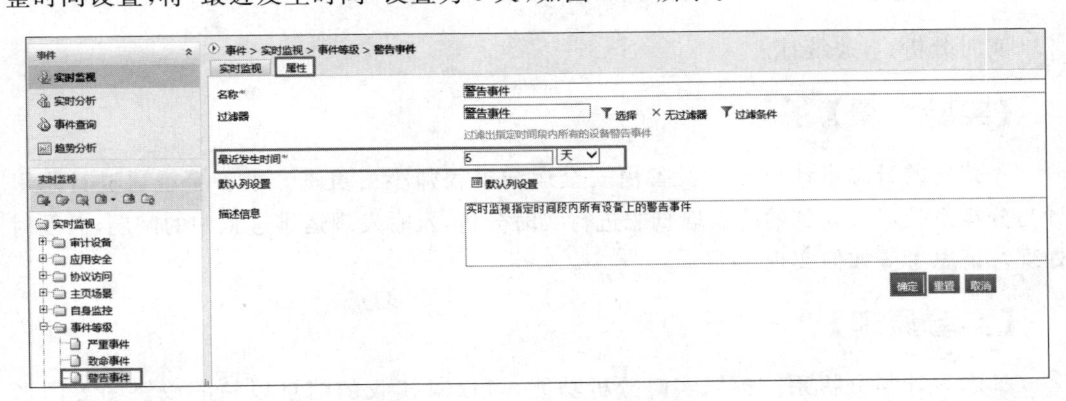

图 5-11　日志文件基本信息

(8) 在“警告事件”的实时监视界面，可以看到产生的告警事件，如图 5-12 所示。

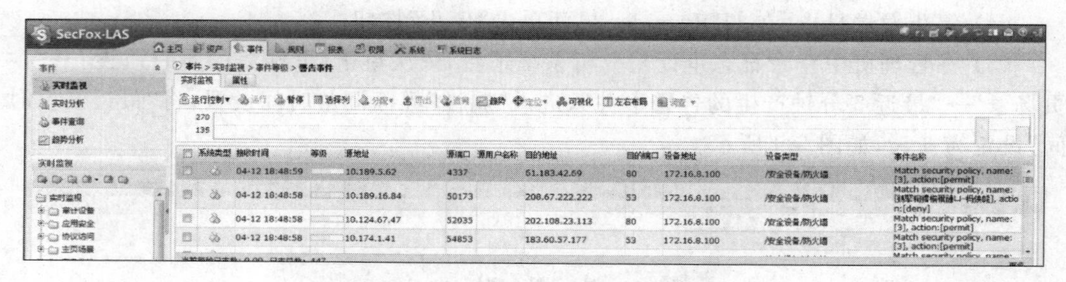

图 5-12 产生的告警事件

(9) 综上所述,日志审计与分析系统可以对设备进行日志采集,并可以监测告警事件,更好地完成对设备的实时监视。

【实验思考】

(1) 日志发送工具中的514端口是否可以修改,为什么?

(2) 实时监视除了及时发现告警,还有什么其他功能?

5.2 日志审计与分析系统实时分析实验

【实验目的】

日志审计与分析系统提供实时分析功能,可以分析最近时间内发生的事件,包括外部事件、告警事件等。本实验通过向日志审计与分析系统发送防火墙日志,构造实时分析场景,查看实时分析结果。

【知识点】

实时分析、日志统计。

【实验场景】

A公司的日志审计与分析设备由安全运维工程师小王负责。小王希望通过日志审计与分析系统对收集到的防火墙日志进行实时分析,及时发现运维过程中的问题,并及时处理。请思考应如何实现。

【实验原理】

日志审计与分析系统提供实时分析功能,可以对接收的信息以柱图或饼图等图形向管理员提供实时分析信息。在虚拟机中使用UDPsender向日志审计与分析系统服务器发送防火墙日志,用户单击"事件"→"实时分析",可以查看防火墙日志的实时分析图表。

【实验设备】

- 安全设备：日志审计与分析设备 1 台。
- 主机终端：Windows XP 主机 1 台。

【实验拓扑】

日志审计与分析系统实时分析实验拓扑图如图 5-13 所示。

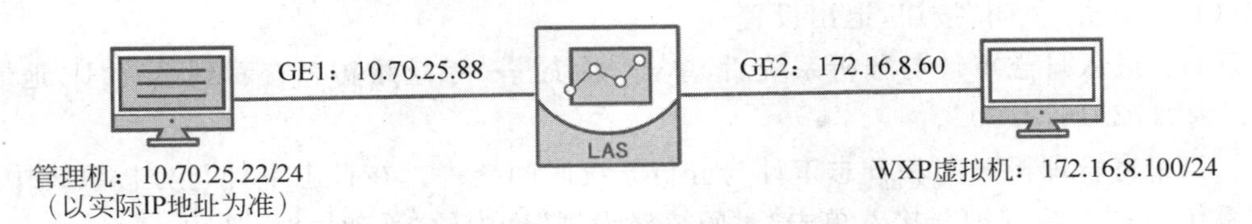

图 5-13　日志审计与分析系统实时分析实验拓扑图

【实验思路】

（1）配置日志平台网络接口。

（2）登录 WXP 虚拟机向日志服务器发送防火墙日志。

（3）以管理员 admin 用户的身份登录日志审计与分析系统。

（4）查看事件的实时分析图表。

【实验步骤】

（1）在管理机端单击 Xshell 图标，打开 Xshell。

（2）在会话框中单击“新建”按钮，创建新的会话。

（3）在“主机”栏中输入日志审计与分析系统 GE1 接口的 IP 地址“10.70.25.88”（以实际 IP 地址为准），其他设置保持不变，单击“确定”按钮。

（4）新建的会话会在“所有会话”中显示，选中“新建会话”，单击“连接”按钮。

（5）单击“一次性接受”。

（6）在“请输入登录的用户名”一栏中输入用户名 admin，单击“确定”按钮。

（7）在“密码”栏中输入密码“@1fw#2soc$3vpn”，单击“确定”按钮。

（8）成功登录日志审计与分析系统后台。

（9）输入命令“secfox -e eth1 -p 172.16.8.60 -m 255.255.255.0”，设置日志审计与分析系统 GE2 接口的 IP 地址。其中，“172.16.8.60”是 GE2 口的 IP 地址，“255.255.255.0”是 GE2 口的子网掩码。按 Enter 键，出现“modify ip ...”，说明接口信息配置成功。

（10）打开浏览器，在地址栏中输入日志审计与分析系统的 IP 地址“https://10.70.25.88（以实际 IP 地址为准）”，单击“继续浏览此网站”按钮，打开平台登录界面。

（11）输入管理员用户名/密码“admin/!1fw@2soc#3vpn”，单击“登录”按钮，登录日志审计与分析系统。

（12）系统设置的密码有效期为 7 天，当登录系统后收到更改密码提示时，单击“确定”按钮，更改系统密码。

(13) 在“原始密码”一栏输入原始密码“!1fw@2soc#3vpn”。在“新密码”一栏输入“!1fw@2soc#3vpn”，与原始密码相同。在“确认新密码”一栏输入“!1fw@2soc#3vpn”，单击“确定”按钮。

(14) 单击浏览器中的“工具”→“兼容性视图设置”。

(15) 输入日志审计与分析系统的 IP 地址“https://10.70.25.88”，单击“添加”按钮，添加网站兼容性视图。

(16) 单击“关闭”按钮，退出设置。

(17) 进入日志审计与分析系统后，单击“系统”→“系统维护”，查看到系统“IP 地址配置 1”为“172.16.8.60”。

(18) 将管理机时间和日志审计与分析系统时间统一。在日志审计与分析系统中，单击“系统”→“系统维护”，接着单击“时间校对设置”框中的“手动校时”选项。

(19) 单击“时间”一栏的钟表图案。

(20) 选择与管理机统一的时间。

(21) 单击屏幕空白处，退出设置。

(22) 单击“修改时间”，完成日志审计与分析系统时间的手动修改。

(23) 修改成功后，系统会跳转至登录界面，重新输入用户名/密码“admin/!1fw@2soc#3vpn”，登录日志审计与分析系统。

(24) 重新登录后，查看系统界面右下方的时间，与管理机时间相同。

(25) 登录实验平台，打开虚拟机 WXP，对应实验拓扑中的右侧设备，如图 5-14 所示。

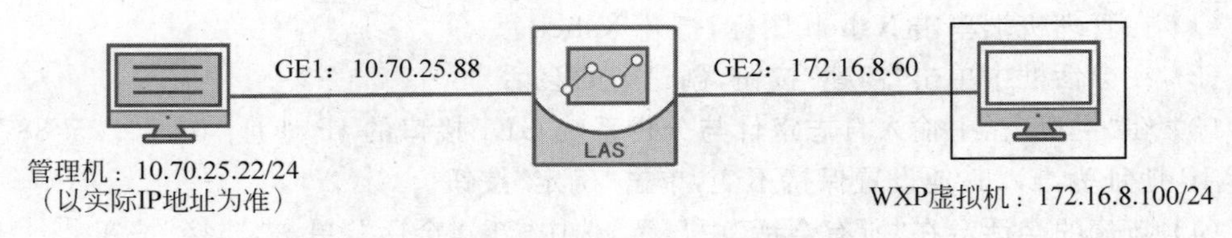

图 5-14　打开虚拟机 WXP

(26) 进入虚拟机后，为保证日志审计与分析系统收到的日志文件时间与虚拟机时间一致，首先查看虚拟机的系统时间与管理机的系统时间是否一致，如果不一致，则双击虚拟机界面右下角的时间进行调整。

(27) 根据管理机时间对虚拟机时间进行调整，时间确定后单击“确定”按钮。

(28) 进入虚拟机桌面，打开桌面上的“实验工具”。

(29) 单击文件夹 UDPSender。

(30) UDPsender 是模拟防火墙日志发送的工具，双击图标“UDPsender.exe”，打开文件夹中的日志发送工具。

(31) 配置日志发送的相关信息，“协议”设置为 Syslog，“方式”设置为“按速度发送”，“速度”输入 5，然后单击“初始化通信”。

(32) “消息来源”设置为“从文件”，单击“...”按钮，选择目标日志文件。

(33) 在查找范围中的“桌面”上进入“实验工具”目录，单击 UDPSender 文件夹。

(34) 进入 logfiles 进行日志文件选择，本实验选择“FW_LOG_DEOM.log”，再单击“打开”按钮。

(35) 在目标端设置中，选中序号为 0 的目标，单击“编辑”按钮。

(36) 将“目的 IP 地址”设置为“日志服务器的 IP 地址”，本实验设置为“172.16.8.60”，端口设置为 514。

(37) 完成设置后，核对信息配置是否正确，然后单击“发送”按钮。

(38) 完成日志发送过程后，按照步骤(1)，在管理机中登录日志审计与分析系统平台，依次单击“资产”→“资产日志”，如图 5-15 所示。

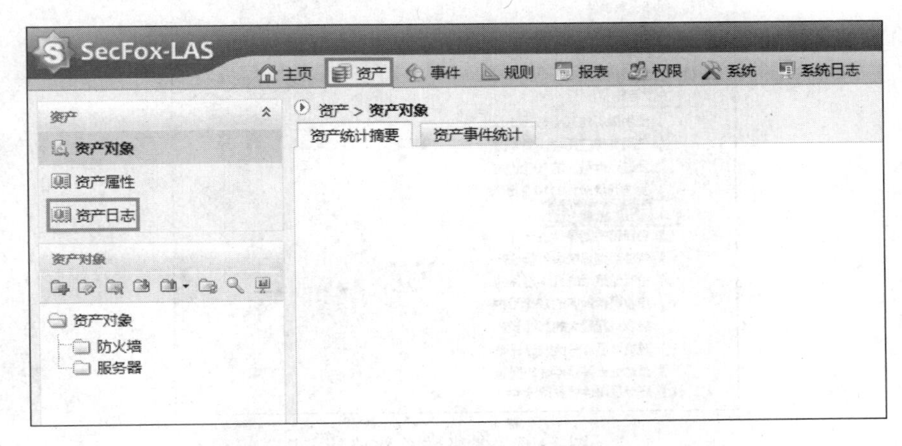

图 5-15　进入资产日志界面

(39) 选中资产地址“172.16.8.100”，单击“允许接收”和“启用”按钮，以允许日志审计与分析系统接收日志，并启用“是否告警”，如图 5-16 所示。

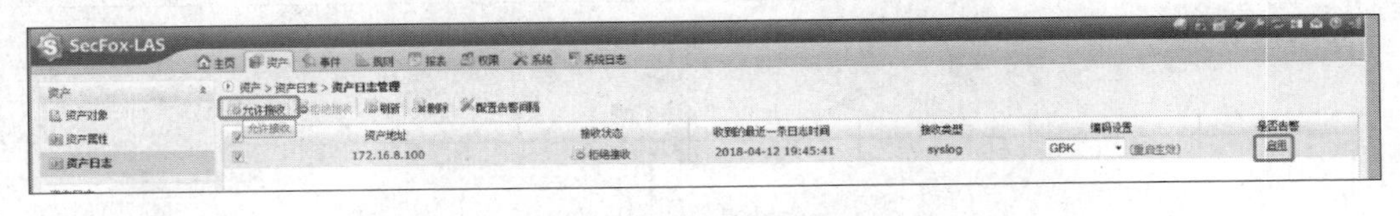

图 5-16　管理资产日志

【实验预期】

(1) 对事件的数量进行实时分析。

(2) 对告警事件的产生进行实时分析。

【实验结果】

(1) 在管理机中重新登录日志审计与分析系统平台，依次单击“事件”→“实时分析”→“主页场景”→“各事件总数统计”，如图 5-17 所示。

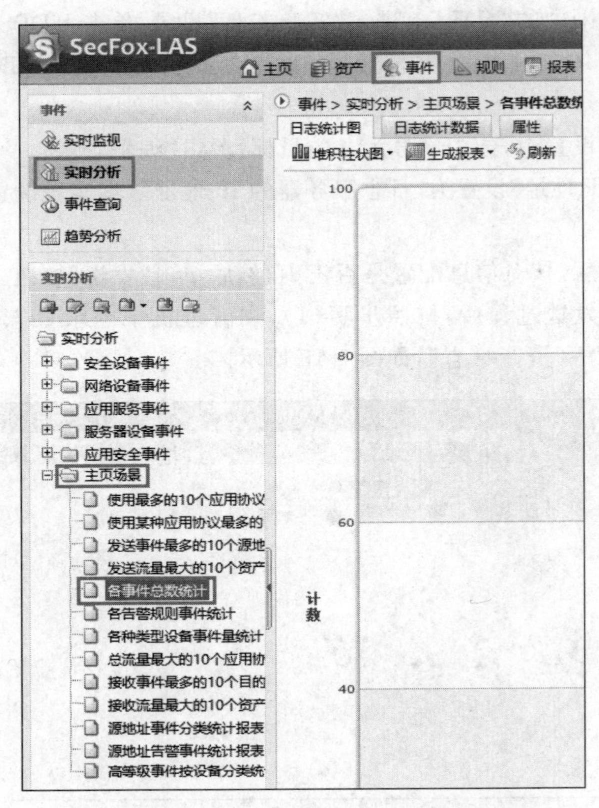

图 5-17　各事件总数统计

(2) 可以在“各事件总数统计”场景中看到对近期内所有事件总数的统计，以此作为分析结果，单击“刷新”按钮，可以观察到事件数量是不断变化的，如图 5-18 所示。

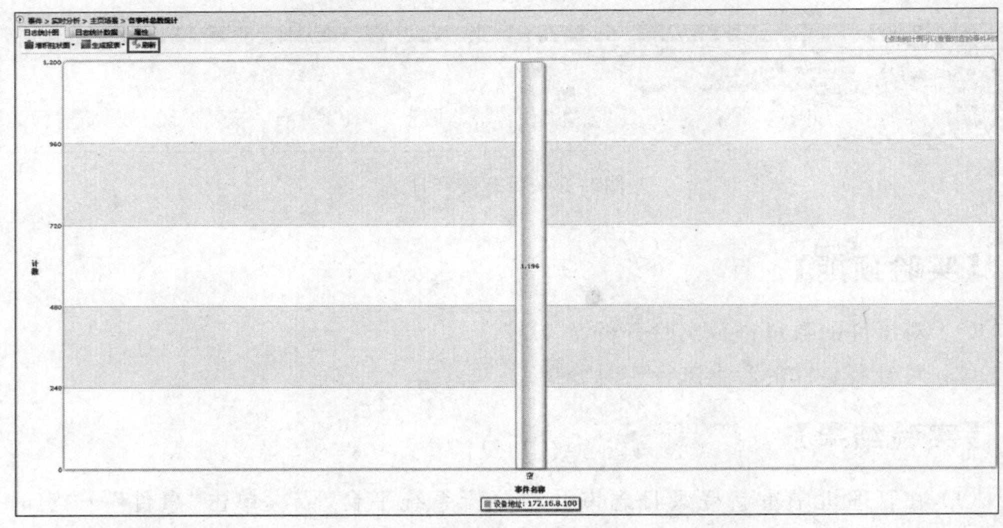

图 5-18　各事件总数统计

(3) 登录实验平台对应实验拓扑左侧的 WXP 虚拟机,对应实验拓扑中的右侧设备,如图 5-19 所示。

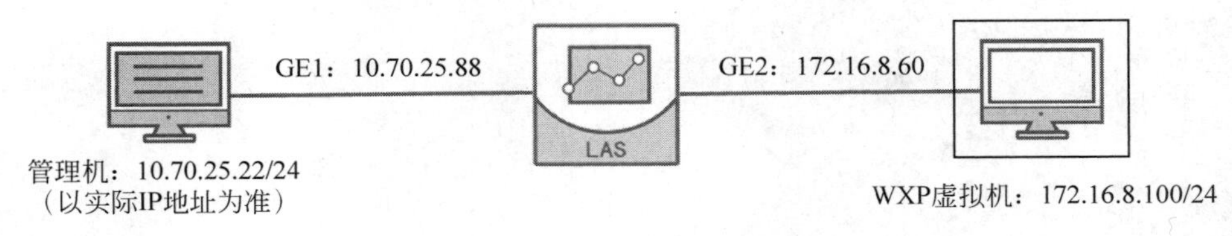

图 5-19 进入虚拟机 WXP

(4) 停止发送日志,在 UDPsender 界面单击"停止"按钮。

(5) 在管理机中重新登录日志审计与分析系统平台,依次单击"事件"→"实时分析"→"主页场景"→"各事件总数统计",如图 5-20 所示。

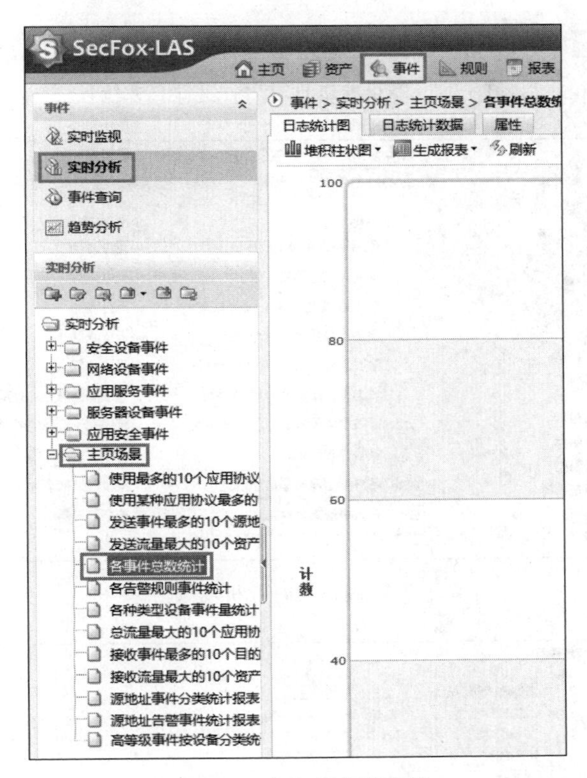

图 5-20 各事件总数统计

(6) 可以发现停止发送日志后,实时分析中的"各事件总数统计"便不再变化,即使单击"刷新"按钮,在一段时间内数量也是不改变的,如图 5-21 所示。

(7) 实时分析也可以对告警事件进行分析,单击"主页场景",选中"各告警规则事件统计",单击"修改"按钮,如图 5-22 所示。

(8) 为了便于观察实验结果,对分析场景的时间进行设置,单击"属性"按钮,将"最近发生时间"设置为 5 天,其他保持默认设置,单击"确定"按钮,如图 5-23 所示。

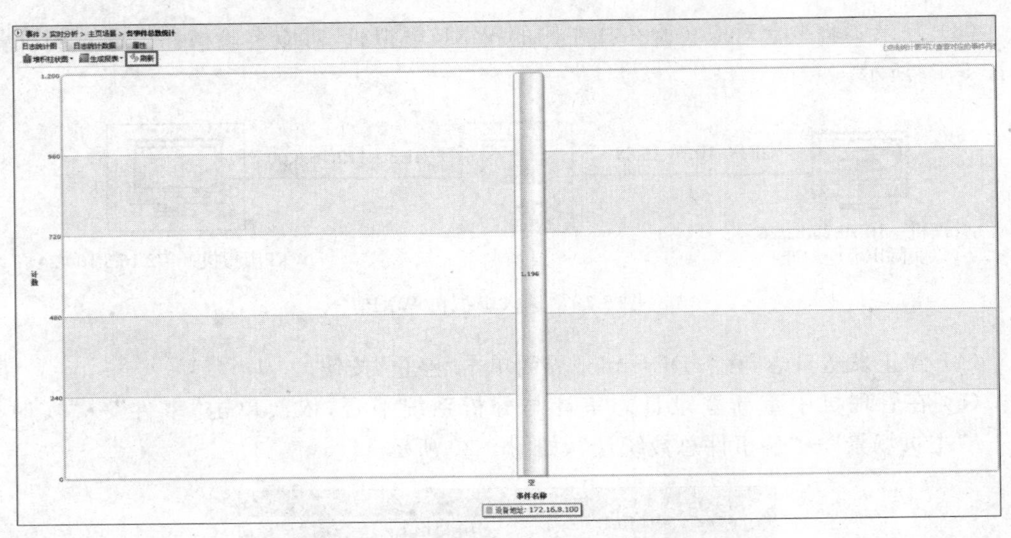

图 5-21 停止发送日志后各事件总数统计

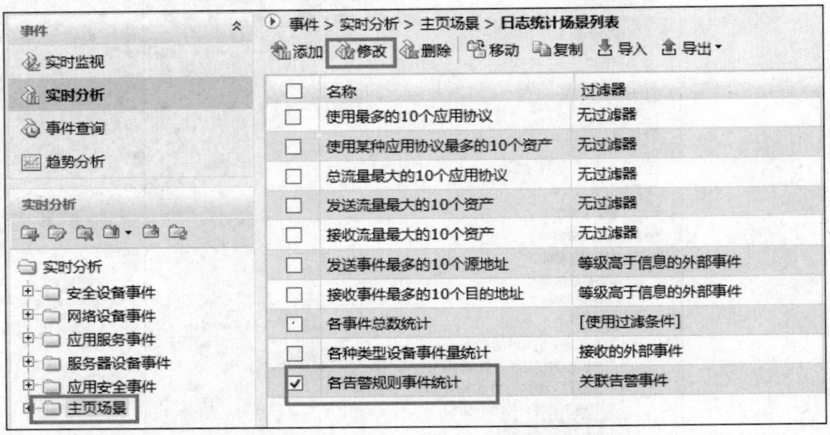

事件 > 实时分析 > 主页场景 > 日志统计场景列表

添加 修改 删除 移动 复制 导入 导出

事件：实时监视、实时分析、事件查询、趋势分析

实时分析：安全设备事件、网络设备事件、应用服务事件、服务器设备事件、应用安全事件、主页场景

名称	过滤器
使用最多的10个应用协议	无过滤器
使用某种应用协议最多的10个资产	无过滤器
总流量最大的10个应用协议	无过滤器
发送流量最大的10个资产	无过滤器
接收流量最大的10个资产	无过滤器
发送事件最多的10个源地址	等级高于信息的外部事件
接收事件最多的10个目的地址	等级高于信息的外部事件
各事件总数统计	[使用过滤条件]
各种类型设备事件量统计	接收的外部事件
各告警规则事件统计	关联告警事件

图 5-22 编辑实时分析场景信息

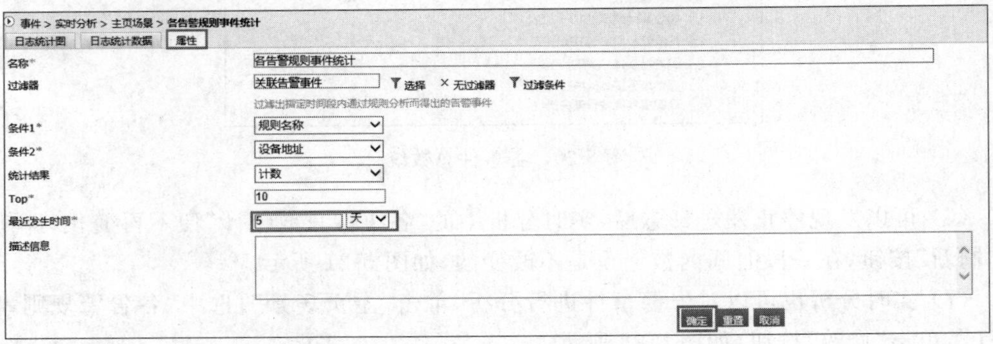

事件 > 实时分析 > 主页场景 > 各告警规则事件统计

日志统计图　日志统计数据　属性

名称*	各告警规则事件统计
过滤器	关联告警事件　选择　无过滤器　过滤条件 过滤出指定时间段内通过规则分析而得出的告警事件
条件1*	规则名称
条件2*	设备地址
统计结果	计数
Top*	10
最近发生时间*	5 天
描述信息	

确定　重置　取消

图 5-23 分析场景时间设置

(9) 完成设置后，双击场景“各告警规则事件统计”，如图 5-24 所示。

事件 > 实时分析 > 主页场景 > 日志统计场景列表

添加　修改　删除　移动　复制　导入　导出

☐	名称	过滤器	最近发生时间	条件1
☐	使用最多的10个应用协议	无过滤器	5 分钟	应用协议
☐	使用某种应用协议最多的10个资产	无过滤器	5 分钟	应用协议
☐	总流量最大的10个应用协议	无过滤器	5 分钟	应用协议
☐	发送流量最大的10个资产	无过滤器	5 分钟	源地址
☐	接收流量最大的10个资产	无过滤器	5 分钟	目的地址
☐	发送事件最多的10个源地址	等级高于信息的外部事件	5 分钟	源地址
☐	接收事件最多的10个目的地址	等级高于信息的外部事件	5 分钟	目的地址
☐	各事件总数统计	[使用过滤条件]	5 分钟	事件名称
☐	各种类型设备事件量统计	接收的外部事件	5 分钟	设备类型
☐	各告警规则事件统计	关联告警事件	5 天	规则名称

图 5-24　进入实时分析场景

(10) 可以看到日志停止发送后，日志审计与分析系统产生了告警事件，并可以通过实时分析进行查看，如图 5-25 所示。

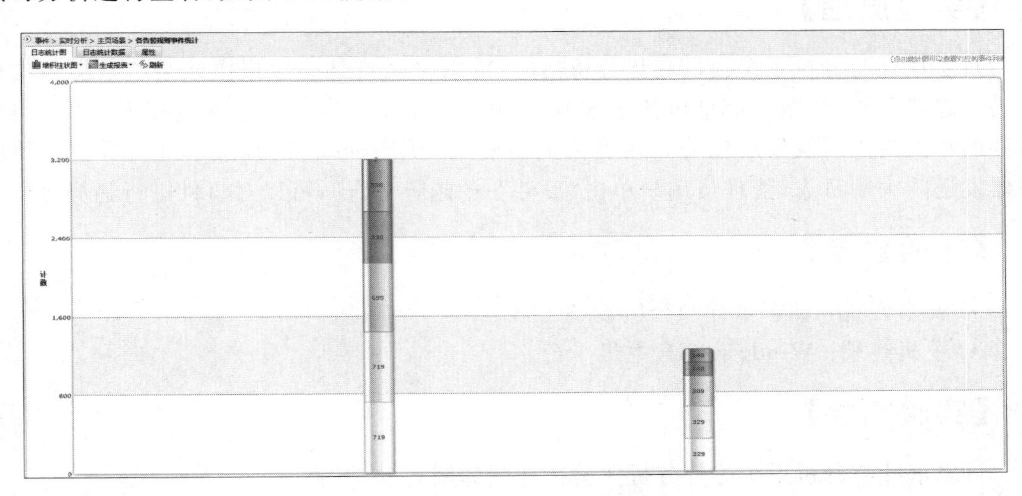

图 5-25　查看告警事件统计

(11) 综上所述，日志审计与分析系统具有对接收的事件进行实时分析的能力。

【实验思考】

(1) 若只分析某一地址发送的日志，应当对分析场景进行怎样的调整？

(2) 若需要分析在某一段时间内接收的事件数量的日志，应当对分析场景进行怎样的调整？

5.3 日志审计与分析系统趋势分析实验

【实验目的】

日志审计与分析系统提供趋势分析功能，管理员通过系统的趋势分析功能，可以对近期接收事件的发生时间、发生频率等进行分析。

【知识点】

趋势分析。

【实验场景】

A 公司日志审计与分析设备由安全运维工程师小王负责，小王想查看一下平台监视的防火墙在一周之内事件数量的变化趋势。请思考应如何操作。

【实验原理】

日志审计与分析系统提供趋势分析功能，可以对来自某一数据源或某些数据源的事件进行趋势分析，数据源信息包括设备 IP、目的 IP 等，通过对事件的趋势分析，可以得出事件的相关特点以及发展趋势。在虚拟机中使用 UDPsender 向日志审计与分析系统服务器发送防火墙日志，管理员用户单击“事件”→“趋势分析”，可以对事件进行趋势分析。

【实验设备】

- 安全设备：日志审计与分析设备 1 台。
- 主机终端：Windows XP 主机 1 台。

【实验拓扑】

日志审计与分析系统趋势分析实验拓扑图如图 5-26 所示。

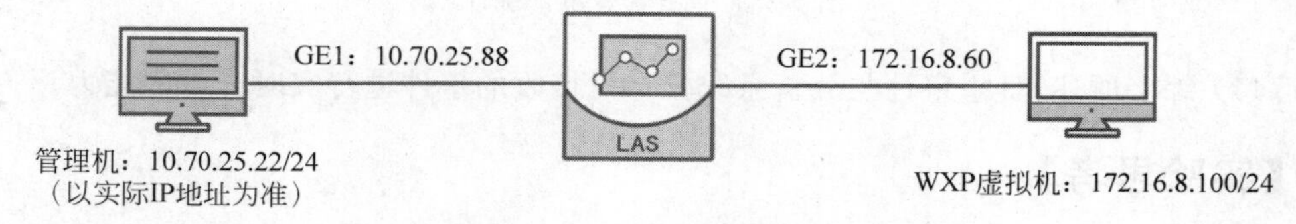

图 5-26 日志审计与分析系统趋势分析实验拓扑图

【实验思路】

(1) 配置日志平台网络接口。

(2) 登录 WXP 虚拟机向日志服务器发送防火墙日志。

(3) 以管理员 admin 用户的身份登录日志审计与分析系统。

(4) 通过"趋势分析"模块进行事件的趋势分析。

【实验步骤】

(1) 在管理机端单击 Xshell 图标,打开 Xshell。

(2) 在会话框中单击"新建"按钮,创建新的会话。

(3) 在"主机"栏中输入日志审计与分析系统 GE1 接口的 IP 地址"10.70.25.88"(以实际 IP 地址为准),其他设置保持不变,单击"确定"按钮。

(4) 新建的会话会在"所有会话"中显示,选中"新建会话",单击"连接"按钮。

(5) 单击"一次性接受"按钮。

(6) 在"请输入登录的用户名"一栏中输入用户名 admin,单击"确定"按钮。

(7) 在"密码"栏中输入密码"@1fw#2soc$3vpn",单击"确定"按钮。

(8) 成功登录日志审计与分析系统后台。

(9) 输入命令"secfox -e eth1 -p 172.16.8.60 -m 255.255.255.0",设置日志审计与分析系统 GE2 接口的 IP 地址。其中,"172.16.8.60"是 GE2 口的 IP 地址,"255.255.255.0"是 GE2 口的子网掩码。按 Enter 键,出现"modify ip ...",说明接口信息配置成功。

(10) 打开浏览器,在地址栏中输入日志审计与分析系统的 IP 地址"https://10.70.25.88"(以实际 IP 地址为准),单击"继续浏览此网站",打开平台登录界面。

(11) 输入管理员用户名/密码"admin/!1fw@2soc#3vpn",单击"登录"按钮,登录日志审计与分析系统。

(12) 系统设置的密码有效期为 7 天,当登录系统后收到更改密码提示时,单击"确定"按钮,更改系统密码。

(13) 在"原始密码"一栏输入原始密码"!1fw@2soc#3vpn"。在"新密码"一栏输入"!1fw@2soc#3vpn",与原始密码相同。在"确认新密码"一栏输入"!1fw@2soc#3vpn",单击"确定"按钮。

(14) 单击浏览器中的"工具"→"兼容性视图设置"。

(15) 输入日志审计与分析系统的 IP 地址"https://10.70.25.88"(以实际 IP 地址为准),单击"添加",添加网站兼容性视图。

(16) 单击"关闭"按钮,退出设置。

(17) 进入日志审计与分析系统后,单击"系统"→"系统维护",可看到系统"IP 地址配置 1"为"172.16.8.60"。

(18) 将管理机时间和日志审计与分析系统时间统一。在日志审计与分析系统中,单击"系统"→"系统维护",接着单击"时间校对设置"框中的"手动校时"选项。

(19) 单击"时间"一栏的钟表图案。

(20) 选择与管理机统一的时间。

(21) 单击屏幕空白处,退出设置。

(22) 单击"修改时间",完成日志审计与分析系统时间的手动修改。

(23) 修改成功后,系统会跳转至登录界面,重新输入用户名/密码"admin/!1fw@

2soc＃3vpn”，登录日志审计与分析系统。

（24）重新登录后，查看系统界面右下方的时间，与管理机时间相同。

（25）登录实验平台，打开虚拟机 WXP，对应实验拓扑中的右侧设备，如图 5-27 所示。

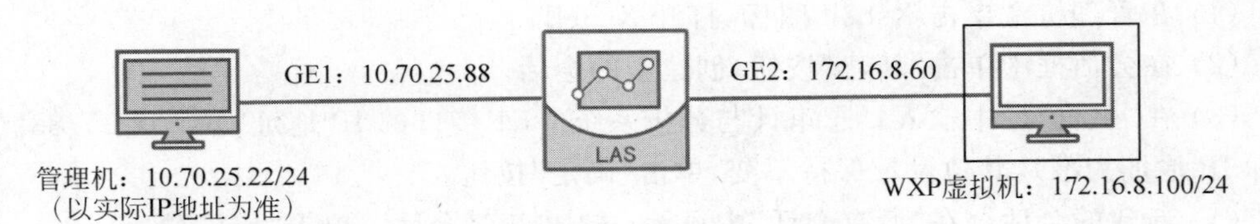

图 5-27　打开虚拟机 WXP

（26）进入虚拟机后，为保证日志审计与分析系统收到的日志文件时间与虚拟机时间一致，首先查看虚拟机的系统时间与管理机的系统时间是否一致，如果不一致，则双击虚拟机界面右下角的时间进行调整。

（27）根据管理机时间对虚拟机时间进行调整，时间确定后单击“确定”按钮。

（28）进入虚拟机桌面，打开桌面上的“实验工具”。

（29）单击文件夹 UDPSender。

（30）UDPsender 是模拟防火墙日志发送的工具，双击图标“UDPsender. exe”，打开文件夹中的日志发送工具。

（31）配置日志发送的相关信息，“协议”设置为 Syslog，“方式”设置为“按速度发送”，“速度”输入 5，然后单击“初始化通信”。

（32）“消息来源”设置为“从文件”，单击“...”按钮，选择目标日志文件。

（33）在查找范围中的“桌面”上进入“实验工具”目录，单击 UDPSender 文件夹。

（34）进入 logfiles 进行日志文件选择，本实验选择“FW_LOG_DEOM. log”，再单击“打开”按钮。

（35）在目标端设置中，选中序号为 0 的目标，单击“编辑”按钮。

（36）将“目的 IP 地址”设置为“日志服务器的 IP 地址”，本实验设置为“172. 16. 8. 60”，端口设置为 514。

（37）完成设置后，核对信息配置是否正确，然后单击“发送”。

（38）完成日志发送过程后，按照步骤（1），在管理机中登录日志审计与分析系统平台，依次单击“资产”→“资产日志”，如图 5-28 所示。

（39）选中资产地址“172. 16. 8. 100”，单击“允许接收”和“启用”按钮，以允许日志审计与分析系统接收日志，并启用“是否告警”，如图 5-29 所示。

【实验预期】

（1）通过“趋势分析”功能可以对近期接收到的事件进行趋势分析。

（2）双击事件查看相关信息。

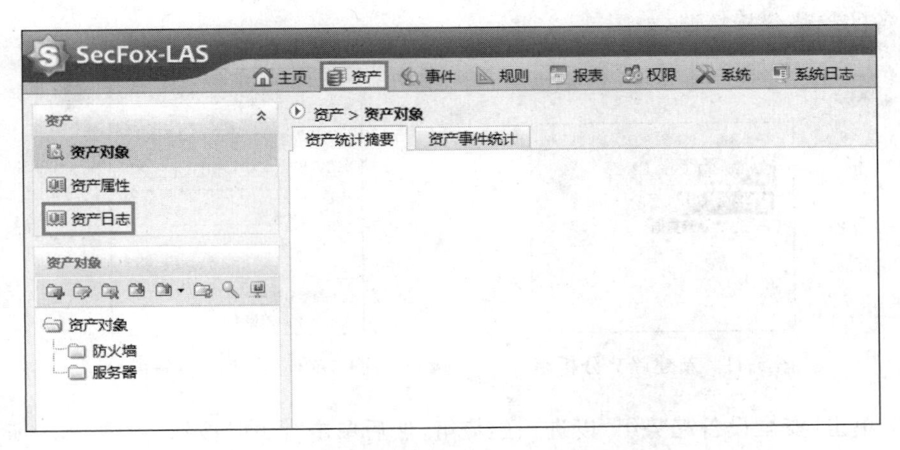

图 5-28　进入资产日志界面

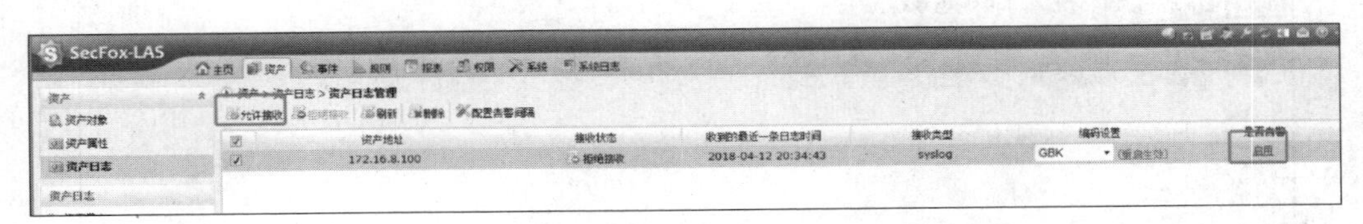

图 5-29　管理资产日志

【实验结果】

(1) 在管理机中重新登录日志审计与分析系统平台，依次单击“事件”→“趋势分析”，如图 5-30 所示。

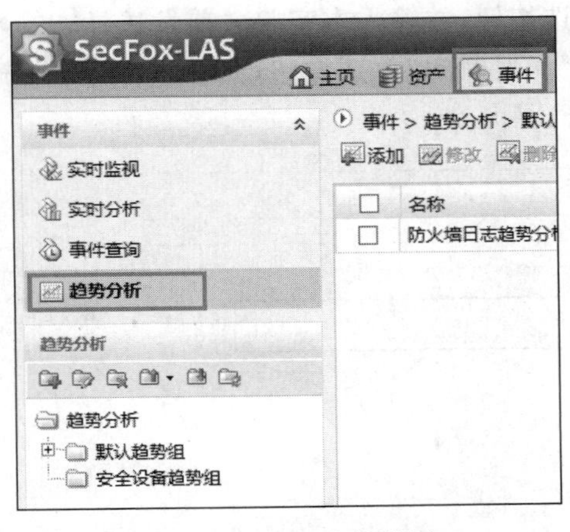

图 5-30　进入趋势分析

(2) 进入“趋势分析”后，首先新建趋势分析组，单击根目录“趋势分析”，然后单击上方的“添加”按钮，如图 5-31 所示。

(3) 在“添加”界面，在“名称”中输入“安全设备趋势组”，这个趋势组中主要存放关于安全设备的趋势分析情况，如图 5-32 所示。

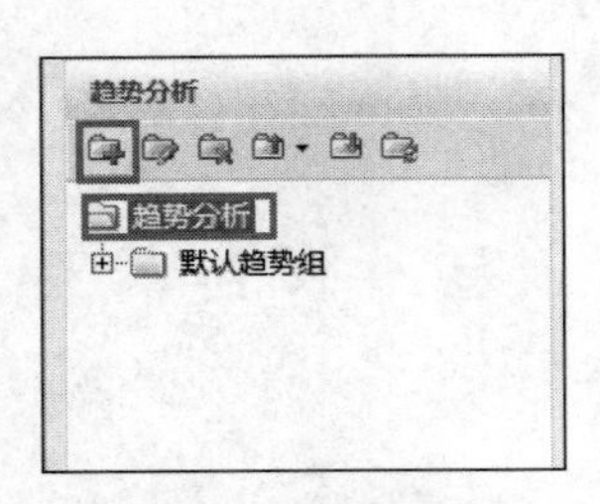

图 5-31　新建趋势分析组

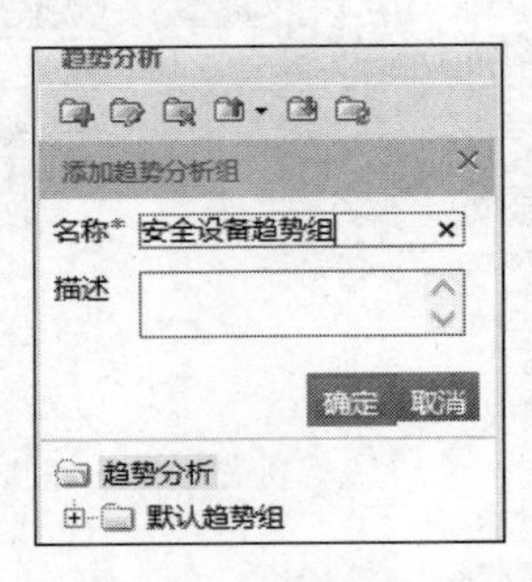

图 5-32　新建趋势分析组

（4）单击“安全设备趋势组”以进入趋势组，然后单击“添加”按钮，如图 5-33 所示。

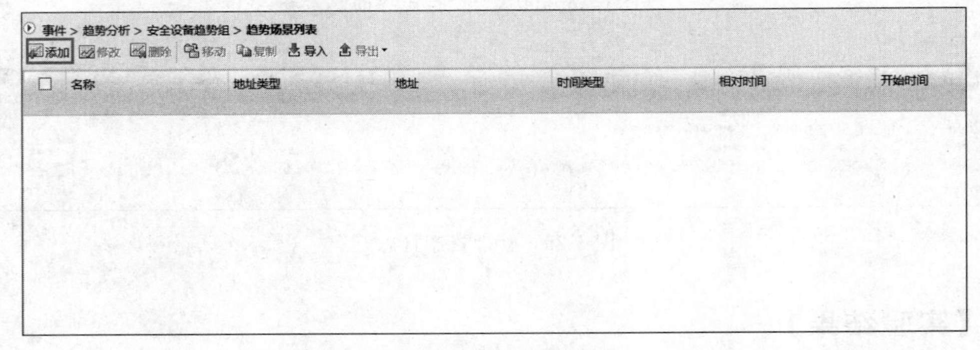

图 5-33　添加趋势场景

（5）接下来进行趋势场景参数配置，“名称”输入“防火墙日志趋势分析”，在“数据来源”中选中“设备地址”单选按钮，并输入本实验之前发送日志的虚拟机 IP 地址“172.168.8.100”，“时间范围”选中“相对时间”单选按钮，并输入“本周”，统计类型选中“事件数量”单选按钮，如图 5-34 所示。

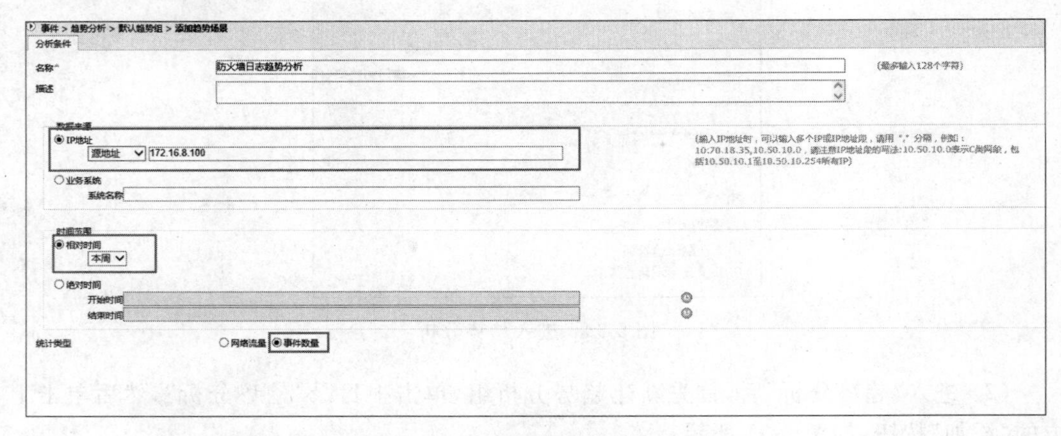

图 5-34　配置趋势场景参数

(6) 配置参数完成后，核对参数，单击下方的“确定”按钮，如图 5-35 所示。

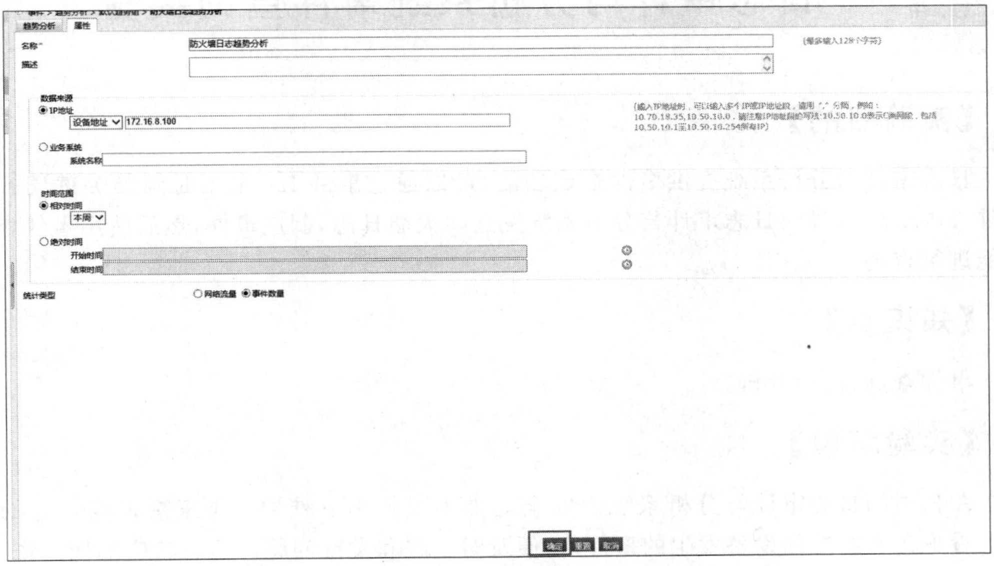

图 5-35　完成参数配置

(7) 在趋势分析结果界面，上方展示的是来自“172.16.8.100”的事件的数量趋势图，下半部分展示了每半个小时内，日志系统接收的事件数量，可以看出事件的数量呈上升趋势，如图 5-36 所示。

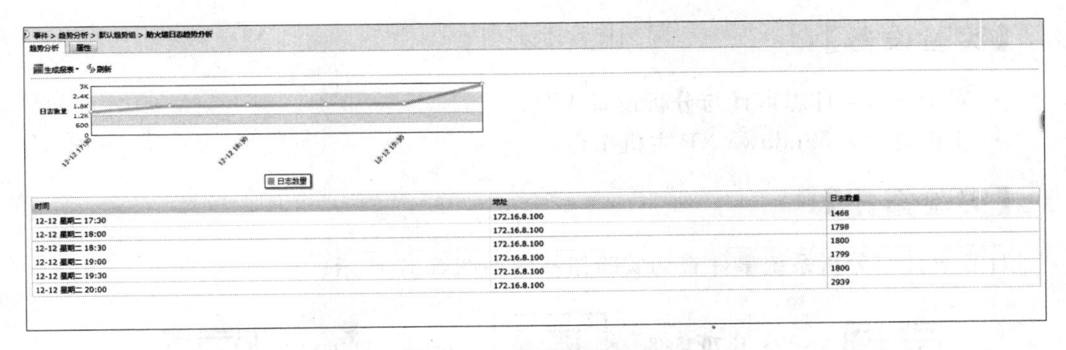

时间	地址	日志数量
12-12 星期二 17:30	172.16.8.100	1468
12-12 星期二 18:00	172.16.8.100	1798
12-12 星期二 18:30	172.16.8.100	1800
12-12 星期二 19:00	172.16.8.100	1799
12-12 星期二 19:30	172.16.8.100	1800
12-12 星期二 20:00	172.16.8.100	2939

图 5-36　趋势分析界面

(8) 综上所述，日志审计与分析系统可以通过“趋势分析”功能对来自某一数据源或某些数据源的事件进行趋势分析。

【实验思考】

若需要对来自某一范围的 IP 地址的事件进行分析，趋势场景应当如何调整？

5.4 日志审计与分析系统事件查询实验

【实验目的】

日志审计与分析系统提供事件查询功能,可以通过事件ID、发生时间等关键词查询事件。本实验通过向日志审计与分析系统发送防火墙日志,制造事件,然后使用事件查询功能进行查询。

【知识点】

事件查询、行为分析。

【实验场景】

A公司的日志审计与分析系统由安全运维工程师小王维护。小王想根据特定的条件查看平台所监控的设备发生的事件,以便及时了解和发现问题。请思考应如何操作。

【实验原理】

在虚拟机中使用UDPsender向日志审计与分析系统服务器发送防火墙日志,用户可单击"事件"→"事件查询",通过查询设备IP或事件接收时间可以查看接收的防火墙日志。

【实验设备】

- 安全设备:日志审计与分析设备1台。
- 主机终端:Windows XP主机1台。

【实验拓扑】

日志审计与分析系统事件查询实验拓扑图如图5-37所示。

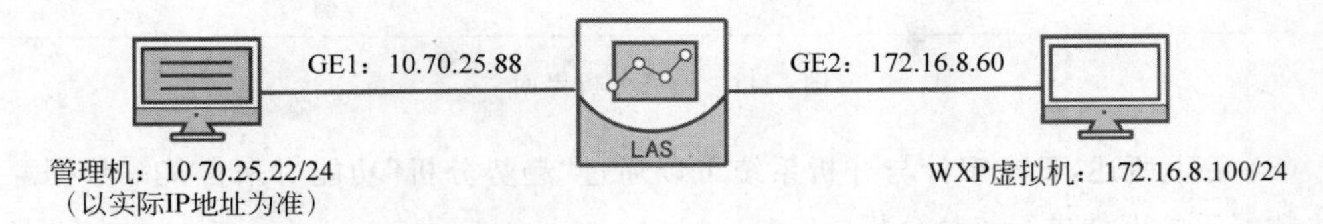

图5-37 日志审计与分析系统事件查询实验拓扑图

【实验思路】

(1)登录WXP虚拟机向日志服务器发送防火墙日志。

(2)以管理员admin用户的身份登录日志审计与分析系统。

(3) 通过"事件查询"模块查询事件。

(4) 双击查看事件信息。

【实验步骤】

(1) 在管理机端单击 Xshell 图标,打开 Xshell。

(2) 在会话框中单击"新建"按钮,创建新的会话。

(3) 在"主机"栏中输入日志审计与分析系统 GE1 接口的 IP 地址"10.70.25.88",其他设置保持不变,单击"确定"按钮。

(4) 新建的会话会在"所有会话"中显示,选中"新建会话",单击"连接"按钮。

(5) 单击"一次性接受"按钮。

(6) 在"请输入登录的用户名"一栏中输入用户名 admin,单击"确定"按钮。

(7) 在"密码"栏中输入密码"@1fw#2soc$3vpn",单击"确定"按钮。

(8) 成功登录日志审计与分析系统后台。

(9) 输入命令"secfox -e eth1 -p 172.16.8.60 -m 255.255.255.0",设置日志审计与分析系统 GE2 接口的 IP 地址。其中,"172.16.8.60"是 GE2 口的 IP 地址,"255.255.255.0"是 GE2 口的子网掩码。按 Enter 键,出现"modify ip ...",说明接口信息配置成功。

(10) 打开浏览器,在地址栏中输入日志审计与分析系统的 IP 地址"https://10.70.25.88",单击"继续浏览此网站",打开平台登录界面。

(11) 输入管理员用户名/密码"admin/!1fw@2soc#3vpn",单击"登录"按钮,登录日志审计与分析系统。

(12) 系统设置的密码有效期为 7 天,当登录系统后收到更改密码提示时,单击"确定"按钮,更改系统密码。

(13) 在"原始密码"一栏输入原始密码"!1fw@2soc#3vpn"。在"新密码"一栏输入"!1fw@2soc#3vpn",与原始密码相同。在"确认新密码"一栏输入"!1fw@2soc#3vpn",单击"确定"按钮。

(14) 单击浏览器中的"工具"→"兼容性视图设置"。

(15) 输入日志审计与分析系统的 IP 地址"https://10.70.25.88",单击"添加"按钮,添加网站兼容性视图。

(16) 单击"关闭"按钮,退出设置。

(17) 进入日志审计与分析系统后,单击"系统"→"系统维护",可看到系统"IP 地址配置 1"为"172.16.8.60"。

(18) 将管理机时间与日志审计与分析系统时间统一。在日志审计与分析系统中,单击"系统"→"系统维护",接着单击"时间校对设置"框中的"手动校时"选项。

(19) 单击"时间"一栏的钟表图案。

(20) 选择与管理机统一的时间。

(21) 单击屏幕空白处,退出设置。

(22) 单击"修改时间",完成日志审计与分析系统时间的手动修改。

(23) 修改成功后,系统会跳转至登录界面,重新输入用户名/密码"admin/!1fw@

2soc＃3vpn”,登录日志审计与分析系统。

(24) 重新登录后,查看系统界面右下方的时间,与管理机时间相同。

(25) 登录实验平台,打开虚拟机 WXP,对应实验拓扑中的右侧设备,如图 5-38 所示。

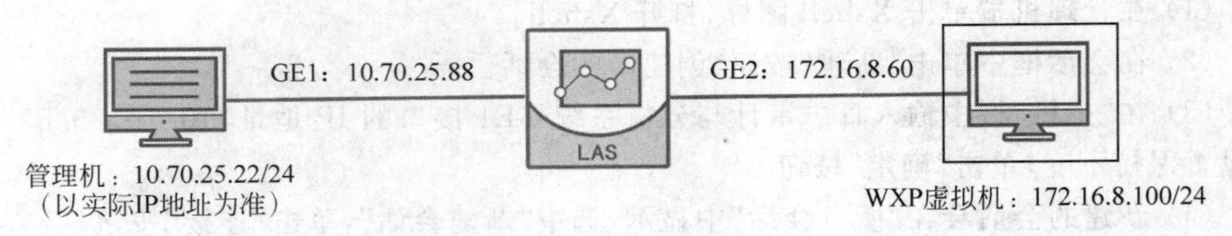

图 5-38　打开虚拟机

(26) 进入虚拟机后,为保证日志审计与分析系统收到的日志文件时间与虚拟机时间一致,首先查看虚拟机的系统时间与管理机的系统时间是否一致,如果不一致,则双击虚拟机界面右下角的时间进行调整。

(27) 根据管理机时间对虚拟机时间进行调整,时间确定后单击“确定”按钮。

(28) 进入虚拟机桌面,打开桌面上的“实验工具”。

(29) 单击文件夹 UDPSender。

(30) UDPsender 是模拟防火墙日志发送的工具,双击图标“UDPsender. exe”,打开文件夹中的日志发送工具。

(31) 配置日志发送的相关信息,“协议”设置为 Syslog,“方式”设置为“按速度发送”,“速度”输入 5,然后单击“初始化通信”。

(32)“消息来源”设置为“从文件”,单击“...”按钮,选择目标日志文件。

(33) 在查找范围中的“桌面”进入“实验工具”目录,单击 UDPSender 文件夹。

(34) 进入 logfiles 进行日志文件选择,本实验选择“FW_LOG_DEOM. log”,再单击“打开”。

(35) 在目标端设置中,选中序号为 0 的目标,单击“编辑”按钮。

(36) 将“目的 IP 地址”设置为“日志服务器的 IP 地址”,本实验设置为“172. 16. 8. 60”,端口设置为 514。

(37) 完成设置后,核对信息配置是否正确,然后单击“发送”按钮。

(38) 完成日志发送过程后,按照步骤(1),在管理机上登录日志审计与分析系统平台,依次单击“资产”→“资产日志”,如图 5-39 所示。

(39) 选中资产地址“172. 16. 8. 100”,单击“允许接收”和“启用”按钮,以允许日志审计与分析系统接收日志,并启用“是否告警”,如图 5-40 所示。

【实验预期】

(1) 通过“事件查询”功能可以查询到事件。

(2) 双击事件查看相关信息。

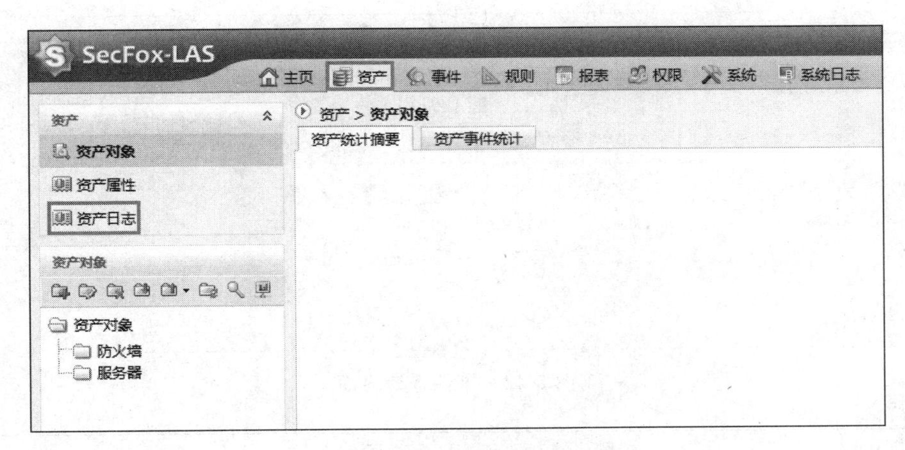

图 5-39　进入资产日志界面

图 5-40　管理资产日志

【实验结果】

(1) 在管理机中重新登录日志审计与分析系统平台，依次单击“事件”→“事件查询”，如图 5-41 所示。

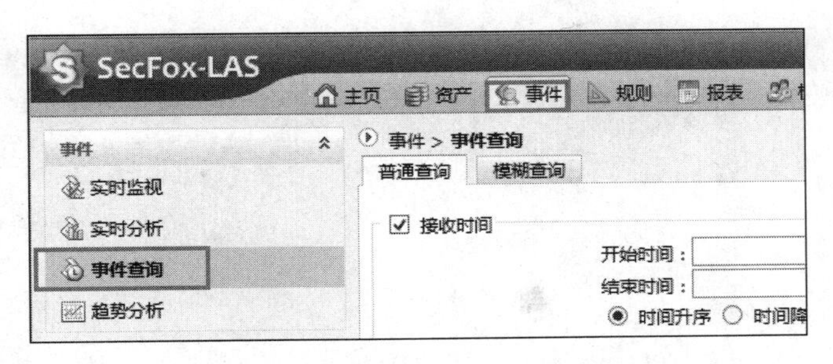

图 5-41　进入事件查询

(2) 进入“事件查询”界面后，可以看到有 3 个页面，分别是“普通查询”“模糊查询”和“查询结果”(使用“普通查询”或“模糊查询”查询后出现)，如图 5-42 所示。

(3) 在“普通查询”中，可以通过“接收时间”“设备地址”“源地址”和“目的地址”等关键字对事件进行查询，可根据需要进行选择，本实验通过“接收时间”对事件进行查询操作。单击右侧的按钮，设置开始时间为“2017-12-11 20:40:00”，结束时间为“2017-12-12 20:40:00”，具体时间参数应根据实际实验时间而定，如图 5-43 所示。

(4) 配置参数完成后，单击界面下方的“查询”，如图 5-44 所示。

(5) 在事件查询的结果中可以看到刚刚从虚拟机中发送过来的日志文件，均是在查询时间段内发送过来的日志，如图 5-45 所示。

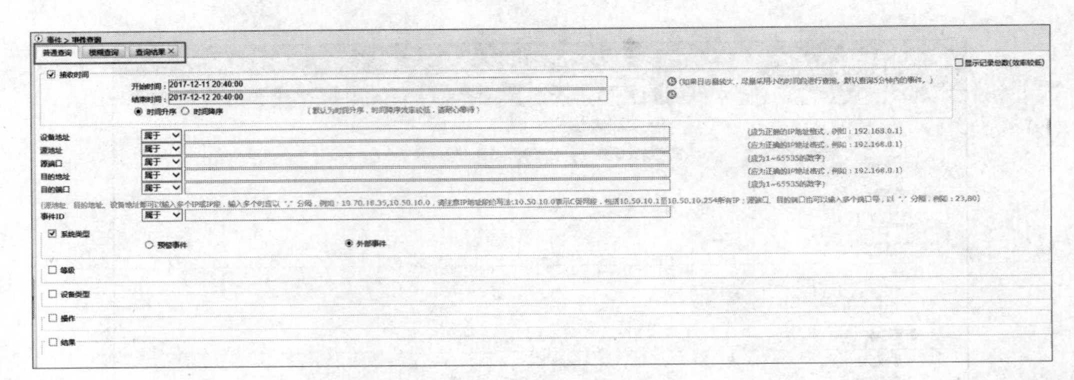

图 5-42　事件查询界面

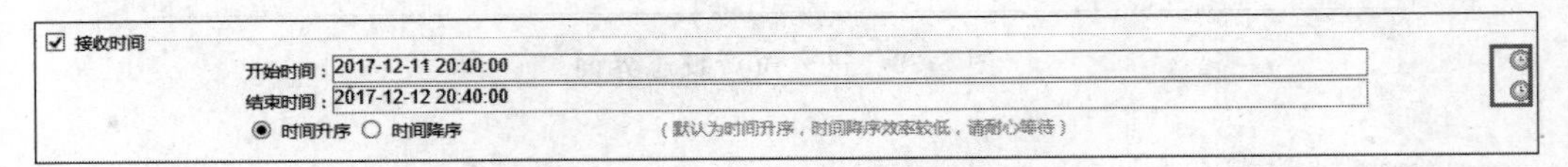

图 5-43　配置事件查询参数

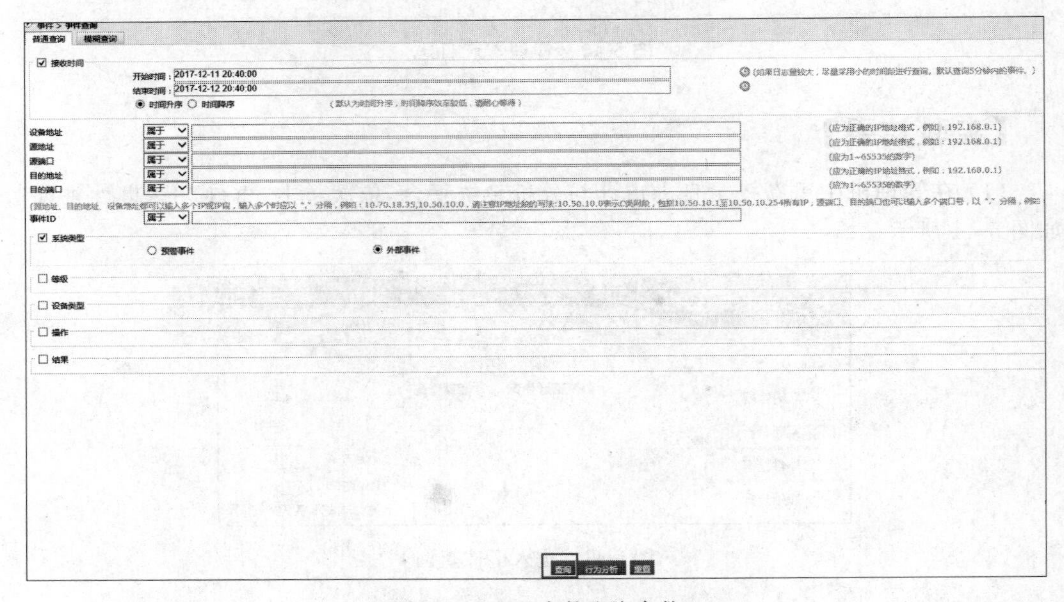

图 5-44　配置事件查询参数

（6）双击任意日志文件，即可在下方显示该日志文件的相关信息，可以看到接收时间为“12-12 20:13:24”，确为规定时间内的事件，如图 5-46 所示。

（7）除了“普通查询”，事件查询方式还有“模糊查询”。“模糊查询”相比“普通查询”来说，查询范围更加宽泛，只有“接收时间”“关键字”和“设备 IP”三个查询条件，读者只须了解，本实验不再演示，如图 5-47 所示。

（8）综上所述，日志审计与分析系统可以通过“接收时间”和“设备 IP”等关键字对接收的事件进行查询和筛选。

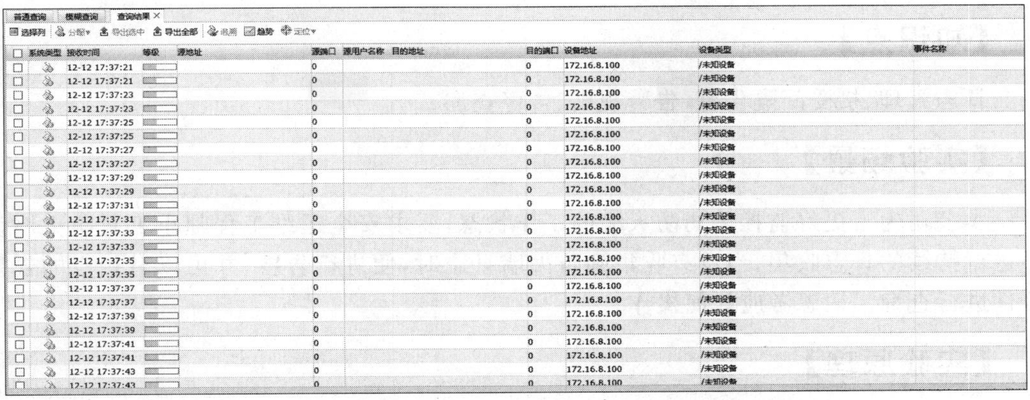

普通查询　模糊查询　查询结果 ×

选择列　分组▾　导出选中　导出全部　溯源　趋势　定位▾

系统类型	接收时间	等级	源地址	源端口	源用户名称	目的地址	目的端口	设备地址	设备类型	事件名称
	12-12 17:37:21			0			0	172.16.8.100	/未知设备	
	12-12 17:37:21			0			0	172.16.8.100	/未知设备	
	12-12 17:37:23			0			0	172.16.8.100	/未知设备	
	12-12 17:37:23			0			0	172.16.8.100	/未知设备	
	12-12 17:37:25			0			0	172.16.8.100	/未知设备	
	12-12 17:37:25			0			0	172.16.8.100	/未知设备	
	12-12 17:37:27			0			0	172.16.8.100	/未知设备	
	12-12 17:37:27			0			0	172.16.8.100	/未知设备	
	12-12 17:37:29			0			0	172.16.8.100	/未知设备	
	12-12 17:37:29			0			0	172.16.8.100	/未知设备	
	12-12 17:37:31			0			0	172.16.8.100	/未知设备	
	12-12 17:37:31			0			0	172.16.8.100	/未知设备	
	12-12 17:37:33			0			0	172.16.8.100	/未知设备	
	12-12 17:37:33			0			0	172.16.8.100	/未知设备	
	12-12 17:37:35			0			0	172.16.8.100	/未知设备	
	12-12 17:37:35			0			0	172.16.8.100	/未知设备	
	12-12 17:37:37			0			0	172.16.8.100	/未知设备	
	12-12 17:37:37			0			0	172.16.8.100	/未知设备	
	12-12 17:37:39			0			0	172.16.8.100	/未知设备	
	12-12 17:37:39			0			0	172.16.8.100	/未知设备	
	12-12 17:37:41			0			0	172.16.8.100	/未知设备	
	12-12 17:37:41			0			0	172.16.8.100	/未知设备	
	12-12 17:37:43			0			0	172.16.8.100	/未知设备	
	12-12 17:37:43			0			0	172.16.8.100	/未知设备	

图 5-45　事件查询结果

ID	151308080400006
事件ID	151308080400006
接收时间	12-12 20:13:24
系统类型	外部事件
事件分类	/未分类
等级	轻微
操作	/其他
结果	/未知
获取方式	syslog
事件具体类型	未分类
分类号	0
产生时间	12-12 20:13:25
发送字节数	0
接收字节数	0
设备地址	172.16.8.100
设备类型	/未知设备
采集器地址	192.168.1.60
采集器名称	SecFox_LAS_20170705_172
事件描述	devid=3 dname="WH-FW-ZGW-1" date="2017-11-21 19:45:54" mod=session-limit pri=warning sip=10.84.242.93 dip=27.26.108.212 sport=17776 dport=48001 proto=UDP szone=inside dzone=outside appname= usrname= hit_num=0 action=drop from_tunnel= to_tunnel= msg="Drop packets by session limit rule, name:[ipflood]"

图 5-46　日志文件信息

事件 > 事件查询

普通查询　模糊查询　查询结果 ×

☑ 接收时间

开始时间：

结束时间：

关键字　包含

设备IP

查询　重置

图 5-47　模糊查询界面

【实验思考】

若需要查询所有防火墙设备在最近 24 小时内的日志，应当如何调整查询参数？

5.5 日志审计与分析系统告警设置及查询实验

【实验目的】

日志审计与分析系统可以对资产日志进行管理，对一段时间内未收到日志的资产提供告警提示信息，并设置告警规则对告警事件进行查询。

【知识点】

日志管理、接受间隔告警、告警规则、告警查询。

【实验场景】

A公司为了更好监控公司防火墙的工作状态，要求安全运维工程师小王对防火墙设备进行持续的日志收集，当没有收集到防火墙日志时，便进行告警，并可以对相应的告警事件进行查询。请思考应如何操作。

【实验原理】

日志审计与分析系统可以对资产日志进行管理，对于添加的资产，系统默认对资产日志拒绝接收，管理员用户对需要接收日志的资产执行允许接收操作，并设置资产的告警时间阈值。管理员用户可单击“资产”→“资产日志”，对资产日志进行管理并设置接收间隔告警。对于资产日志接收状态告警，管理员可以通过配置相关高级规则对告警事件进行查询。

【实验设备】

- 安全设备：日志审计与分析设备1台。
- 主机终端：Windows XP主机1台。

【实验拓扑】

日志审计与分析系统告警设置及查询实验拓扑图如图5-48所示。

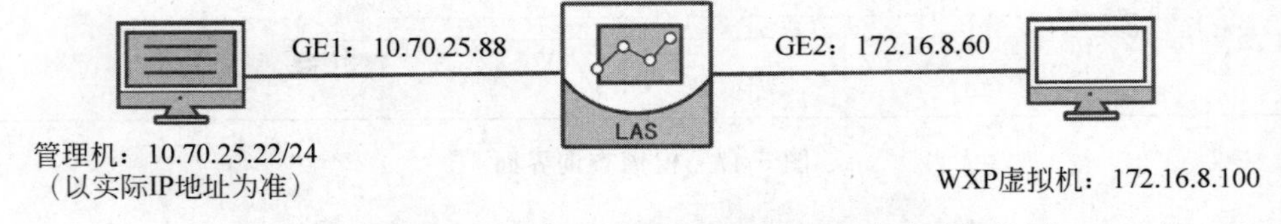

图5-48　日志审计与分析系统告警设置及查询实验拓扑图

【实验思路】

(1) 配置日志平台网络接口。
(2) 登录WXP虚拟机向日志服务器发送防火墙日志。
(3) 以管理员admin用户的身份登录日志审计与分析系统。
(4) 允许接收资产日志并启用“是否告警”。
(5) 停止发送日志并查看告警信息。

【实验步骤】

(1) 在管理机端单击Xshell图标，打开Xshell。

（2）在会话框中单击“新建”按钮，创建新的会话。

（3）在“主机”栏中输入日志审计与分析系统GE1接口的IP地址“10.70.25.88”（以实际IP地址为准），其他设置保持不变，单击“确定”按钮。

（4）新建的会话会在“所有会话”中显示，选中“新建会话”，单击“连接”按钮。

（5）单击“一次性接受”按钮。

（6）在“请输入登录的用户名”一栏中输入用户名admin，单击“确定”按钮。

（7）在“密码”栏中输入密码“@1fw＃2soc＄3vpn”，单击“确定”按钮。

（8）成功登录日志审计与分析系统后台。

（9）输入命令“secfox -e eth1 -p 172.16.8.60 -m 255.255.255.0”，设置日志审计与分析系统GE2接口的IP地址。其中，“172.16.8.60”是GE2口的IP地址，“255.255.255.0”是GE2口的子网掩码。按Enter键，出现“modify ip ...”，说明接口信息配置成功。

（10）打开浏览器，在地址栏中输入日志审计与分析系统的IP地址“https://10.70.25.88（以实际IP地址为准）”，单击“继续浏览此网站”按钮，打开平台登录界面。

（11）输入管理员用户名/密码“admin/!1fw@2soc＃3vpn”，单击“登录”按钮，登录日志审计与分析系统。

（12）系统设置的密码有效期为7天，当登录系统后收到更改密码提示时，单击“确定”按钮，更改系统密码。

（13）在“原始密码”一栏输入原始密码“!1fw@2soc＃3vpn”。在“新密码”一栏输入“!1fw@2soc＃3vpn”，与原始密码相同。在“确认新密码”一栏输入“!1fw@2soc＃3vpn”，单击“确定”按钮。

（14）单击浏览器中的“工具”→“兼容性视图设置”。

（15）输入日志审计与分析系统的IP地址“https://10.70.25.88”，单击“添加”按钮，添加网站兼容性视图。

（16）单击“关闭”按钮，退出设置。

（17）进入日志审计与分析系统后，单击“系统”→“系统维护”，可看到系统“IP地址配置1”为“172.16.8.60”。

（18）将管理机时间与日志审计与分析系统时间统一。在日志审计与分析系统中，单击“系统”→“系统维护”，接着单击“时间校对设置”框中的“手动校时”选项。

（19）单击“时间”一栏的钟表图案。

（20）选择与管理机统一的时间。

（21）单击屏幕空白处，退出设置。

（22）单击“修改时间”，完成日志审计与分析系统时间的手动修改。

（23）修改成功后，系统会跳转至登录界面，重新输入用户名/密码“admin/!1fw@2soc＃3vpn”，登录日志审计与分析系统。

（24）重新登录后，查看系统界面右下方的时间，与管理机时间相同。

（25）登录实验平台，打开虚拟机WXPSP3，对应实验拓扑中的右侧设备，如图5-49所示。

（26）进入虚拟机后，为保证日志审计与分析系统收到的日志文件时间与虚拟机时间

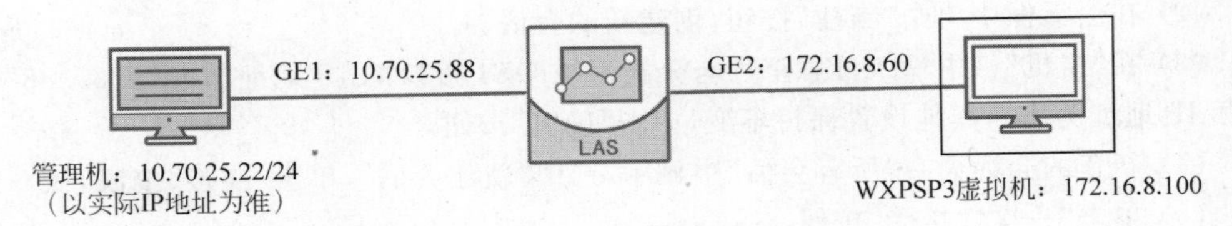

图 5-49　打开虚拟机

一致，首先查看虚拟机的系统时间与管理机的系统时间是否一致，如果不一致，则双击虚拟机界面右下角的时间进行调整。

(27) 根据管理机时间对虚拟机时间进行调整，时间确定后单击"确定"按钮。

(28) 进入虚拟机桌面，打开桌面上的"实验工具"。

(29) 单击文件夹 UDPSender。

(30) UDPsender 是模拟防火墙日志发送的工具，双击图标"UDPsender. exe"，打开文件夹中的日志发送工具。

(31) 配置日志发送的相关信息，"协议"设置为 Syslog，"方式"设置为"按速度发送"，"速度"输入 5，然后单击"初始化通信"。

(32) "消息来源"设置为"从文件"，单击"..."按钮，选择目标日志文件。

(33) 在查找范围中的"桌面"上进入"实验工具"目录，单击 UDPSender 文件夹。

(34) 进入 logfiles 进行日志文件选择，本实验选择"FW_LOG_DEOM. log"，再单击"打开"按钮。

(35) 在目标端设置中，选中序号为 0 的目标，单击"编辑"按钮。

(36) 将目的 IP 地址设置为"日志服务器的 IP 地址"，本实验设置为"172. 16. 8. 60"，端口设置为 514。

(37) 完成设置后，核对信息配置是否正确，然后单击"发送"按钮。

(38) 完成日志发送过程后，按照步骤(1)，在管理机中登录日志审计与分析系统平台，依次单击"资产"→"资产日志"，如图 5-50 所示。

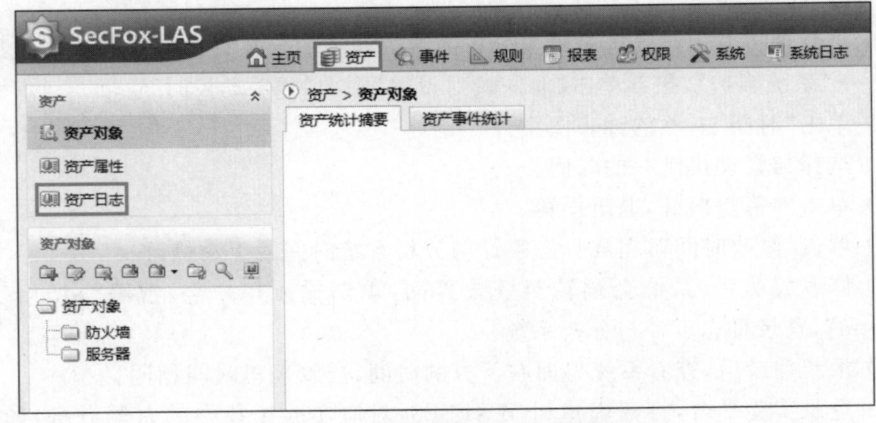

图 5-50　进入资产日志界面

(39) 选中资产地址“172.16.8.100”，单击“允许接收”和“启用”按钮，以允许日志审计与分析系统接收日志，并启用“是否告警”，如图 5-51 所示。

图 5-51　管理资产日志

(40) 修改“配置告警间隔”，系统默认告警间隔为 1 天，在本实验中将其设置为 1 分钟，以便于观察实验结果，如图 5-52 所示。

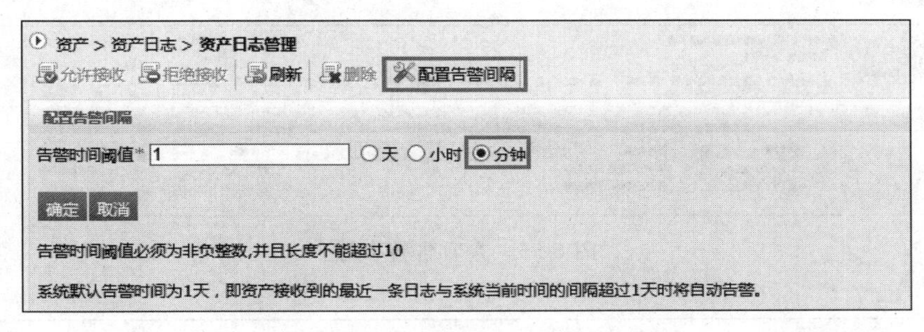

图 5-52　配置告警间隔

【实验预期】

(1) 日志审计与分析系统成功接收到日志文件。

(2) 在停止发送日志文件后，系统会进行告警，查看相关告警信息。

(3) 通过配置告警规则对产生的告警进行查询。

【实验结果】

(1) 登录实验平台对应实验拓扑右侧的 WXP 虚拟机，如图 5-53 所示。

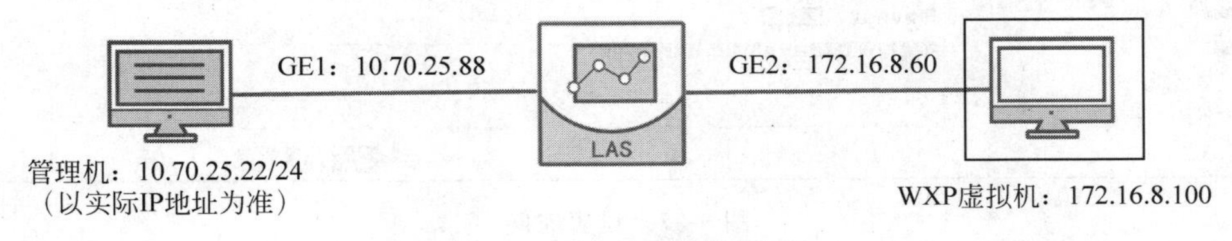

图 5-53　进入虚拟机 WXP

(2) 停止发送日志，在 UDPsender 界面单击“停止”按钮。

(3) 从管理机登录日志审计与分析系统，单击“事件”→“实时监视”，如图 5-54 所示。

(4) 单击“实时监视”→“关联告警事件”，查看系统告警，如图 5-55 所示。

(5) 如果不能看到事件的话，可以单击“属性”并设置时间，如图 5-56 所示。

(6) 默认是只显示 5 分钟的事件，超过 5 分钟就看不到了，可以将时间设置得长一点，设置为 5 天，单击“确定”按钮，如图 5-57 所示。

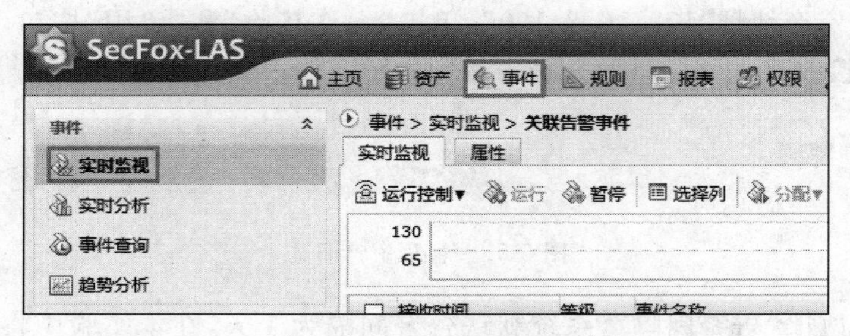

图 5-54　进入实时监视

图 5-55　查看告警事件

图 5-56　进入属性界面

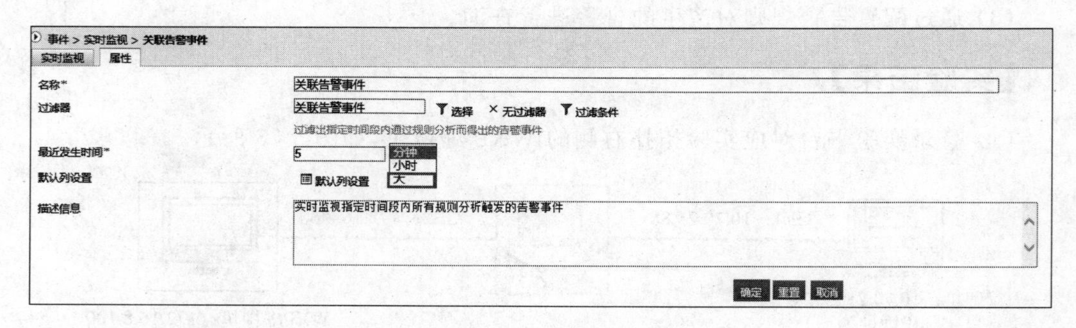

图 5-57　设置时间

(7) 单击系统发出的告警事件，可以查看基本信息，包括告警时间、告警原因等。通过查看可以确定告警原因为超过一分钟未接收到该设备的日志，但接收到告警的时间超过了一分钟，可知系统由于自身原因无法准确提供告警，但依然可以根据告警原因寻求解决方案，如图 5-58 所示。

(8) 进行告警规则的配置，单击“规则”→“告警规则”，进入规则列表，如图 5-59 所示。

(9) 本实验之前产生的告警是“资产日志接收状态告警”，现在选中“资产日志接收状

ID	151349191900002
事件ID	151349191900002
接收时间	12-17 14:25:19
系统类型	预警事件
事件名称	资产日志接收状态告警
事件分类	/未分类
等级	一般
操作	/其他
结果	/未知
获取方式	file
事件具体类型	未分类
分类号	0
产生时间	12-17 14:25:19
发送字节数	0
接收字节数	0
设备地址	172.16.8.100
设备分类	安全设备
设备类型	/安全设备/日志审计系统
采集器地址	172.16.8.100
采集器名称	SecFox_LAS_20170705_172
事件描述	type=Threshold priority=alert module=EventWatchService msg=资产 172.16.8.100 已超过 1分钟 未收到日志，请检查

图 5-58　查看告警事件信息

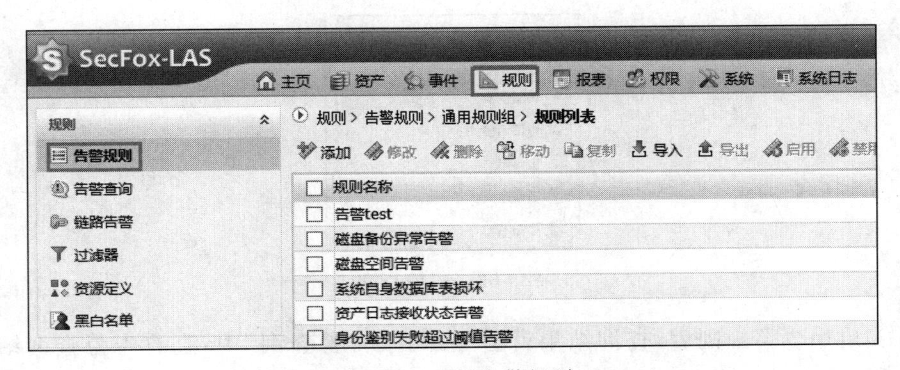

图 5-59　配置告警规则

态告警”复选框，单击“启用”按钮，如图 5-60 所示。

规则 > 告警规则 > 通用规则组 > **规则列表**

添加　修改　删除　移动　复制　导入　导出　启用　禁用

	规则名称	类型	是否启用	创建时间
☐	告警test	自定义		2017-12-20 14:18:45
☐	磁盘备份异常告警	自定义		2012-05-11 14:35:28
☐	磁盘空间告警	自定义		2012-05-11 14:35:28
☐	系统自身数据库表损坏	自定义		2009-08-14 17:26:00
☑	资产日志接收状态告警	自定义		2013-08-29 10:44:20
☐	身份鉴别失败超过阈值告警	自定义		2015-05-12 19:07:40

图 5-60　启用告警规则

(10) 设置告警规则的时间，选中“资产日志接收状态告警”复选框，单击“修改”按钮，如图 5-61 所示。

规则 > 告警规则 > 通用规则组 > **规则列表**

添加　修改　删除　移动　复制　导入　导出　启用　禁用

	规则名称	类型	是否启用	创建时间
☐	告警test	自定义		2017-12-20 14:18:45
☐	磁盘备份异常告警	自定义		2012-05-11 14:35:28
☐	磁盘空间告警	自定义		2012-05-11 14:35:28
☐	系统自身数据库表损坏	自定义		2009-08-14 17:26:00
☑	资产日志接收状态告警	自定义		2013-08-29 10:44:20
☐	身份鉴别失败超过阈值告警	自定义		2015-05-12 19:07:40

图 5-61　设置告警规则的时间

(11) 单击“计数”按钮，将“时间范围”设置为 5 天，如图 5-62 所示。

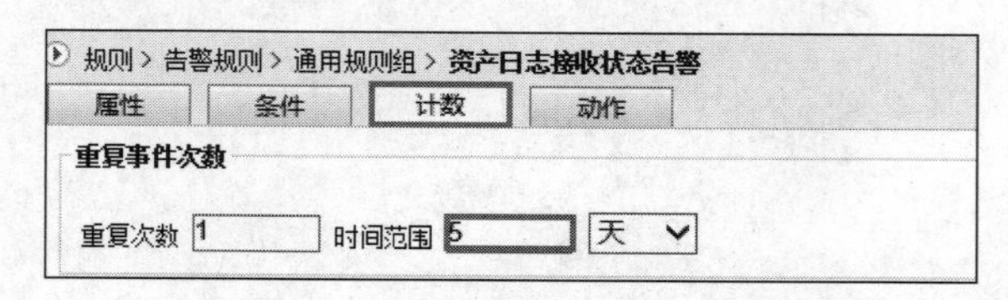

图 5-1　设置时间范围

(12) 单击“告警查询”，对告警事件进行查询，如图 5-63 所示。

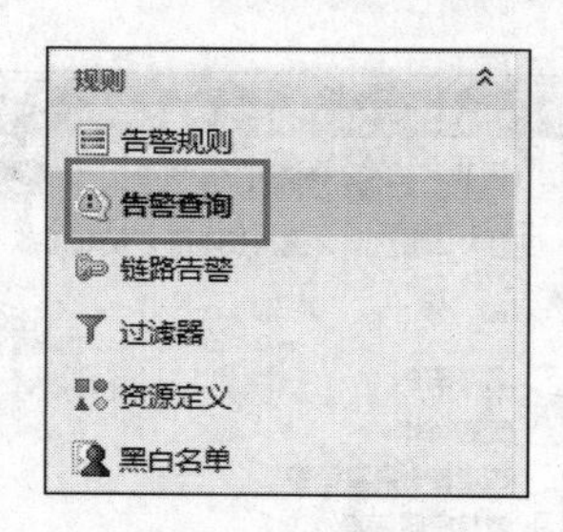

图 5-63　告警查询

(13) 启用告警规则后，查询结果就会显示在“告警查询”中，查看告警查询结果，如图 5-64 所示。

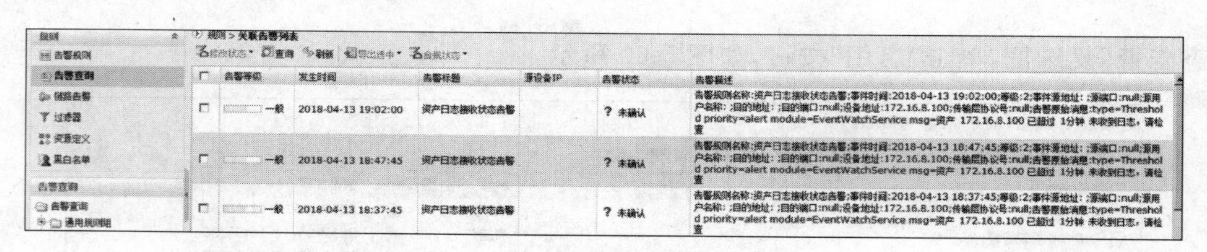

图 5-64　告警查询结果

(14) 综上所述，日志审计与分析系统可以对资产日志进行管理，配置告警间隔，并可以对告警规则进行设置，使用告警规则进行查询。

【实验思考】

若需要设置资产每天都需要收到日志，否则产生告警，应该如何调整？

5.6　日志审计与分析系统过滤器实验

【实验目的】

日志审计与分析系统中存在过滤器模块，可以生成规则作为事件或日志的筛选条件。本实验通过对过滤器的添加和使用，实现对事件的筛选。

【知识点】

过滤器、事件过滤。

【实验场景】

A 公司的日志审计与分析设备由安全运维工程师小王负责。小王需要在每天早晨对前一天所有的防火墙事件进行统计，但是由于事件数据量比较大，小王希望可以快速查找到想要的数据。小王决定引用日志审计与分析系统中的过滤器来进行查询统计。请思考应如何设置过滤器。

【实验原理】

日志审计与分析系统的“过滤器”模块对过滤器进行统一管理，此处定义的过滤器可以在别处被引用。用户可以单击“规则”→“过滤器”，进行过滤器添加，并通过使用过滤器对日志系统接收的事件进行过滤。

【实验设备】

- 安全设备：日志审计与分析设备 1 台。
- 主机终端：Windows XP 主机 1 台。

【实验拓扑】

日志审计与分析系统过滤器实验拓扑图如图 5-65 所示。

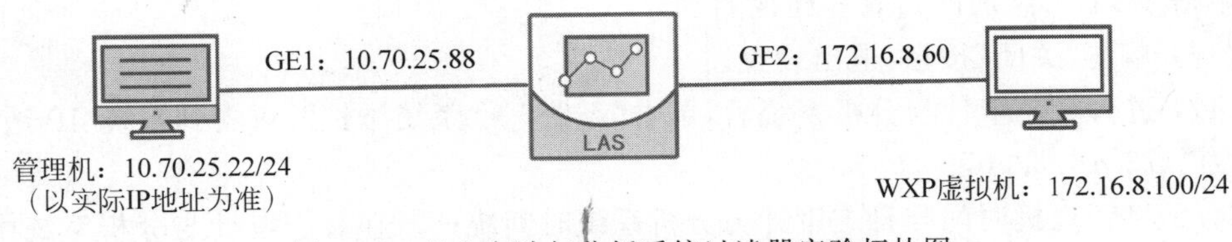

图 5-65　日志审计与分析系统过滤器实验拓扑图

【实验思路】

（1）配置日志平台网络接口。

（2）登录虚拟机向日志平台发送防火墙日志。

（3）上传并启用日志解析文件。

（4）配置过滤器。

（5）使用过滤器对接收的日志进行过滤。

【实验步骤】

（1）在管理机端单击 Xshell 图标，打开 Xshell。

（2）在会话框中单击“新建”按钮，创建新的会话。

(3) 在“主机”栏中输入日志审计与分析系统GE1接口的IP地址“10.70.25.88”(以实际IP地址为准),其他设置保持不变,单击“确定”按钮。

(4) 新建的会话会在“所有会话”中显示,选中“新建会话”,单击“连接”按钮。

(5) 单击“一次性接受”按钮。

(6) 在“请输入登录的用户名”一栏中输入用户名admin,单击“确定”按钮。

(7) 在“密码”栏中输入密码“@1fw#2soc$3vpn”,单击“确定”按钮。

(8) 成功登录日志审计与分析系统后台。

(9) 输入命令“secfox -e eth1 -p 172.16.8.60 -m 255.255.255.0”,设置日志审计与分析系统GE2接口的IP地址。其中,“172.16.8.60”是GE2口的IP地址,“255.255.255.0”是GE2口的子网掩码。按Enter键,出现“modify ip ...”,说明接口信息配置成功。

(10) 打开浏览器,在地址栏中输入日志审计与分析系统的IP地址“https://10.70.25.88”(以实际IP地址为准),单击“继续浏览此网站”按钮,打开平台登录界面。

(11) 输入管理员用户名/密码“admin/!1fw@2soc#3vpn”,单击“登录”按钮,登录日志审计与分析系统。

(12) 系统设置的密码有效期为7天,当登录系统后收到更改密码提示时,单击“确定”按钮,更改系统密码。

(13) 在“原始密码”一栏输入原始密码“!1fw@2soc#3vpn”。在“新密码”一栏输入“!1fw@2soc#3vpn”,与原始密码相同。在“确认新密码”一栏输入“!1fw@2soc#3vpn”,单击“确定”按钮。

(14) 单击浏览器中的“工具”→“兼容性视图设置”。

(15) 输入日志审计与分析系统的IP地址“https://10.70.25.88”(以实际IP地址为准),单击“添加”,添加网站兼容性视图。

(16) 单击“关闭”按钮,退出设置。

(17) 进入日志审计与分析系统后,单击“系统”→“系统维护”,可看到系统“IP地址配置1”为“172.16.8.60”。

(18) 将管理机时间与日志审计与分析系统时间统一。在日志审计与分析系统中,单击“系统”→“系统维护”,接着单击“时间校对设置”框中的“手动校时”选项。

(19) 单击“时间”一栏的钟表图案。

(20) 选择与管理机统一的时间。

(21) 单击屏幕空白处,退出设置。

(22) 单击“修改时间”,完成日志审计与分析系统时间的手动修改。

(23) 修改成功后,系统会跳转至登录界面,重新输入用户名/密码“admin/!1fw@2soc#3vpn”,登录日志审计与分析系统。

(24) 重新登录后,查看系统界面右下方的时间,与管理机时间相同。

(25) 登录实验平台,打开虚拟机WXP,对应实验拓扑中的右侧设备,如图5-66所示。

(26) 进入虚拟机后,为保证日志审计与分析系统收到的日志文件时间与虚拟机时间一致,首先查看虚拟机的系统时间与管理机的系统时间是否一致,如果不一致,则双击虚

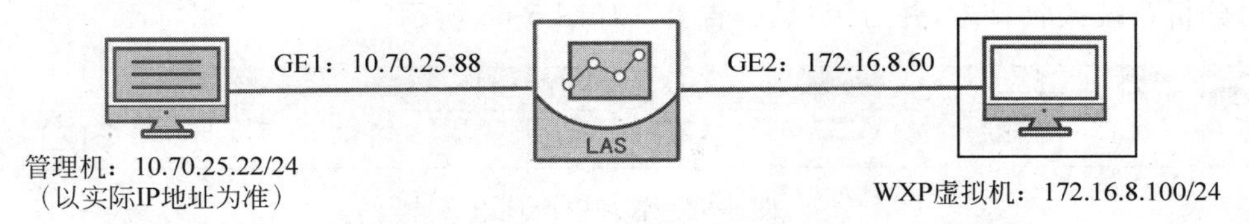

图 5-66 打开虚拟机 WXP

拟机界面右下角的时间进行调整。

(27) 根据管理机时间对虚拟机时间进行调整，时间确定后单击“确定”按钮。

(28) 进入虚拟机桌面，打开桌面上的“实验工具”。

(29) 单击文件夹 UDPSender。

(30) UDPsender 是模拟防火墙日志发送的工具，双击图标“UDPsender. exe”，打开文件夹中的日志发送工具。

(31) 配置日志发送的相关信息，“协议”设置为 Syslog，“方式”设置为“按速度发送”，“速度”输入 5，然后单击“初始化通信”。

(32) “消息来源”设置为“从文件”，单击“...”按钮，选择目标日志文件。

(33) 在查找范围中的“桌面”进入“实验工具”目录，单击 UDPSender 文件夹。

(34) 进入 logfiles 进行日志文件选择，本实验选择“FW_LOG_DEOM. log”，再单击“打开”按钮。

(35) 在目标端设置中，选中序号为 0 的目标，单击“编辑”按钮。

(36) 将“目的 IP 地址”设置为“日志服务器的 IP 地址”，本实验设置为“172. 16. 8. 60”，端口设置为 514。

(37) 完成设置后，核对信息配置是否正确，然后单击“发送”按钮。

(38) 完成日志发送过程后，按照步骤(1)，在管理机中登录日志审计与分析系统平台，依次单击“资产”→“资产日志”，如图 5-67 所示。

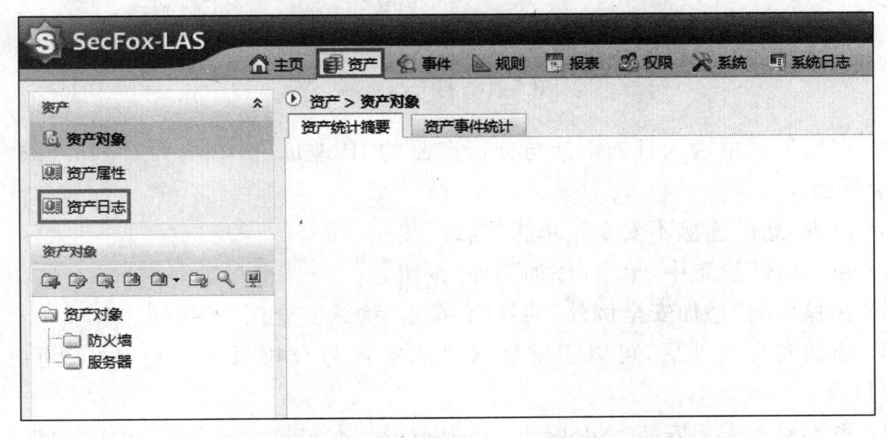

图 5-67 进入资产日志界面

(39) 选中资产地址“172. 16. 8. 100”，单击“允许接收”和“启用”按钮，以允许日志审计与分析系统接收日志，并启用“是否告警”，如图 5-68 所示。

图 5-68　管理资产日志

（40）登录实验平台对应实验拓扑右侧的 WXPSP3 虚拟机，如图 5-69 所示。

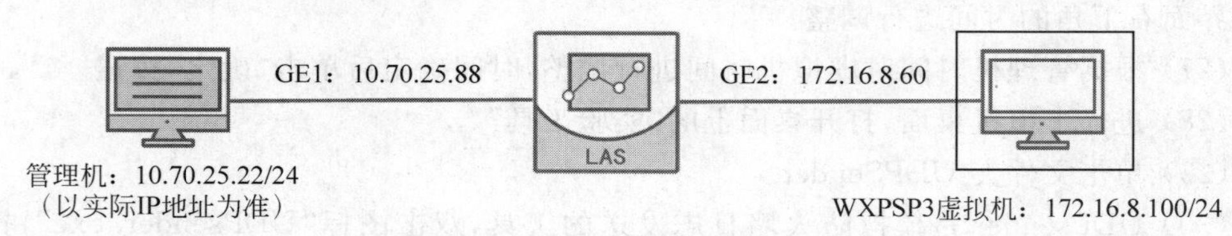

图 5-69　进入右侧虚拟机 WXPSP3

（41）在虚拟机中登录日志审计与分析系统，打开虚拟机桌面的火狐浏览器，如图 5-70 所示。

图 5-70　打开浏览器

（42）在地址栏中输入日志审计与分析产品的 IP 地址“https://172.16.8.60”，打开平台登录界面。

（43）出现“您的连接不安全”，单击“高级”按钮。

（44）在“高级”设置中，单击“添加例外”按钮。

（45）在弹出的“添加安全例外”的界面，单击“确认安全例外”按钮。

（46）添加安全例外后，可以正常登录日志审计与分析系统平台，输入用户名密码“admin/!1fw@2soc#3vpn”。

（47）系统提示需要安装“Adobe Flash Player”，本实验无须安装，单击“取消”按钮。

（48）选择“系统”命令，进入“系统”模块，如图 5-71 所示。

（49）单击“日志解析文件”，进行日志解析文件的导入，如图 5-72 所示。

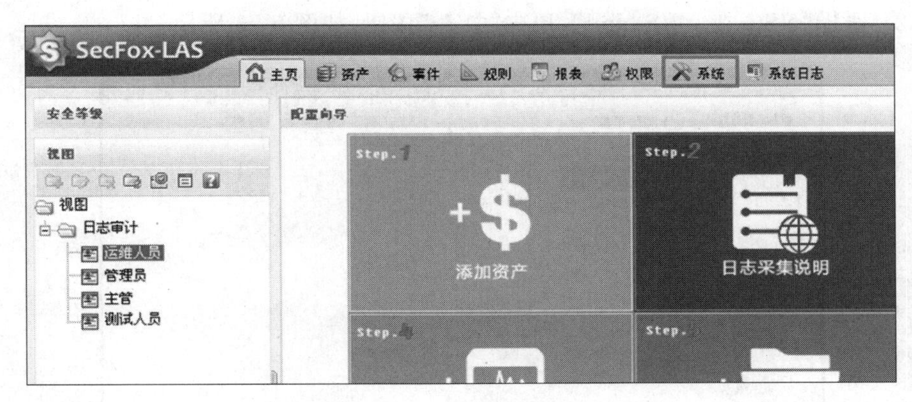

图 5-71　“系统”模块

(50) 进入日志解析文件管理界面,单击“导入”→“浏览”,如图 5-73 所示。

图 5-72　进入日志解析文件

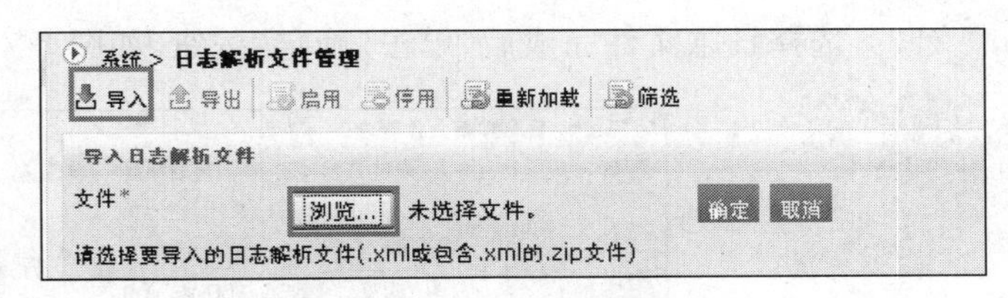

图 5-73　导入日志解析文件

(51) 选择“桌面”上的“实验工具”文件夹,如图 5-74 所示。

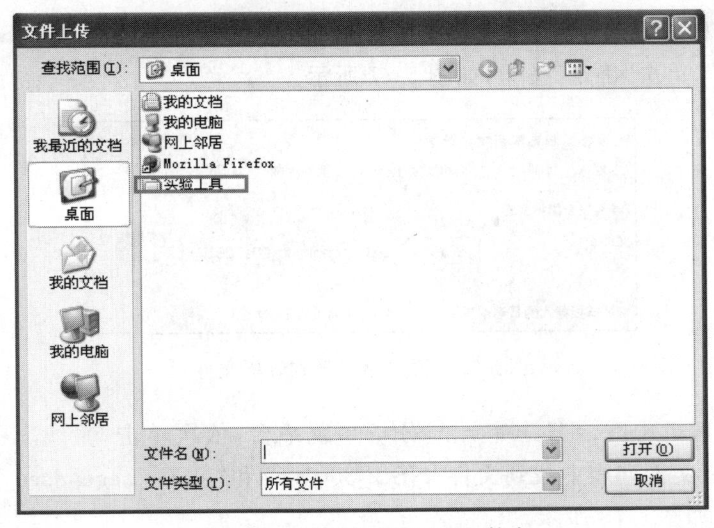

图 5-74　选择“实验工具”文件夹

（52）选择“NSG_360WS.xml”，单击“打开”按钮，如图 5-75 所示。

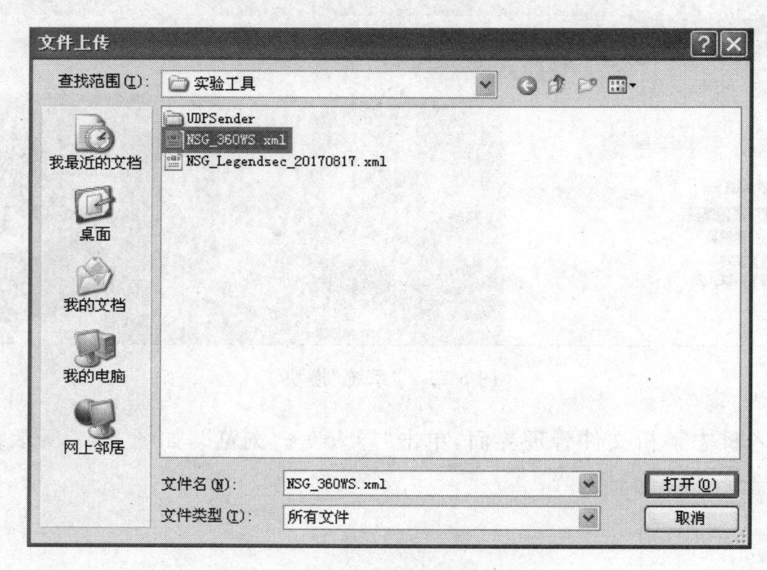

图 5-75　选择日志解析文件

（53）选择日志文件完成后，单击“确定”按钮，如图 5-76 所示。

图 5-76　导入日志解析文件

（54）以同样的方式，再次导入存放在相同路径下的日志解析文件“NSG_Legendsec_20170817.xml”，单击“确定”按钮，如图 5-77 所示。

图 5-77　再次导入日志解析文件

（55）在管理机中登录日志审计与分析系统平台，依次单击“系统”→“日志解析文件”，在日志解析文件列表中找到文件“NSG_360WS”和“NSG_Legendsec_20170817”，单击“启用”按钮，如图 5-78 所示。

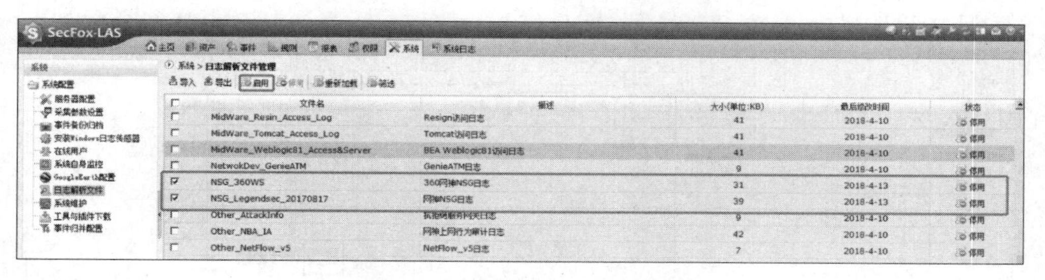

图 5-78　启用日志解析文件

【实验预期】

(1) 创建新的实时监视场景。
(2) 查看收到的防火墙日志。
(3) 配置并在实时监视场景中启用新的过滤器。
(4) 查看过滤结果。

【实验结果】

(1) 在管理机中登录日志审计与分析系统平台,依次单击"事件"→"实时监视",如图 5-79 所示。

(2) 新建新的实时监视场景组,单击"添加"按钮,在"名称"中输入"防火墙日志过滤",如图 5-80 所示。

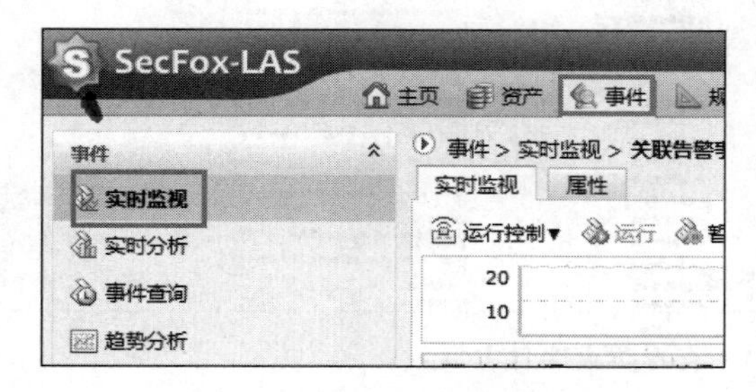

图 5-79　进入实时监视界面

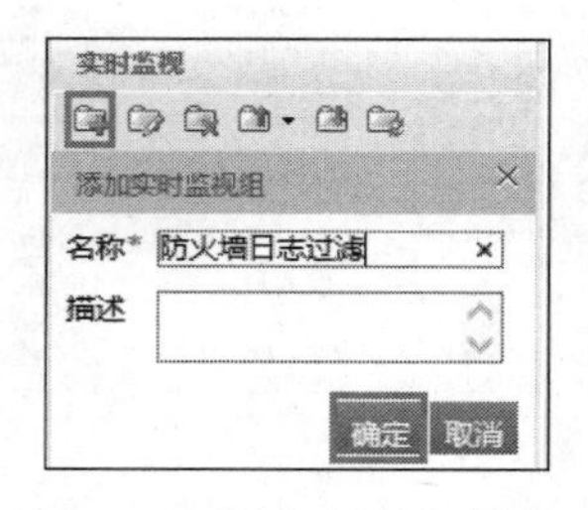

图 5-80　添加新的场景组

(3) 在"防火墙日志过滤"组中,单击"添加"按钮,添加新的实时监视场景,如图 5-81 所示。

图 5-81　添加新的监视场景

(4) 为了形成对比,首先不使用过滤器,在"名称"中输入"防火墙日志过滤","过滤器"设置为"无过滤器","最近发生时间"调整为 5 天,单击"确定"按钮,如图 5-82 所示。

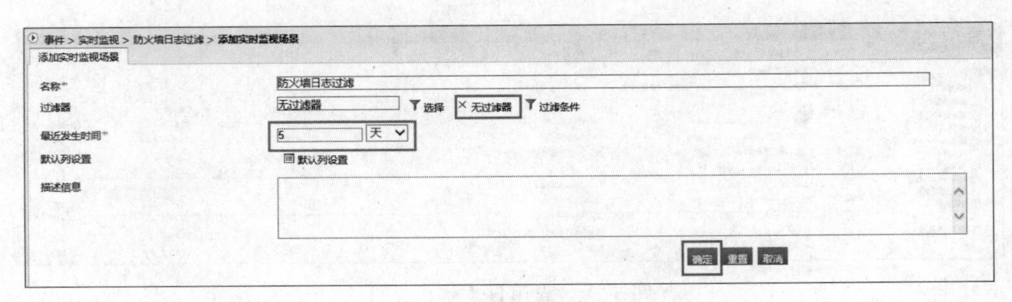

图 5-82　配置新的监视场景

(5) 配置完成后，双击创建的场景“防火墙日志过滤”，如图 5-83 所示。

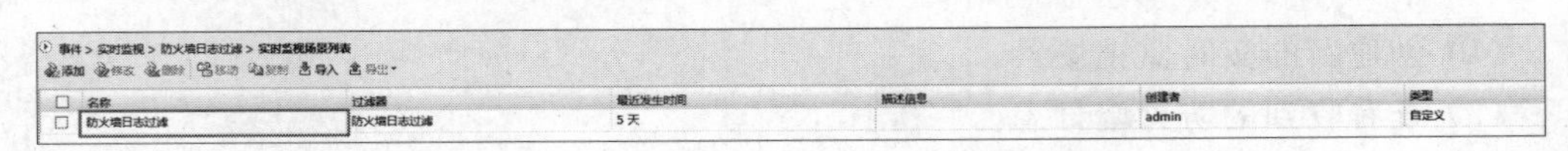

图 5-83　进入监视场景

(6) 可以看到日志审计与分析系统接收到的防火墙日志，如图 5-84 所示。

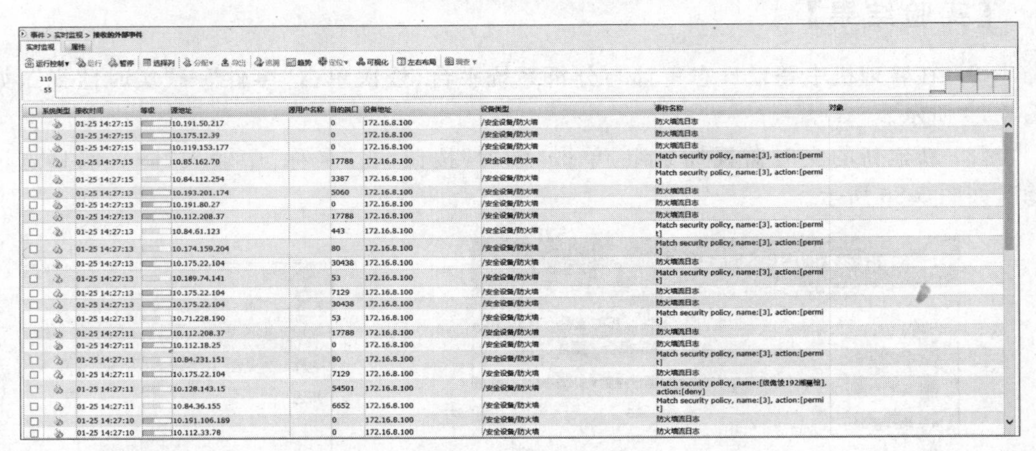

图 5-84　查看防火墙日志

(7) 由上一步可知，接收到的事件有很多种，其中有一类名为“防火墙流日志”的事件，接下来通过配置以及使用过滤器，将防火墙流日志筛选出来，单击“规则”→“过滤器”，如图 5-85 所示。

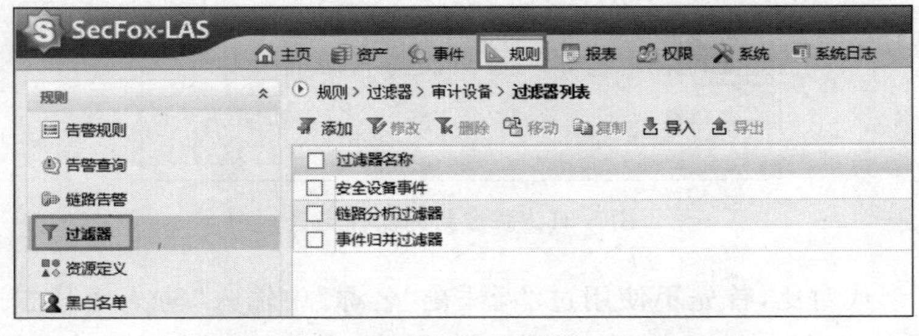

图 5-85　进入过滤器界面

(8) 新建过滤器组,在过滤器组管理界面单击“添加”按钮,在“名称”中输入“防火墙过滤器”,如图 5-86 所示。

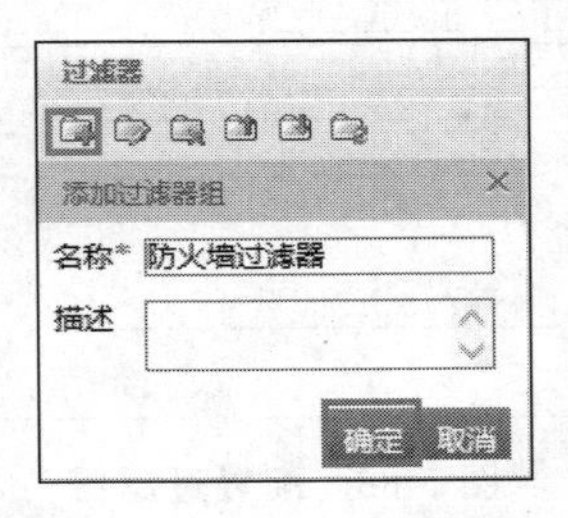

图 5-86　添加过滤器组

(9) 在新建的“防火墙过滤器”组中,单击“添加”按钮,添加新的过滤器,如图 5-87 所示。

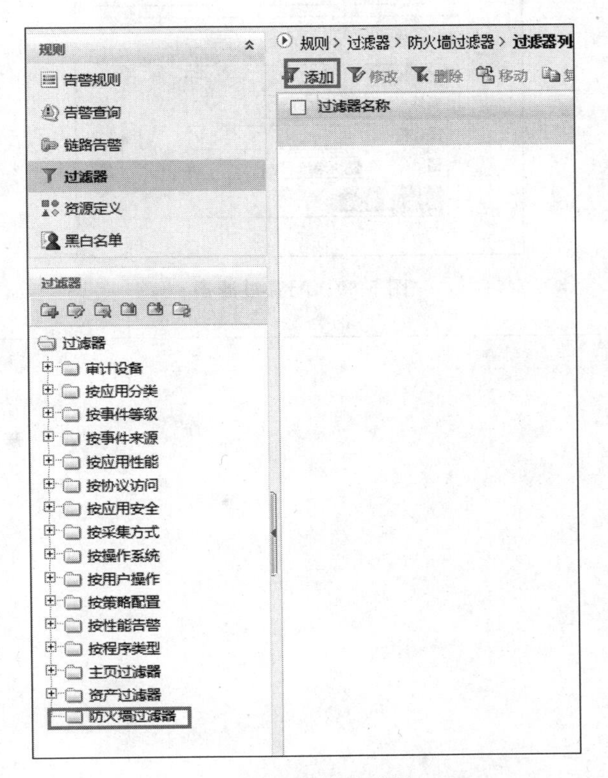

图 5-87　添加过滤器

(10) 在“属性”界面,在“过滤器名称”中输入“防火墙日志过滤”,如图 5-88 所示。

(11) 在“条件”界面中,单击函数按钮,“条件”设置为“事件名称”,“操作符”设置为“=”,“值”输入“防火墙流日志”,单击“添加”按钮,如图 5-89 所示。

(12) 完成过滤器配置后,单击“确定”按钮,如图 5-90 所示。

(13) 接下来将过滤器应用到实时监视策略中,单击“事件”→“实时监视”,单击之前创建的监视场景“防火墙日志过滤”,如图 5-91 所示。

规则 > 过滤器 > 审计设备 > 添加过滤器

属性　条件

过滤器名称*	防火墙日志过滤
创建者	admin
创建时间	2018-01-25 16:41:47
修改者	
修改时间	
过滤器描述	

图 5-88　配置过滤器

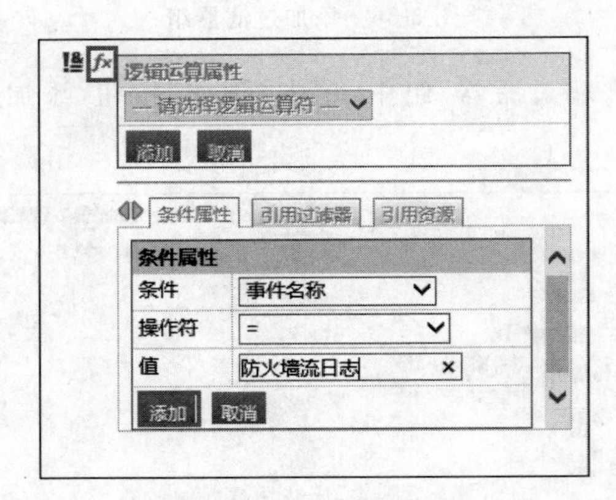

图 5-89　配置过滤器

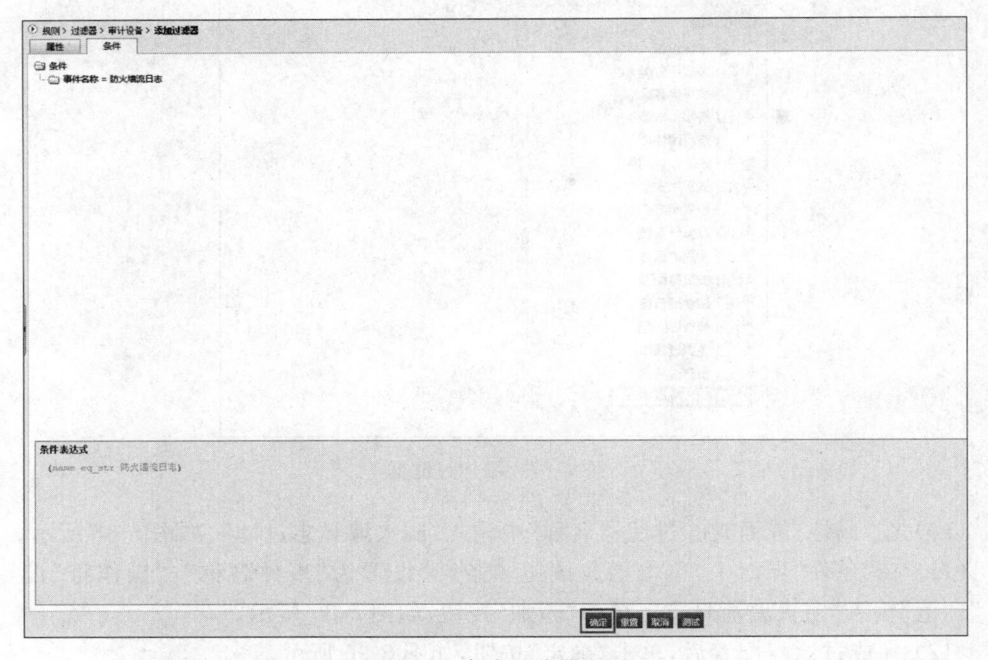

图 5-90　完成过滤器配置

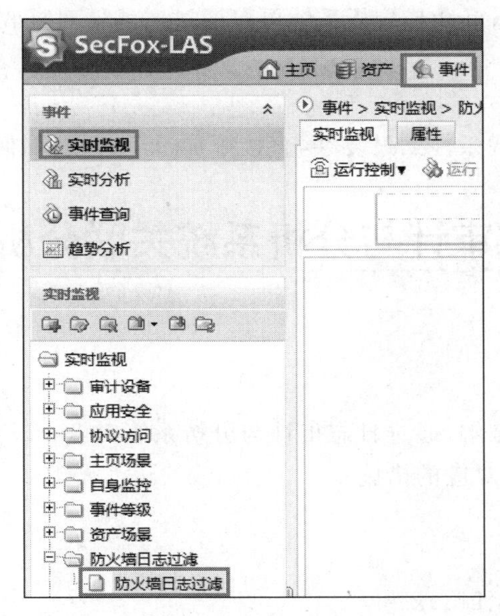

图 5-91　修改监视场景

(14) 单击监视场景中的“属性”,进入属性界面,单击“选择”下拉列表,选择“防火墙过滤器”中的“防火墙日志过滤”,单击“确定”按钮,如图 5-92 所示。

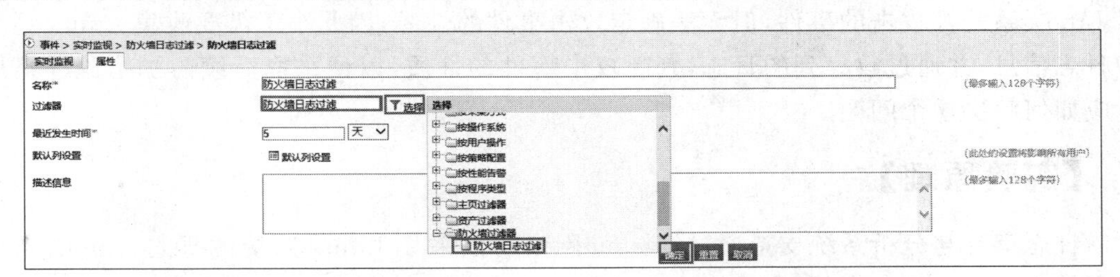

图 5-92　应用过滤器

(15) 确定后,回到实时监视界面,可以看到,在此场景下收到的日志事件名称均为“防火墙流日志”,证明过滤成功,如图 5-93 所示。

事件 > 实时监视 > 防火墙日志过滤 > 防火墙日志过滤

实时监视　属性

运行控制▾　运行　暂停　选择列　分析▾　导出　追溯　趋势　定位▾　可视化　左右布局　调查▾

9020
4510

系统类型	接收时间	等级	源地址	源端口	源用户名称	目的地址	目的端口	设备地址	设备类型	事件名称
	01-25 14:51:44		10.191.4.88	9663		182.40.200.166	12345	172.16.8.100	/安全设备/防火墙	防火墙流日志
	01-25 14:51:44		10.112.10.123	0		140.205.218.14	0	172.16.8.100	/安全设备/防火墙	防火墙流日志
	01-25 14:51:45		10.191.4.247	0		14.17.73.25	0	172.16.8.100	/安全设备/防火墙	防火墙流日志
	01-25 14:51:45		10.199.21.76	1071		185.188.32.4	443	172.16.8.100	/安全设备/防火墙	防火墙流日志
	01-25 14:51:45		10.191.4.88	0		124.117.94.243	0	172.16.8.100	/安全设备/防火墙	防火墙流日志
	01-25 14:51:45		10.199.21.76	1071		185.188.32.4	443	172.16.8.100	/安全设备/防火墙	防火墙流日志
	01-25 14:51:45		10.222.20.102	18006		190.128.176.123	20207	172.16.8.100	/安全设备/防火墙	防火墙流日志
	01-25 14:51:44		10.222.61.37	0		183.61.167.88	0	172.16.8.100	/安全设备/防火墙	防火墙流日志
	01-25 14:51:45		10.191.134.52	0		204.79.197.214	0	172.16.8.100	/安全设备/防火墙	防火墙流日志
	01-25 14:51:44		10.175.15.240	16701		221.219.214.34	7122	172.16.8.100	/安全设备/防火墙	防火墙流日志
	01-25 14:51:45		10.222.20.102	18006		190.128.176.123	20207	172.16.8.100	/安全设备/防火墙	防火墙流日志
	01-25 14:51:44		10.222.20.102	18006		218.175.224.113	13919	172.16.8.100	/安全设备/防火墙	防火墙流日志
	01-25 14:51:45		10.148.177.158	0		119.90.37.167	0	172.16.8.100	/安全设备/防火墙	防火墙流日志
	01-25 14:51:44		10.175.11.45	0		117.36.200.28	0	172.16.8.100	/安全设备/防火墙	防火墙流日志
	01-25 14:51:44		10.119.140.90	0		180.139.106.207	0	172.16.8.100	/安全设备/防火墙	防火墙流日志
	01-25 14:51:44		10.191.190.132	0		163.172.189.168	0	172.16.8.100	/安全设备/防火墙	防火墙流日志
	01-25 14:51:44		10.112.2.106	56130		157.56.149.61	3544	172.16.8.100	/安全设备/防火墙	防火墙流日志
	01-25 14:51:44		10.175.15.240	16701		221.219.214.34	7122	172.16.8.100	/安全设备/防火墙	防火墙流日志
	01-25 14:51:44		10.222.20.102	18006		218.175.224.113	13919	172.16.8.100	/安全设备/防火墙	防火墙流日志
	01-25 14:51:44		10.222.20.102	18006		87.206.94.59	4672	172.16.8.100	/安全设备/防火墙	防火墙流日志

图 5-93　查看过滤结果

(16) 综上所述，日志审计与分析系统可以通过过滤器对接收到的事件进行过滤。

【实验思考】

若一个过滤器的过滤条件太过复杂，直接添加过于麻烦，如何简化复杂的过滤器？

5.7 日志审计与分析系统关联分析告警实验

【实验目的】

对 Linux 系统暴力破解，通过日志审计与分析系统对 Linux 系统日志进行收集，确定攻击事件的性质，采取相对应的措施。

【知识点】

日志收集、操作系统、Linux。

【实验场景】

A 公司的日志审计与分析设备由安全运维工程师小王负责。近期 A 公司内部发生了 Linux 系统被攻击的事件，但无法确定攻击事件的性质，因此小王需要收集 Linux 系统的日志信息，并通过收集到的日志，判断攻击事件的性质，以便采取后续防护措施。请思考应如何解决这个问题。

【实验原理】

日志审计与分析系统支持通过 Syslog 网络协议采集 Linux 系统的日志，Linux 系统中自带 Rsyslog 服务，在收集日志信息时只须修改配置文件，添加目的服务器的 IP 地址及端口信息即可。用错误密码重复登录 Linux 系统，模拟暴力破解场景，依次单击日志审计与分析系统的"事件"→"实时监视"→"接收的外部事件"，查看接收的 Linux 系统的日志信息，判断攻击性质。

【实验设备】

- 安全设备：日志审计与分析设备 1 台。
- 主机终端：Linux 主机 1 台。

【实验拓扑】

日志审计与分析系统关联分析告警实验拓扑图如图 5-94 所示。

【实验思路】

(1) 在管理机端使用 Xshell 进入日志审计与分析系统后台，配置系统路由信息。

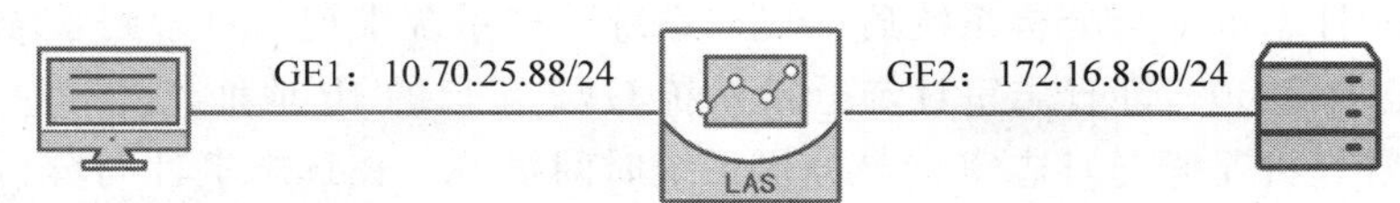

图 5-94　日志审计与分析系统关联分析告警实验拓扑图

（2）以管理员 admin 用户的身份登录日志审计与分析系统。

（3）登录 Linux 系统，配置系统硬件地址。

（4）修改 Rsyslog 配置文件并重启服务。

（5）重启 Linux，并以错误密码重复登录失败模拟暴力破解场景。

（6）在日志系统中查看攻击事件。

【实验步骤】

（1）在管理机端单击 Xshell 图标，打开 Xshell。

（2）在会话框中单击“新建”按钮，创建新的会话。

（3）在“主机”栏中输入日志审计与分析系统 GE1 接口的 IP 地址“10.70.25.88”（以实际 IP 地址为准），其他设置保持不变，单击“确定”按钮。

（4）新建的会话会在“所有会话”中显示，选中“新建会话”，单击“连接”按钮。

（5）单击“一次性接受”按钮。

（6）在“请输入登录的用户名”一栏中输入用户名 admin，单击“确定”按钮。

（7）在“密码”栏中输入密码“@1fw＃2soc＄3vpn”，单击“确定”按钮。

（8）成功登录日志审计与分析系统后台。

（9）输入命令“secfox -e eth1 -p 172.16.8.60 -m 255.255.255.0”，设置日志审计与分析系统 GE2 接口的 IP 地址。其中，“172.16.8.60”是 GE2 口的 IP 地址，“255.255.255.0”是 GE2 口的子网掩码。按 Enter 键，出现“modify ip ...”，说明接口信息配置成功。

（10）打开浏览器，在地址栏中输入日志审计与分析系统的 IP 地址“https://10.70.25.88”（以实际 IP 地址为准），单击“继续浏览此网站”，打开平台登录界面。

（11）输入管理员用户名/密码“admin/!1fw@2soc＃3vpn”，单击“登录”按钮，登录日志审计与分析系统。

（12）系统设置的密码有效期为 7 天，当登录系统后收到更改密码提示时，单击“确定”按钮，更改系统密码。

（13）在“原始密码”一栏输入原始密码“!1fw@2soc＃3vpn”。在“新密码”一栏输入“!1fw@2soc＃3vpn”，与原始密码相同。在“确认新密码”一栏输入“!1fw@2soc＃3vpn”，单击“确定”按钮。

（14）单击浏览器中的“工具”→“兼容性视图设置”。

（15）输入日志审计与分析系统的 IP 地址“https://10.70.25.88”（以实际 IP 地址为准），单击“添加”按钮，添加网站兼容性视图。

（16）单击“关闭”按钮，退出设置。

（17）进入日志审计与分析系统后，单击“系统”→“系统维护”，可看到系统“IP 地址配置 1”为“172.16.8.60”，即日志审计与分析系统 GE2 接口的 IP 地址。

（18）将管理机时间与日志审计与分析系统时间统一。在日志审计与分析系统中，单击“系统”→“系统维护”，接着单击“时间校对设置”框中的“手动校时”选项。

（19）单击“时间”一栏的钟表图案。

（20）选择与管理机统一的时间。

（21）单击屏幕空白处，退出设置。

（22）单击“修改时间”，完成日志审计与分析系统时间的手动修改。

（23）修改成功后，系统会跳转至登录界面，重新输入用户名/密码“admin/!1fw@2soc#3vpn”登录日志审计与分析系统。

（24）重新登录后，查看系统界面右下方的时间，与管理机时间相同。

（25）选择 Redhat6.0，打开 Linux 系统，如图 5-95 所示。

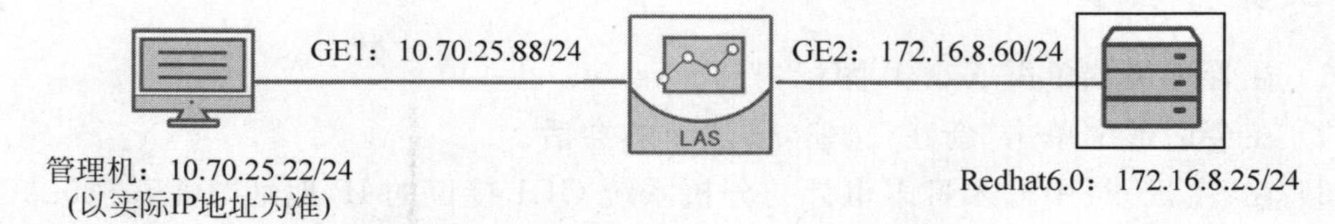

图 5-95　打开 Linux 系统

（26）输入用户名/密码“root/123456”，登录 Linux 系统，如图 5-96 所示。

```
Red Hat Enterprise Linux Server release 6.0 (Santiago)
Kernel 2.6.32-71.el6.x86_64 on an x86_64

localhost login: root
Password:
Last login: Fri Mar  9 17:07:19 on tty1
[root@localhost ~]#
```

图 5-96　单击其他

（27）修改 Linux 系统的时间，使其与管理机时间保持一致。输入命令“date -s 04/13/2018”（以实际时间为准），修改系统日期，如图 5-97 所示。

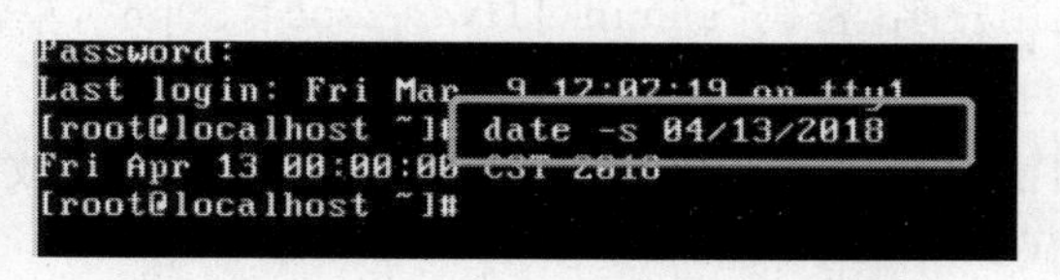

```
Password:
Last login: Fri Mar  9 17:07:19 on tty1
[root@localhost ~]# date -s 04/13/2018
Fri Apr 13 00:00:00 CST 2018
[root@localhost ~]#
```

图 5-97　修改 Linux 系统日期

（28）输入命令“date -s 10:52:40”（以实际时间为准），修改系统时间，如图 5-98 所示。

（29）输入命令“clock -w”，使修改生效，如图 5-99 所示。

（30）输入命令“date”，查看修改后的系统时间，与管理机时间一致，如图 5-100 所示。

（31）输入命令“vi /etc/udev/rules.d/70-persistent-net.rules”，修改 udev 中的规则

```
Last login: Fri Mar  9 17:07:19 on tty1
[root@localhost ~]# date -s 04/13/2018
Fri Apr 13 00:00:00 CST 2018
[root@localhost ~]# date -s 10:52:12
Fri Apr 13 10:52:12 CST 2018
[root@localhost ~]# _
```

图 5-98　修改 Linux 系统时间

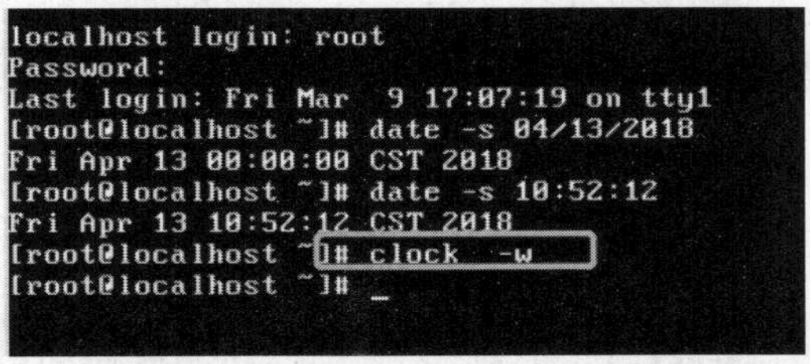

```
localhost login: root
Password:
Last login: Fri Mar  9 17:07:19 on tty1
[root@localhost ~]# date -s 04/13/2018
Fri Apr 13 00:00:00 CST 2018
[root@localhost ~]# date -s 10:52:12
Fri Apr 13 10:52:12 CST 2018
[root@localhost ~]# clock  -w
[root@localhost ~]# _
```

图 5-99　修改生效

```
[root@localhost ~]# date
Fri Apr 13 10:56:03 CST 2018
[root@localhost ~]#
```

10:56
2018/4/13

图 5-100　查看修改后系统时间

脚本，使 MAC 地址与网卡对应，如图 5-101 所示。

```
[root@localhost ~]# vi /etc/udev/rules.d/70-persistent-net.rules
```

图 5-101　进入规则脚本

(32) 按 i 键，进入输入模式。记录 eth1 接口的硬件地址“02:bc:34:52:71:6a”(以实际 MAC 地址为准)，将“NAME='eth1'”修改为“NAME='eth0'”，如图 5-102 所示。

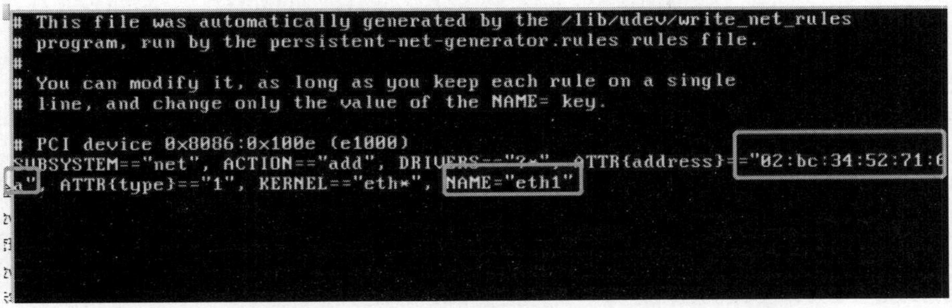

```
# This file was automatically generated by the /lib/udev/write_net_rules
# program, run by the persistent-net-generator.rules rules file.
#
# You can modify it, as long as you keep each rule on a single
# line, and change only the value of the NAME= key.

# PCI device 0x8086:0x100e (e1000)
SUBSYSTEM=="net", ACTION=="add", DRIVERS=="?*", ATTR{address}=="02:bc:34:52:71:6
a", ATTR{type}=="1", KERNEL=="eth*", NAME="eth1"
```

图 5-102　修改脚本

(33) 修改后的结果如图 5-103 所示。

图 5-103 修改结果

(34) 按 Esc 键,输入":wq",保存并退出设置,如图 5-104 所示。

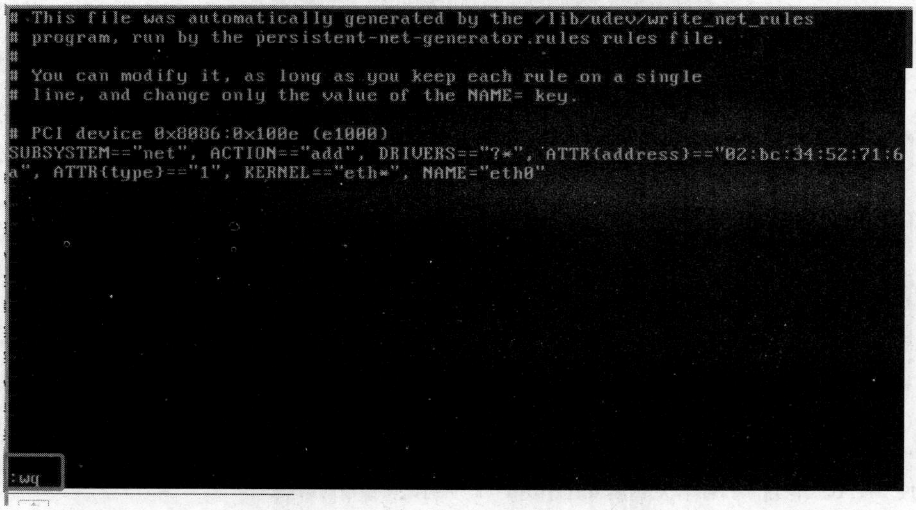

图 5-104 保存脚本

(35) 输入命令"vi /etc/sysconfig/network-scripts/ifcfg-eth0",进入启动脚本文件,如图 5-105 所示。

图 5-105 启动脚本

(36) 按 i 键,进入输入模式,如图 5-106 所示。

(37) 修改脚本文件,添加如下信息:

```
HWADDR="02:bc:34:52:71:6a" (以实际 MAC 地址为准)
NM_CONTROLLED="yes"
IPADDR="172.16.8.25"
NETMASK="255.255.255.0"
删除 BOOTPROTO=dhcp
```

图 5-106　输入模式

其中,“02:bc:34:52:71:6a”为步骤(32)中 Linux 系统 eth1 接口的硬件地址,如图 5-107 所示。

图 5-107　修改硬件地址

(38) 按 Esc 键,输入“:wq”,保存并退出,如图 5-108 所示。

(39) 输入命令“reboot”,重启系统,如图 5-109 所示。

(40) 输入命令“ifconfig”,查看 Linux 系统的 IP 地址,如图 5-110 所示。

(41) 输入命令“vi /etc/rsyslog. conf”,进入 Rsyslog 配置文件,如图 5-111 所示。

(42) 按 i 键,进入输入模式,如图 5-112 所示。

(43) 在文件末添加“*. * @172.16.8.60”。其中,“172.16.8.60”是日志审计与分

```
DEVICE="eth0"
HWADDR="02:bc:34:52:71:6a"
NM_CONTROLLED="yes"
ONBOOT="yes"
IPADDR="172.16.8.25"
NETMASK="255.255.255.0"

:wq
```

图 5-108　退出并保存修改

```
[root@localhost network-scripts]# reboot_
```

图 5-109　重启系统

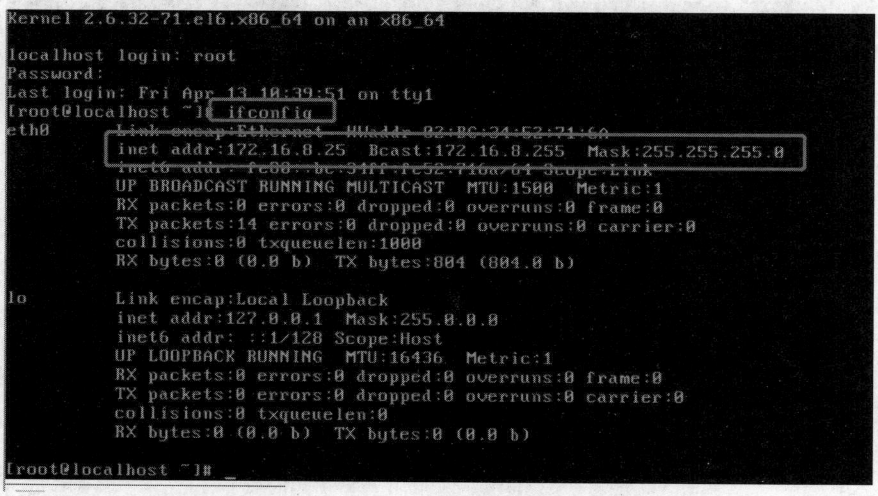

```
Kernel 2.6.32-71.el6.x86_64 on an x86_64

localhost login: root
Password:
Last login: Fri Apr 13 10:39:51 on tty1
[root@localhost ~]# ifconfig
eth0      Link encap:Ethernet  HWaddr 02:BC:34:52:71:6A
          inet addr:172.16.8.25  Bcast:172.16.8.255  Mask:255.255.255.0
          inet6 addr: fe80::bc:34ff:fe52:716a/64 Scope:Link
          UP BROADCAST RUNNING MULTICAST  MTU:1500  Metric:1
          RX packets:0 errors:0 dropped:0 overruns:0 frame:0
          TX packets:14 errors:0 dropped:0 overruns:0 carrier:0
          collisions:0 txqueuelen:1000
          RX bytes:0 (0.0 b)  TX bytes:804 (804.0 b)

lo        Link encap:Local Loopback
          inet addr:127.0.0.1  Mask:255.0.0.0
          inet6 addr: ::1/128 Scope:Host
          UP LOOPBACK RUNNING  MTU:16436  Metric:1
          RX packets:0 errors:0 dropped:0 overruns:0 frame:0
          TX packets:0 errors:0 dropped:0 overruns:0 carrier:0
          collisions:0 txqueuelen:0
          RX bytes:0 (0.0 b)  TX bytes:0 (0.0 b)

[root@localhost ~]# _
```

图 5-110　查看 Linux 系统 IP

```
[root@localhost ~]# vi /etc/rsyslog.conf
```

图 5-111　Rsyslog 文件配置

析系统的 IP 地址，如图 5-113 所示。

(44) 按 Esc 键，输入命令“:wq”，保存并退出，如图 5-114 所示。

(45) 输入命令“service rsyslog restart”，重启 Rsyslog 服务，如图 5-115 所示。

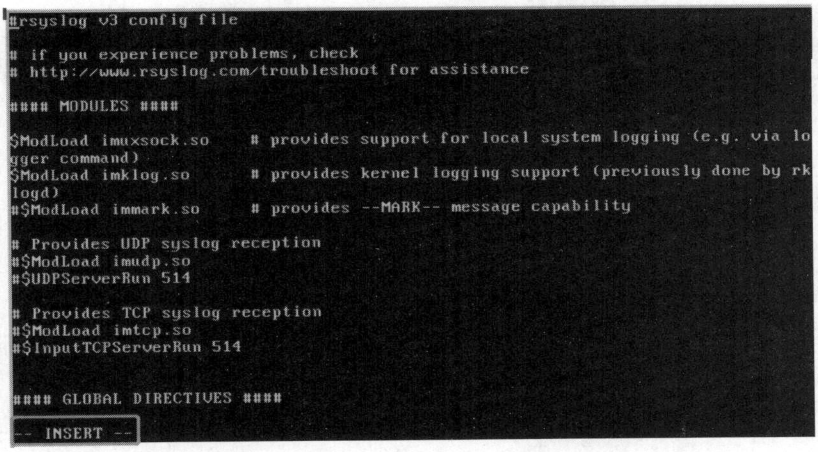

```
#rsyslog v3 config file

# if you experience problems, check
# http://www.rsyslog.com/troubleshoot for assistance

#### MODULES ####

$ModLoad imuxsock.so    # provides support for local system logging (e.g. via lo
gger command)
$ModLoad imklog.so      # provides kernel logging support (previously done by rk
logd)
#$ModLoad immark.so     # provides --MARK-- message capability

# Provides UDP syslog reception
#$ModLoad imudp.so
#$UDPServerRun 514

# Provides TCP syslog reception
#$ModLoad imtcp.so
#$InputTCPServerRun 514


#### GLOBAL DIRECTIVES ####
-- INSERT --
```

图 5-112　输入模式

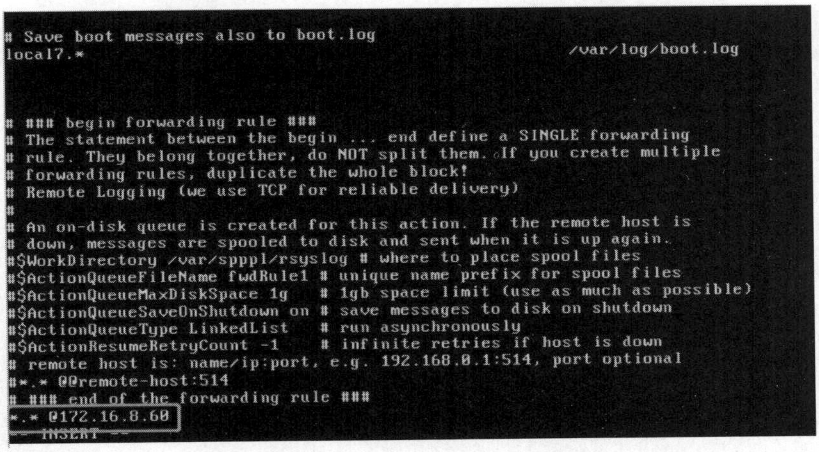

```
# Save boot messages also to boot.log
local7.*                                                /var/log/boot.log



# ### begin forwarding rule ###
# The statement between the begin ... end define a SINGLE forwarding
# rule. They belong together, do NOT split them. If you create multiple
# forwarding rules, duplicate the whole block!
# Remote Logging (we use TCP for reliable delivery)
#
# An on-disk queue is created for this action. If the remote host is
# down, messages are spooled to disk and sent when it is up again.
#$WorkDirectory /var/sppl/rsyslog # where to place spool files
#$ActionQueueFileName fwdRule1 # unique name prefix for spool files
#$ActionQueueMaxDiskSpace 1g   # 1gb space limit (use as much as possible)
#$ActionQueueSaveOnShutdown on # save messages to disk on shutdown
#$ActionQueueType LinkedList   # run asynchronously
#$ActionResumeRetryCount -1    # infinite retries if host is down
# remote host is: name/ip:port, e.g. 192.168.0.1:514, port optional
#*.* @@remote-host:514
# ### end of the forwarding rule ###
*.* @172.16.8.60
-- INSERT --
```

图 5-113　修改 Rsyslog 配置文件

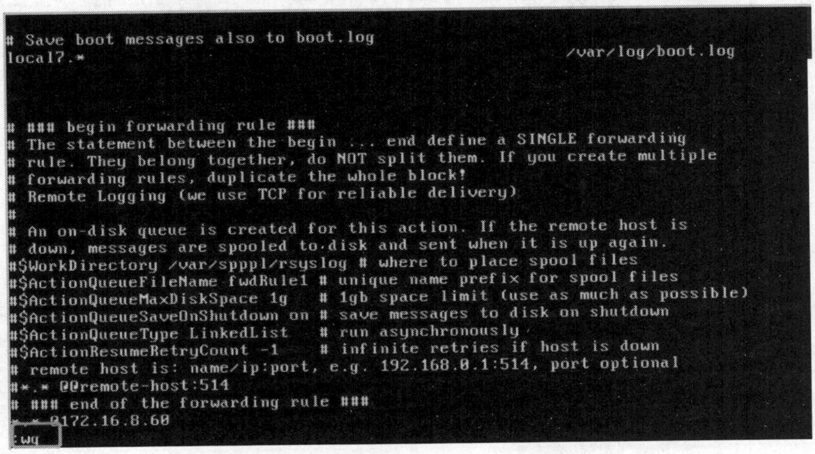

```
# Save boot messages also to boot.log
local7.*                                                /var/log/boot.log



# ### begin forwarding rule ###
# The statement between the begin ... end define a SINGLE forwarding
# rule. They belong together, do NOT split them. If you create multiple
# forwarding rules, duplicate the whole block!
# Remote Logging (we use TCP for reliable delivery)
#
# An on-disk queue is created for this action. If the remote host is
# down, messages are spooled to disk and sent when it is up again.
#$WorkDirectory /var/sppl/rsyslog # where to place spool files
#$ActionQueueFileName fwdRule1 # unique name prefix for spool files
#$ActionQueueMaxDiskSpace 1g   # 1gb space limit (use as much as possible)
#$ActionQueueSaveOnShutdown on # save messages to disk on shutdown
#$ActionQueueType LinkedList   # run asynchronously
#$ActionResumeRetryCount -1    # infinite retries if host is down
# remote host is: name/ip:port, e.g. 192.168.0.1:514, port optional
#*.* @@remote-host:514
# ### end of the forwarding rule ###
*.* @172.16.8.60
:wq
```

图 5-114　退出并保存 Rsyslog 配置文件

图 5-115　重启服务

【实验预期】

(1) 单击“资产”→“资产日志”,可查看 Linux 系统所属 IP 的资产日志管理信息。

(2) 重启 Linux 系统,并以错误密码重复登录失败。

(3) 依次单击日志审计与分析系统的“事件”→“实时监视”→“接收的外部事件”,接收到日志信息。

(4) 根据日志信息分析攻击性质。

【实验结果】

(1) 在日志审计与分析系统主界面中单击“资产”→“资产日志”,接着单击“刷新”按钮,如图 5-116 所示。

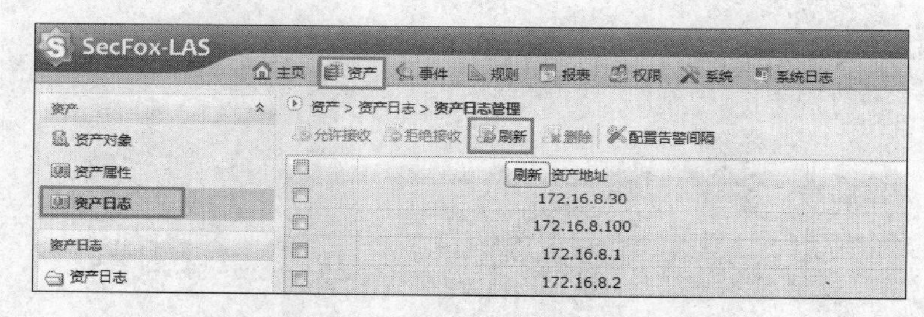

图 5-116　刷新资产日志信息

(2) 刷新后,可以查看 Linux 系统 IP 地址“172. 16. 8. 25”的资产日志管理信息,如图 5-117 所示。

图 5-117　查看 Linux 日志管理信息

(3) 选中 Linux 系统 IP 对应的资产日志管理信息,单击“允许接收”按钮,使日志审计与分析系统及时接收 Linux 系统的日志信息,如图 5-118 所示。

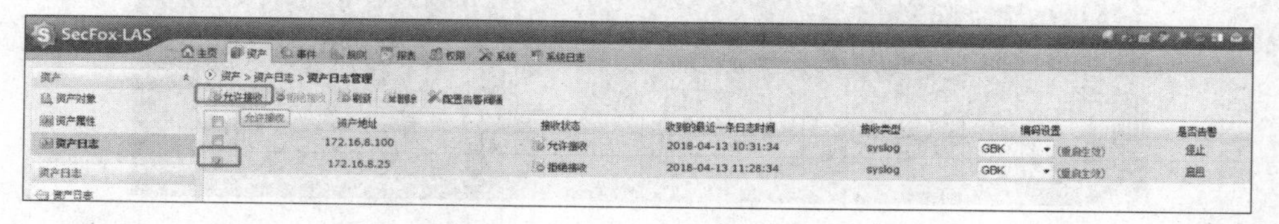

图 5-118　单击允许接收

(4) 接收状态转变为“允许接收”按钮,如图 5-119 所示。

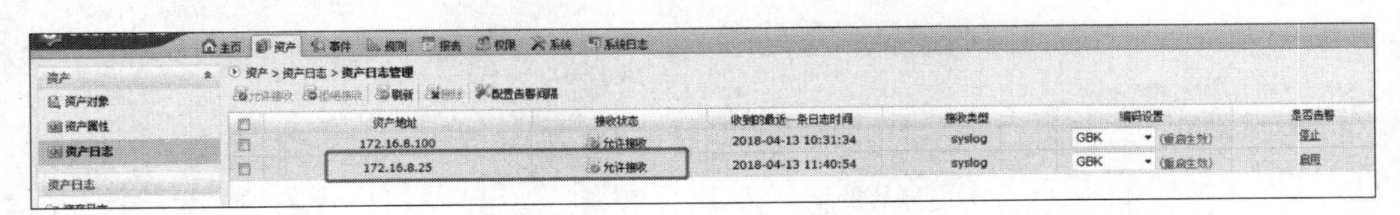

图 5-119 接收状态被修改

(5) 选择 Redhat6.0,打开 Linux 系统,如图 5-120 所示。

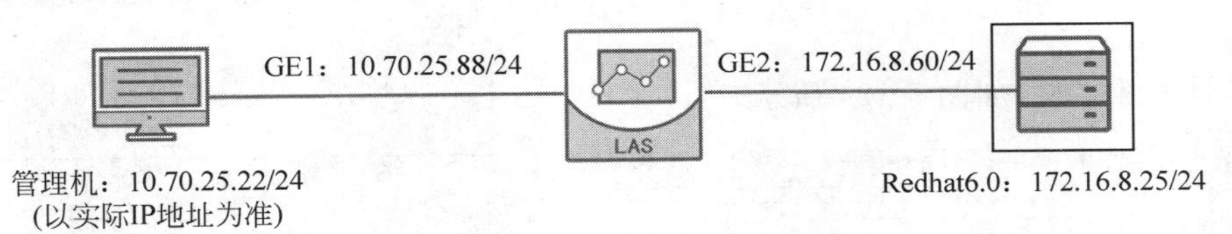

图 5-120 打开 Linux 系统

(6) 输入命令“shutdown -r now”,重启 Linux 系统,如图 5-121 所示。

```
Red Hat Enterprise Linux Server release 6.0 (Santiago)
Kernel 2.6.32-71.el6.x86_64 on an x86_64

localhost login: shutdown -r now_
```

图 5-121 重启 Linux 系统

(7) 输入用户名 root,但输入错误的密码,比如 123。登录界面显示“Login incorrect”,表示登录失败,接下来再次重复步骤(6)两次,以此模拟暴力破解场景,如图 5-122 所示。

```
Red Hat Enterprise Linux Server release 6.0 (Santiago)
Kernel 2.6.32-71.el6.x86_64 on an x86_64

localhost login: root
Password:
Login incorrect

login: root
Password:
Login incorrect

login: root
Password:
Login incorrect

login: _
```

图 5-122 登录失败

(8) 在管理机中登录日志审计与分析系统平台,依次单击“事件”→“实时监视”→“接收的外部事件”,查看 IP 地址为“172.16.8.25”的日志信息,如图 5-123 所示。

(9) 双击刚刚接收到的事件,查看日志的详细信息,发现第 2 个、第 4 个、第 7 个事件

事件 > 实时监视 > 接收的外部事件

实时监视 属性

运行控制▾ 运行 暂停 选择列 分析▾ 导出 地图 趋势 定位▾ 可视化 左右布局 调度▾

系统类型	接收时间	等级	源地址	源用户名称	目的端口	设备地址	设备类型	事件名称	对象
	01-29 15:12:34					172.16.8.25	/未知设备		
	01-29 15:12:34					172.16.8.25	/未知设备		
	01-29 15:12:26					172.16.8.25	/未知设备		
	01-29 15:12:26					172.16.8.25	/未知设备		
	01-29 15:10:23					172.16.8.25	/未知设备		
	01-29 15:07:31					172.16.8.25	/未知设备		
	01-29 15:07:31					172.16.8.25	/未知设备		
	01-29 15:01:23					172.16.8.25	/未知设备		
	01-29 15:01:23					172.16.8.25	/未知设备		
	01-29 15:01:23					172.16.8.25	/未知设备		
	01-29 15:01:23					172.16.8.25	/未知设备		
	01-29 15:01:23					172.16.8.25	/未知设备		
	01-29 15:01:23					172.16.8.25	/未知设备		
	01-29 15:00:23					172.16.8.25	/未知设备		

图 5-123　查看到日志信息

均为登录失败事件,如图 5-124 所示。

系统类型	接收时间	等级	源地址	源用户名称	目的端口	设备地址	设备类型	事件名称	对象
	01-29 15:12:34					172.16.8.25	/未知设备		
	01-29 15:12:34					172.16.8.25	/未知设备		
	01-29 15:12:26					172.16.8.25	/未知设备		
	01-29 15:12:26					172.16.8.25	/未知设备		
	01-29 15:10:23					172.16.8.25	/未知设备		
	01-29 15:07:31					172.16.8.25	/未知设备		
	01-29 15:07:31					172.16.8.25	/未知设备		
	01-29 15:01:23					172.16.8.25	/未知设备		
	01-29 15:01:23					172.16.8.25	/未知设备		
	01-29 15:01:23					172.16.8.25	/未知设备		
	01-29 15:01:23					172.16.8.25	/未知设备		
	01-29 15:01:23					172.16.8.25	/未知设备		
	01-29 15:01:23					172.16.8.25	/未知设备		
	01-29 15:00:23					172.16.8.25	/未知设备		

图 5-124　选择事件日志具体信息

(10) 事件的具体信息中会显示"password check failed for user(root)",说明密码错误导致登录 root 用户失败,若多次收到此类事件,则说明 Linux 系统遭受了暴力破解攻击,如图 5-125 所示。

ID	151720995400000
事件ID	151720995400000
接收时间	01-29 15:12:34
系统类型	外部事件
事件分类	/未分类
等级	轻微
操作	/其他
结果	/未知
获取方式	syslog
事件具体类型	未分类
分类号	0
产生时刻	01-29 15:12:35
发送字节数	0
接收字节数	0
设备地址	172.16.8.25
设备类型	/未知设备
采集器地址	192.168.1.60
采集器名称	SecFox_LAS_20170705_172
事件描述	localhost unix_chkpwd[2175]: password check failed for user (root)

图 5-125　分析攻击性质

(11) 综上所述,日志审计与分析系统可以通过对设备的日志收集,判断出设备是否遭受攻击,提高了受监视设备的安全性。

【实验思考】

在网络中还有什么形式的攻击事件?请举例,并分析日志系统应当如何做出防护措施。

第6章 查询与报表

数据库中的表往往包含大量数据,用户一般很少需要查询表中所有数据行的信息,而只须在某些查询场景中寻找其中一些满足特定条件的信息。普通的条件查询就是按照已知确定的条件进行查询,模糊查询则是通过一些已知但不完全确定的条件进行查询,查询的功能是通过 Structured Query Language (SQL) 语句实现。

SQL 可以创建、维护、保护数据库对象,并且可以操作对象中的数据,对数据进行增、删、改、查四种操作。

6.1 日志审计与分析系统预定义报表实验

【实验目的】

通过对日志审计与分析系统报表的配置,学会使用预定义报表生成报表数据并做简要分析。

【知识点】

预定义报表、报表分析。

【实验场景】

A 公司新招聘了一个实习生,张经理要求安全运维工程师小王带领他掌握日志审计与分析设备的使用方法。小王指导实习生熟悉了设备的基本使用方法,现提供一个数据包,要求他通过设备的预定义报表功能查看此数据包中的信息内容。请思考应如何操作。

【实验原理】

管理员可以将事件分析的结果生成报表,作为汇报的工作内容一部分提交给相关部门。报表包括系统预定义报表和自定义审计报表。用户可以运行和调度这些系统中已经存在的预定义报表,也可以创建、修改自定义的审计相关报表。在系统预定义报表组中,系统提供了部分内置的报表,供用户直接使用以查看一些通用条件下的报表数据。预定义报表组不允许进行添加、修改和删除操作,但是预定义报表中的审计类型的报表可以复制到自定义报表,然后可以在自定义报表中对其进行修改。

【实验设备】

- 安全设备：日志审计与分析设备1台。
- 主机终端：Windows XP 主机1台。

【实验拓扑】

日志审计与分析系统预定义报表实验拓扑图如图6-1所示。

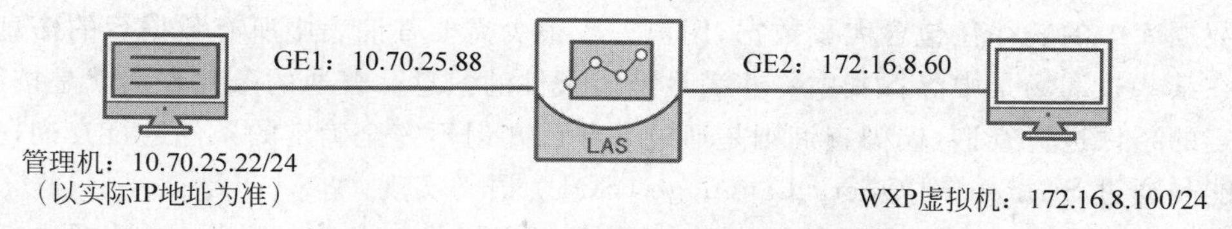

图6-1 日志审计与分析系统预定义报表实验拓扑图

【实验思路】

（1）登录 WXP 虚拟机向日志服务器发送防火墙日志。

（2）以管理员 admin 的身份登录日志审计与分析系统。

（3）启用日志解析文件。

（4）预览预定义报表。

（5）运行预定义报表。

【实验步骤】

（1）在管理机端单击 Xshell 图标，打开 Xshell。

（2）在会话框中单击“新建”按钮，创建新的会话。

（3）在“主机”栏中输入日志审计与分析系统 GE1 接口的 IP 地址“10.70.25.88”（以实际 IP 地址为准），其他设置保持不变，单击“确定”按钮。

（4）新建的会话会在“所有会话”中显示，选中“新建会话”，单击“连接”按钮。

（5）单击“一次性接受”按钮。

（6）在“请输入登录的用户名”一栏中输入用户名 admin，单击“确定”按钮。

（7）在“密码”栏中输入密码“@1fw#2soc$3vpn”，单击“确定”按钮。

（8）成功登录日志审计与分析系统后台。

（9）输入命令“secfox -e eth1 -p 172.16.8.60 -m 255.255.255.0”，设置日志审计与分析系统 GE2 接口的 IP 地址。其中，“172.16.8.60”是 GE2 口的 IP 地址，“255.255.255.0”是 GE2 口的子网掩码。按 Enter 键，出现“modify ip ...”，说明接口信息配置成功。

（10）打开浏览器，在地址栏中输入日志审计与分析系统的 IP 地址“https://10.70.25.88”（以实际 IP 地址为准），单击“继续浏览此网站”按钮，打开平台登录界面。

（11）输入管理员用户名/密码“admin/!1fw@2soc#3vpn”，单击“登录”按钮，登录日志审计与分析系统。

(12) 系统设置的密码有效期为 7 天，当登录系统后收到更改密码提示时，单击“确定”按钮，更改系统密码。

(13) 在“原始密码”一栏输入原始密码“!1fw@2soc#3vpn”，在“新密码”一栏输入“!1fw@2soc#3vpn”，与原始密码相同，在“确认新密码”一栏输入“!1fw@2soc#3vpn”，单击“确定”按钮。

(14) 单击浏览器中的“工具”→“兼容性视图设置”。

(15) 输入日志审计与分析系统的 IP 地址“https://10.70.25.88”(以实际 IP 地址为准)，单击“添加”，添加网站兼容性视图。

(16) 单击“关闭”按钮，退出设置。

(17) 进入日志审计与分析系统后，单击“系统”→“系统维护”，查看到系统“IP 地址配置 1”为“172.16.8.60”。

(18) 将管理机时间与日志审计与分析系统时间统一。在日志审计与分析系统中，单击“系统”→“系统维护”，接着单击“时间校对设置”框中的“手动校时”选项。

(19) 单击“时间”一栏的钟表图案。

(20) 选择与管理机统一的时间。

(21) 单击屏幕空白处，退出设置。

(22) 单击“修改时间”，完成日志审计与分析系统时间的手动修改。

(23) 修改成功后，系统会跳转至登录界面，重新输入用户名/密码“admin/!1fw@2soc#3vpn”登录日志审计与分析系统。

(24) 重新登录后，查看系统界面右下方的时间，与管理机时间相同。

(25) 登录实验平台，打开虚拟机 WXP，对应实验拓扑中的右侧设备，如图 6-2 所示。

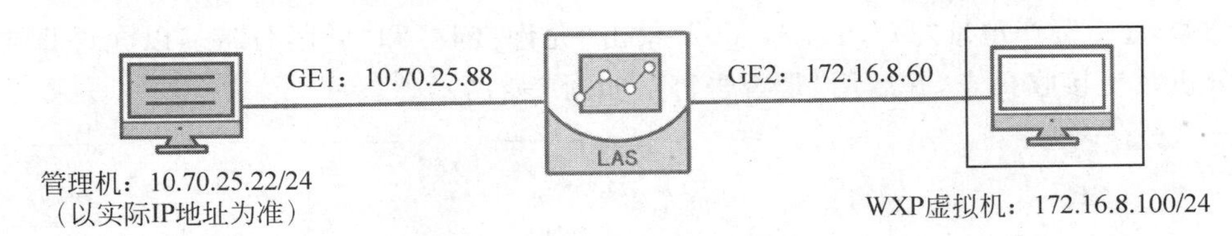

图 6-2　打开虚拟机 WXP

(26) 进入虚拟机后，为保证日志审计与分析系统收到的日志文件时间与虚拟机时间一致，首先查看虚拟机的系统时间与管理机的系统时间是否一致，如果不一致，则双击虚拟机界面右下角的时间进行调整。

(27) 根据管理机时间对虚拟机时间进行调整，时间确定后单击“确定”按钮。

(28) 进入虚拟机桌面，打开桌面上的“实验工具”。

(29) 单击文件夹 UDPSender。

(30) UDPsender 是模拟防火墙日志发送的工具，双击图标 UDPsender.exe，打开文件夹中的日志发送工具。

(31) 配置日志发送的相关信息，“协议”设置为 Syslog，“方式”设置为“按速度发送”，“速度”输入 5，然后单击“初始化通信”。

(32) “消息来源”设置为“从文件”，单击“...”按钮，选择目标日志文件。

(33) 在查找范围中的“桌面”上进入“实验工具”目录,单击 UDPSender 文件夹。

(34) 进入 logfiles,选择日志文件,本实验选择“FW_LOG_DEOM. log”,再单击“打开”按钮。

(35) 在目标端设置中,选中序号为 0 的目标,单击“编辑”按钮。

(36) 将“目的 IP 地址”设为“日志服务器的 IP 地址”,本实验设置为“172. 16. 8. 60”,端口设置为 514。

(37) 完成设置后,核对信息配置是否正确,然后单击“发送”按钮。

(38) 完成日志发送过程后,按照步骤(1),在管理机上登录日志审计与分析系统平台,依次单击“资产”→“资产日志”,如图 6-3 所示。

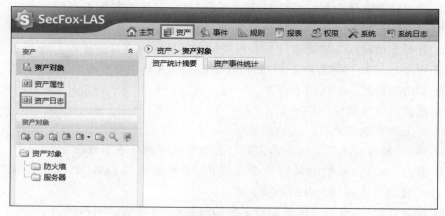

图 6-3　进入资产日志界面

(39) 选中资产地址“172. 16. 8. 100”,单击“允许接收”和“启用”按钮,以允许日志审计与分析系统接收日志,并启用“是否告警”,如图 6-4 所示。

图 6-4　管理资产日志

(40) 登录实验平台对应实验拓扑左侧的 WXPSP3 虚拟机,对应实验拓扑中的右侧设备,如图 6-5 所示。

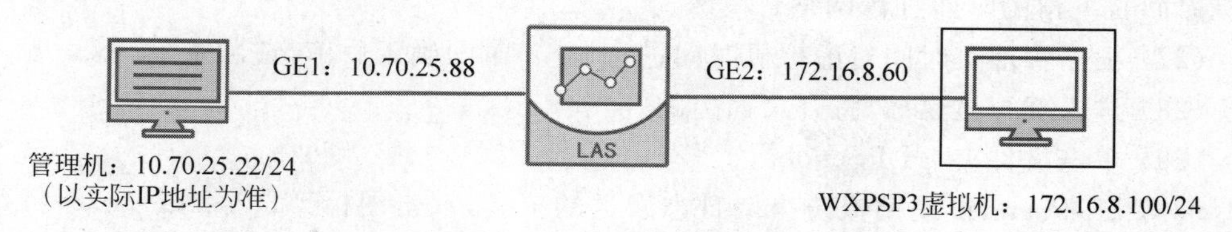

图 6-5　进入虚拟机 WXPSP3

(41) 在虚拟机中登录日志审计与分析系统,打开虚拟机桌面的火狐浏览器。

(42) 在地址栏中输入日志审计与分析产品的 IP 地址“https://172. 16. 8. 60”(以实

际 IP 地址为准)，打开平台登录界面。

(43) 出现“您的连接不安全”，单击“高级”按钮。

(44) 在“高级”设置中，单击“添加例外”按钮。

(45) 在弹出的“添加安全例外”的界面，单击“确认安全例外”按钮。

(46) 添加安全例外后，可以正常登录日志审计与分析系统平台，输入用户名密码“admin/!1fw@2soc#3vpn”。

(47) 系统提示需要安装“Adobe Flash Player”，本实验无须安装，单击“取消”按钮。

(48) 单击“系统”按钮，进入“系统”模块，如图 6-6 所示。

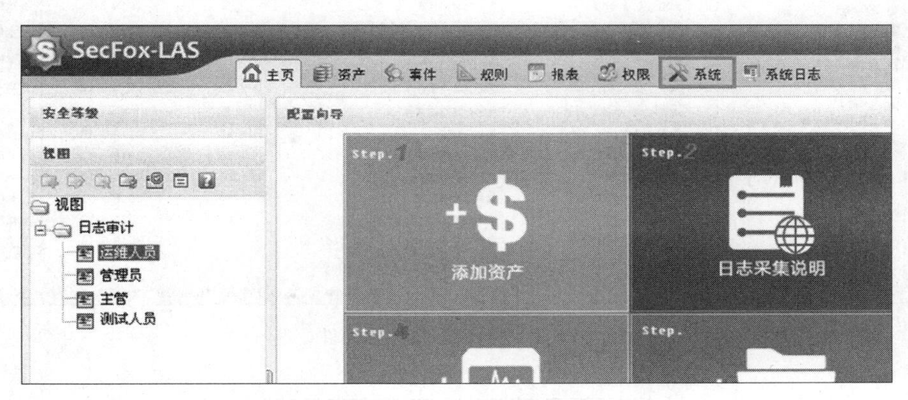

图 6-6　进入“系统”模块

(49) 单击“日志解析文件”，进行日志解析文件的导入，如图 6-7 所示。

图 6-7　日志解析文件

(50) 确保所有的文件都处于“启用”状态，如图 6-8 所示。

【实验预期】

查看并导出总体报表信息。

【实验预期】

(1) 单击“预定义报表”→“总体报表”→“各事件总数统计”，如图 6-9 所示。

图 6-8　启用日志解析文件

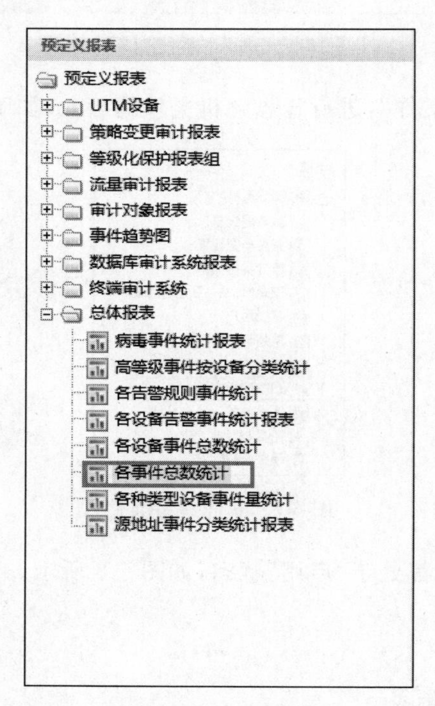

图 6-9　打开预定义报表-1

（2）单击“预览”按钮，预览报表内容，如图 6-10 所示。

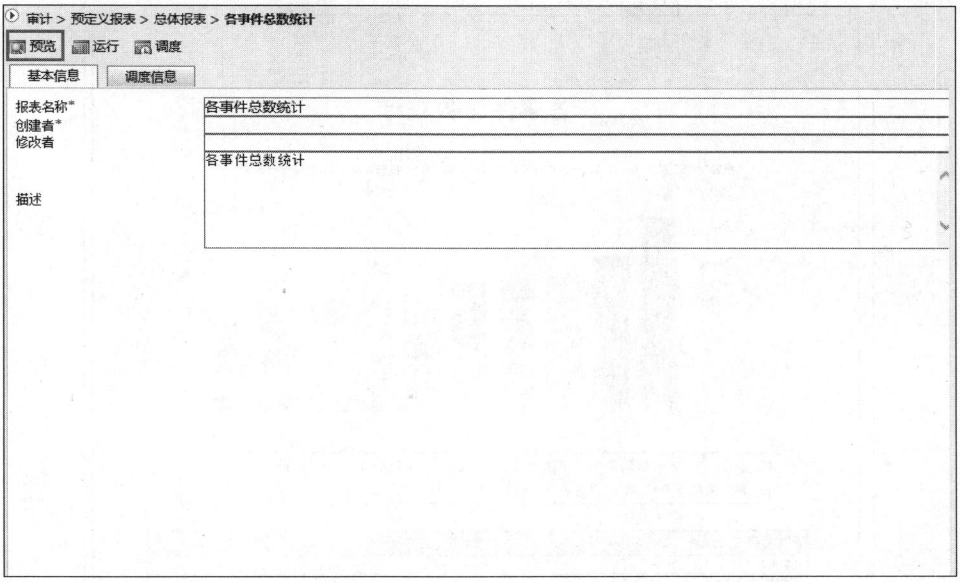

图 6-10　单击“预览”按钮-1

（3）配置预览参数，“时间范围”选中“相对时间”单选按钮并设置为“本天”，TOP 设置为 10，单击“确定”按钮，如图 6-11 所示。

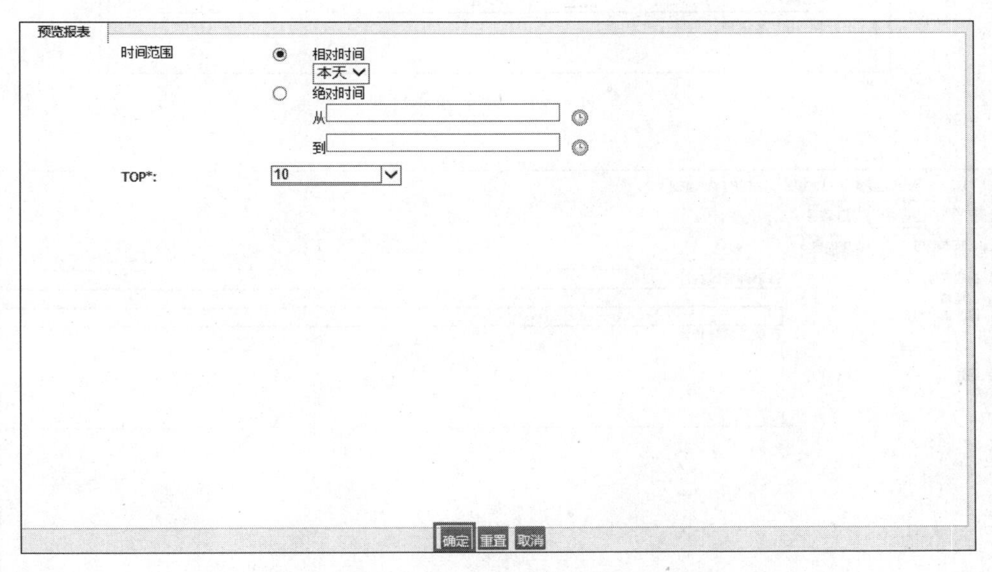

图 6-11　配置预览参数-1

（4）预览报表内容，可以查看“事件名称”“计数”等信息，预览完成后单击“返回”按钮，返回上一级界面后单击“取消”按钮，如图 6-12 所示。

（5）单击“运行”按钮，生成报表，如图 6-13 所示。

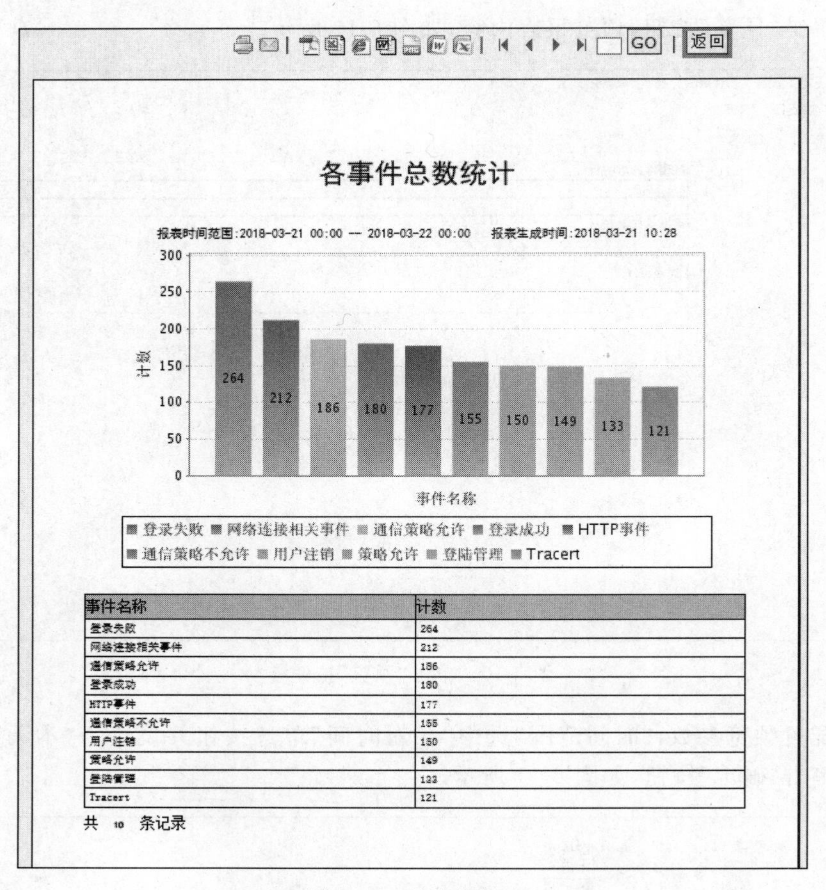

事件名称	计数
登录失败	264
网络连接相关事件	212
通信策略允许	186
登录成功	180
HTTP事件	177
通信策略不允许	155
用户注销	150
策略允许	149
登陆管理	133
Tracert	121

图 6-12　预览报表-1

审计 > 预定义报表 > 总体报表 > 各事件总数统计

预览　运行　调度

基本信息　调度信息

报表名称*　各事件总数统计

创建者*

修改者

描述　各事件总数统计

图 6-13　单击“运行”按钮-1

(6) 在“运行报表”界面中,单击“确定”按钮,如图 6-14 所示。

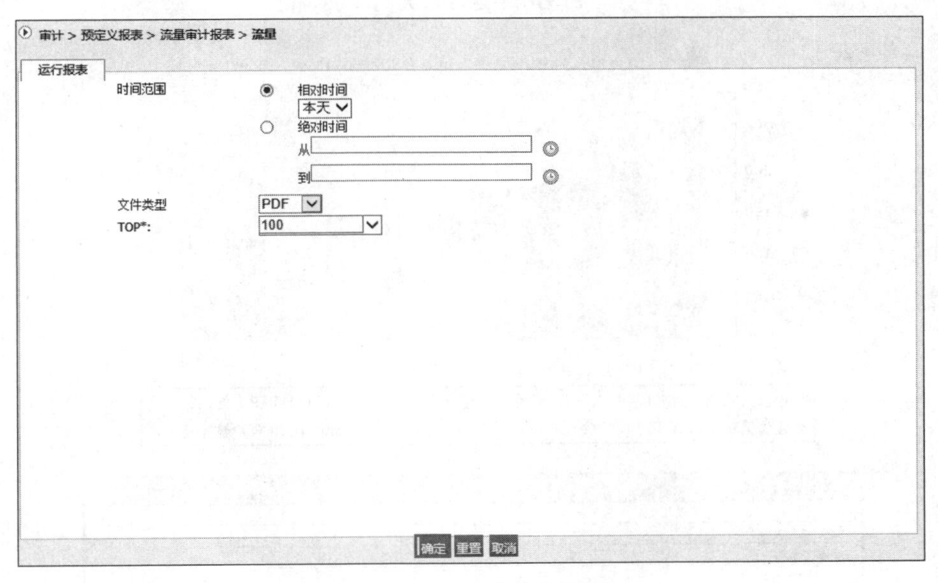

图 6-14 生成报表-1

(7) 如果弹出提示界面,单击“保存”按钮,如图 6-15 所示。

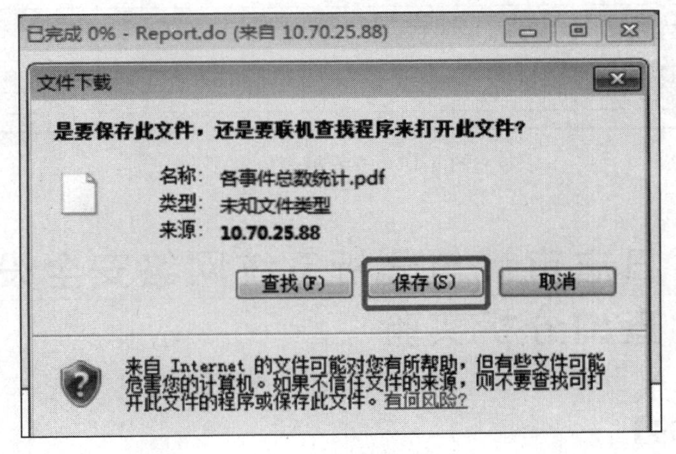

图 6-15 保存报表-1

(8) 打开下载的报表,可见详细的流量信息,如图 6-16 所示。

【实验思考】

怎样查看不同类型设备的事件信息?

各事件总数统计

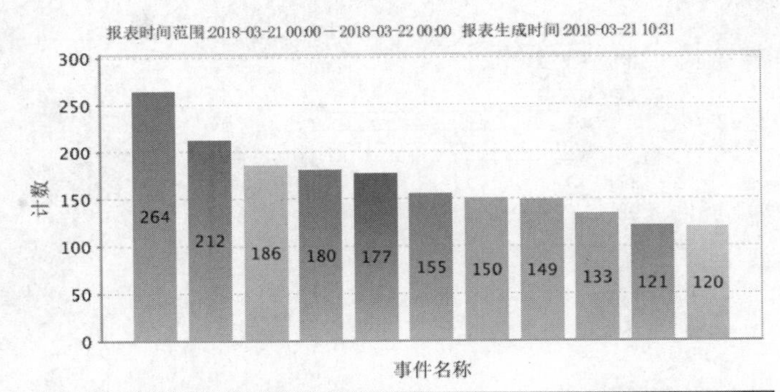

事件名称	计数
登录失败	264
网络连接相关事件	212
通信策略允许	186
登录成功	180
HTTP事件	177
通信策略不允许	155
用户注销	150
策略允许	149
登陆管理	133
Tracert	121
账户被锁定	120
quit	119
端口状态变化	117
攻击日志	90
accept	90

图 6-16　查看报表信息-1

6.2 日志审计与分析系统网络安全设备日志查询分析实验

【实验目的】

通过对日志审计与分析系统报表的配置，掌握网络安全设备报表的生成与分析方法。

【知识点】

网络安全报表。

【实验场景】

A 公司的日志审计与分析设备由安全运维工程师小王负责。运维部张经理要求小王将网络安全设备（防火墙、入侵检测设备和网络设备）相关事件分析的结果作为工作汇报的一部分，但小王觉得手动完成报告较麻烦，想要通过日志审计与分析设备的报表完成。请思考应如何操作。

【实验原理】

网络安全设备的日志中包含网络安全设备的工作状态，以及流经网络安全设备的数据流中的攻击信息。通过分析、总结安全设备日志信息中包含的各类安全事件、网络数据信息，有助于网络安全管理人员了解和掌握网络安全设备的运行情况，以及网络面临的安全威胁和攻击力度，对于网络安全管理人员设计、实施针对性的安全加固和防御措施有重要的指导意义。

【实验设备】

- 安全设备：日志审计与分析设备 1 台。
- 主机终端：Windows XP 主机 1 台。

【实验拓扑】

日志审计与分析系统网络安全设备日志查询分析实验拓扑图如图 6-17 所示。

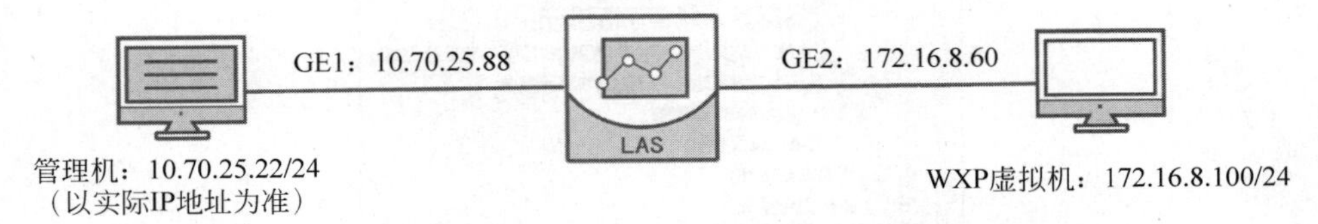

图 6-17　日志审计与分析系统网络安全设备日志查询分析实验拓扑图

【实验思路】

(1) 登录 WXP 虚拟机向日志服务器发送防火墙日志。
(2) 以管理员 admin 用户的身份登录日志审计与分析系统。
(3) 启用日志解析文件
(4) 预览网络安全报表。
(5) 运行并分析网络安全报表。

【实验步骤】

与 6.1 节日志审计与分析系统预定义报表实验的步骤基本相同，读者可参考 6.1 节的内容进行相应的操作，本节不再赘述。

【实验预期】

查看、导出并分析网络安全报表。

【实验预期】

(1) 在管理机中重新登录日志审计与分析系统平台，依次单击“报表”→“预定义报表”→“等级化保护报表组”→“网络安全报表组”→“防火墙设备报表组”→“表-4 防火墙各事件总数统计”，如图 6-18 所示。

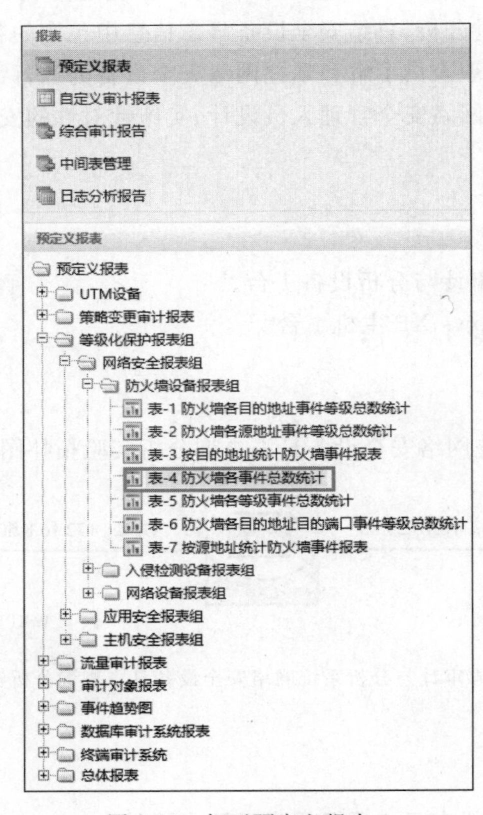

图 6-18　打开预定义报表-2

(2) 单击“预览”按钮，预览报表内容，如图 6-19 所示。

图 6-19　单击“预览”按钮-2

(3) 配置预览参数，“时间范围”选中“相对时间”单选按钮并设置为“本天”，TOP 设置为 10，单击“确定”按钮，如图 6-20 所示。

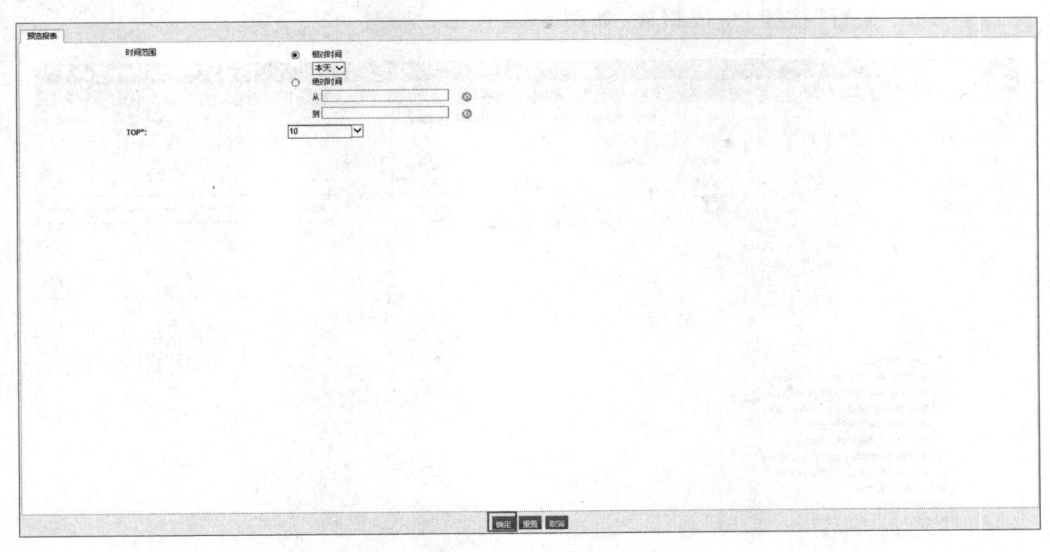

图 6-20 配置预览参数-2

（4）预览报表“表-4 防火墙各事件总数报表”内容，可以查看“设备地址”“事件名称”和“计数”等信息，预览完成后单击“返回”按钮，返回界面后单击“取消”按钮，如图 6-21 所示。

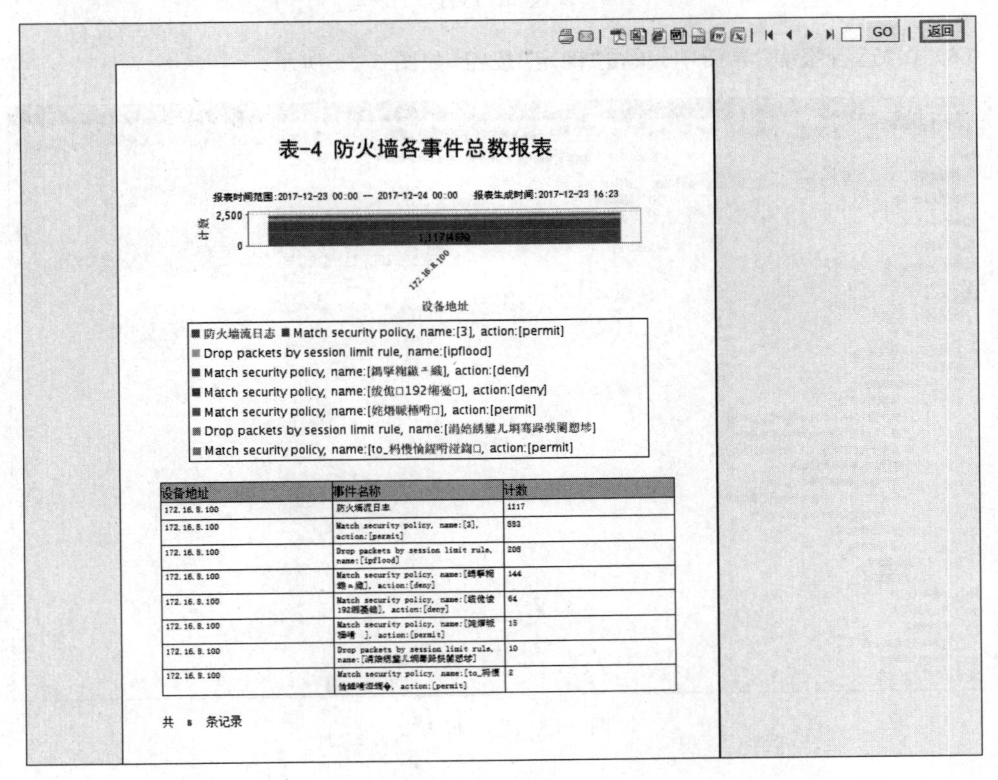

图 6-21 预览报表-2

（5）单击“运行”按钮，生成报表，如图 6-22 所示。

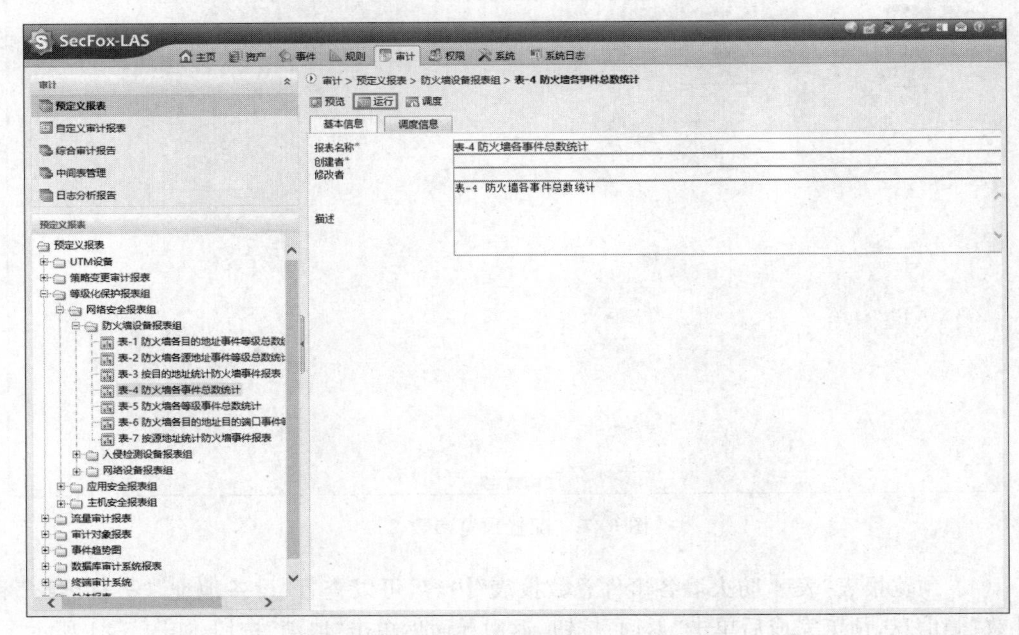

图 6-22　单击“运行”按钮-2

（6）在“运行报表”界面中，单击“确定”按钮，如图 6-23 所示。

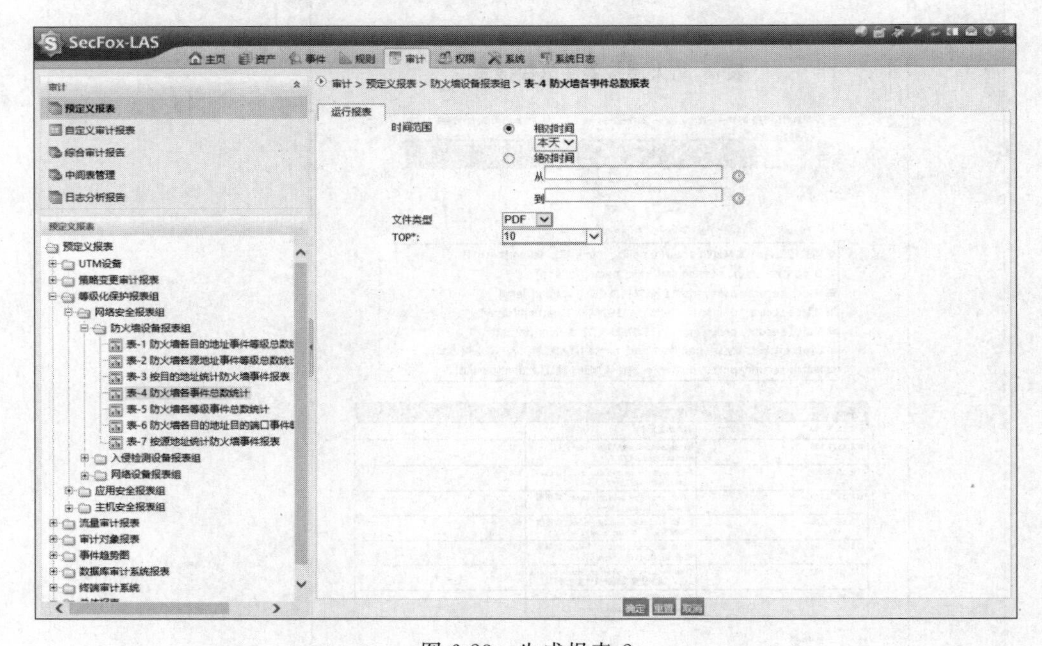

图 6-23　生成报表-2

（7）如果弹出提示界面，单击“保存”按钮，如图 6-24 所示。

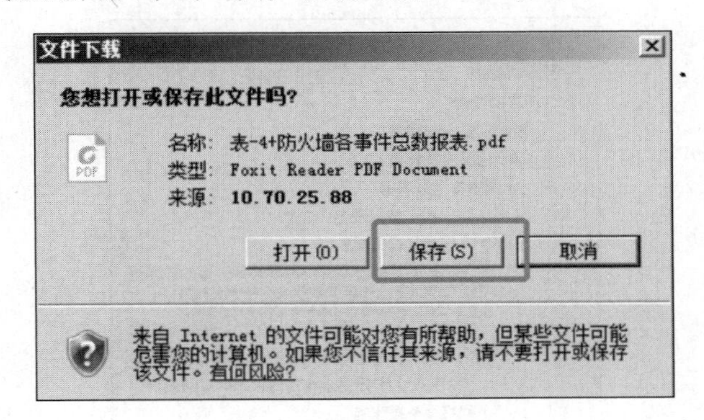

图 6-24　保存报表-2

（8）打开下载的报表，可见详细的防火墙防护信息，如图 6-25 所示。

表-4 防火墙各事件总数报表

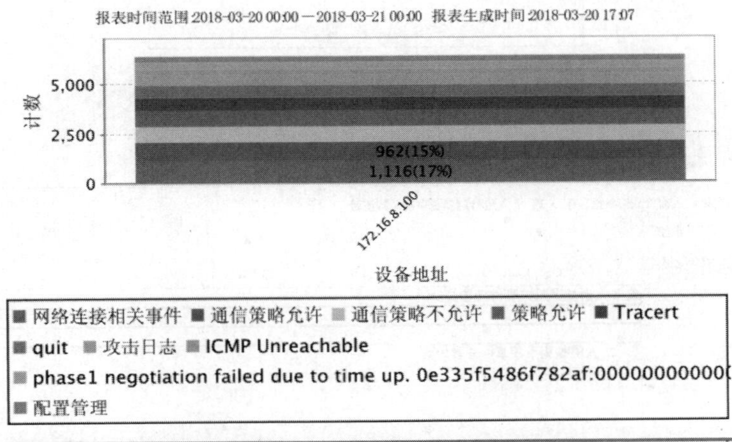

设备地址	事件名称	计数
172.16.8.100	网络连接相关事件	1116
172.16.8.100	通信策略允许	962
172.16.8.100	通信策略不允许	800
172.16.8.100	策略允许	795
172.16.8.100	Tracert	644
172.16.8.100	quit	634
172.16.8.100	攻击日志	482
172.16.8.100	ICMP Unreachable	322
172.16.8.100	phase1 negotiation failed due to time up. 0e335f5486f782af:0000000000000000	322
172.16.8.100	配置管理	321

共 10 条记录

图 6-25　查看报表信息-2

（9）依次单击“预定义报表”→“等级化保护报表组”→“网络安全报表组”→“入侵检测设备报表组”→“表-2 入侵检测系统事件总数统计”，如图 6-26 所示。

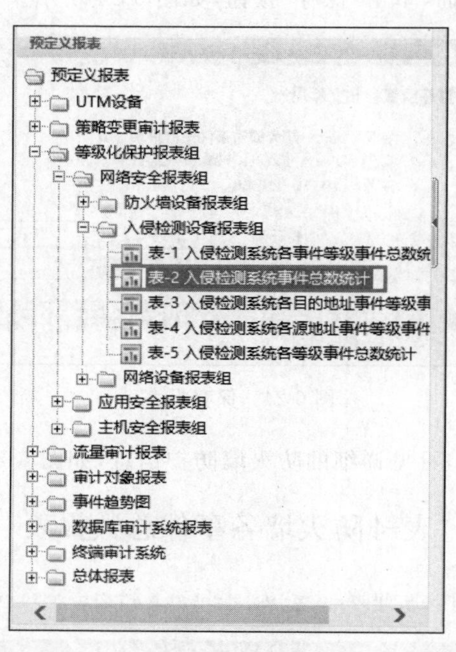

图 6-26　打开预定义报表-3

(10) 单击“预览”按钮,预览报表内容,如图 6-27 所示。

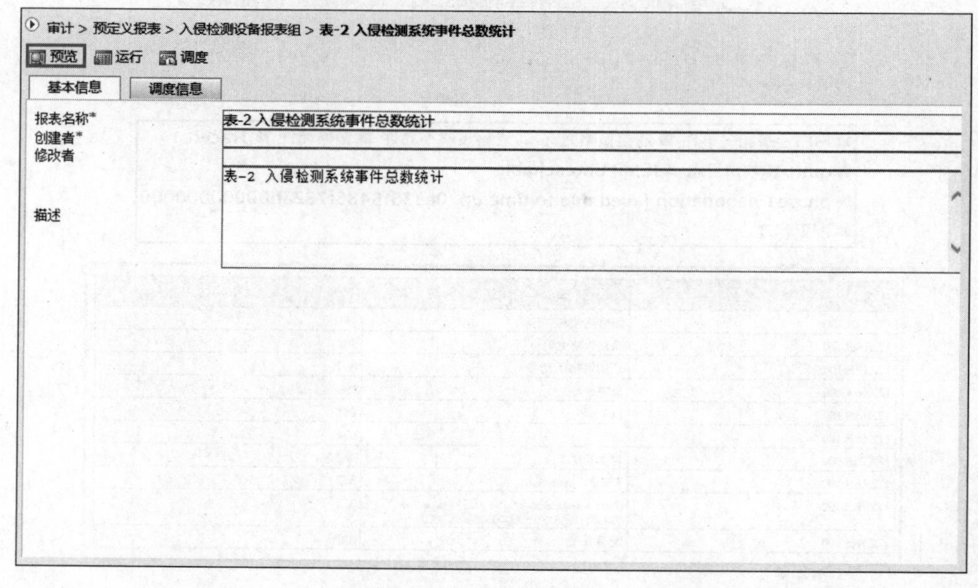

图 6-27　单击“预览”按钮-3

(11) 配置预览参数,“时间范围”选中“相对时间”单选按钮并设置为“本天”,TOP 设置为 10,单击“确定”按钮,如图 6-28 所示。

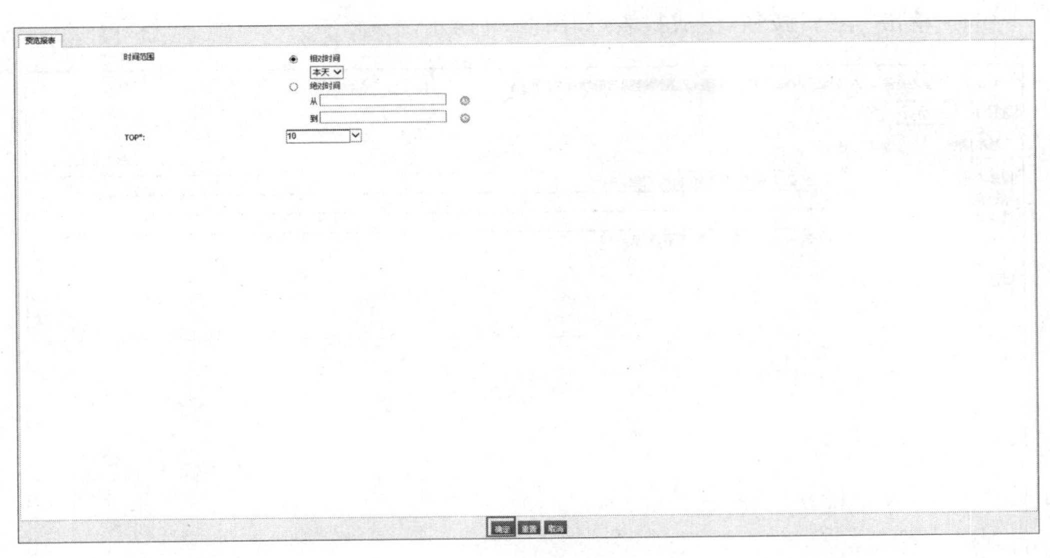

图 6-28　配置预览参数-3

(12) 预览报表“表-2 入侵检测系统事件总数统计”内容，可以查看“事件名称”和“计数”等信息，预览完成后单击“返回”按钮，返回上一级界面后单击“取消”按钮，如图 6-29 所示。

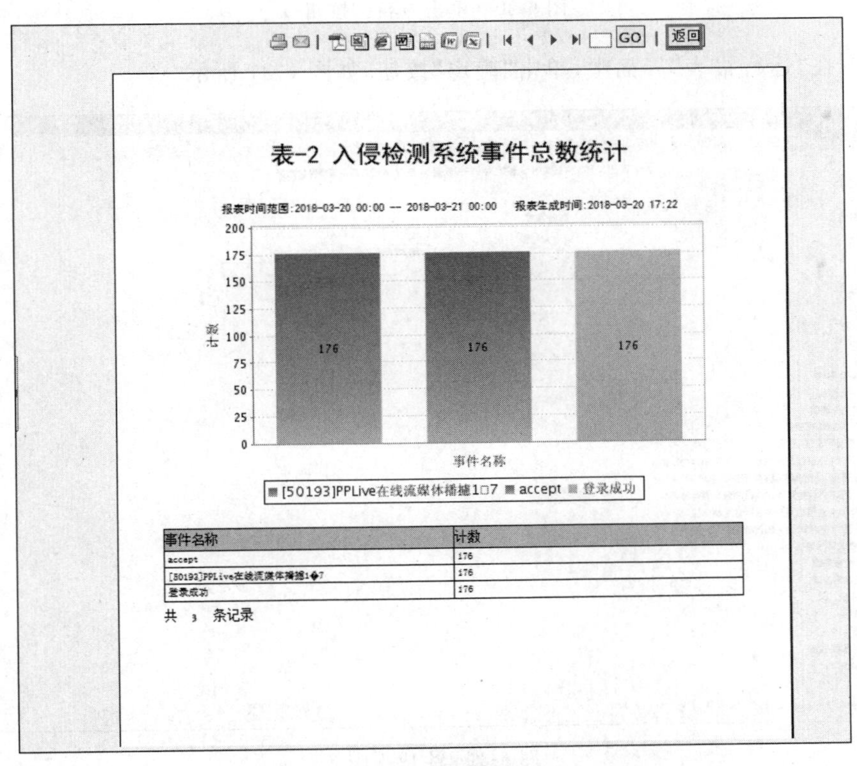

图 6-29　预览报表-3

(13) 单击“运行”按钮，生成报表，如图 6-30 所示。

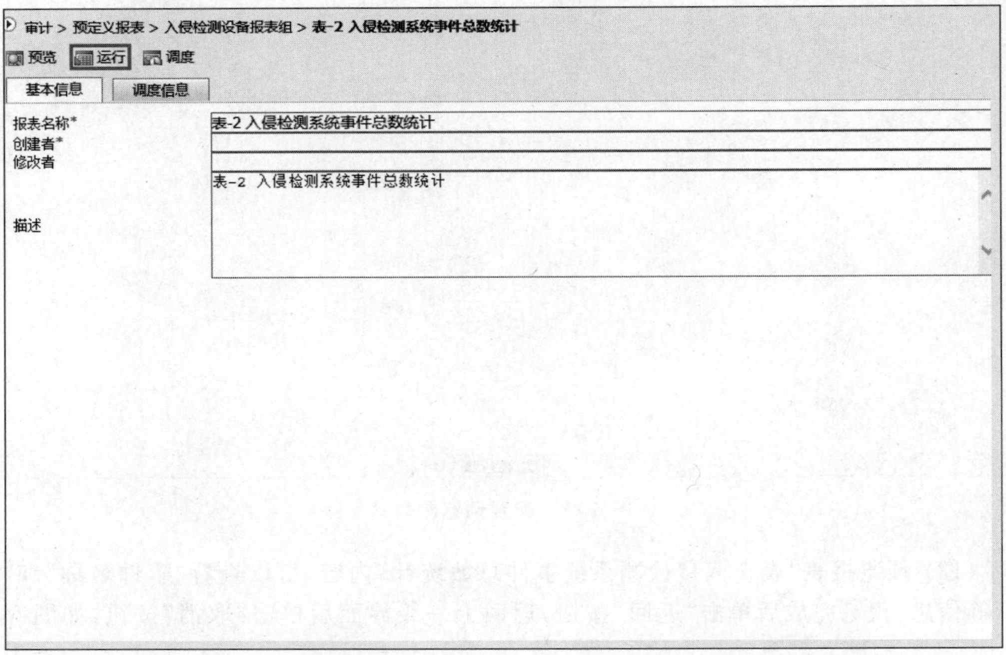

图 6-30　单击“运行”按钮-3

(14) 在“运行报表”界面中，单击“确定”按钮，如图 6-31 所示。

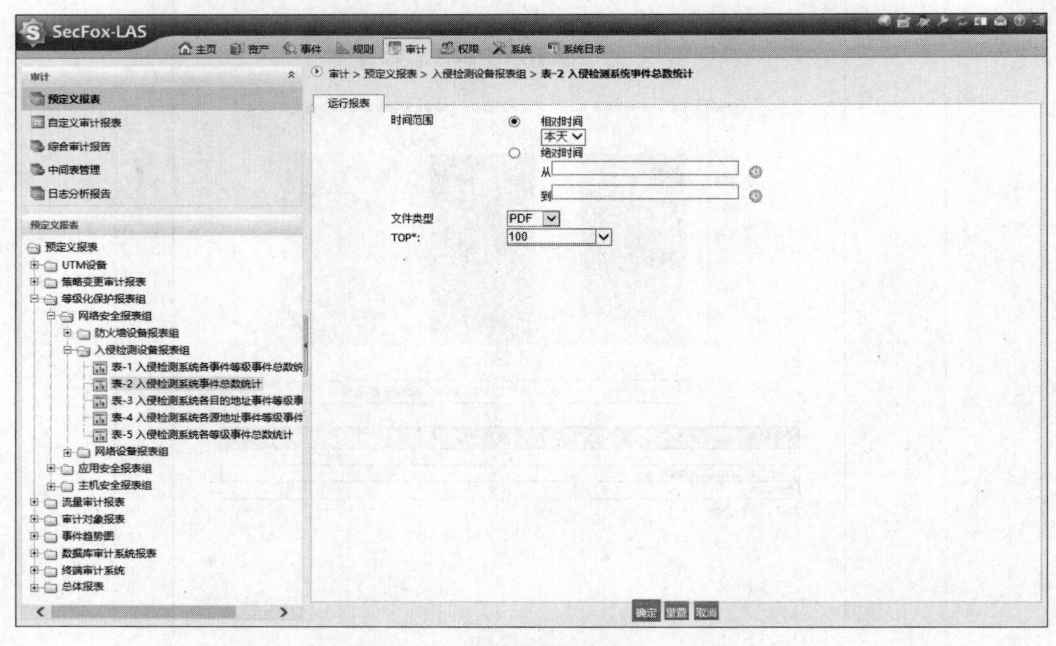

图 6-31　生成报表-3

(15) 如果弹出提示界面,单击“保存”按钮,如图 6-32 所示。

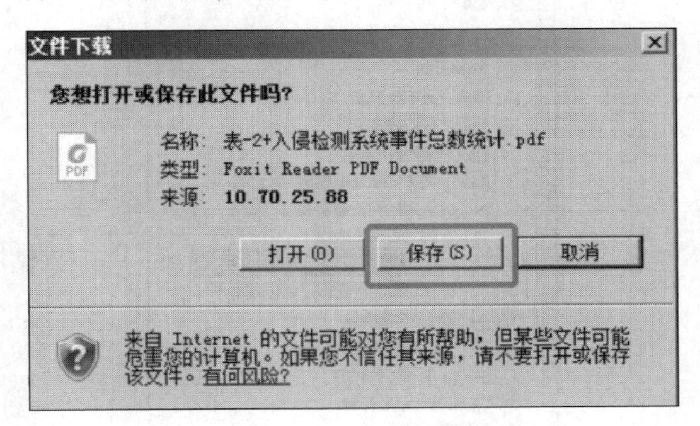

图 6-32 保存报表-3

(16) 打开下载的报表,可见详细的入侵检测系统防护信息,如图 6-33 所示。

表-2 入侵检测系统事件总数统计

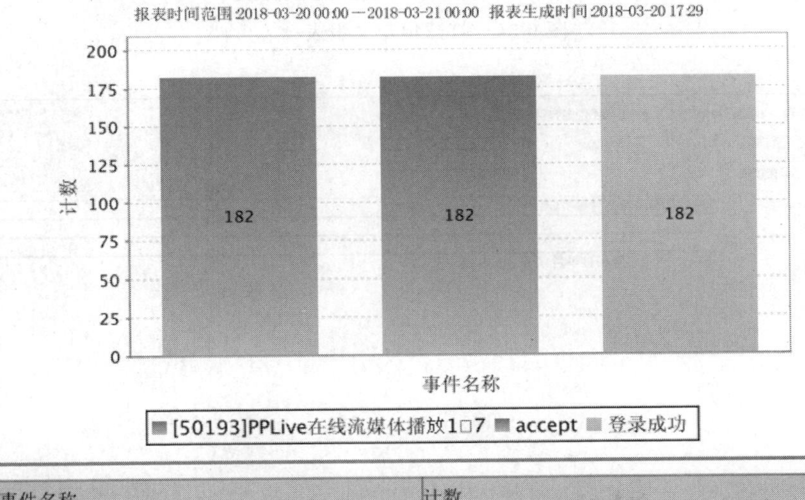

事件名称	计数
accept	182
[50193]PPLive在线流媒体播放17	182
登录成功	182

共 3 条记录

图 6-33 查看报表信息-3

(17) 依次单击“预定义报表”→“等级化保护报表组”→“网络安全报表组”→“网络设备报表组”→“表-1 网络设备各种事件统计”,如图 6-34 所示。

(18) 单击“预览”按钮,预览报表内容,如图 6-35 所示。

(19) 配置预览参数,“时间范围”选中“相对时间”单选按钮并设置为“本天”,TOP 设置为 10,单击“确定”按钮,如图 6-36 所示。

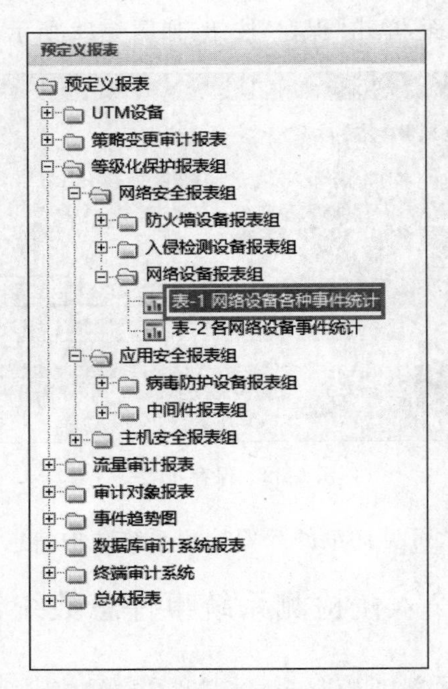

图 6-34　打开预定义报表-4

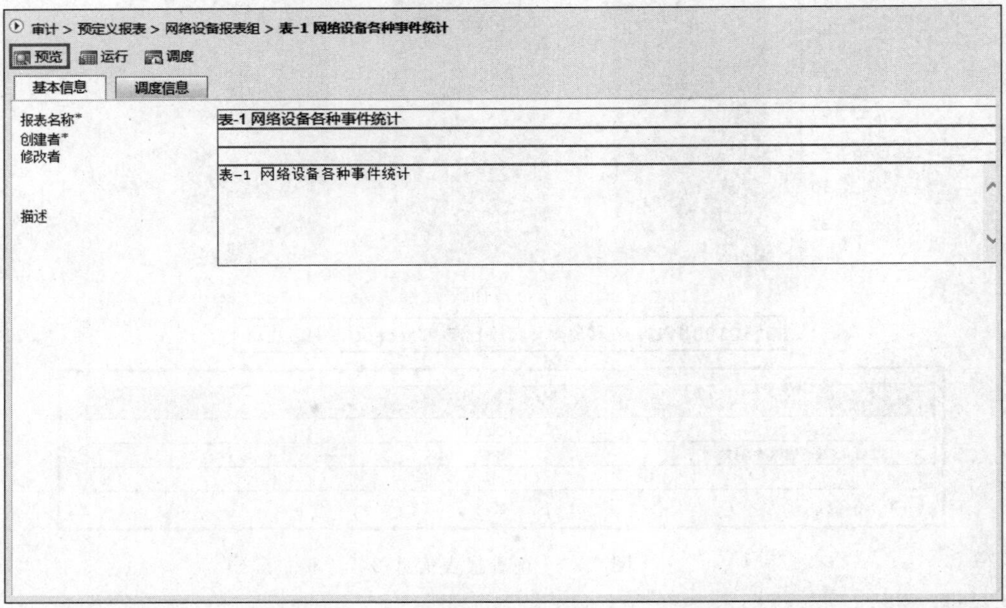

图 6-35　单击“预览”按钮-4

(20) 预览报表“表-1 网络设备各种事件统计”内容，可以查看“事件名称”“设备地址”和“计数”等信息，预览完成后单击“返回”按钮，返回上一级界面后单击“取消”按钮，如图 6-37 所示。

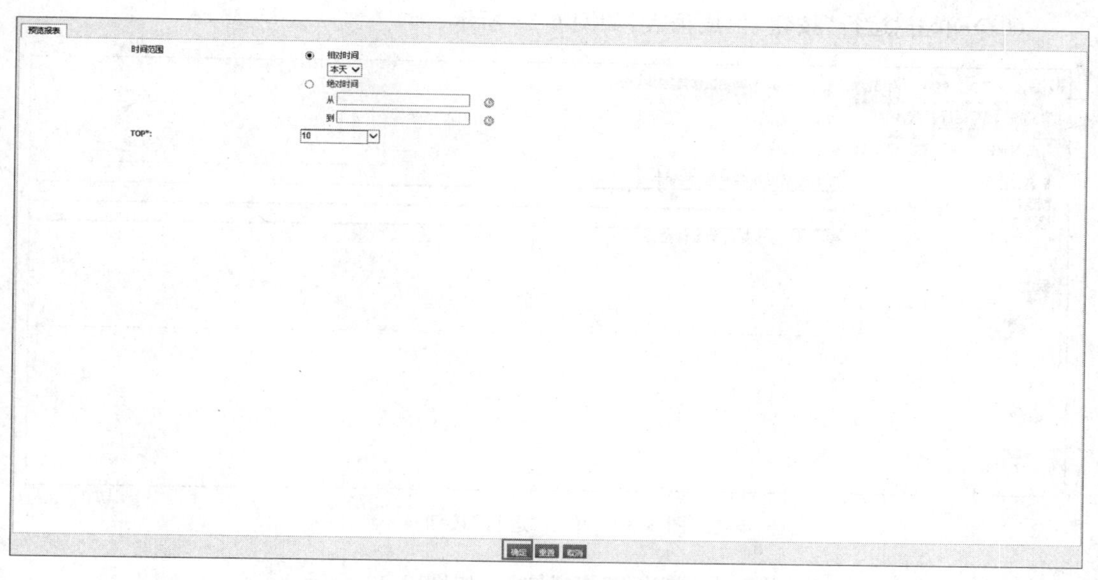

图 6-36　配置预览参数-4

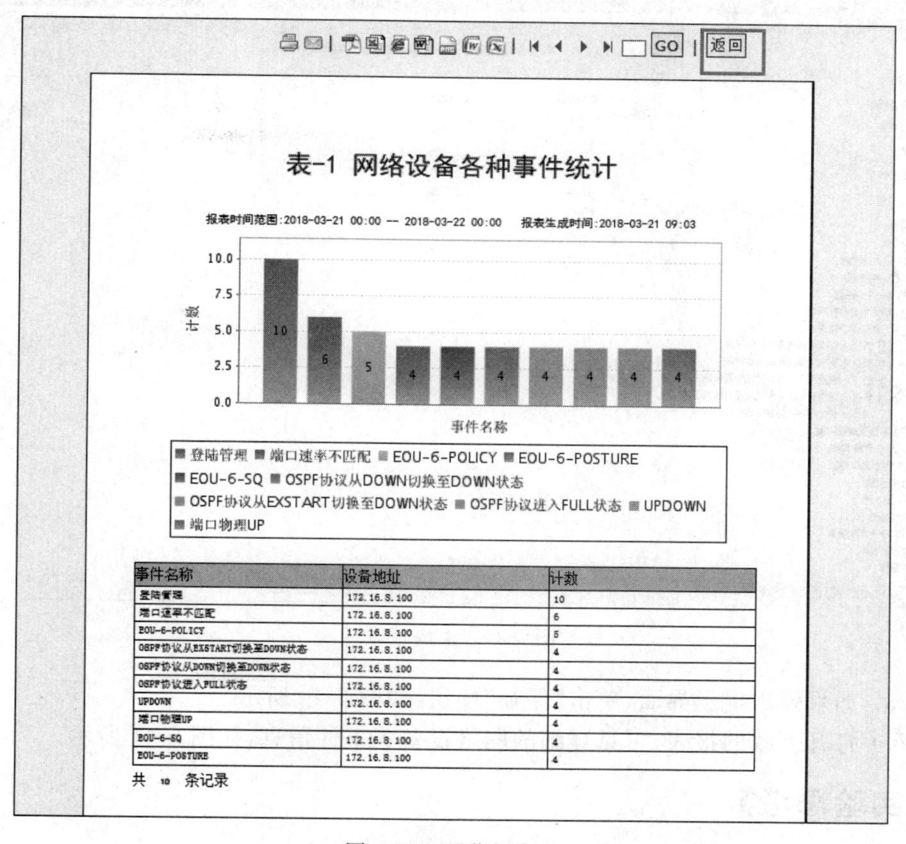

事件名称	设备地址	计数
登陆管理	172.16.8.100	10
端口速率不匹配	172.16.8.100	6
EOU-6-POLICY	172.16.8.100	5
OSPF协议从EXSTART切换至DOWN状态	172.16.8.100	4
OSPF协议从DOWN切换至DOWN状态	172.16.8.100	4
OSPF协议进入FULL状态	172.16.8.100	4
UPDOWN	172.16.8.100	4
端口物理UP	172.16.8.100	4
EOU-6-SQ	172.16.8.100	4
EOU-6-POSTURE	172.16.8.100	4

共 10 条记录

图 6-37　预览报表-4

(21) 单击“运行”按钮,生成报表,如图 6-38 所示。

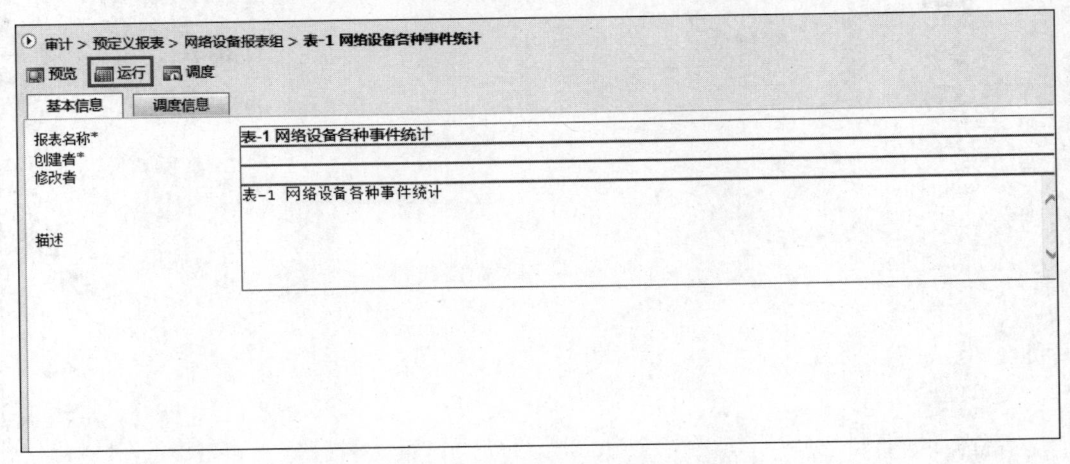

图 6-38　单击“运行”按钮-4

(22) 在“运行报表”界面中,单击“确定”按钮,如图 6-39 所示。

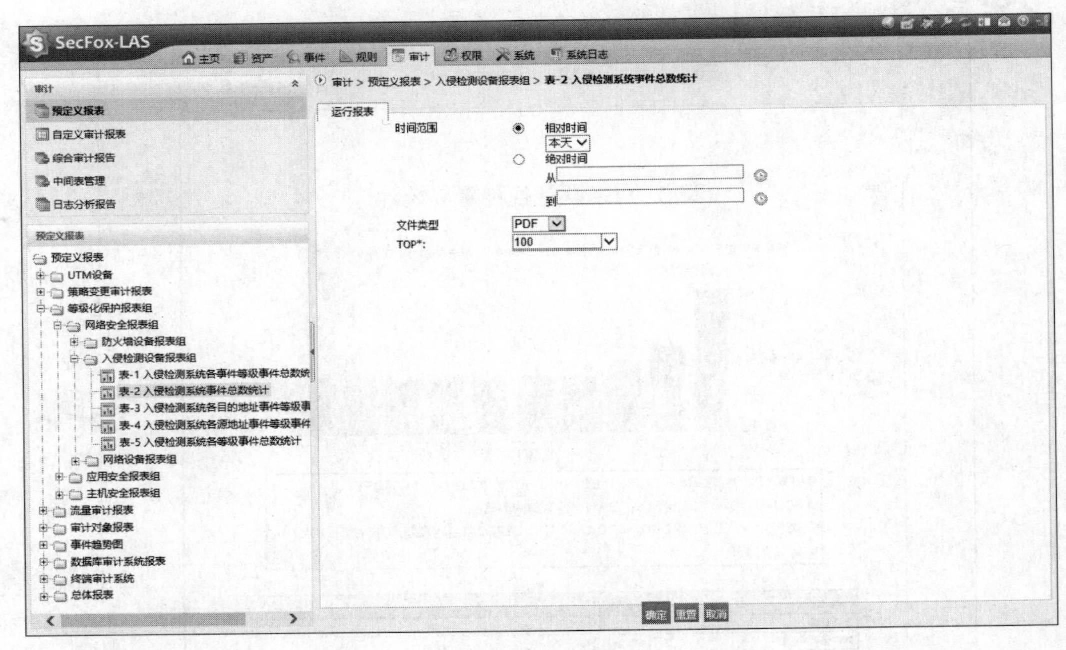

图 6-39　生成报表-4

(23) 如果弹出提示界面,单击“保存”按钮,如图 6-40 所示。

(24) 打开下载的报表,可见详细的网络设备各事件信息,如图 6-41 所示。

【实验思考】

如何根据源地址统计防火墙设备的事件信息?

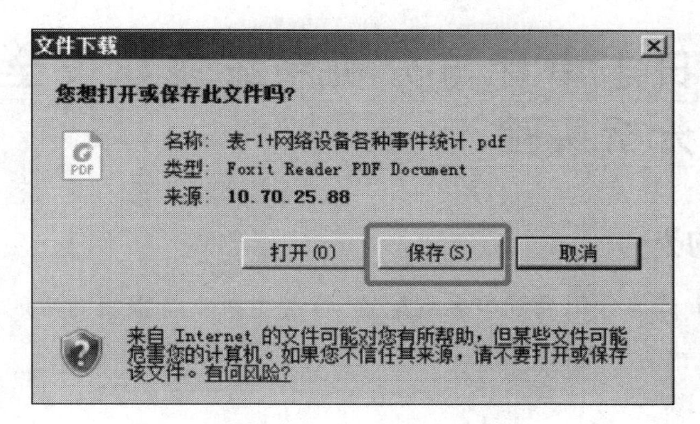

图 6-40 保存报表-4

表-1 网络设备各种事件统计

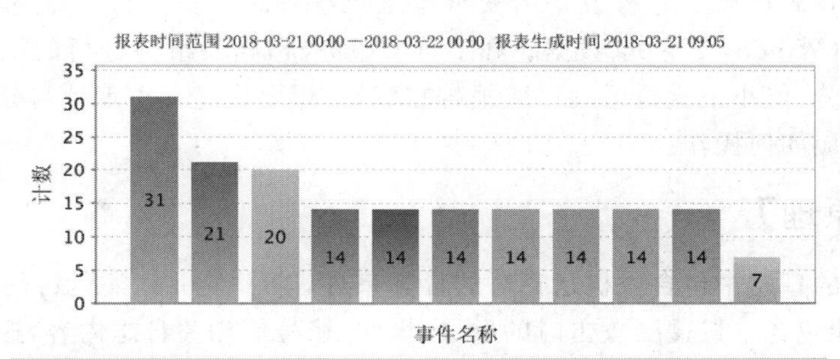

事件名称	设备地址	计数
登陆管理	172.16.8.100	31
端口速率不匹配	172.16.8.100	21
EOU-6-POLICY	172.16.8.100	20
OSPF协议从EXSTART切换至DOWN状态	172.16.8.100	14
OSPF协议从DOWN切换至DOWN状态	172.16.8.100	14
OSPF协议进入FULL状态	172.16.8.100	14
UPDOWN	172.16.8.100	14
端口物理UP	172.16.8.100	14
EOU-6-SQ	172.16.8.100	14
EOU-6-POSTURE	172.16.8.100	14
端口协议UP	172.16.8.100	7
端口关闭	172.16.8.100	7
端口协议DOWN	172.16.8.100	7
OSPF协议从EXCHANGE切换至DOWN状	172.16.8.100	7
PHY-4-EXCESSIVE_ERRORS	172.16.8.100	7
端口物理DOWN	172.16.8.100	7

共 16 条记录

图 6-41 查看报表信息-4

6.3 日志审计与分析系统主机安全日志查询分析实验

【实验目的】

通过对日志审计与分析系统报表的配置，掌握主机安全报表的生成与分析方法。

【知识点】

主机安全报表。

【实验场景】

A公司的日志审计与分析设备由安全运维工程师小王负责。运维部张经理要求小王将主机安全(Windows主机、数据库和字符型服务器)相关事件分析的结果作为工作内容汇报的一部分，但小王觉得手动完成报告较麻烦，想要通过日志审计与分析设备的报表完成。请思考应如何操作。

【实验原理】

主机设备的日志中包含主机运行时的各类事件，除了主机日常运行的相关运行日志信息外，还可能包含主机遭受攻击时的登录、操作、账号等相关日志内容，这些内容标识了攻击者的攻击技术手段和意图。通过对此类日志信息的审计与分析，获取和监测主机运行情况及安全威胁，为安全管理人员设计相关的安全管控策略，加强主机的安全性和有效运行提供支撑。

【实验设备】

- 安全设备：日志审计与分析设备1台。
- 主机终端：Windows XP主机1台。

【实验拓扑】

日志审计与分析系统主机安全日志查询分析实验拓扑图如图6-42所示。

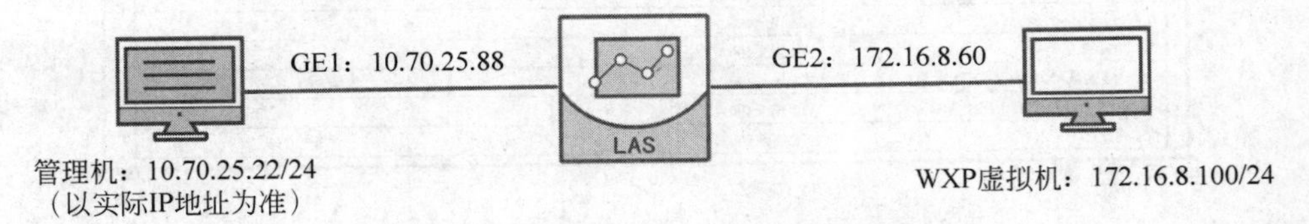

图6-42 日志审计与分析系统主机安全日志查询分析实验拓扑图

【实验思路】

(1) 登录 WXP 虚拟机向日志服务器发送防火墙日志。

(2) 以管理员 admin 的身份登录日志审计与分析系统。

(3) 启用日志解析文件。

(4) 预览主机安全报表。

(5) 运行并分析主机安全报表。

【实验步骤】

与 6.1 节日志审计与分析系统预定义报表实验的步骤基本相同，读者可参考 6.1 节中的内容进行相应的操作，本节不再赘述。

【实验预期】

查看、导出并分析主机安全报表信息。

【实验预期】

(1) 依次单击“报表”→“预定义报表”→“等级化保护报表组”→“主机安全报表组”→“Windows 主机报表组”→“表-1 Windows 服务器事件数量统计”，如图 6-43 所示。

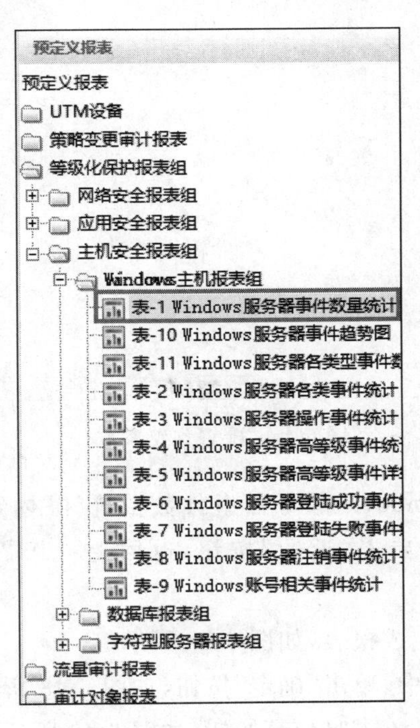

图 6-43　打开预定义报表-5

(2) 单击“预览”按钮,预览报表内容,如图 6-44 所示。

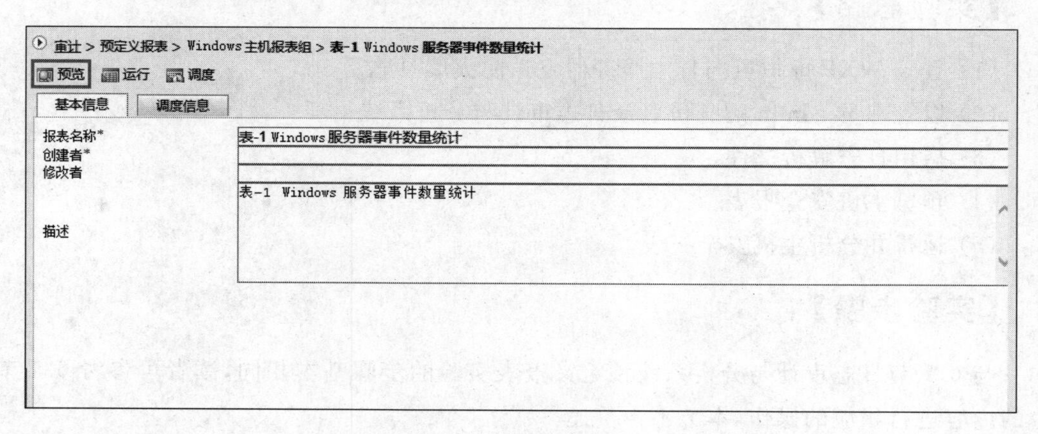

图 6-44 单击“预览”按钮-5

(3) 配置预览参数,“时间范围”选中“相对时间”单选按钮并设置为“本天”,TOP 设置为 10,单击“确定”按钮,如图 6-45 所示。

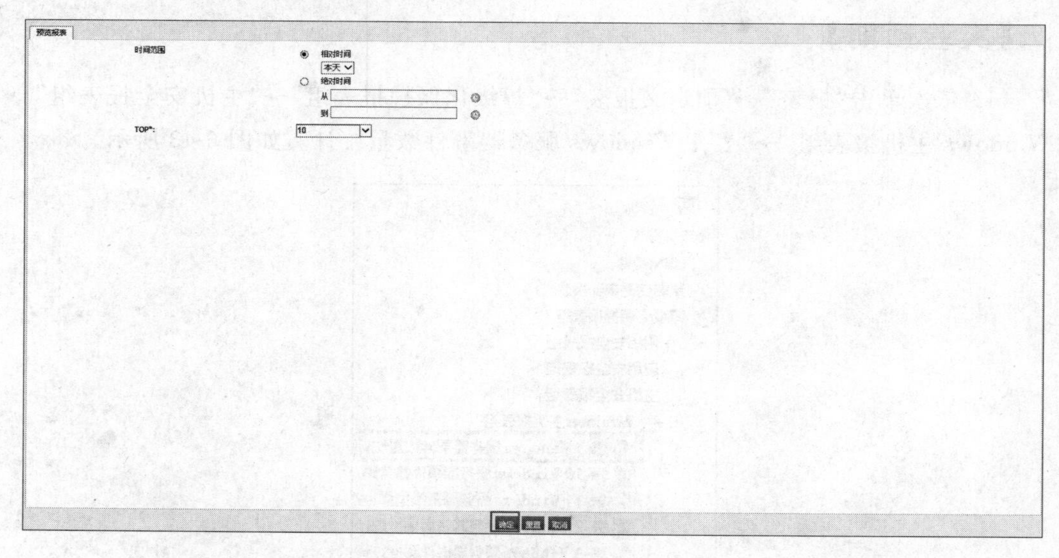

图 6-45 配置预览参数-5

(4) 预览报表“表-1 Windows 服务器事件数量统计”内容,可以查看“设备地址”和“计数”等信息,预览完成后单击“返回”按钮,返回上一级界面后单击“取消”按钮,如图 6-46 所示。

(5) 单击“运行”按钮,生成报表,如图 6-47 所示。

(6) 在“运行报表”界面中,单击“确定”按钮,如图 6-48 所示。

(7) 如果弹出提示界面,单击“保存”按钮,如图 6-49 所示。

(8) 打开下载的报表,可见详细的网络设备各事件信息,如图 6-50 所示。

GO
返回
表-1 Windows 服务器事件数量统计
报表时间范围:2018-03-21 00:00 -- 2018-03-22 00:00 报表生成时间:2018-03-21 09:12
计数
60
设备地址
172.16.8.100
设备地址 计数
172.16.8.100 60
共 1 条记录

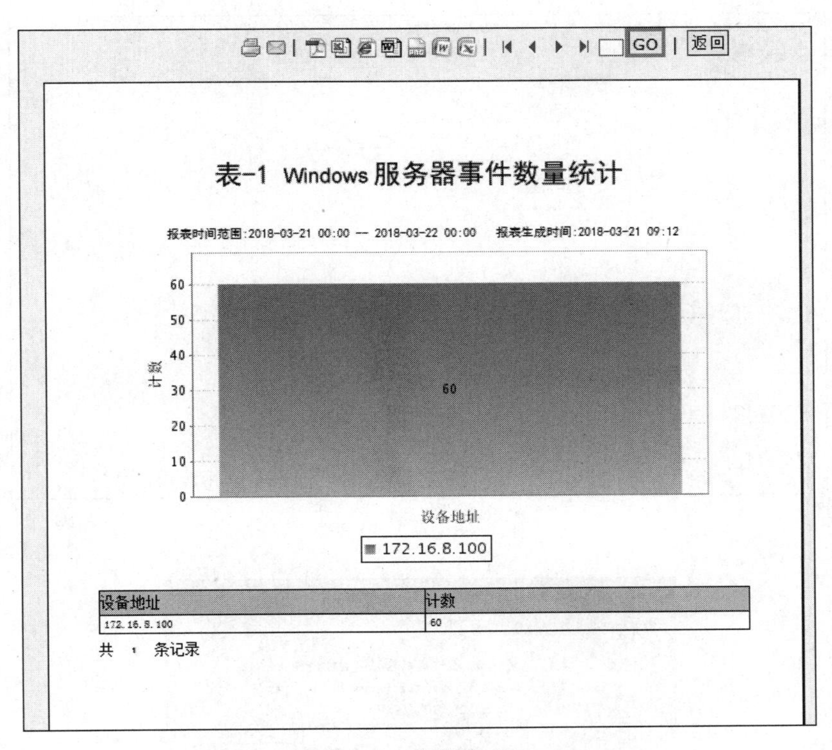

图 6-46 预览报表-5

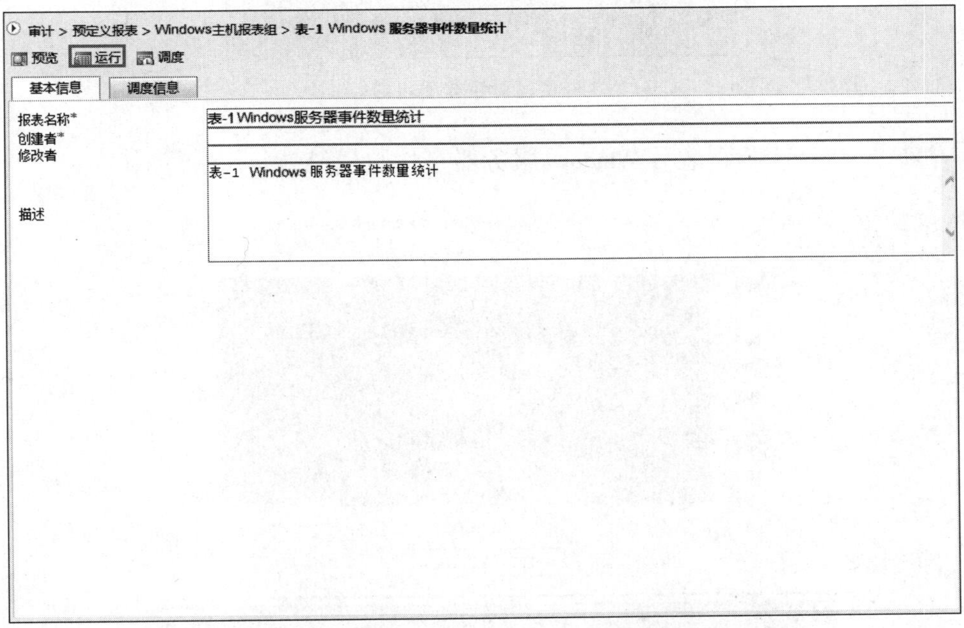

审计 > 预定义报表 > Windows主机报表组 > 表-1 Windows 服务器事件数量统计
预览 运行 调度
基本信息 调度信息
报表名称*
表-1 Windows服务器事件数量统计
创建者*
修改者
描述
表-1 Windows 服务器事件数量统计

图 6-47 单击“运行”按钮-5

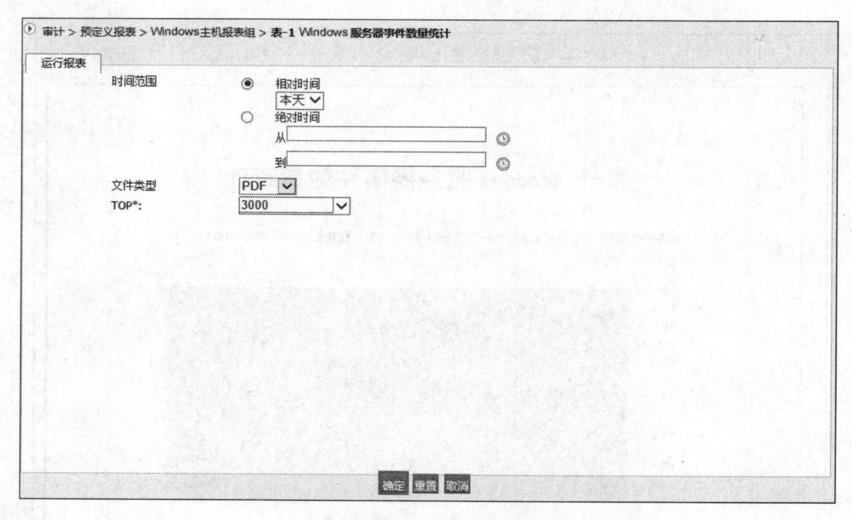

图 6-48　生成报表-5

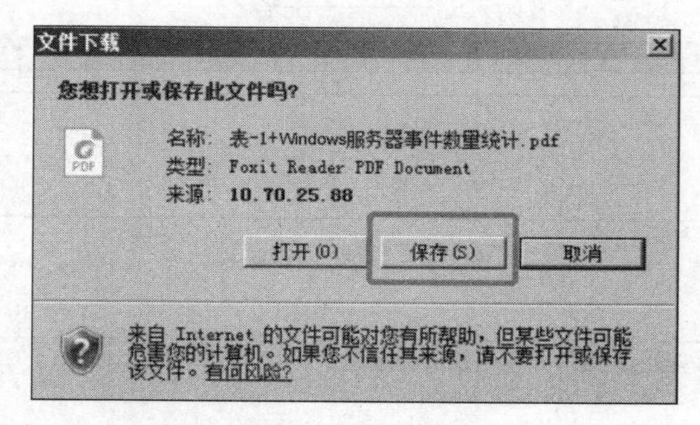

图 6-49　保存报表-5

表-1 Windows服务器事件数量统计

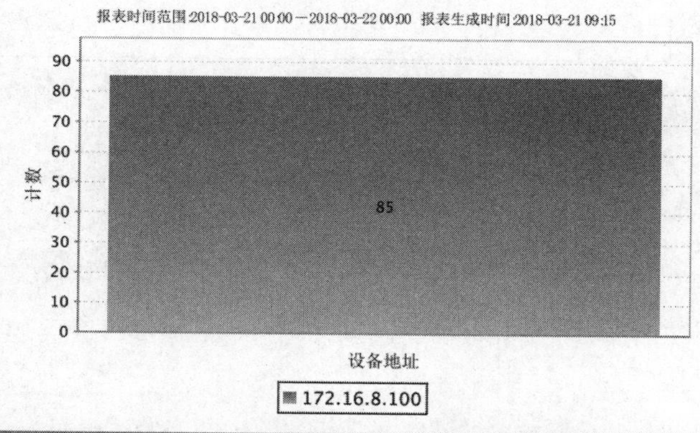

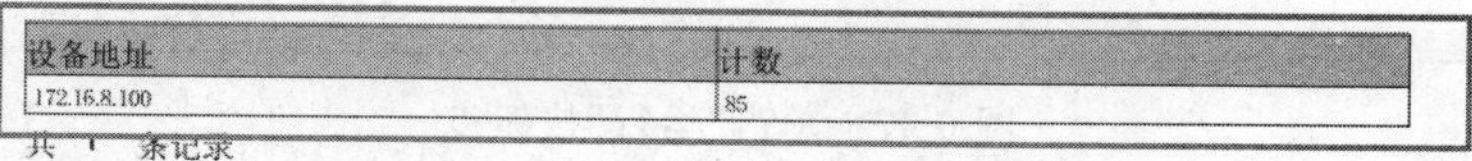

设备地址	计数
172.16.8.100	85

共 1 条记录

图 6-50　查看报表信息-5

(9) 依次单击“预定义报表”→“等级化保护报表组”→“主机安全报表组”→“数据库报表组”→“表-1 数据库所有事件统计报表”,如图 6-51 所示。

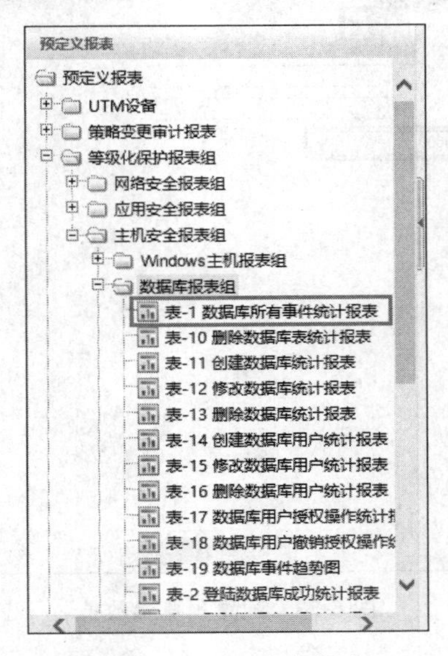

图 6-51 打开预定义报表-6

(10) 单击“预览”按钮,预览报表内容,如图 6-52 所示。

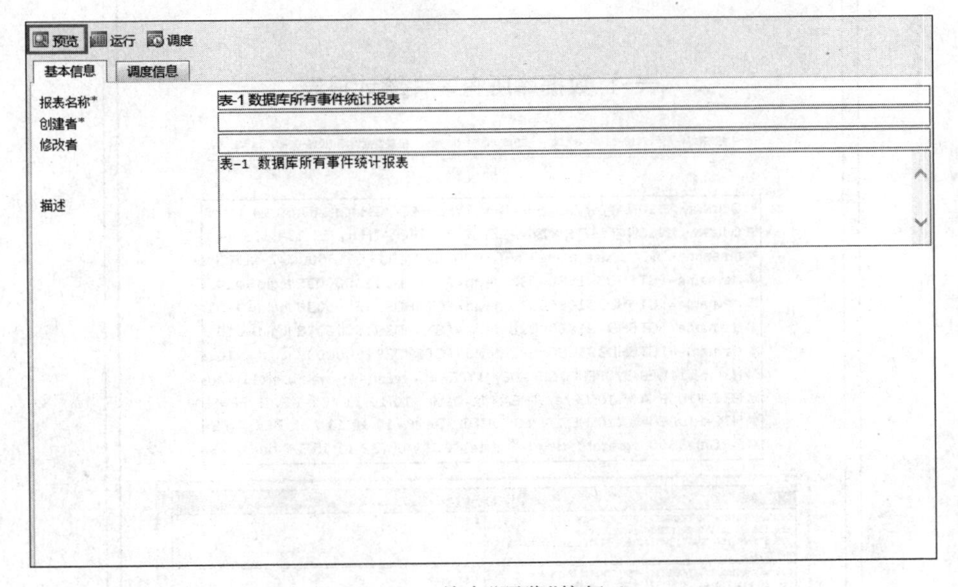

图 6-52 单击“预览”按钮-6

(11) 配置预览参数,“时间范围”选中“相对时间”单选按钮并设置为“本月”,TOP 设置为 3000,单击“确定”按钮,如图 6-53 所示。

(12) 预览报表“表-1 数据库所有事件统计报表”内容,可以查看“事件名称”和“计数”等信息,预览完成后单击“返回”按钮,返回上一级界面后单击“取消”按钮,如图 6-54 所示。

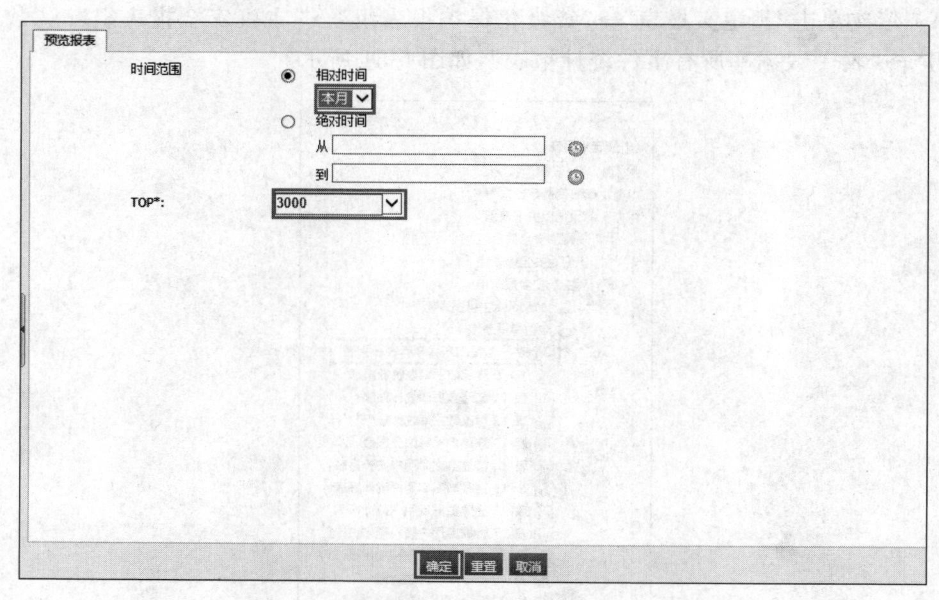

图 6-53 配置预览参数-6

图 6-54 预览报表-6

(13) 单击“运行”按钮,生成报表,如图 6-55 所示。

图 6-55　单击“运行”按钮-6

(14) 在“运行报表”界面中,“时间范围”选中“相对时间”单选按钮并设置为“本月”,单击“确定”按钮,如图 6-56 所示。

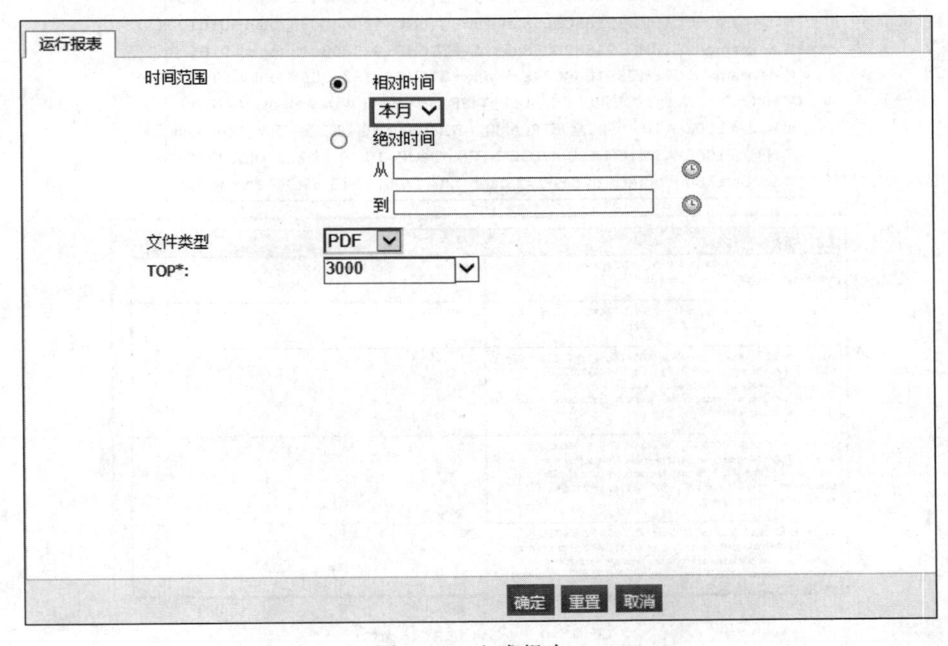

图 6-56　生成报表-6

(15) 如果弹出提示界面,单击“保存”按钮,如图 6-57 所示。

(16) 打开下载的报表,可见详细的数据库所有事件信息,如图 6-58 所示。

(17) 依次单击“预定义报表”→“等级化保护报表组”→“主机安全报表组”→“字符型

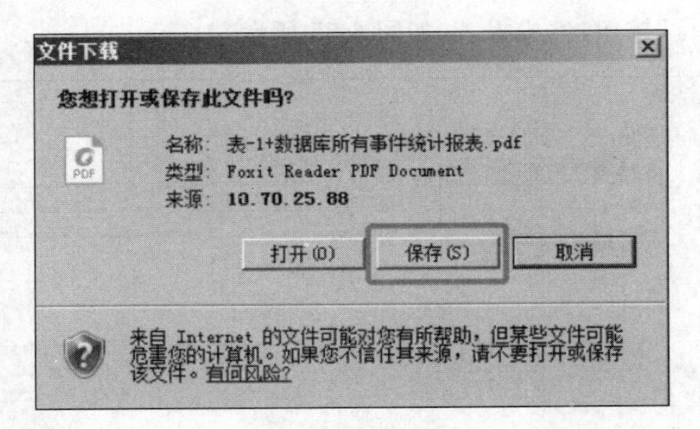

图 6-57　保存报表-6

表-1 数据库所有事件统计报表

报表时间范围 2018-03-01 00:00—2018-04-01 00:00　报表生成时间 2018-03-27 14:17

事件名称

- Quidway %%10NAT/4/TRANS(l):-DEV_TYPE=SECPATH tcp;183.60.14.110;80
- Quidway %%10NAT/4/TRANS(l):-DEV_TYPE=SECPATH tcp;23.134.175.44;19
- timezone="IST" device_name="NSG3000" device_id=C018600037-NLTICP d
- devname=FGT6HD3916800038 devid=FGT6HD3916800038 logid=010004
- devname=FGT6HD3916800038 devid=FGT6HD3916800038 logid=010103
- devname=FGT6HD3916800038 devid=FGT6HD3916800038 logid=010103
- devname=FGT6HD3916800038 devid=FGT6HD3916800038 logid=010103
- H3C %%11WEB/3/OPERLOG(l):-DEV_TYPE=IPS client(44)=web;user(45)=adm
- H3C-F100E-A %%10SEC/4/STREAM(l):-DevIP=10.10.11.221-DEV_TYPE=SEC
- H3C-F100E-A %%10SHELL/4/LOGOUT(l):-DevIP=10.10.11.221-DEV_TYPE=S
- SecGate3600 logrecord: devid=3 date="2011/06/22 11:35:34" dname=Sec

事件名称	计数
Quidway%%10NAT/4/TRANS(l):-DEV_TYPE=SECPATH tcp;183.60.14.110;80;172.16.14.219;3208-	4786
Quidway%%10NAT/4/TRANS(l):-DEV_TYPE=SECPATH tcp;23.134.175.44;1976;172.16.32.55;1718-	4784
timezone="IST" device_name="NSG3000" device_id=C018600037-NLTICP deployment_mode="Bridge" log_id=010302602002 log_type="Firewall" log_component="Appliance Access" log_subtype="Denied" status="Deny" priority=Information duration=0 fw_rule_id=3 user_name=""	4781
devname=FGT6HD3916800038 devid=FGT6HD3916800038 logid=0101039936 type=event subtype=vpn level=information vd="root" logdesc="SSL VPN statistics" action="tunnel-stats" tunneltype="ssl-web" tunnelid=1319317458 remip=182.242.177.78 tunnelip=(null) user="peng	2400
devname=FGT6HD3916800038 devid=FGT6HD3916800038 logid=0100040704 type=event subtype=system level=notice vd="root" logdesc="System performance statistics" action="perf-stats" cpu=0 mem=39 totalsession=2223 disk=1 bandwidth=936/942 setuprate=12 disklograte=	2400

图 6-58　查看报表信息-7

服务器报表组”→“表-1 服务器事件数量统计”，如图 6-59 所示。

（18）单击“预览”按钮，预览报表内容，如图 6-60 所示。

（19）配置预览参数，“时间范围”选中“相对时间”单选按钮并设置为“本月”，TOP 设置为 3000，单击“确定”按钮，如图 6-61 所示。

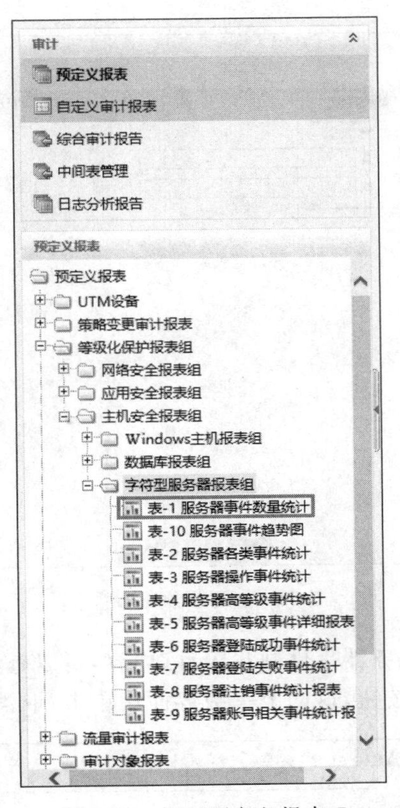

图 6-59　打开预定义报表-7

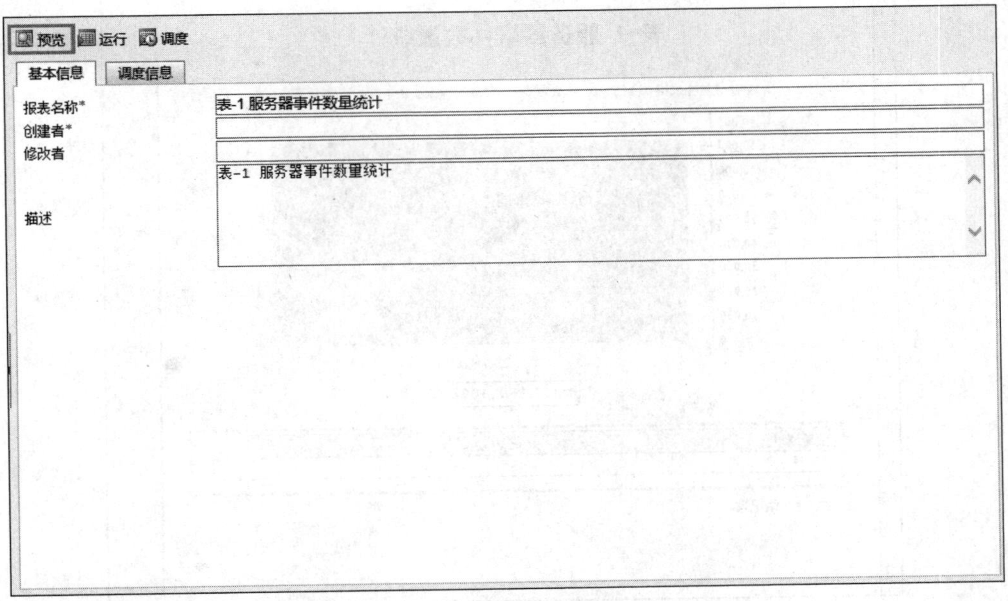

预览　运行　调度
基本信息　调度信息
报表名称*　表-1 服务器事件数量统计
创建者*
修改者
描述　表-1 服务器事件数量统计

图 6-60　单击“预览”按钮-7

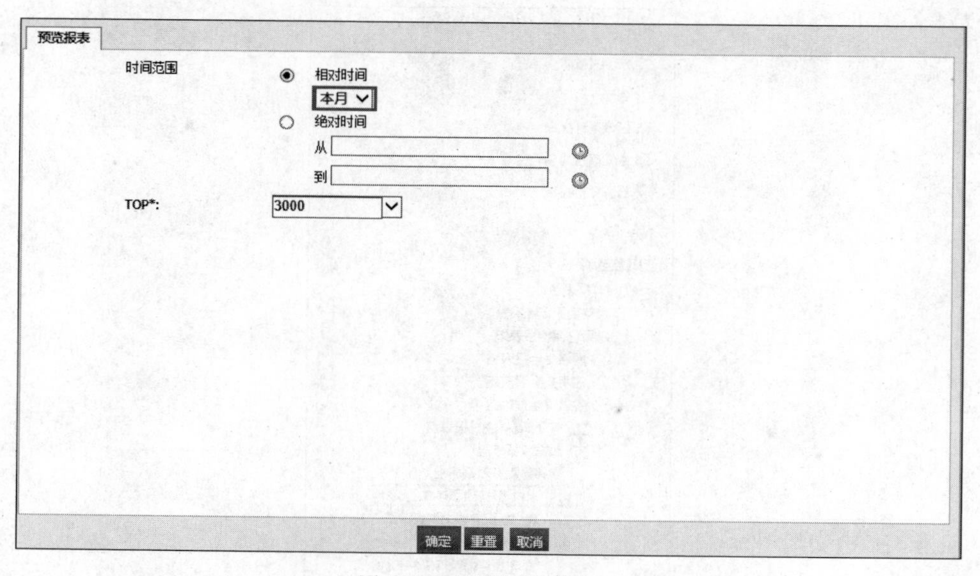

图 6-61　配置预览参数-7

（20）预览报表“表-1 服务器事件数量统计”内容，可以查看“设备地址”和“计数”等信息，预览完成后单击“返回”按钮，返回上一级界面后单击“取消”按钮，如图 6-62 所示。

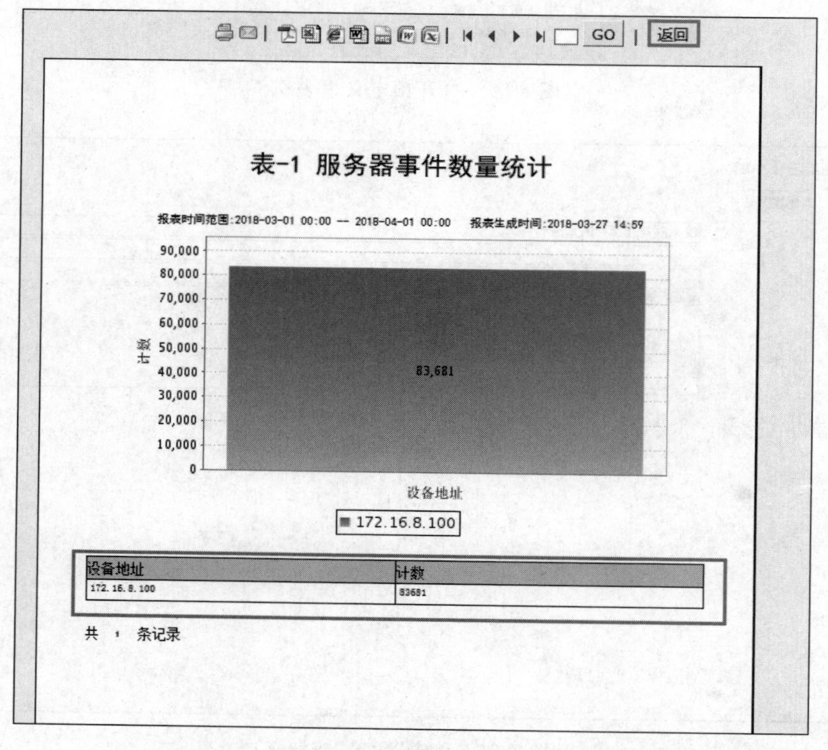

图 6-62　预览报表-7

(21) 单击“运行”按钮,生成报表,如图 6-63 所示。

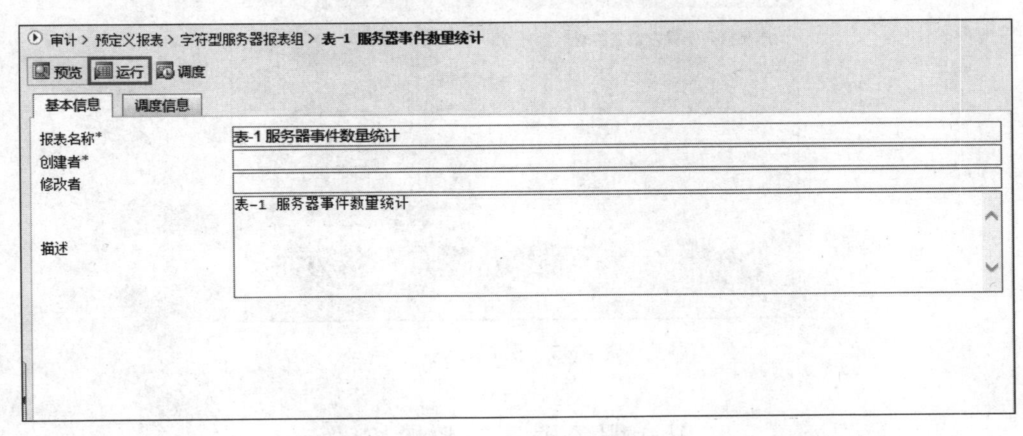

图 6-63　单击“运行”按钮-7

(22) 在“运行报表”界面中,“时间范围”选中“相对时间”单选按钮并设置为“本月”,单击“确定”按钮,如图 6-64 所示。

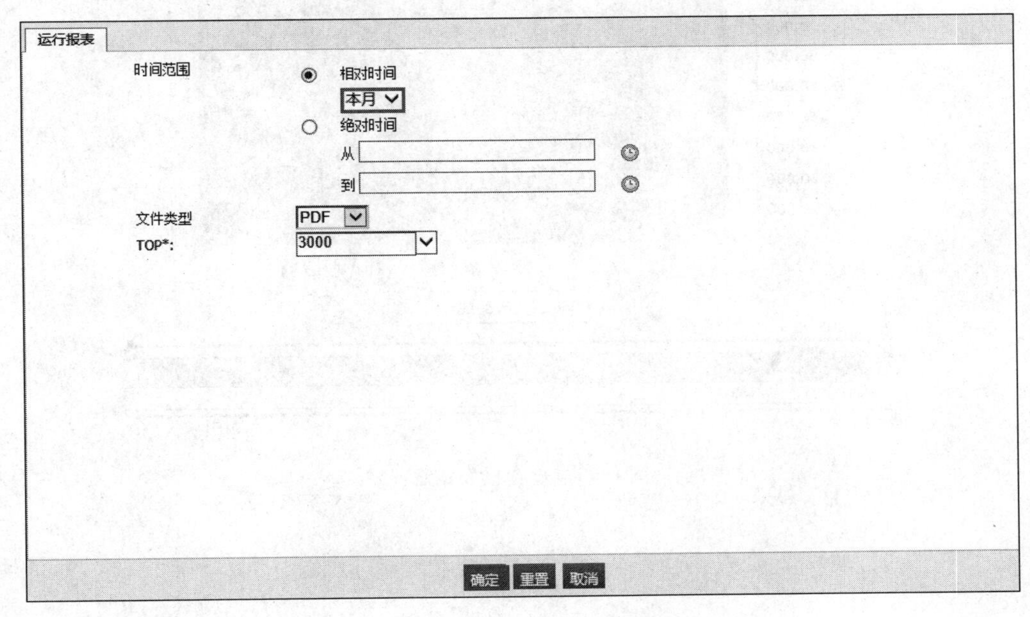

图 6-64　生成报表-7

(23) 如果弹出提示界面,单击“保存”按钮,如图 6-65 所示。

(24) 打开下载的报表,可见详细的服务器事件信息,如图 6-66 所示。

【实验思考】

如何只查看删除数据库表的日志信息?

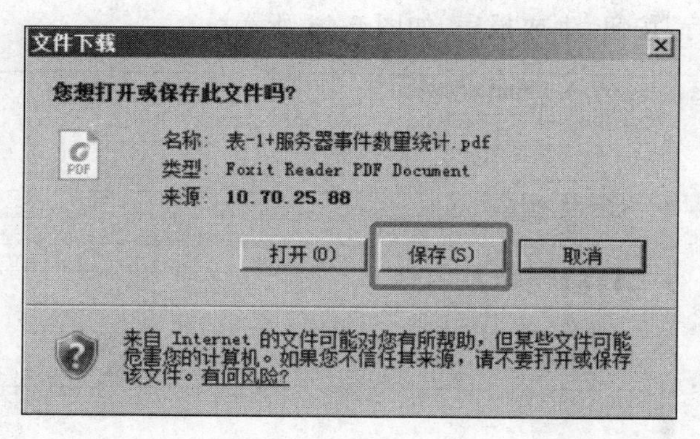

图 6-65 保存报表-7

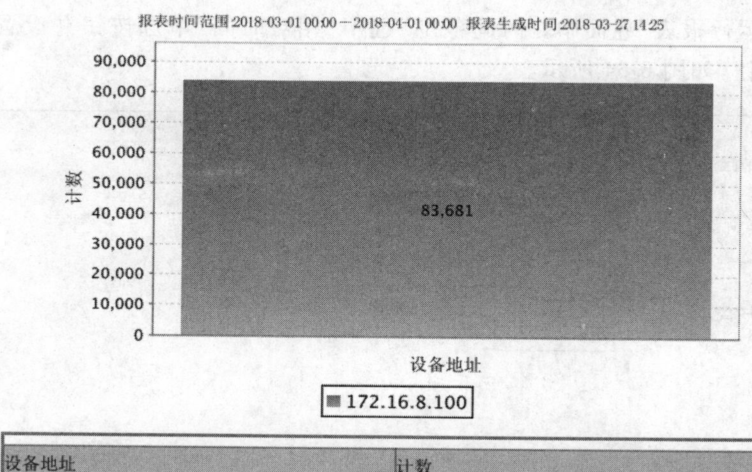

设备地址	计数
172.16.8.100	83681

共 1 条记录

图 6-66 查看报表信息-7

第7章 综合课程设计

通过前6章的实验学习，可基本掌握日志审计与分析系统的基本配置、各种功能设置以及日志分析技能。本章的课程设计将综合上述技能完成日志审计与分析配置实验，通过课程设计检验之前掌握的各项技能。

【实验目的】

本章的课程设计为日志审计与分析系统综合实验。运用日志审计与分析系统的所学知识，完成对设备的基本设置，实现对内网设备的日志采集，并对采集的日志进行分析、告警、归档、生成报表等操作，完整地掌握日志审计与分析系统的工作流程。

【知识点】

Web、SSH、权限管理、IP限制、导入资产、日志采集、告警设置、实时分析、实时监视、趋势分析、事件查询、归档设置、报表。

【实验场景】

A公司采购了日志审计与分析系统，用于公司网络中关键设备的日志审计与管理，小王是设备的管理员，公司领导要求小王将设备上线并实现如下需求：

1. 设备的基本配置

(1) 设备可以实现Web、SSH登录。

(2) 设备分权限管理，张经理想不定期地对设备进行查看，需要给张经理创建一个审计管理员账号。

(3) 不允许xiaoli用户登录设备。

(4) 将公司网络资产录入日志审计与分析系统中，录入方式为手动＋批量导入。

2. 实现对内网设备的日志采集

(1) 对Linux操作系统日志进行采集。

(2) 对数据库日志进行采集。

(3) 对网络设备日志进行采集。

(4) 对防火墙日志进行采集。

3. 告警、分析设置

(1) 需要对日志进行告警设置，如果每两分钟接收不到日志，则发出告警。

(2) 对事件进行实时监视、分析。

(3) 近期事件趋势对比分析。

(4) 对防火墙的日志中断事件进行查询。

4. 其他设置

(1) 对事件进行归档。

(2) 生成事件报表(自定义和预定义)。

请思考应如何实现。

【实验原理】

(1) 日志审计与分析系统提供 Web 和 SSH 两种登录方式,登录后可进行相应设置。日志审计与分析系统的管理员可以按权限划分为超级管理员和安全管理员、系统管理员、审计管理员 4 种,不同类型的管理员对应日志系统不同的功能模块。同时日志审计与分析系统也可以对登录系统的用户 IP 进行限制。管理员可以进入"权限"模块,进行相关设置。

(2) 日志审计与分析系统可以将网络设备作为资产录入日志系统,按照资产的属性对资产进行分类处理。并可以对资产进行批量导入导出操作。管理员可以进入"资产"模块,进行相应设置。

(3) 日志审计与分析系统具有日志采集功能,可以对内网中的设备进行日志收集,例如操作系统、数据库、安全设备等。

(4) 日志审计与分析系统可以对收集到的日志事件进行分析,管理员可以进入"事件"模块对接收的事件进行分析,根据事件发展趋势等属性分析事件特点。

(5) 日志审计与分析系统在接收日志时,可以对日志的接收时间间隔设置告警,即在一定时间内未收到日志,便产生告警,并可以对相关告警事件进行查询。

(6) 日志审计与分析系统可以对系统内的事件进行备份归档,防止事件丢失造成损失,并对收集到的事件生成报表。

【实验设备】

- 安全设备:日志审计与分析设备 1 台,防火墙设备 1 台。
- 网络设备:路由器 1 台。
- 主机终端:Windows XP 主机 2 台,Linux 主机 3 台。

【实验拓扑】

综合课程设计实验拓扑图如图 7-1 所示。

【实验思路】

(1) 以 SSH 的方式登录日志审计与分析系统并设置网络接口。

(2) 以 Web 的方式登录日志审计与分析系统,并校正系统时间。

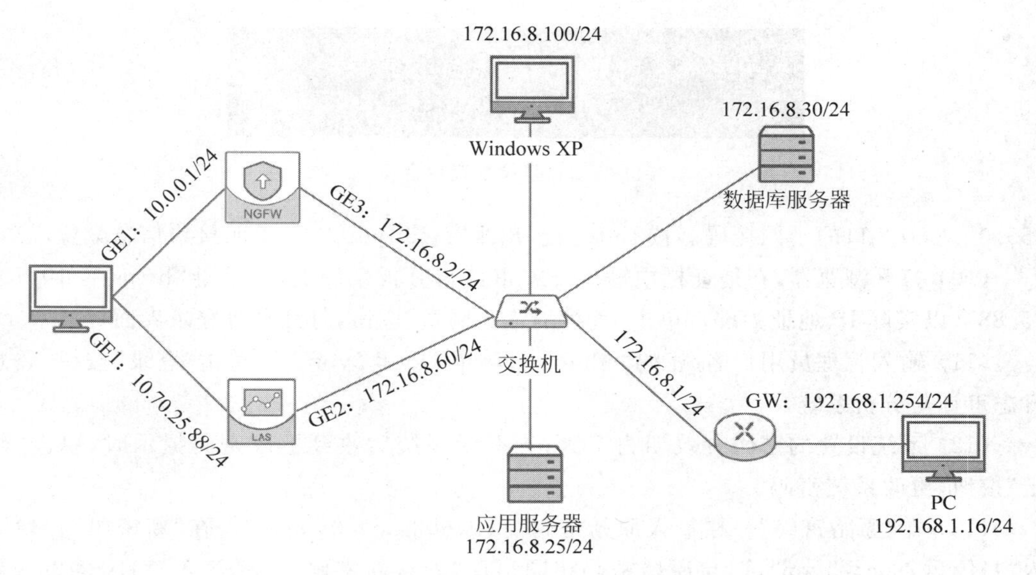

图 7-1　综合课程设计实验拓扑图

（3）为张经理创建审计管理员账号，并设置首页场景。

（4）限制某 IP 登录。

（5）对资产进行手动录入和批量导入导出。

（6）对 Linux 系统、数据库、路由器、防火墙等设备进行日志采集。

（7）登录 winxp 虚拟机向，日志审计与分析系统发送日志。

（8）启用日志解析文件，进行实时监视、实时分析、事件查询和趋势分析。

（9）进行事件归档设置。

（10）生成预定义、自定义报表。

【实验步骤】

1）登录日志平台并完成网络配置、时间校正

（1）在管理机中单击 Xshell 图标，打开 Xshell。

（2）在会话框中单击“新建”按钮，创建新的会话。

（3）在“主机”栏中输入日志审计与分析系统 GE1 接口的 IP 地址“10.70.25.88”（以实际 IP 地址为准），其他设置保持不变，单击“确定”按钮。

（4）新建的会话会在“所有会话”中显示，选中“新建会话”，单击“连接”按钮。

（5）单击“一次性接受”。

（6）在“请输入登录的用户名”一栏中输入用户名 admin，单击“确定”按钮。

（7）在“密码”栏中输入密码“@1fw#2soc$3vpn”，单击“确定”按钮。

（8）成功以 SSH 的方式登录日志审计与分析系统后台，如图 7-2 所示。

（9）输入命令“secfox -e eth1 -p 172.16.8.60 -m 255.255.255.0”，设置日志审计与分析系统 GE2 接口的 IP 地址。其中，“172.16.8.60”是 GE2 口的 IP 地址，“255.255.

```
Last login: Fri Jan 19 16:51:20 2018 from 192.168.34.34
[admin@SecFox_LAS ~]$
```

图 7-2　登录系统后台

255.0”是 GE2 口的子网掩码。按 Enter 键，出现“modify ip ...”，说明接口信息配置成功。

(10) 打开浏览器，在地址栏中输入日志审计与分析系统的 IP 地址“https://10.70.25.88”（以实际 IP 地址为准），单击“继续浏览此网站”按钮，打开平台登录界面。

(11) 输入管理员用户名/密码“admin/!1fw@2soc＃3vpn＄”，单击“登录”按钮，登录日志审计与分析系统。

(12) 系统设置的密码有效期为 7 天，当登录系统后收到更改密码提示时，单击“确定”按钮，更改系统密码。

(13) 在“原始密码”一栏输入原始密码“!1fw@2soc＃3vpn＄”。在“新密码”一栏输入“!1fw@2soc＃3vpn＄”，与原始密码相同。在“确认新密码”一栏输入“!1fw@2soc＃3vpn＄”。单击“确定”按钮。

(14) 依次单击浏览器中的“工具”→“兼容性视图设置”。

(15) 在“兼容性视图设置界面”，会自动输入日志审计与分析系统的 IP 地址“10.70.25.88”（以实际 IP 地址为准），单击“添加”按钮，添加网站兼容性视图。

(16) 单击“关闭”按钮，退出设置。

(17) 进入日志审计与分析系统后，依次单击“系统”→“系统维护”，查看到系统“IP 地址配置 1”为“172.16.8.60”。

(18) 将管理机时间与日志审计与分析系统时间统一。在日志审计与分析系统中，依次单击“系统”→“系统维护”，接着选择“时间校对设置”框中的“手动校时”选项。

(19) 单击“时间”一栏的钟表图案。

(20) 选择与管理机统一的时间。

(21) 单击屏幕空白处，退出设置。

(22) 单击“修改时间”，完成日志审计与分析系统时间的手动修改。

(23) 修改成功后，系统会跳转至登录界面，重新输入用户名/密码“admin/!1fw@2soc＃3vpn＄”，登录日志审计与分析系统。

(24) 重新登录后，查看系统界面右下方的时间，与管理机时间相同。

2) 创建审计管理员用户

(1) 完成兼容性设置后，关闭兼容性设置界面，进入日志审计与分析系统界面，选择“权限”命令，进入“权限”模块，如图 7-3 所示。

(2) 依次单击“权限”→“用户管理”，进入用户管理界面，单击“添加”按钮，如图 7-4 所示。

(3) 添加用户时，首先编辑用户信息，“用户登录名”和“用户真实姓名”均输入 zhangjingli，“登录密码”和“确认密码”输入 360testtest，如图 7-5 所示。

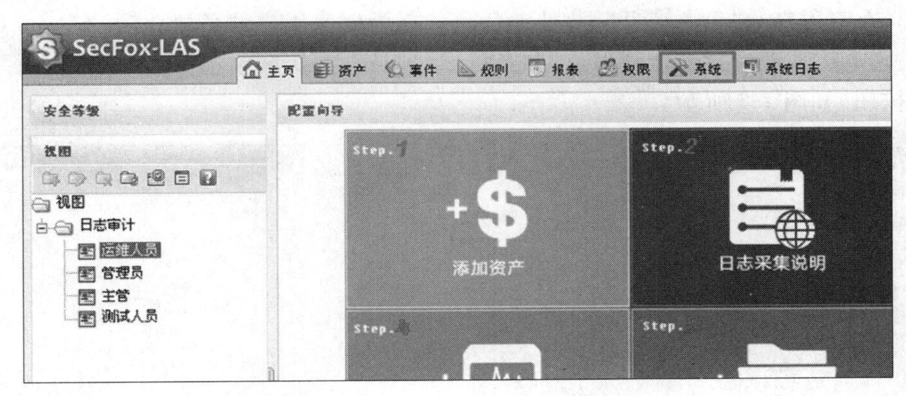

图 7-3　进入“权限”模块之一

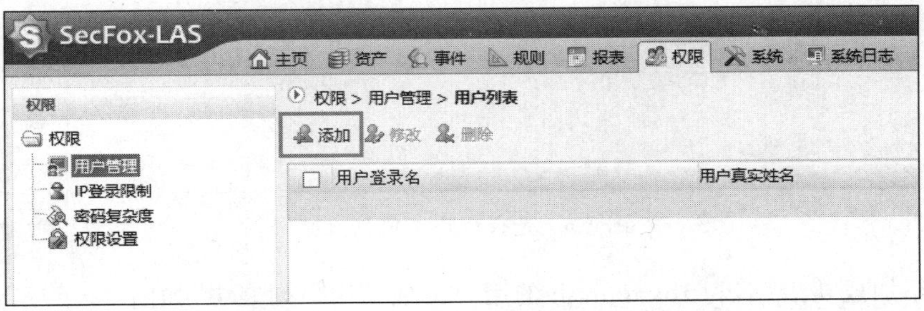

图 7-4　添加用户 1

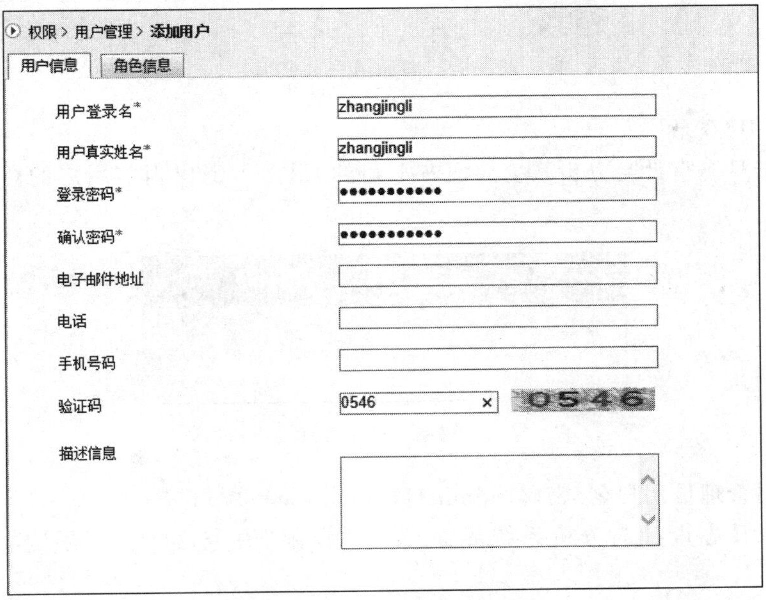

图 7-5　编辑用户 1 信息

(4) 确定用户的“角色信息”,此处的角色信息为创建用户的必填选项,有三个身份可以选择:“系统管理员”“安全管理员”和“审计管理员”,本实验中选择“审计管理员”,单击“确定”按钮,如图 7-6 所示。

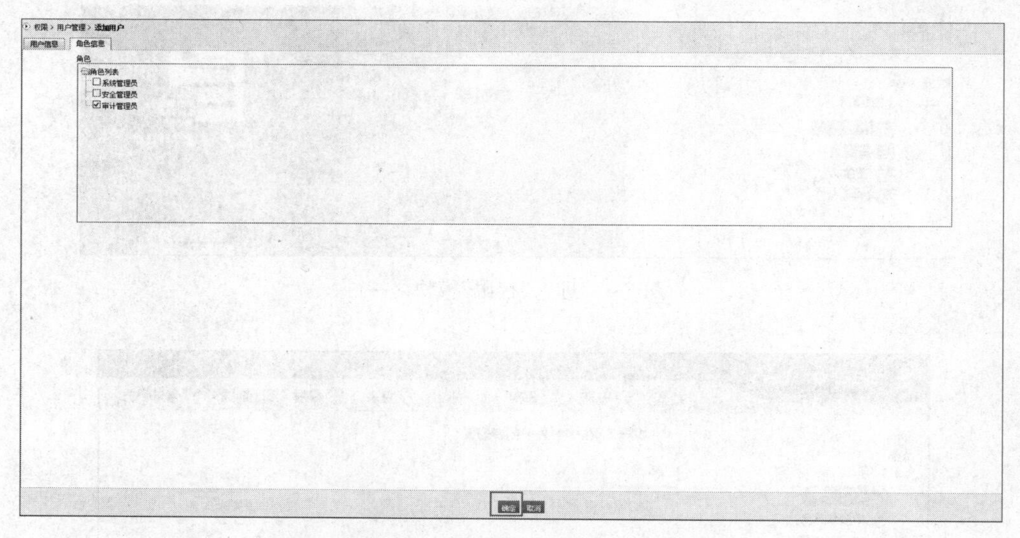

图 7-6 选择用户 1 角色信息

(5) 添加成功后,名为 zhangjingli 的用户出现在用户列表中,如图 7-7 所示。

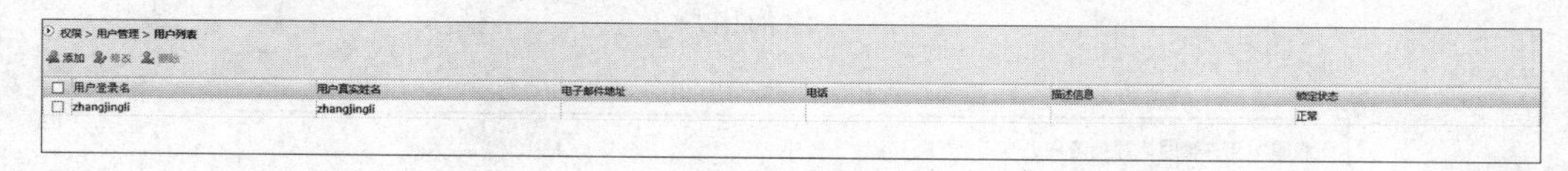

图 7-7 添加用户 1 成功

3) 限制 IP 登录

(1) 单击日志审计与分析系统界面右上角的“退出”,退出当前用户的登录,如图 7-8 所示。

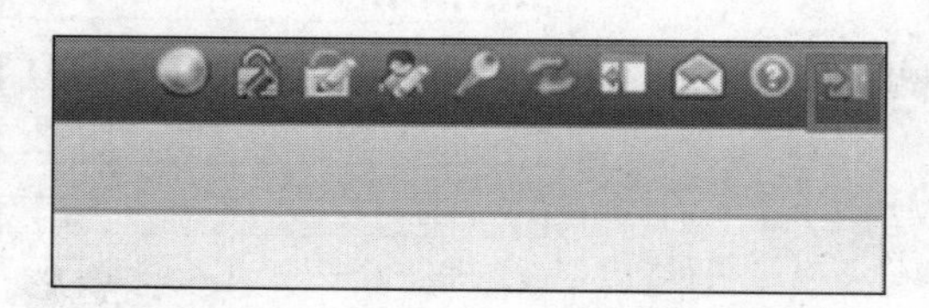

图 7-8 登录界面

(2) 使用管理员用户名/密码“admin/!1fw@2soc#3vpn”登录日志审计与分析系统。

(3) 进入日志审计与分析系统界面,选择“权限”命令,进入“权限”模块,如图 7-9 所示。

(4) 依次单击“权限”→“用户管理”,进入用户管理界面,单击“添加”按钮,如图 7-10 所示。

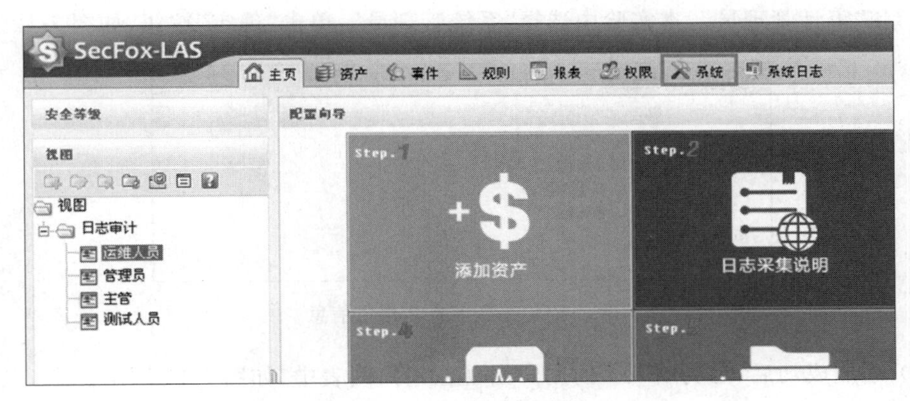

图 7-9　进入权限模块

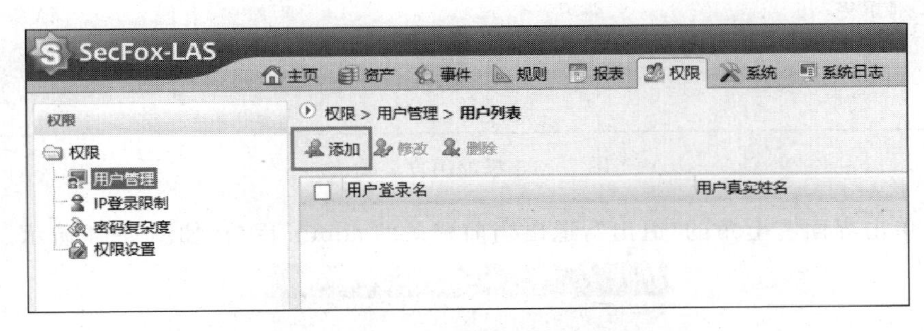

图 7-10　添加用户 2

（5）添加用户时，首先编辑用户信息，“用户登录名”和“用户真实姓名”均输入 xiaoli，“登录密码”为 360testtest，如图 7-11 所示。

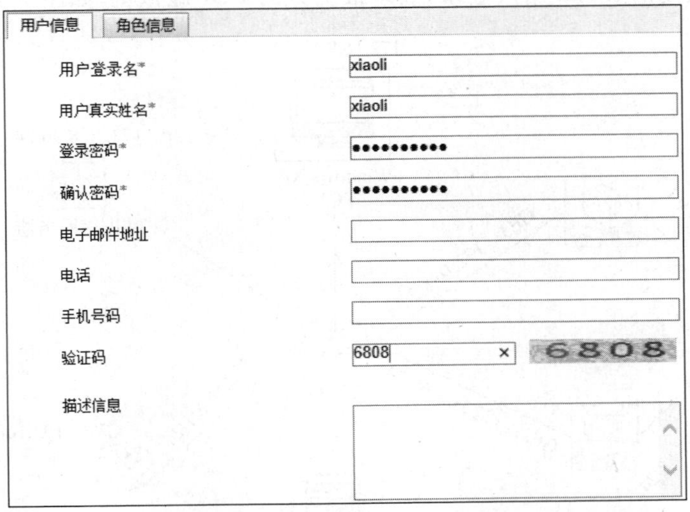

用户信息　角色信息

用户登录名*　xiaoli

用户真实姓名*　xiaoli

登录密码*　●●●●●●●●●●●

确认密码*　●●●●●●●●●●●

电子邮件地址

电话

手机号码

验证码　6808　6808

描述信息

图 7-11　编辑用户 2 信息

（6）单击“角色信息”，为用户选定角色，有三个身份可以选择：“系统管理员”“安全管理员”和“审计管理员”，本实验中选择“系统管理员”，单击“确定”按钮，如图 7-12 所示。

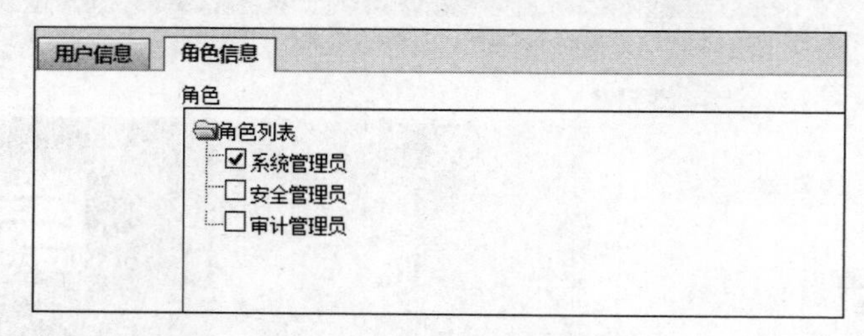

图 7-12　选择用户 2 角色信息

（7）添加成功后，名为 xiaoli 的用户出现在用户列表中，如图 7-13 所示。

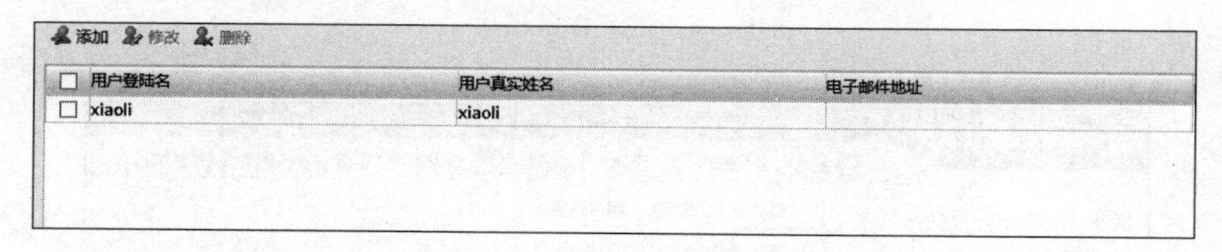

图 7-13　添加用户 2 成功

（8）单击界面右上角的“退出”，退出当前登录的 admin 用户，如图 7-14 所示。

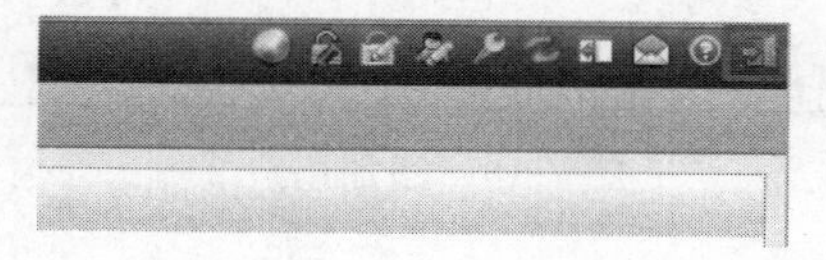

图 7-14　退出当前用户

（9）使用创建的 xiaoli 用户登录，登录最上方的 PC1 虚拟机，如图 7-15 所示。

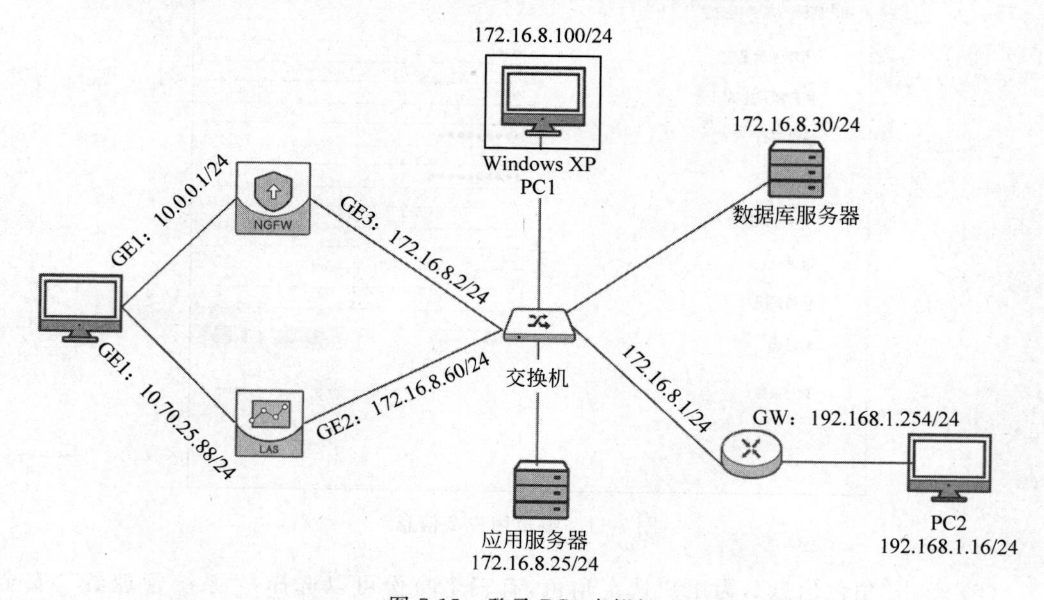

图 7-15　登录 PC1 虚拟机

(10) 运行桌面的火狐浏览器，在浏览器地址栏中输入日志审计与分析产品的 IP 地址"https://172.16.8.60"(即前述步骤配置的 IP 地址)。

(11) 单击"高级"按钮，在下方展开的窗口中单击"添加例外"按钮。

(12) 在弹出的"添加安全例外"界面中，单击"确认安全例外"按钮。

(13) 打开平台登录界面，使用用户名/密码"xiaoli/360testtest"登录设备平台。

(14) 浏览器弹出更改密码的通知，表明登录成功。

(15) 返回管理机，在浏览器地址栏中输入日志审计与分析产品的 IP 地址"https://10.70.25.88"(以实际 IP 地址为准)，打开平台登录界面，使用用户名/密码"admin/!1fw@2soc#3vpn"登录设备平台。

(16) 登录 admin 用户后，依次单击"权限"→"IP 登录限制"，如图 7-16 所示。

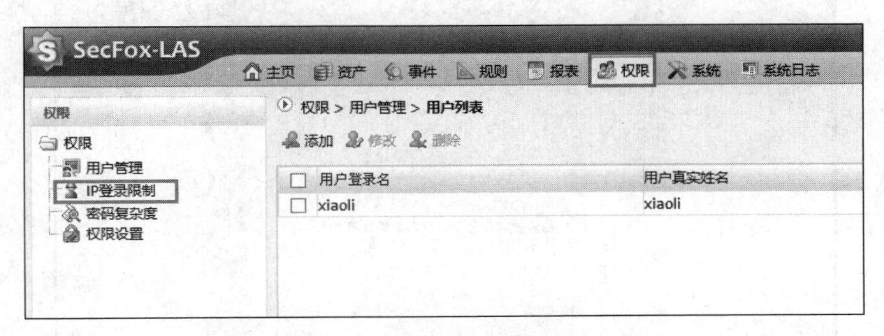

图 7-16　进入"权限"模块之三

(17) 单击"添加"按钮，添加限制登录的 IP 地址，如图 7-17 所示。

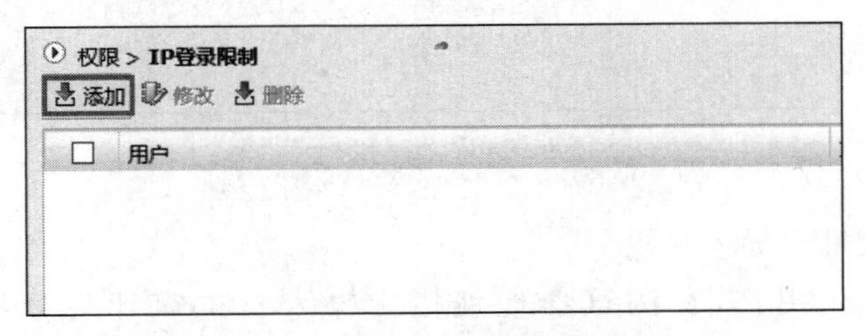

图 7-17　添加限制登录的 IP 地址

(18) 用户设置为 xiaoli，"禁止 IP 登录地址"输入"172.16.8.100"，单击"确定"按钮，如图 7-18 所示。

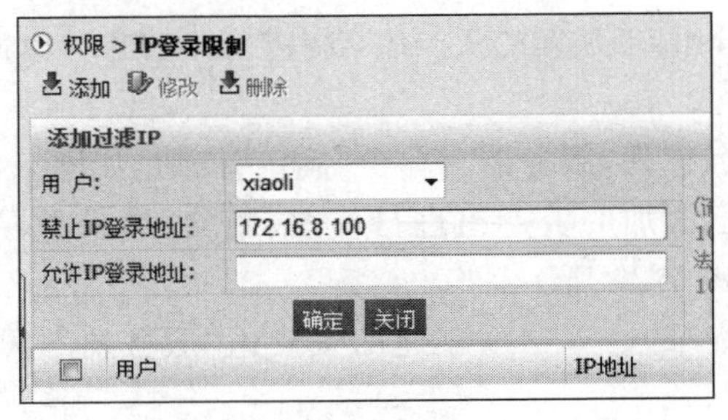

图 7-18　填写限制登录 IP

(19) 单击“确定”按钮,返回“IP 登录限制”界面,可见添加的规则信息,如图 7-19 所示。

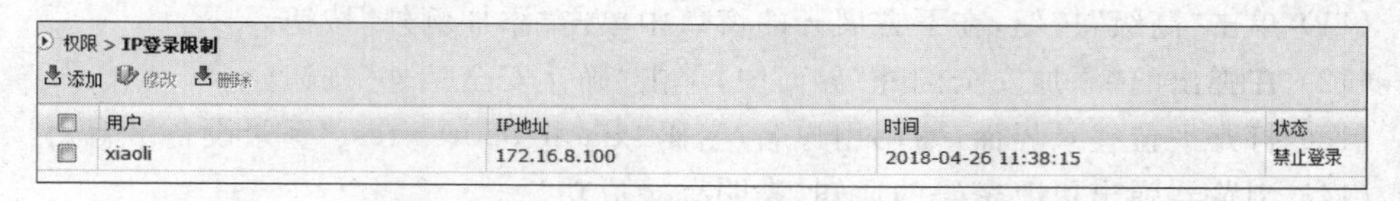

图 7-19 添加的规则信息

(20) 再次返回实验拓扑上方的 PC1 中,在火狐浏览器中再次登录,可见已被限制登录,如图 7-20 所示。

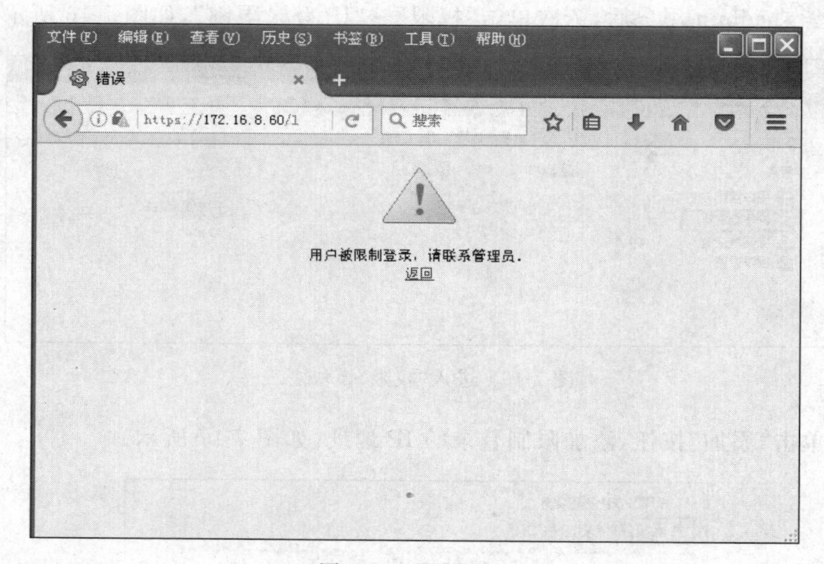

图 7-20 限制登录

4) 资产录入及批量导入导出

(1) 登录 admin 用户,在浏览器地址栏中输入日志审计与分析产品的 IP 地址“https://10.70.25.88”(以实际 IP 地址为准),打开平台登录界面,使用用户名/密码“admin/!1fw@2soc#3vpn”登录设备平台。

(2) 进入日志审计与分析系统界面,选择“资产”命令,进入“资产”模块,如图 7-21 所示。

(3) 首先进行资产分组,创建新的资产组,选中“资产对象”,单击“添加”按钮,如图 7-22 所示。

(4) 输入新资产组名称为“服务器”,单击“确定”按钮,如图 7-23 所示。

(5) 同时也可以对已添加的资产组进行修改、删除、导入和导出等操作,根据需要进行,本实验不再演示,如图 7-24 所示。

(6) 接下来进行资产录入,单击新创建的资产组“服务器”,再单击“添加”按钮,进行资产添加,如图 7-25 所示。

图 7-21　进入“资产”模块

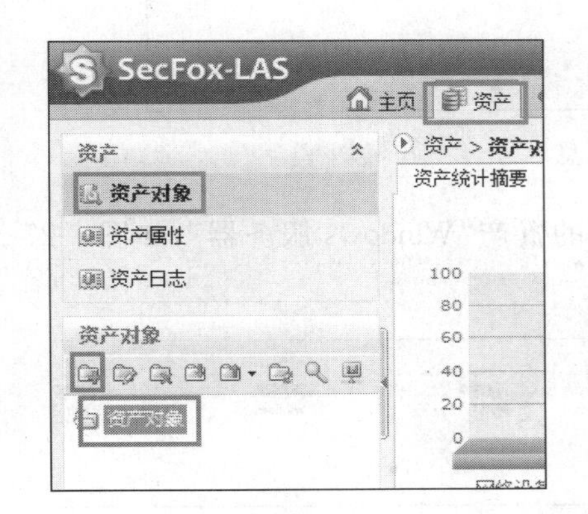

图 7-22　添加资产组

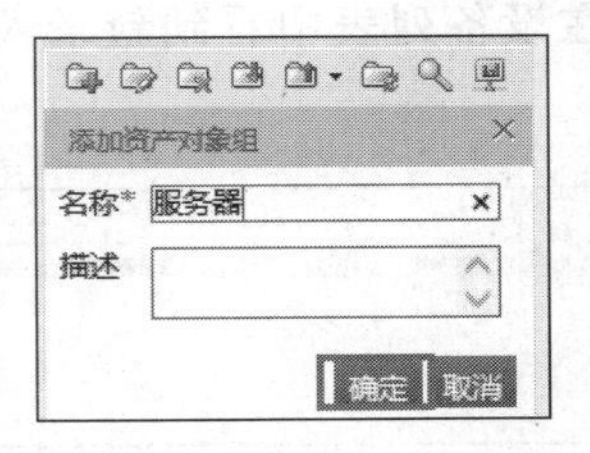

图 7-23　编辑资产组信息

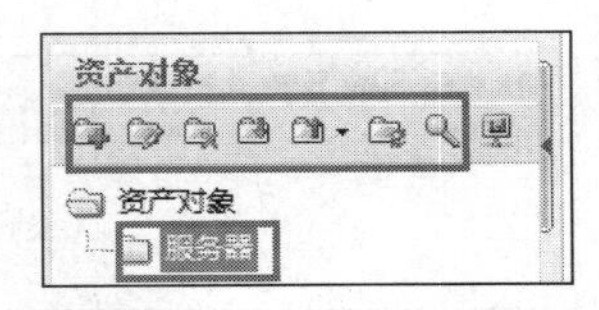

图 7-24　编辑资产组信息

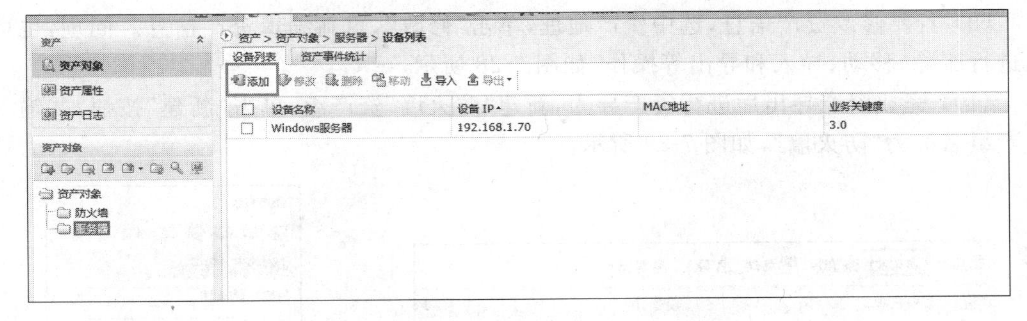

图 7-25　添加资产

（7）编辑资产信息，“设备名称”输入“Windows 服务器”，“设备 IP”输入“192.168.1.70”，“子网掩码”输入“255.255.255.0”，“业务关键度”输入 3.0；选择“设备类型”为“服务器”，

“设备型号”为 Windows。本实验中给出的设备 IP、子网掩码等信息仅供参考,请根据实际情况输入,单击“确定”按钮,如图 7-26 所示。

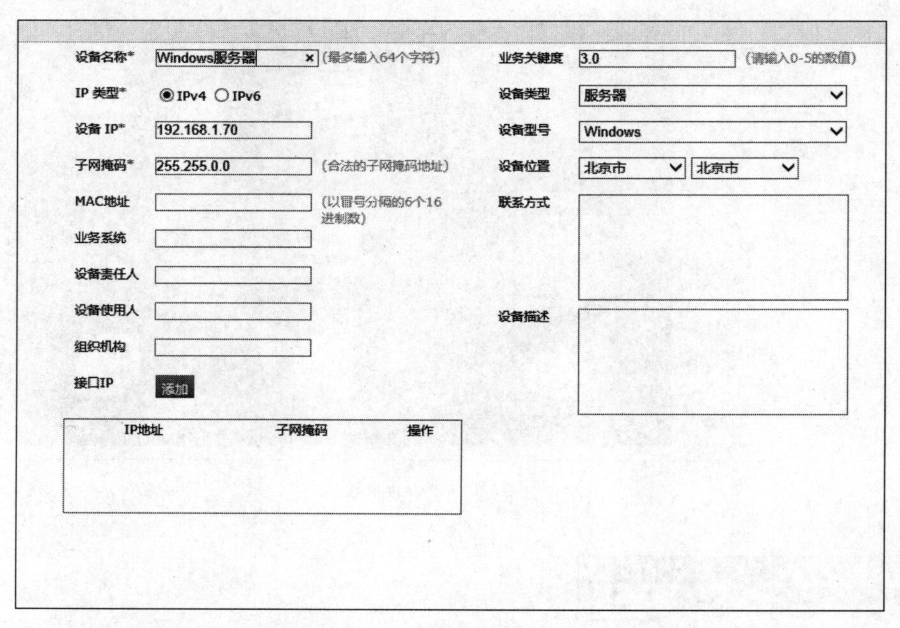

图 7-26　编辑资产信息

(8) 完成添加后,可以在设备列表中看到新录入的资产“Windows 服务器”,如图 7-27 所示。

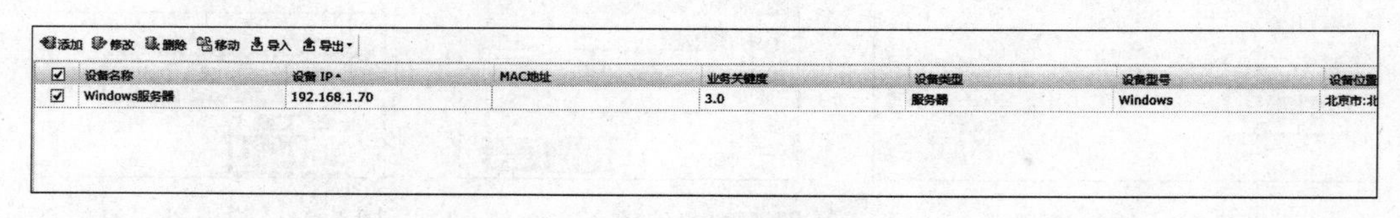

图 7-27　资产组列表

(9) 若要修改资产信息,选中资产地址,单击“修改”,重新编辑资产信息。同理,也可以进行删除、移动、导入和导出等操作,如图 7-28 所示。

(10) 完成资产导出后进行资产导入,新建“防火墙”资产组,单击“新建”按钮,并输入资产组名称为“防火墙”,如图 7-29 所示。

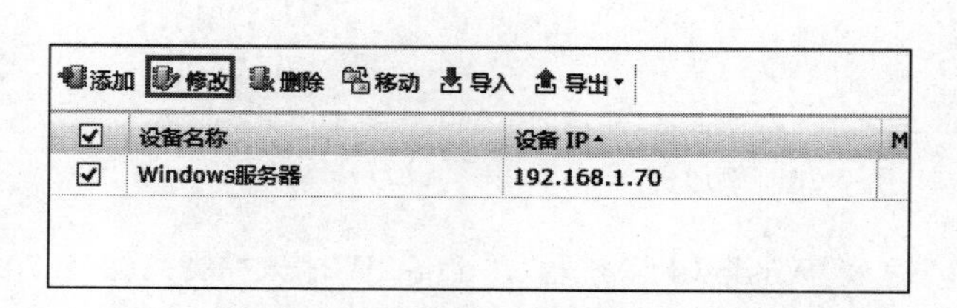

图 7-28　修改资产信息

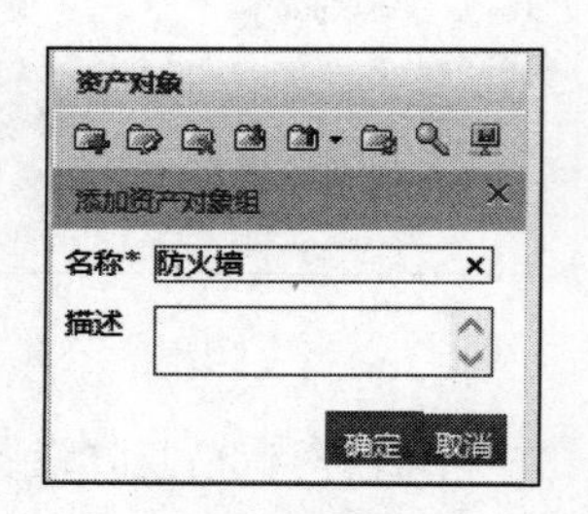

图 7-29　新建资产组

(11) 在批量导入资产信息时，只有符合日志系统要求的格式才可以被识别，因此需要按照模板来输入资产信息，单击“导入”按钮，并单击“下载”按钮即可进行模板的下载，并将其存放于管理机桌面，如图 7-30 所示。

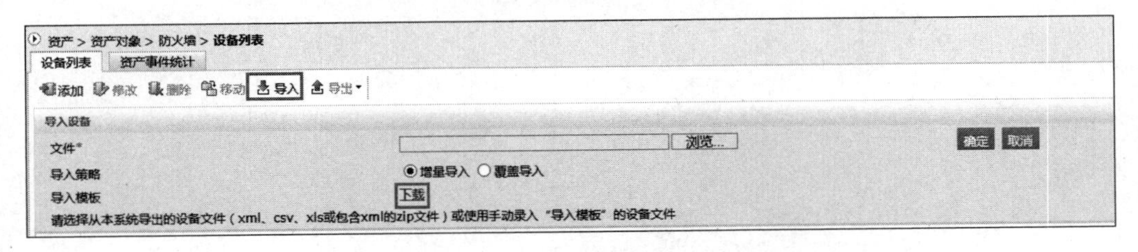

图 7-30　下载导入模板

(12) 打开刚刚下载的模板文件，按照模板输入资产信息，需要输入的有“设备名称”“设备 IP”“子网掩码”“业务关键度”“设备类型”“设备型号”和“设备位置”等信息，按照图 7-31 进行输入，输入完毕后，以 xls 格式另存至管理机桌面，如图 7-31 所示。

A	B	C	D	E	F	G	H	I	J	K	L	M	N
设备名称	设备IP	子网掩码	MAC地址	业务关键度	设备类型	设备型号	设备位置	联系方式	设备描述	业务系统	设备责任人	设备使用人	组织机构
360防火墙	192.168.1.50	255.255.255.0		0.0	安全设备	普通防火墙	北京市:北京市						
360防火墙2	192.168.2.50	255.255.255.0		0.0	安全设备	普通防火墙	北京市:北京市						
360防火墙3	192.168.3.50	255.255.255.0		0.0	安全设备	普通防火墙	北京市:北京市						

图 7-31　输入资产信息

(13) 单击“导入”后，选择导入的资产信息文件以及导入方式，系统提供两种导入方式，分别是“增量导入”和“覆盖导入”，本实验中选择“增量导入”。单击“浏览”按钮，并选择存放在管理机桌面的资产文件 assetlmportTemple. xls，单击“确定”按钮，完成资产批量导入，如图 7-32 所示。

图 7-32　导入资产

5) 采集路由器日志

(1) 选择 con-router，打开路由器，如图 7-33 所示。

(2) 输入用户名 admin，密码为空。登录路由器，如图 7-34 所示。

(3) 输入命令“ip addr pri”，查看路由器网卡的 IP 配置。其中，与 Windows 系统相连的接口 2 的 IP 地址为“192. 168. 1. 254”，与日志审计与分析系统相连的接口 1 的 IP 地址为“172. 16. 8. 1”，如图 7-35 所示。

(4) 输入命令“/system ntp client”，设置时间同步，如实验环境不能连接外网，此过程仅用于熟悉设置，后续再增加设置时间的步骤，如图 7-36 所示。

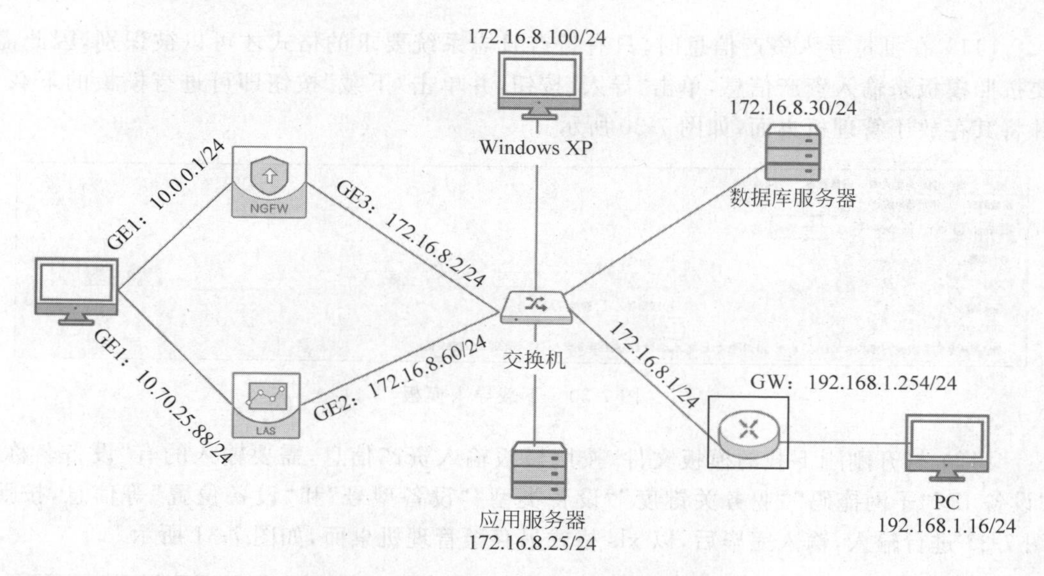

图 7-33　打开路由器

```
MikroTik 5.20
MikroTik Login: admin
Password:
```

图 7-34　登录路由器

```
[admin@MikroTik] > ip addr pri
Flags: X - disabled, I - invalid, D - dynamic
 #   ADDRESS            NETWORK         INTERFACE
 0   172.16.8.1/24      172.16.8.0      ether1
 1   192.168.1.254/24   192.168.1.0     ether2
[admin@MikroTik] >
```

图 7-35　路由器 IP 配置

```
     gmt-offset: +08:00
[admin@MikroTik] > /system ntp client
[admin@MikroTik] /system ntp client> _
```

图 7-36　设置时间同步

(5) 输入命令“set mode＝unicast primary-ntp＝210.72.145.44　secondary-ntp＝210.72.145.44 enabled＝yes”，设置 ntp 地址，如图 7-37 所示。

```
[admin@MikroTik] /system ntp client> set mode=unicast primary-ntp=210.72.145.44
secondary-ntp=210.72.145.44 enabled=yes
[admin@MikroTik] /system ntp client>
```

图 7-37　配置 ntp 地址

(6) 输入命令“..”，回退至上一级，如图 7-38 所示。

```
invalid value for argument ipv6-address
[admin@MikroTik] /system ntp client> set mode=unicast primary-ntp=210.72.145.44
secondary-ntp=210.72.145.44 enabled=yes
[admin@MikroTik] /system ntp client> ..
[admin@MikroTik] /system ntp>
```

图 7-38　回退至上一级

(7) 输入命令“..”,回退至 system 目录,如图 7-39 所示。

```
[admin@MikroTik] /system ntp client> ..
[admin@MikroTik] /system ntp> ..
[admin@MikroTik] /system>
```

图 7-39　回退至 system 目录

(8) 输入命令“..”,回退至根目录,如图 7-40 所示。

```
[admin@MikroTik] /system ntp client> ..
[admin@MikroTik] /system ntp> ..
[admin@MikroTik] /system> ..
[admin@MikroTik] >
```

图 7-40　回退至根目录

(9) 输入命令“system clock print”,查看路由器当前的时间,如图 7-41 所示。

```
[admin@MikroTik] > system clock print
            time: 10:26:15
            date: apr/26/2018
  time-zone-name: manual
      gmt-offset: +00:00
```

图 7-41　显示当前系统时间

(10) 输入命令“system clock set time＝10:38:00 date＝apr/26/2018”(时间及日期设置以实际时间为准),其中,time 代表时间,date 代表日期,如图 7-42 所示。

```
[admin@MikroTik] > system clock set time=10:38:00 date=apr/26/2018
[admin@MikroTik] > _
```

图 7-42　设置当前时间

(11) 输入命令“/system clock print”,查看修改后的系统时间,与管理机时间统一,如图 7-43 所示。

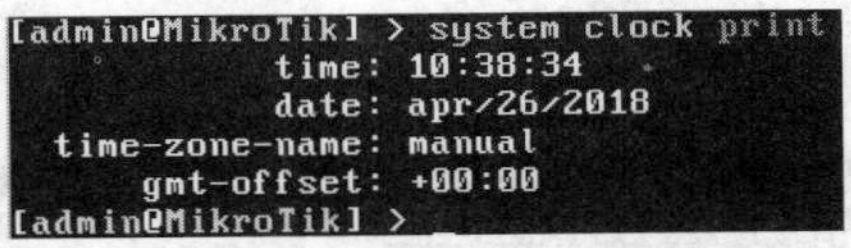

```
[admin@MikroTik] > system clock print
            time: 10:38:34
            date: apr/26/2018
  time-zone-name: manual
      gmt-offset: +00:00
[admin@MikroTik] >
```

图 7-43　查看修改时间

(12) 选择实验拓扑图中右侧的 PC2,登录系统,如图 7-44 所示。

(13) 单击桌面上的“实验工具”文件夹,双击 winbox 文件夹,查看 winbox 工具。winbox 是基于 Windows 的远程管理 RouterOS 路由系统的软件,为用户提供直观方便的图形界面,如图 7-45 所示。

(14) 双击“winbox5.x 中文版.exe”,打开 winbox 工具,在“路由地址”一栏输入路由器接口 2 的 IP 地址“192.168.1.254”,单击“连接”按钮,如图 7-46 所示。

(15) 依次单击“系统”→“日志”,打开 winbox 的日志管理,如图 7-47 所示。

(16) 在“日志”界面中单击“动作”标签页,双击名称为 remote 且类型为“远程”一栏,配置远程地址,如图 7-48 所示。

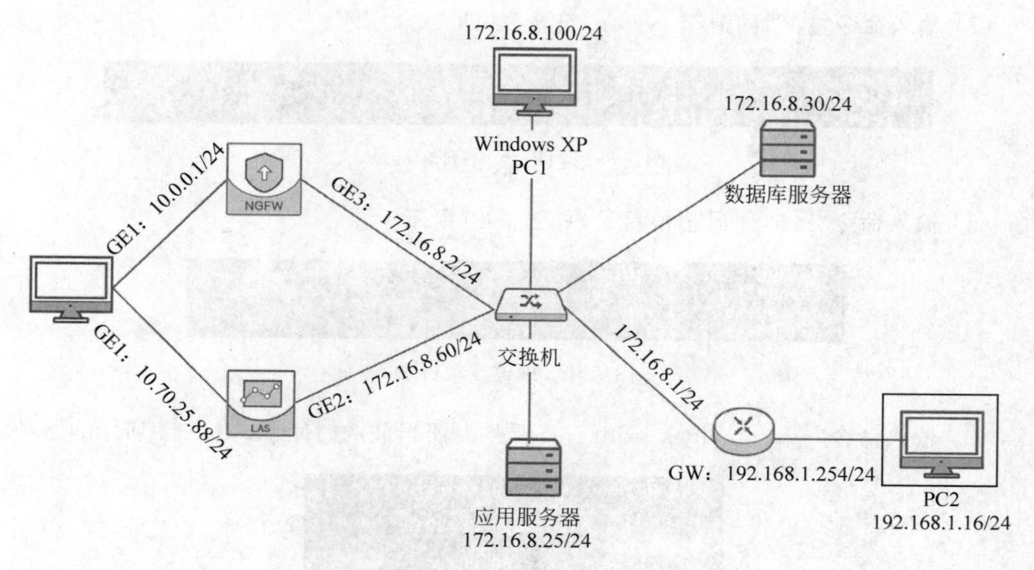

图 7-44　打开 Windows 系统

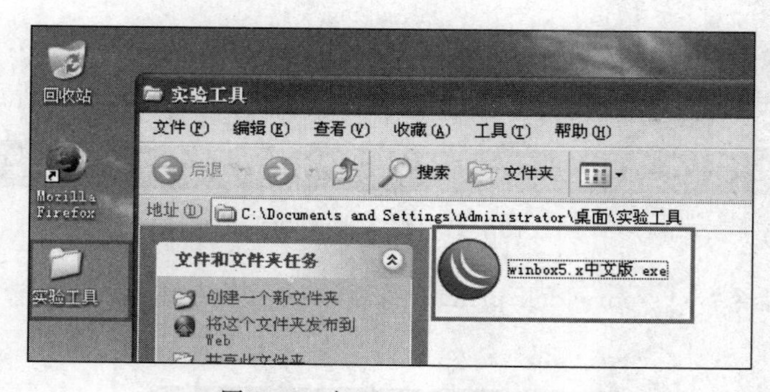

图 7-45　打开 winbox 文件夹

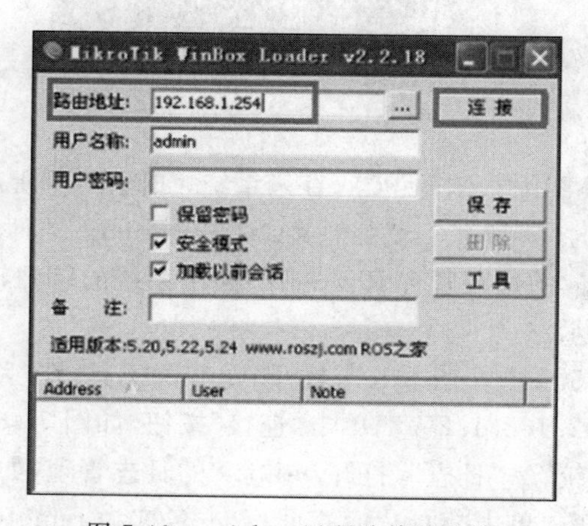

图 7-46　winbox 远程连接路由器

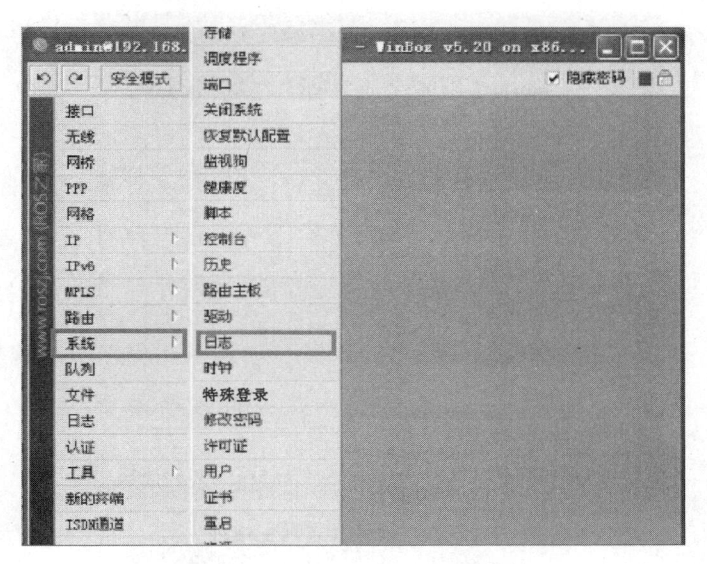

图 7-47 打开 winbox 日志管理

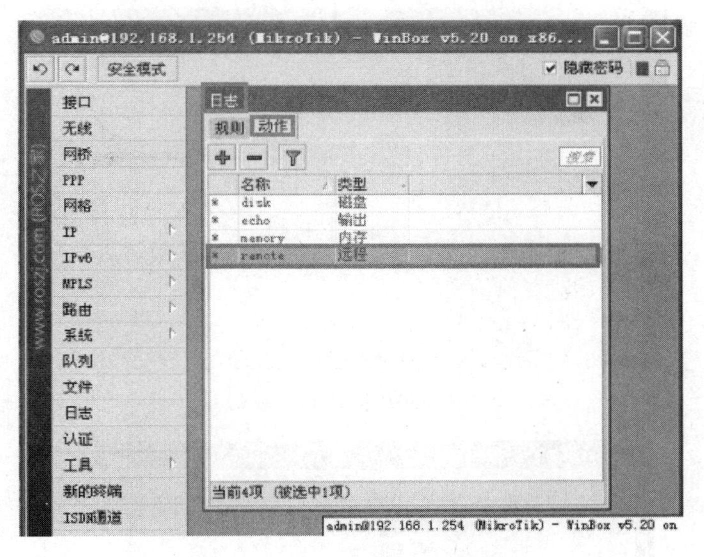

图 7-48 打开日志的远程设置

(17) 在"远程地址"一栏输入日志审计与分析系统的 IP 地址"172.16.8.60",其他配置保持默认配置不变,单击"确定"按钮,如图 7-49 所示。

(18) 选择"规则"标签页,双击主题为 info 一栏,如图 7-50 所示。

(19) 单击"动作"一栏的下拉选项,选择 remote,单击"确定"按钮,将 info 信息发送至日志审计与分析系统,如图 7-51 所示。

(20) 将主题为 critical、error 和 warning 对应的动作也修改为 remote,操作与 info 一致,修改结果如图 7-52 所示。

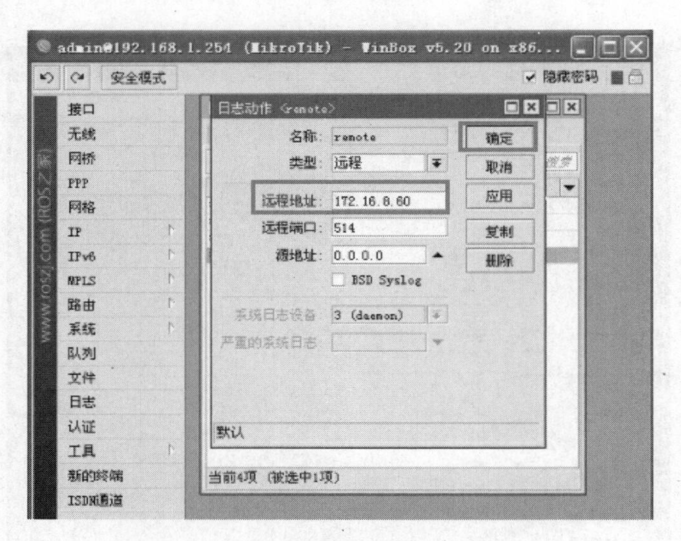

图 7-49　设置日志远程地址

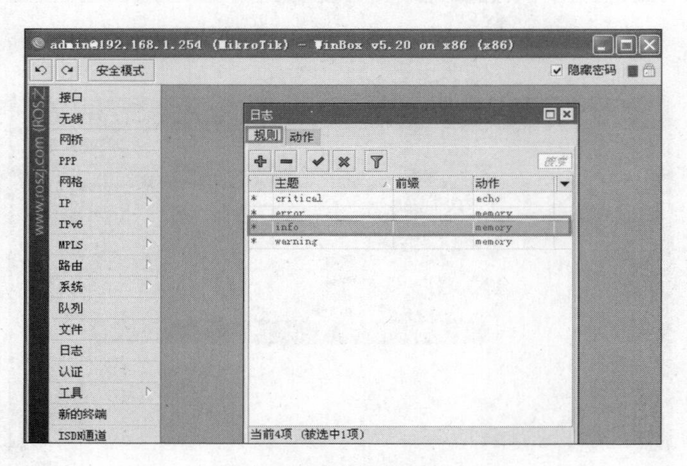

图 7-50　打开 info 规则

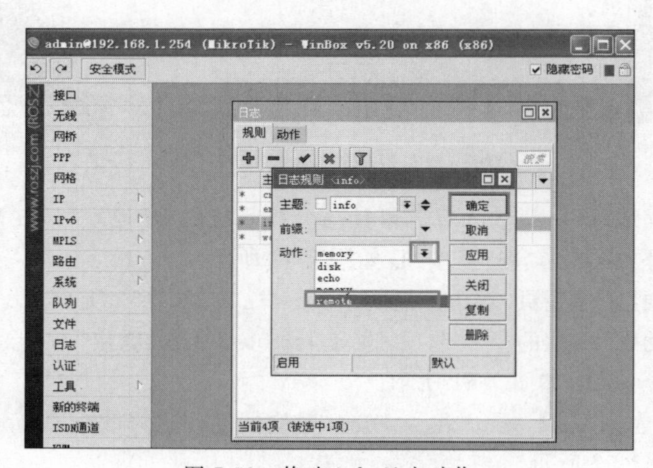

图 7-51　修改 info 日志动作

图 7-52 修改全部日志动作为 remote

(21) 在日志审计与分析系统主界面中依次单击“资产”→“资产日志”,接着单击“刷新”按钮,查看路由器 IP 对应的资产日志管理信息,如图 7-53 所示。

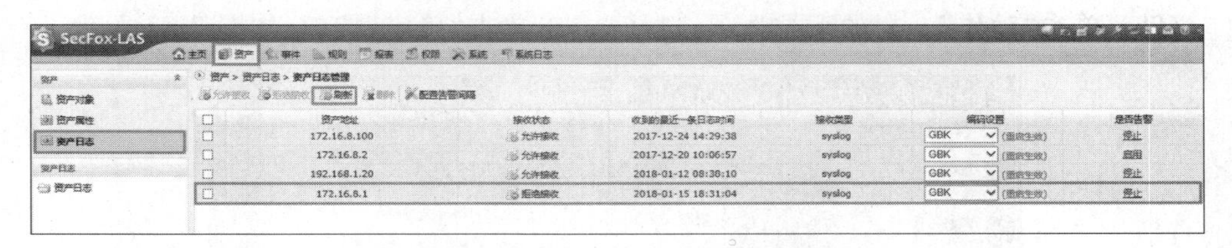

图 7-53 查看路由器日志管理信息

(22) 选中路由器的资产日志管理信息,单击“允许接收”按钮,使日志审计与分析系统可以及时接收路由器的日志信息,如图 7-54 所示。

图 7-54 修改接收状态

(23) “接收状态”一栏被更改为“允许接收”,如图 7-55 所示。

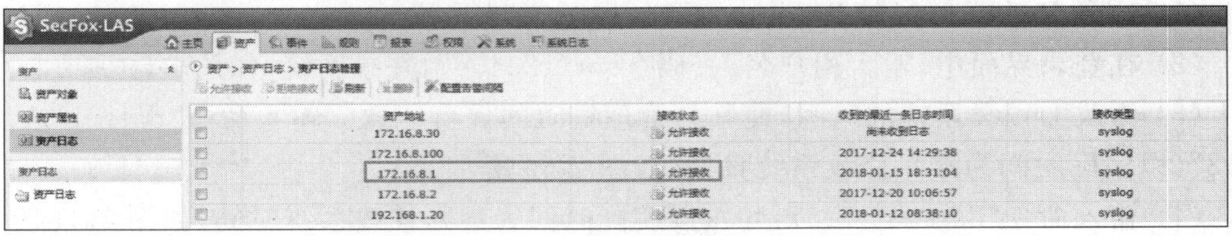

图 7-55 允许系统接收路由器日志

(24) 在 Windows 系统的 winbox 中,选择“规则”标签页,双击主题为 critical 一栏,如图 7-56 所示。

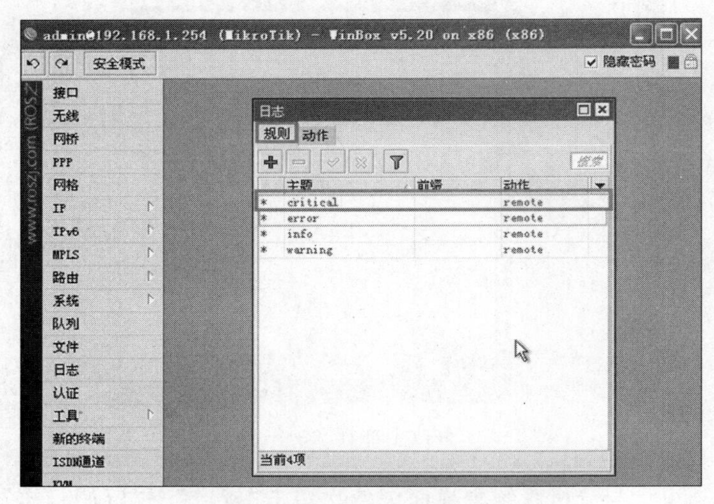

图 7-56　打开 critical 规则

(25) 单击“动作”一栏的下拉选项,选择 echo,单击“确定”按钮,如图 7-57 所示。

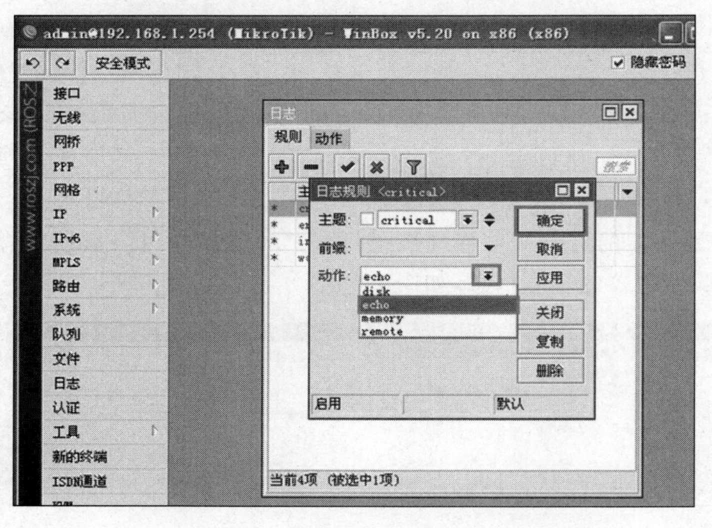

图 7-57　修改 critical 日志动作

6) 对 Linux 系统进行日志采集

(1) 选择 Redhat6.0,打开 Linux 系统,如图 7-58 所示。

(2) 在登录界面中,输入用户名/密码“root/123456”,登录系统,如图 7-59 所示。

(3) 修改 Linux 系统的时间,使其与管理机时间保持一致。输入命令“date -s 04/26/2018”(以实际时间为准),修改系统日期,如图 7-60 所示。

(4) 输入命令“date -s 17:57:40”(以实际时间为准),修改系统时间,如图 7-61 所示。

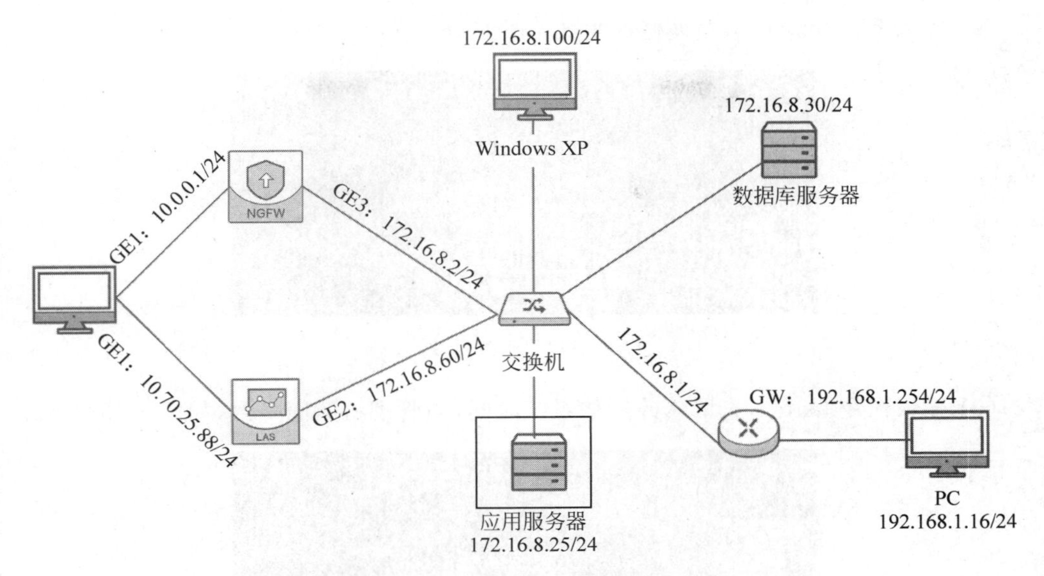

图 7-58　打开 Linux 系统

```
Red Hat Enterprise Linux Server release 6.0 (Santiago)
Kernel 2.6.32-71.el6.x86_64 on an x86_64

localhost login: root
Password:
Last login: Thu Apr 26 11:48:08 on tty1
[root@localhost ~]# _
```

图 7-59　登录系统

```
Red Hat Enterprise Linux Server release 6.
Kernel 2.6.32-71.el6.x86_64 on an x86_64

localhost login: root
Password:
Last login: Thu Apr 26 11:48:08 on tty1
[root@localhost ~]# date -s 04/26/2018
Thu Apr 26 00:00:00 CST 2018
[root@localhost ~]#
```

图 7-60　修改日期

```
Red Hat Enterprise Linux Server release 6.0 (Santiag
Kernel 2.6.32-71.el6.x86_64 on an x86_64

localhost login: root
Password:
Last login: Thu Apr 26 11:48:08 on tty1
[root@localhost ~]# date -s 04/26/2018
Thu Apr 26 00:00:00 CST 2018
[root@localhost ~]# date -s 11:57:00
Thu Apr 26 11:57:00 CST 2018
[root@localhost ~]# _
```

图 7-61　修改时间

(5) 输入命令“clock -w”,使修改生效,如图 7-62 所示。

```
Red Hat Enterprise Linux Server release 6.0 (Santiago
Kernel 2.6.32-71.el6.x86_64 on an x86_64

localhost login: root
Password:
Last login: Thu Apr 26 11:48:08 on tty1
[root@localhost ~]# date -s 04/26/2018
Thu Apr 26 00:00:00 CST 2018
[root@localhost ~]# date -s 11:57:00
Thu Apr 26 11:57:00 CST 2018
[root@localhost ~]# clock -w
[root@localhost ~]#
```

图 7-62　修改生效

(6) 输入命令“date”,查看修改后的系统时间,与管理机时间一致,如图 7-63 所示。

```
Red Hat Enterprise Linux Server release 6.0 (Santiago
Kernel 2.6.32-71.el6.x86_64 on an x86_64

localhost login: root
Password:
Last login: Thu Apr 26 11:48:08 on tty1
[root@localhost ~]# date -s 04/26/2018
Thu Apr 26 00:00:00 CST 2018
[root@localhost ~]# date -s 11:57:00
Thu Apr 26 11:57:00 CST 2018
[root@localhost ~]# clock -w
[root@localhost ~]# date
Thu Apr 26 11:58:15 CST 2018
[root@localhost ~]# _
```

图 7-63　查看修改后的系统时间

(7) 输入命令“ifconfig”,查看当前的网络配置,如图 7-64 所示。

```
Thu Apr 26 00:00:00 CST 2018
[root@localhost ~]# date -s 11:57:00                    Ctrl+Alt+Delete
Thu Apr 26 11:57:00 CST 2018
[root@localhost ~]# clock -w
[root@localhost ~]# date
Thu Apr 26 11:58:15 CST 2018
[root@localhost ~]# ifconfig
eth0      Link encap:Ethernet  HWaddr 02:37:E1:D0:1C:14
          inet6 addr: fe80::37:e1ff:fed0:1c14/64 Scope:Link
          UP BROADCAST RUNNING MULTICAST  MTU:1500  Metric:1
          RX packets:372 errors:0 dropped:0 overruns:0 frame:0
          TX packets:18 errors:0 dropped:0 overruns:0 carrier:0
          collisions:0 txqueuelen:1000
          RX bytes:63441 (61.9 KiB)  TX bytes:4572 (4.4 KiB)

lo        Link encap:Local Loopback
          inet addr:127.0.0.1  Mask:255.0.0.0
          inet6 addr: ::1/128 Scope:Host
          UP LOOPBACK RUNNING  MTU:16436  Metric:1
          RX packets:0 errors:0 dropped:0 overruns:0 frame:0
          TX packets:0 errors:0 dropped:0 overruns:0 carrier:0
          collisions:0 txqueuelen:0
          RX bytes:0 (0.0 b)  TX bytes:0 (0.0 b)

[root@localhost ~]#
```

图 7-64　查看网络接口信息

(8) 输入命令“ifconfig eth0 172.16.8.25 netmask 255.255.255.0”,设置 eth0 网卡 IP 地址为“172.16.8.25”,按 Enter 键后,再次输入命令“ifconfig”,查看 IP 地址是否设置成功,如图 7-65 所示。

```
[root@localhost ~]# ifconfig eth0 172.16.8.25 netmask 255.255.255.0
[root@localhost ~]# ifconfig
eth0      Link encap:Ethernet  HWaddr 02:37:E1:D0:1C:14
          inet addr:172.16.8.25  Bcast:172.16.8.255  Mask:255.255.255.0
          inet6 addr: fe80::37:e1ff:fed0:1c14/64 Scope:Link
          UP BROADCAST RUNNING MULTICAST  MTU:1500  Metric:1
          RX packets:407 errors:0 dropped:0 overruns:0 frame:0
          TX packets:18 errors:0 dropped:0 overruns:0 carrier:0
          collisions:0 txqueuelen:1000
          RX bytes:69702 (68.0 KiB)  TX bytes:4572 (4.4 KiB)

lo        Link encap:Local Loopback
          inet addr:127.0.0.1  Mask:255.0.0.0
          inet6 addr: ::1/128 Scope:Host
          UP LOOPBACK RUNNING  MTU:16436  Metric:1
          RX packets:0 errors:0 dropped:0 overruns:0 frame:0
          TX packets:0 errors:0 dropped:0 overruns:0 carrier:0
          collisions:0 txqueuelen:0
          RX bytes:0 (0.0 b)  TX bytes:0 (0.0 b)

[root@localhost ~]# _
```

图 7-65　设置 IP 地址

(9) 输入命令“vi /etc/rsyslog.conf”，进入 Rsyslog 配置文件，如图 7-66 所示。

```
[root@localhost ~]# vi /etc/rsyslog.conf
```

图 7-66　进入配置文件

(10) 按 i 键，进入输入模式，如图 7-67 所示。

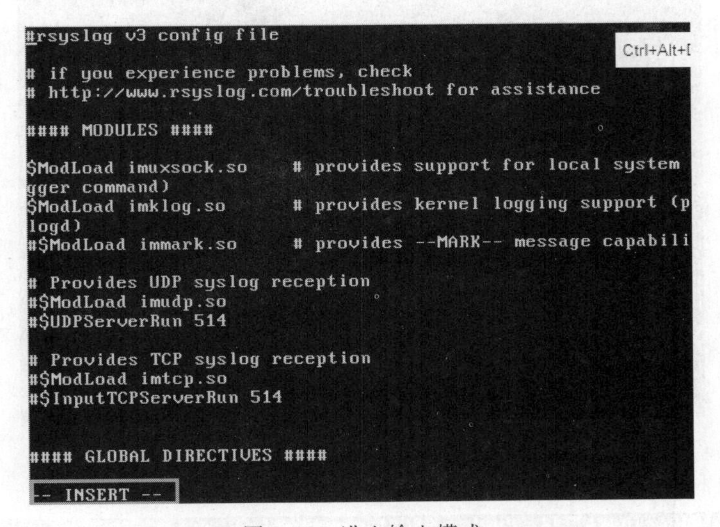
#rsyslog v3 config file
Ctrl+Alt+I
if you experience problems, check
http://www.rsyslog.com/troubleshoot for assistance
MODULES
$ModLoad imuxsock.so   # provides support for local system
gger command)
$ModLoad imklog.so   # provides kernel logging support (p
logd)
#$ModLoad immark.so   # provides --MARK-- message capabili
Provides UDP syslog reception
#$ModLoad imudp.so
#$UDPServerRun 514
Provides TCP syslog reception
#$ModLoad imtcp.so
#$InputTCPServerRun 514
GLOBAL DIRECTIVES
-- INSERT --

图 7-67　进入输入模式

(11) 在文件末添加“*.*@172.16.8.60”，其中，“172.16.8.60”是日志审计与分析系统的 IP 地址，如图 7-68 所示。

(12) 按 Esc 键，输入命令“:wq”，保存并退出，如图 7-69 所示。

(13) 输入命令“service rsyslog restart”，重启 Rsyslog 服务，如图 7-70 所示。

(14) 在管理机中登录日志审计与分析系统平台，依次单击“资产”→“资产日志”，接着单击“刷新”按钮，如图 7-71 所示。

```
# Save boot messages also to boot.log                    Ctrl+Alt+Delete
local7.*                                                 /var/log/boot.log


# ### begin forwarding rule ###
# The statement between the begin ... end define a SINGLE forwarding
# rule. They belong together, do NOT split them. If you create multiple
# forwarding rules, duplicate the whole block!
# Remote Logging (we use TCP for reliable delivery)
#
# An on-disk queue is created for this action. If the remote host is
# down, messages are spooled to disk and sent when it is up again.
#$WorkDirectory /var/sppl/rsyslog # where to place spool files
#$ActionQueueFileName fwdRule1 # unique name prefix for spool files
#$ActionQueueMaxDiskSpace 1g   # 1gb space limit (use as much as possible)
#$ActionQueueSaveOnShutdown on # save messages to disk on shutdown
#$ActionQueueType LinkedList   # run asynchronously
#$ActionResumeRetryCount -1    # infinite retries if host is down
# remote host is: name/ip:port, e.g. 192.168.0.1:514, port optional
#*.* @@remote-host:514
# ### end of the forwarding rule ###
*.* @172.16.8.60_
-- INSERT --
```

图 7-68　修改 Rsyslog 配置文件

```
# Save boot messages also to boot.log                    Ctrl+Alt-
local7.*                                                 /va


# ### begin forwarding rule ###
# The statement between the begin ... end define a SINGLE f
# rule. They belong together, do NOT split them. If you cre
# forwarding rules, duplicate the whole block!
# Remote Logging (we use TCP for reliable delivery)
#
# An on-disk queue is created for this action. If the remot
# down, messages are spooled to disk and sent when it is up
#$WorkDirectory /var/sppl/rsyslog # where to place spool f
#$ActionQueueFileName fwdRule1 # unique name prefix for spo
#$ActionQueueMaxDiskSpace 1g   # 1gb space limit (use as mu
#$ActionQueueSaveOnShutdown on # save messages to disk on s
#$ActionQueueType LinkedList   # run asynchronously
#$ActionResumeRetryCount -1    # infinite retries if host i
# remote host is: name/ip:port, e.g. 192.168.0.1:514, port
#*.* @@remote-host:514
# ### end of the forwarding rule ###
*.* @172.16.8.60
:wq
```

图 7-69　退出并保存 Rsyslog 配置文件

```
[root@localhost ~]# service rsyslog restart
Shutting down system logger:                               [  OK  ]
Starting system logger:                                    [  OK  ]
[root@localhost ~]#
```

图 7-70　重启服务

（15）刷新后，可以查看地址为 Linux 系统 IP 地址“172.16.8.25”的资产日志管理信息，如图 7-72 所示。

（16）选中 Linux 系统 IP 对应的资产日志管理信息，单击“允许接收”按钮，使日志审计与分析系统可以及时接收 Linux 系统的日志信息，如图 7-73 所示。

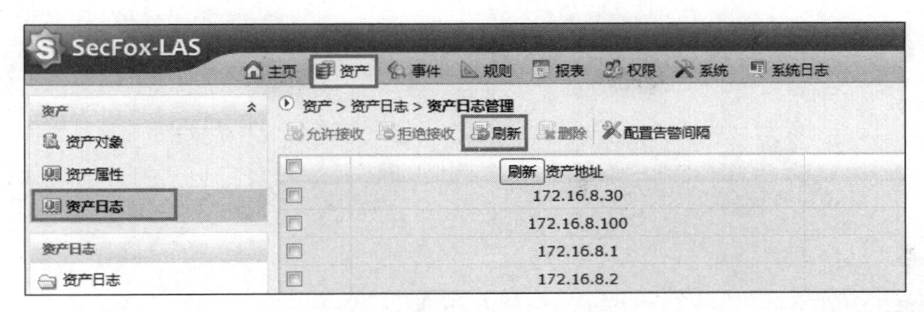

图 7-71 刷新资产日志信息

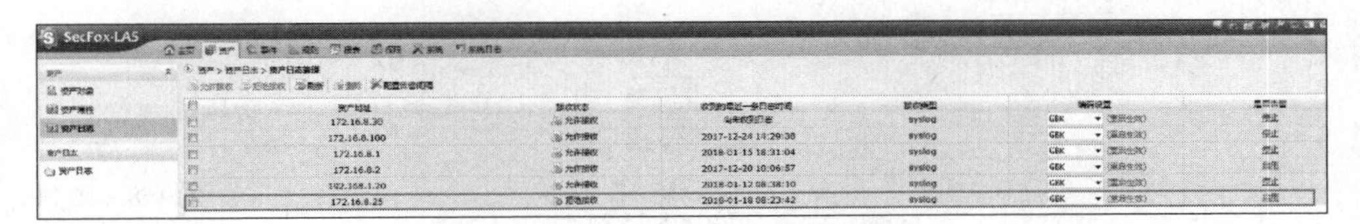

图 7-72 查看 Linux 日志管理信息

图 7-73 单击“允许接收”

(17)“接收状态”转变为“允许接收”即可接收日志信息,如图 7-74 所示。

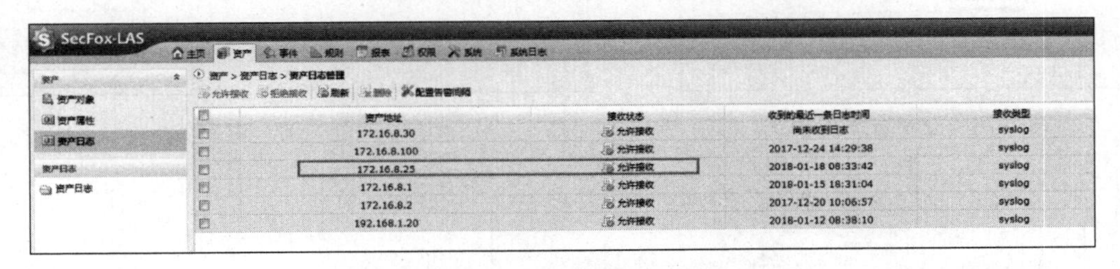

图 7-74 接收状态被修改

7)采集数据库日志

(1)登录实验拓扑中右上角的数据库服务器,如图 7-75 所示。

(2)在系统登录界面单击下方的 Other...按钮,如图 7-76 所示。

(3)在 Username 中输入用户名 root,并单击“Log In”按钮,如图 7-77 所示。

(4)在 Password 中输入登录密码 123456,并单击“Log In”按钮,如图 7-78 所示。

(5)查看右上角显示的系统的时间,使其与管理机时间保持一致,如图 7-79 所示。

(6)系统时间相匹配后,依次单击左上方的 Applications → System Tools → Terminal,运行终端程序,如图 7-80 所示。

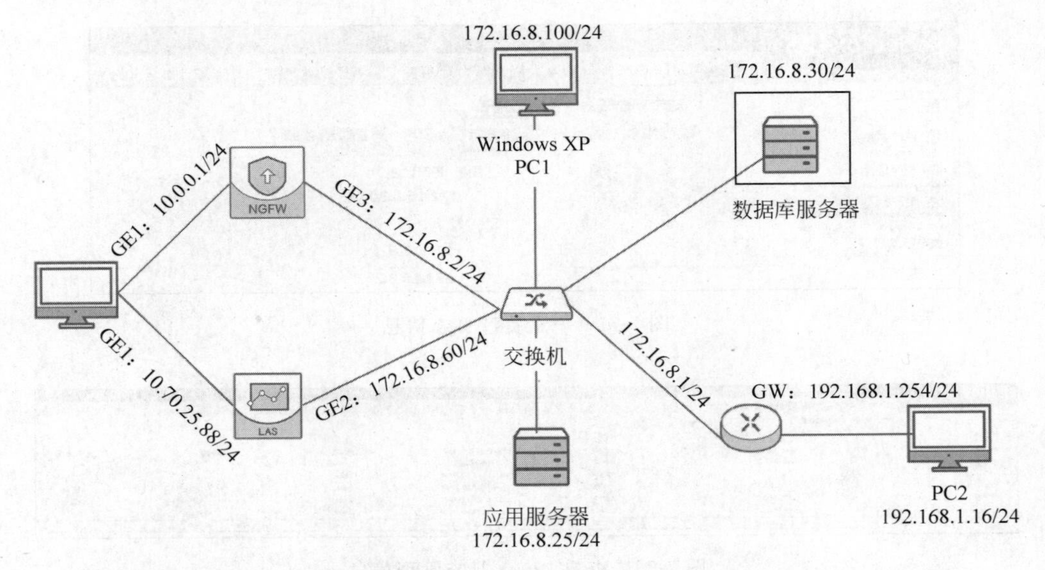

图 7-75　登录数据库服务器

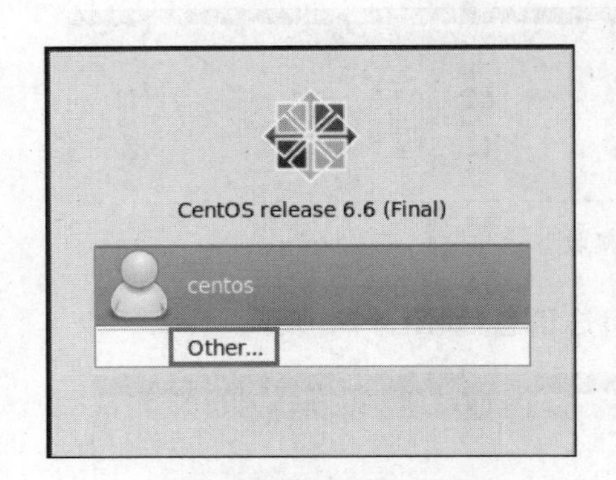

图 7-76　登录数据库系统

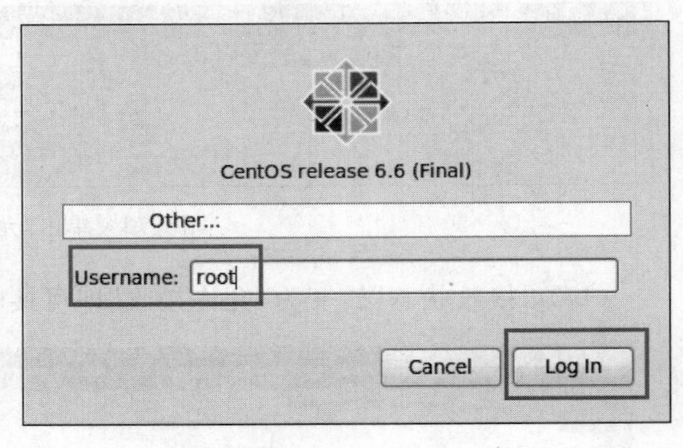

图 7-77　输入用户名

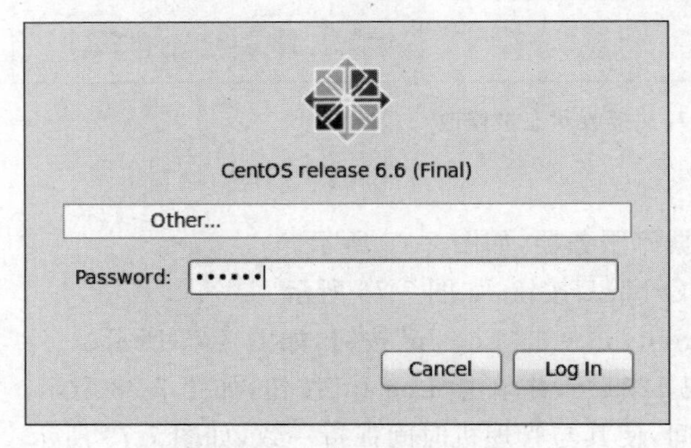

图 7-78　输入登录密码

Thu Apr 26, 12:29

图 7-79　核对系统时间

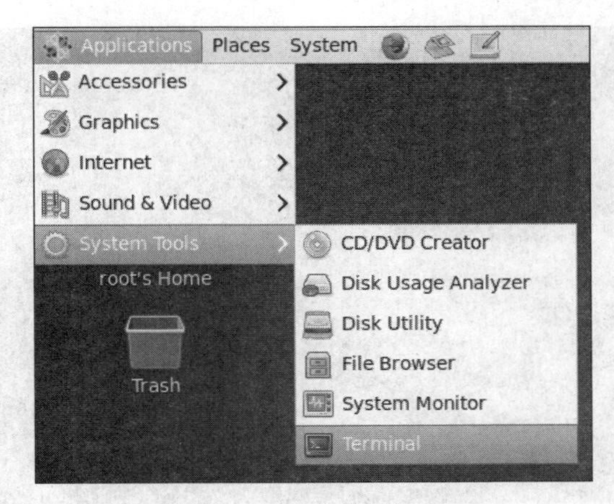

图 7-80　运行终端程序

(7) 在终端程序中输入命令“mkdir -v /var/spool/rsyslog”,创建/var/spool/rsyslog 目录。该目录为 MySQL 数据库对应的 Rsyslog 子配置文件的工作目录,如图 7-81 所示。

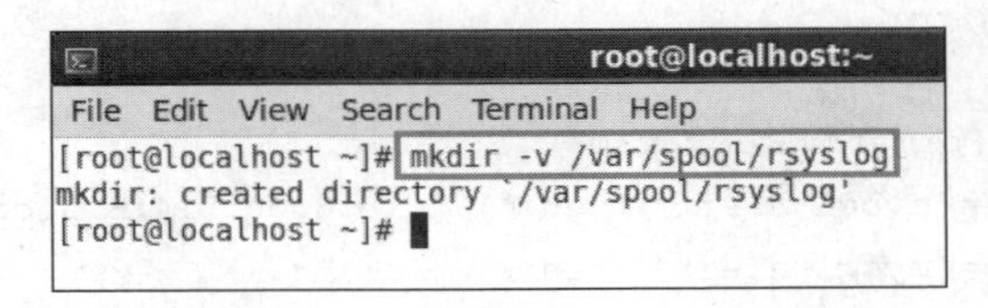

图 7-81　创建目录

(8) 输入命令“vi /etc/rsyslog. d/mysql-biglog. conf”,新建 Rsyslog 的子配置文件 mysql-biglog. conf,如图 7-82 所示。

图 7-82　新建 Rsyslog 子配置文件

(9) 按 Enter 键,进入新创建的文件,此时文件内容为空,如图 7-83 所示。

(10) 按 i 键,进入输入模式。在文件中输入配置信息:

```
$ModLoad imfile
$InputFilePollInterval 3
$WorkDirectory /var/spool/rsyslog
$PrivDropToGroup adm

$InputFileName /var/log/mysql.log
$InputFileTag mysql_alert:
$InputFileStateFile stat_mysql_alert
$InputFileSeverity info
```

图 7-83　进入子配置文件

```
$InputFilePersistStateInterval 25000
$InputRunFileMonitor

$template BiglogFormatMySQL,"%msg%\n"
if $programname=='mysql_alert' then @172.16.8.60:514;BiglogFormatMySQL
if $programname=='mysql_alert' then ~
```

将日志文件名、文件路径、日志发送端地址和接口等信息写入配置文件。其中，InputFileName 表示需要采集的日志文件路径，使用@代表使用 UDP 协议，“172.16.8.60”代表日志接收端的 IP 地址，实验的日志接收端即为日志审计与分析系统，514 表示日志文件的接收端口，如图 7-84 所示。

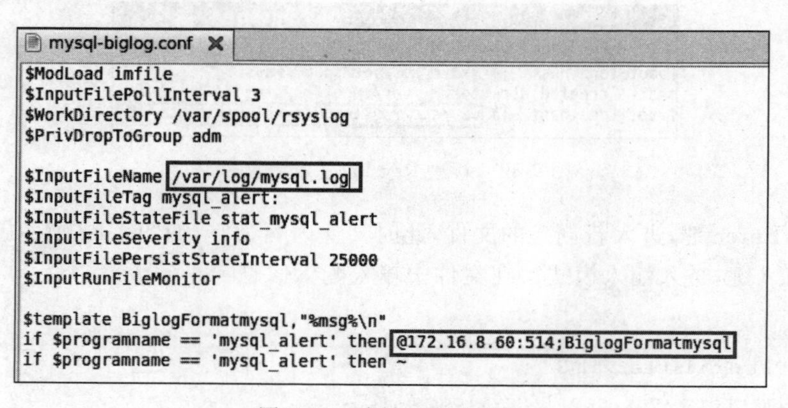

图 7-84　编辑子配置文件

(11) 按 Esc 键并输入命令“:”，关闭编辑模式，在下方的提示框中输入 wq，标识写入文件并关闭编辑器，如图 7-85 所示。

(12) 返回终端程序界面后，再输入命令“service rsyslog restart”，重启 Rsyslog 服务，如图 7-86 所示。

```
root@localhost:~
File  Edit  View  Search  Terminal  Help
$ModLoad imfile
$InputFilePollInterval 3
$WorkDirector /var/spool/rsyslog
$PrivDropToGroup adm

$InputFileName /var/log/mysql.log
$InputFileTag mysql_alert
$InputFileStateFile stat_mysql_alert
$InputFileServerity info
$InputFilePersistStateInterval 25000
$InputRunFileMonitor

$template BiglogFormatMySQL,"%msg%\n"
if $programname=='mysql_alert' then @172.16.8.60:514;BiglogFormatMySQL
if $programname=='mysql_alert' then ~
~
~
~
~
~
~
~
:wq
```

图 7-85　退出编辑状态

```
root@localhost:~
File  Edit  View  Search  Terminal  Help
[root@localhost ~]# mkdir -v /var/spool/rsyslog
mkdir: created directory `/var/spool/rsyslog'
[root@localhost ~]# vi /etc/rsyslog.d/mysql-biglog.conf
[root@localhost ~]# service rsyslog restart
Shutting down system logger:                               [  OK  ]
Starting system logger:                                    [  OK  ]
[root@localhost ~]#
```

图 7-86　重启 Rsyslog 服务

(13) 在管理机中登录日志审计与分析系统平台，依次单击“资产”→“资产日志”，接着单击“刷新”按钮，可以查看 MySQL 数据库所在系统的 IP 对应的资产日志管理信息，如图 7-87 所示。

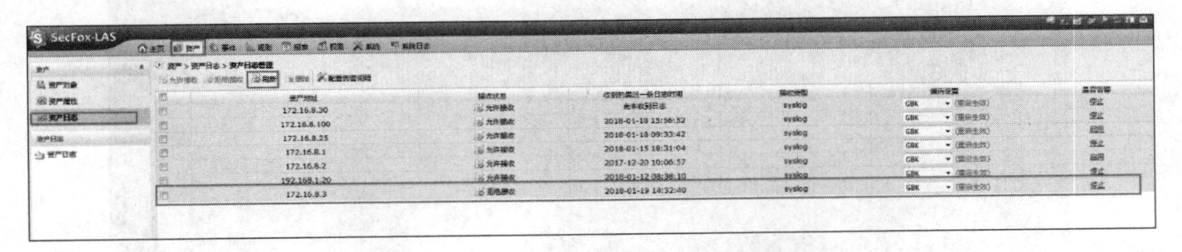

图 7-87　查看 Oracle 日志管理信息

(14) 选中 Oracle 数据库所在系统的 IP 对应的资产日志管理信息，单击“允许接收”按钮，使日志审计与分析系统可以及时接收 Oracle 的日志信息，如图 7-88 所示。

(15) “接收状态”转变为“允许接收”，如图 7-89 所示。

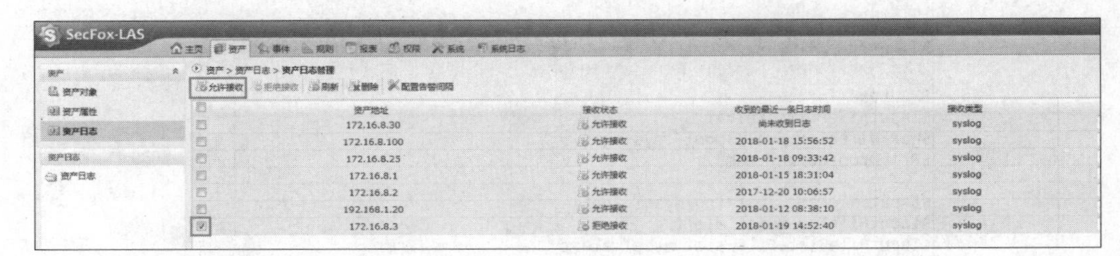

图 7-88　单击“允许接收”

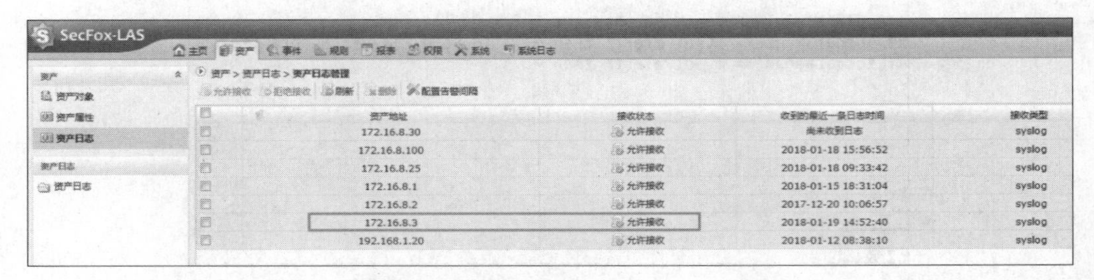

图 7-89　接收状态被修改

8）采集防火墙日志

(1) 在管理机中打开谷歌浏览器，在地址栏中输入防火墙的 IP 地址“https://10.0.0.1”（以实际 IP 地址为准），进入防火墙的登录界面，输入管理员用户名 admin 和密码“!1fw@2soc#3vpn”登录防火墙，登录界面如图 7-90 所示。

图 7-90　防火墙登录界面

(2) 用户使用默认密码登录防火墙时,为提高防火墙系统的安全性,防火墙系统会提示用户修改初始密码,本实验不需要修改默认密码,单击"取消"按钮,如图7-91所示。

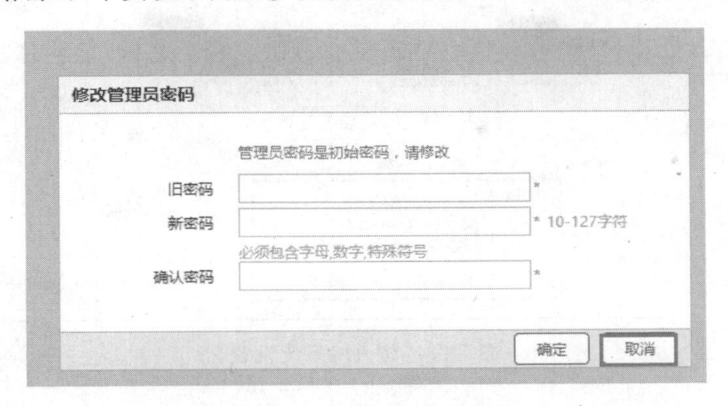

图7-91 修改初始密码界面

(3) 登录防火墙设备后,显示防火墙的面板界面,如图7-92所示。

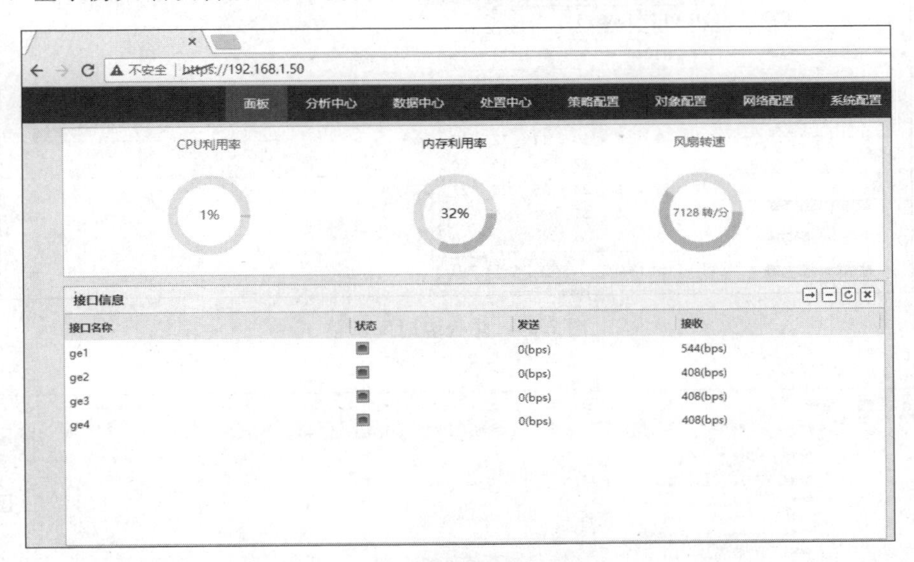

图7-92 防火墙面板界面

(4) 首先将防火墙平台的系统时间与管理机的时间进行统一,选择"系统配置"命令,进行时间调整,如图7-93所示。

(5) 根据管理机的时间对系统时间进行调整,确定修改时间后单击"确认"按钮,如图7-94所示。

(6) 配置网络接口。依次单击面板上方导航栏中的"网络配置"→"接口",显示当前接口列表,单击GE3右侧"操作"中的笔形标志,编辑GE3接口设置,如图7-95所示。

(7) 在弹出的"编辑物理接口"界面中,GE3是模拟连接内网的接口,因此"安全域"设置为any,"工作模式"选中"路由模式"复选框,在"本地地址列表"中的IPv4标签栏中,单击"+添加"按钮,如图7-96所示。

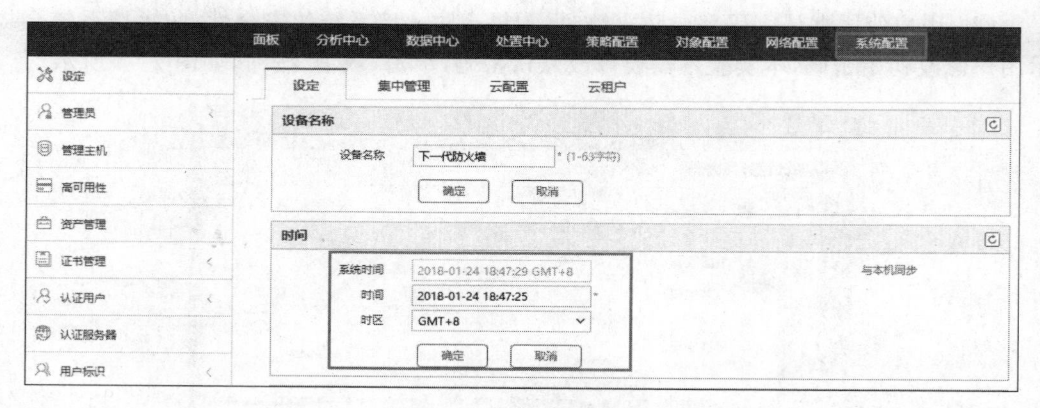

图 7-93　防火墙系统设置

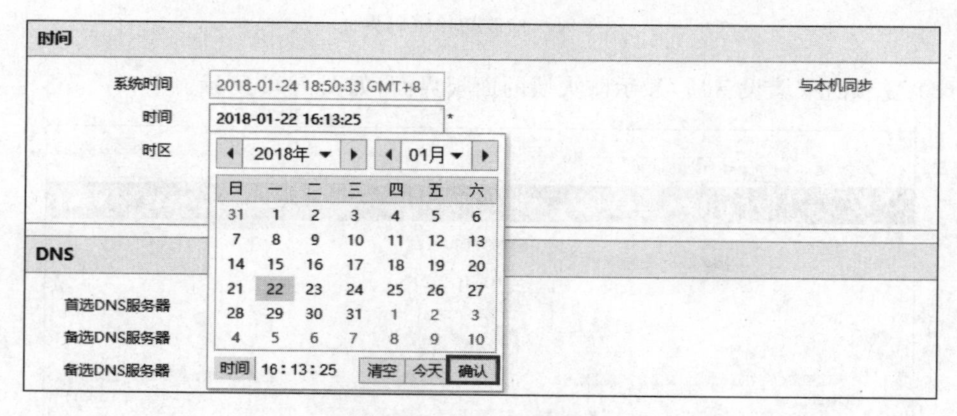

图 7-94　防火墙时间调整

名称	工作模式	接入信息	HA组	安全域	状态 物理口	状态 IPv4	状态 IPv6	引用	启用	操作
ge1	路由模式	10.0.0.1/255.255.255.0 192.168.3.50/255.255.0.0 fe80::216:31ff:fee1:6a66/64	0					0		
ge2	路由模式	110.69.70.2/255.255.255.0 fe80::216:31ff:fee1:6a67/64	0					0		
ge3	路由模式	172.16.8.2/255.255.255.0 fe80::216:31ff:fee1:6a68/64	0					0		
ge4	路由模式	fe80::216:31ff:fee1:6a69/64	0					0		
ge5	路由模式	fe80::216:31ff:fee1:6a6a/64	0					0		
ge6	路由模式	1.1.1.1/255.255.255.0 fe80::216:31ff:fee1:6a6b/64	0					1		

图 7-95　编辑 GE3 接口

(8) 在弹出的“添加 IPv4 本地地址”界面中，在“本地地址”中输入 GE3 对应的 IP 地址“172.16.8.2”，此处注意与日志审计与分析系统的 GE2 对应的 IP 地址应处于同一网段，“子网掩码”输入“255.255.255.0”，“类型”设置为 float，如图 7-97 所示。

(9) 单击“确定”按钮，返回“编辑物理接口”界面，确认 GE3 接口信息是否无误，如图 7-98 所示。

(10) 接下来配置日志服务器，依次单击“系统配置”→“日志配置”，如图 7-99 所示。

(11) 在“日志配置”界面单击“添加”按钮，为防火墙平台添加日志服务器，如图 7-100 所示。

物理接口
启用
名称
GE3
MAC地址
00:16:31:e1:6a:68
恢复默认
虚MAC地址
00:00:00:10:03:00
描述
(0-127)个字符
安全域
any
工作模式
路由模式
交换模式
旁路模式
HA组
0
本地地址列表
IPv4
IPv6
静态地址
DHCP
添加
删除

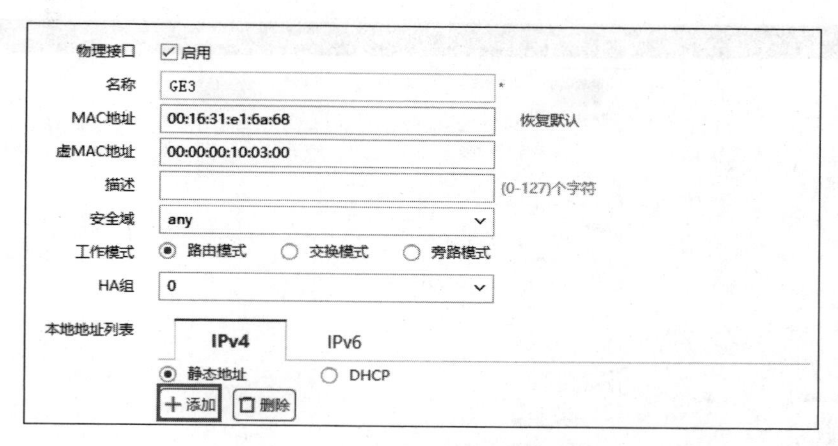

图 7-96　编辑 GE3 接口

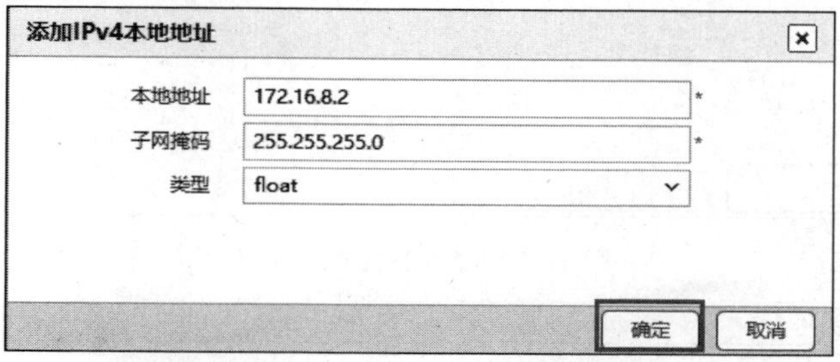

添加IPv4本地地址
本地地址
172.16.8.2
子网掩码
255.255.255.0
类型
float
确定
取消

图 7-97　输入 GE3 对应 IP 地址

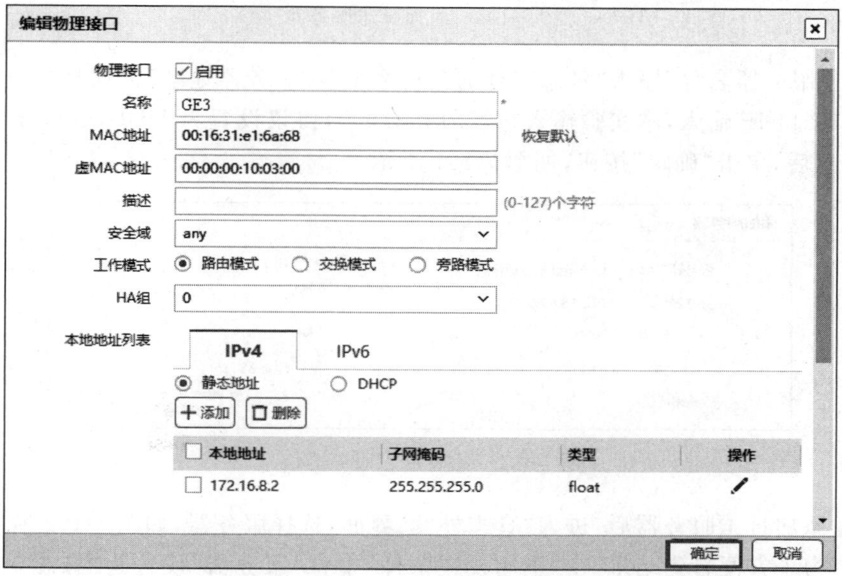

编辑物理接口
物理接口
启用
名称
GE3
MAC地址
00:16:31:e1:6a:68
恢复默认
虚MAC地址
00:00:00:10:03:00
描述
(0-127)个字符
安全域
any
工作模式
路由模式
交换模式
旁路模式
HA组
0
本地地址列表
IPv4
IPv6
静态地址
DHCP
添加
删除
本地地址
子网掩码
类型
操作
172.16.8.2
255.255.255.0
float
确定
取消

图 7-98　确认 GE3 接口信息

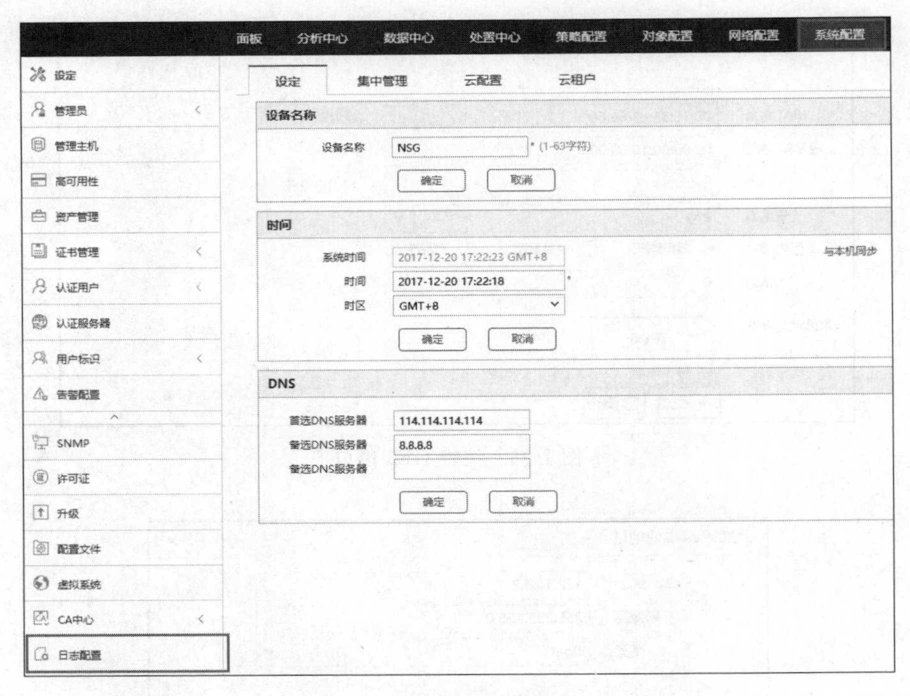

图 7-99　进入日志配置界面

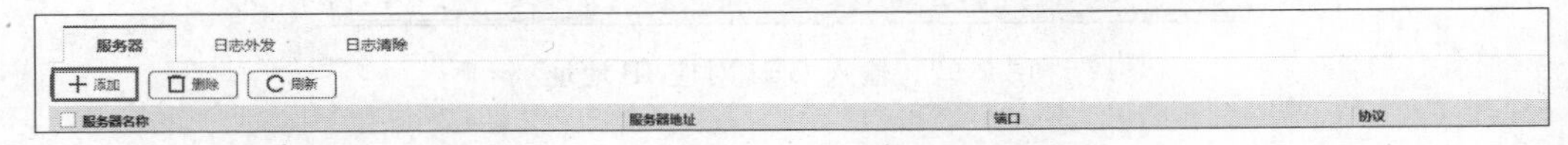

图 7-100　添加日志服务器

(12)“服务器名称”输入“日志审计与分析系统”,“服务器地址”根据日志审计与分析系统的 GE2 口 IP 输入,本实验输入“172.16.8.60”,协议设置为 UDP,端口设置为 514,配置完信息后,单击“确定”按钮,如图 7-101 所示。

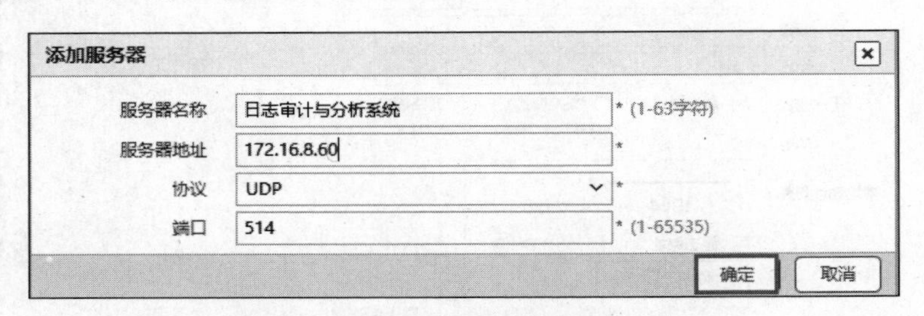

图 7-101　编辑日志服务器信息

(13) 添加日志服务器后,进入“日志外发”界面,选择服务器,如图 7-102 所示。

(14) 为了方便看到结果,在“全局设置条件”中将“服务器”设置为“日志审计与分析系统”,如图 7-103 所示。

(15) 选择日志服务器,如图 7-104 所示。

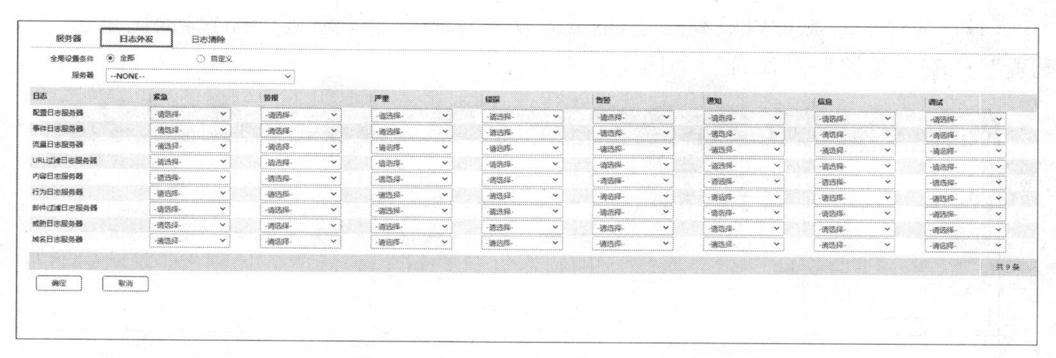

图 7-102　日志外发

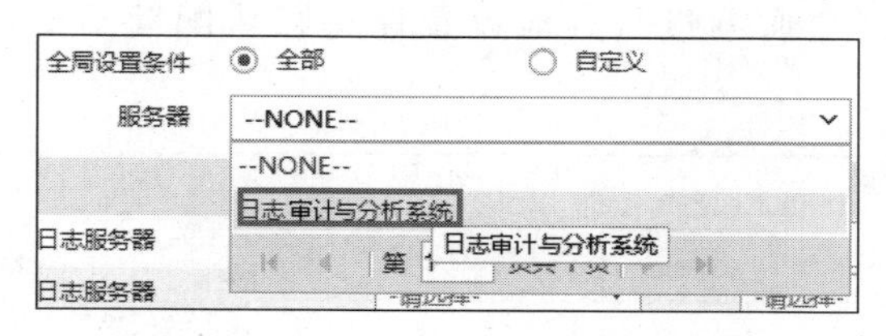

图 7-103　选择日志外发服务器

图 7-104　确定日志服务器

(16) 单击“确定”按钮，系统提示执行成功，如图 7-105 所示。

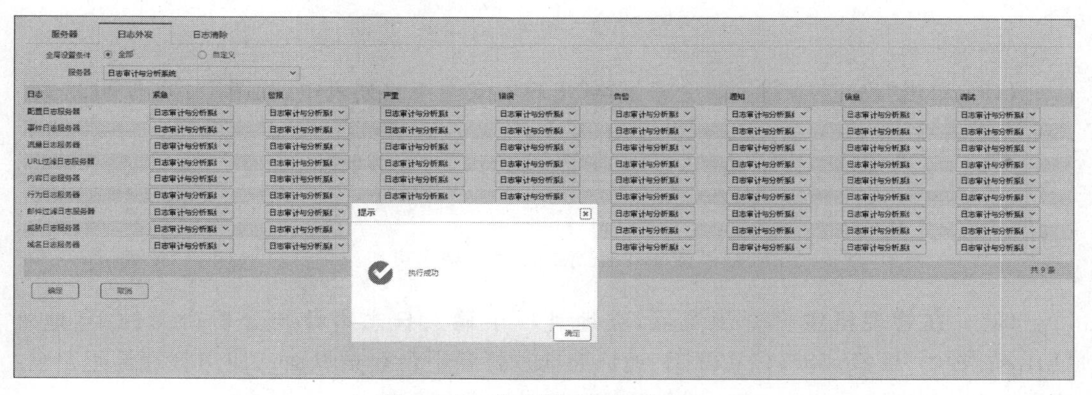

图 7-105　日志服务器配置成功

(17) 为保证日志可以顺利发送，需要对防火墙的安全策略进行配置，依次单击"策略配置"→"安全策略"→"添加"，如图 7-106 所示。

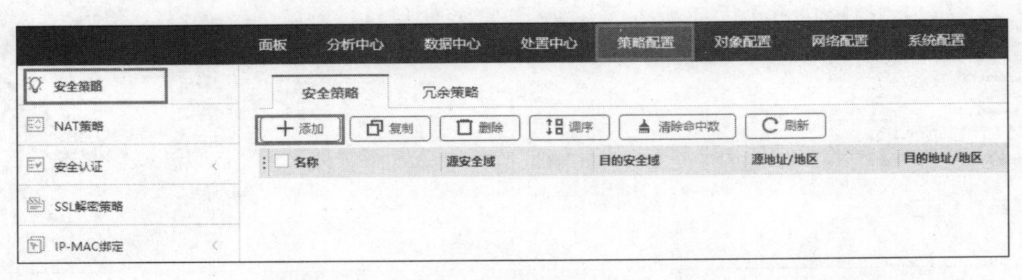

图 7-106　配置安全策略

(18)"名称"输入"全通策略"，其他设置保持默认配置不变，单击"确定"按钮，如图 7-107 所示。

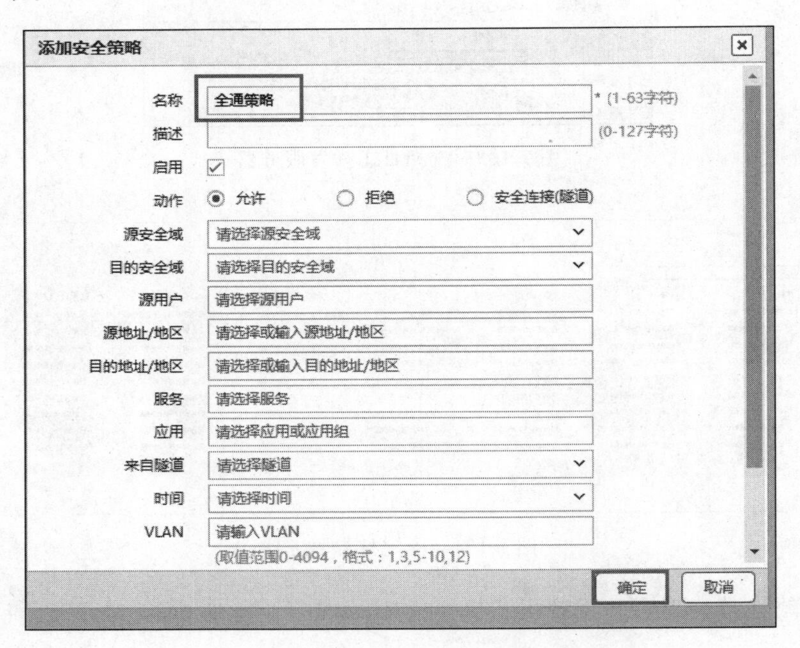

图 7-107　配置全通策略

(19) 单击"确定"按钮后，"全通策略"出现在安全策略列表中，如图 7-108 所示。

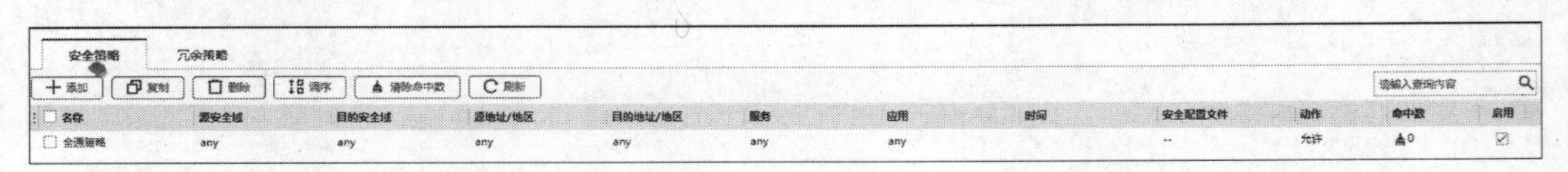

图 7-108　添加全通策略成功

(20) 在管理机中打开浏览器，在地址栏中输入日志审计与分析产品的 IP 地址"https://10.70.25.88"(以实际 IP 地址为准)，打开平台登录界面。使用管理员用户名/密码"admin/!1fw@2soc#3vpn"登录日志审计与分析系统。

(21) 在管理机中登录日志审计与分析系统平台,依次进入“资产”→“资产日志”,如图 7-109 所示。

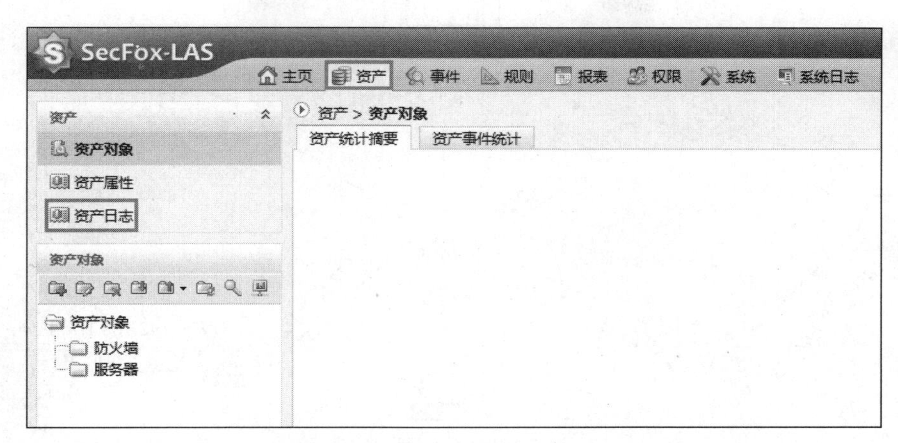

图 7-109　进入资产日志界面

(22) 选中地址为“172.16.8.2”的资产,单击“允许接收”按钮,允许接收防火墙平台日志,如图 7-110 所示。

图 7-110　成功接收日志

9) 对日志文件进行实时监视,实时分析,趋势分析,间隔告警,事件查询

(1) 为了更好地查看这一阶段的实验结果,从虚拟机向日志审计与分析系统发送日志,并对这些日志事件进行分析等操作。登录实验平台,打开虚拟机 PC1,对应实验拓扑中的右侧设备,如图 7-111 所示。

(2) 进入虚拟机后,为保证日志审计与分析系统收到的日志文件时间与虚拟机时间一致,首先查看虚拟机的系统时间与管理机的系统时间是否一致,如果不一致,则双击虚拟机界面右下角的时间进行调整。

(3) 根据管理机时间对虚拟机时间进行调整,时间确定后单击“确定”按钮。

(4) 进入虚拟机桌面,打开桌面上的“实验工具”。

(5) 单击文件夹 UDPSender。

(6) UDPsender 是模拟防火墙日志发送的工具,双击图标 UDPsender. exe,打开文件夹中的日志发送工具。

(7) 配置日志发送的相关信息,“协议”设置为 Syslog,“方式”设置为“按速度发送”,“速度”输入 5,然后单击“初始化通信”。

(8) 消息来源设置为“从文件”,单击“...”按钮,设置为目标日志文件。

(9) 在查找范围中的“桌面”进入“实验工具”目录,单击 UDPSender 文件夹。

(10) 进入 logfiles 进行日志文件选择,本实验选择“FW_LOG_DEOM. log”,再单击

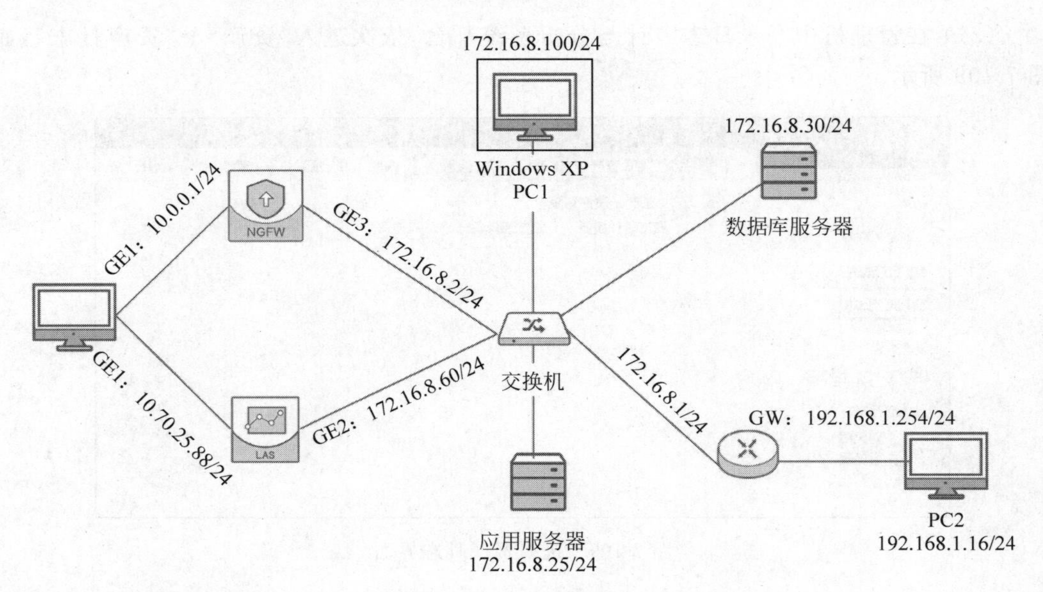

图 7-111　打开虚拟机 PC1

“打开”。

(11) 在目标端设置中，选中序号为 0 的目标，单击“编辑”按钮。

(12) 将目的 IP 地址设置为“日志服务器的 IP 地址”，本实验设置为“172.16.8.60”，端口设置为“514”。

(13) 完成设置后，核对信息配置是否正确，然后单击“发送”按钮。

(14) 完成日志发送过程后，在管理机中登录日志审计与分析系统平台，单击“资产”→“资产日志”，如图 7-112 所示。

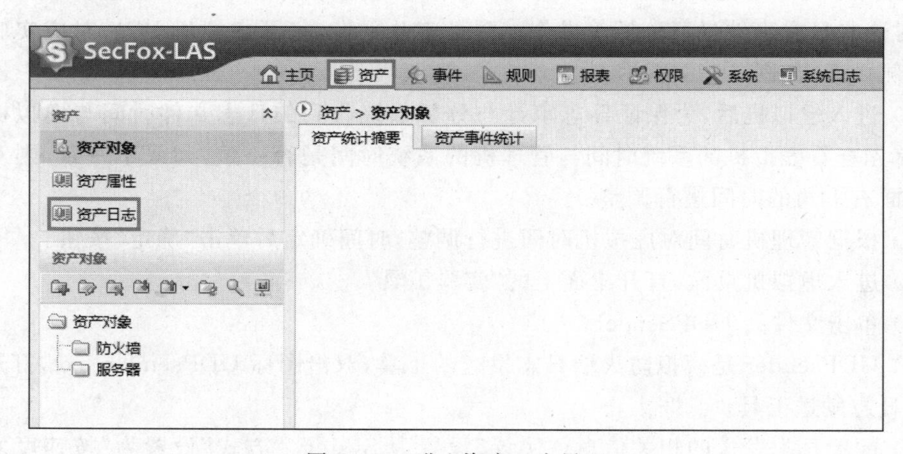

图 7-112　进入资产日志界面

(15) 选中资产地址“172.16.8.100”，单击“允许接收”和“启用”按钮，以允许日志审计与分析系统接收日志，并启用“是否告警”，如图 7-113 所示。

(16) 登录实验平台对应实验拓扑的 PC1 虚拟机，如图 7-114 所示。

图 7-113　管理资产日志

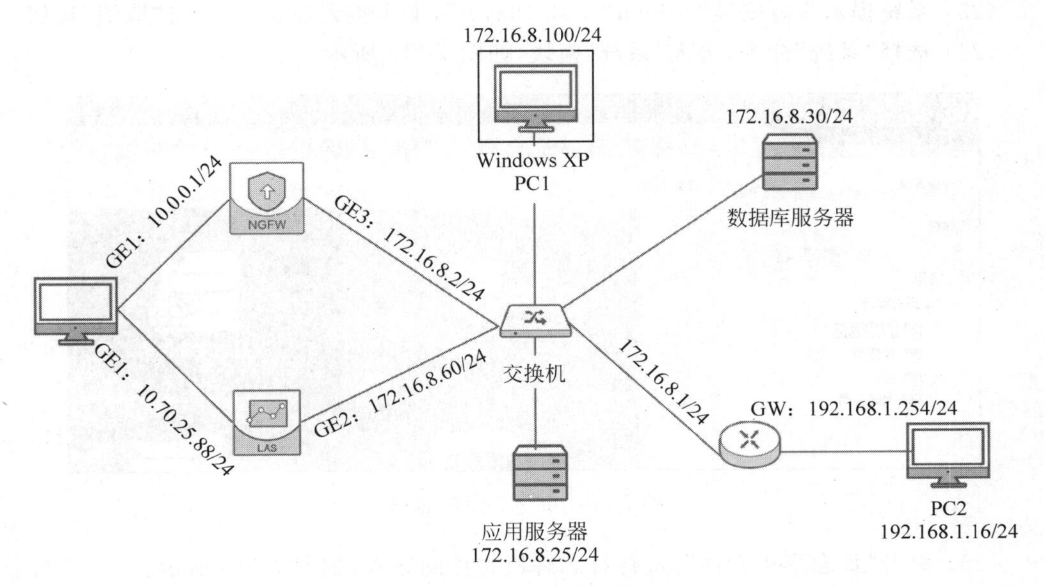

图 7-114　进入虚拟机

(17) 在虚拟机中登录日志审计与分析系统平台，打开虚拟机桌面的火狐浏览器，如图 7-115 所示。

图 7-115　打开浏览器

(18) 在地址栏中输入日志审计与分析产品的 IP 地址“https://172.16.8.60”(以实际 IP 地址为准)，打开平台登录界面。

(19) 出现“您的连接不安全”，单击“高级”按钮。

(20) 在“高级”设置中,单击“添加例外”按钮。

(21) 在弹出的“添加安全例外”的界面,单击“确认安全例外”按钮。

(22) 添加安全例外后,可以正常登录日志审计与分析系统平台,输入用户名和密码“admin/!1fw@2soc#3vpn”。

(23) 系统提示需要安装“Adobe Flash Player”,本实验无须安装,单击“取消”按钮。

(24) 选择“系统”命令,进入“系统”模块,如图 7-116 所示。

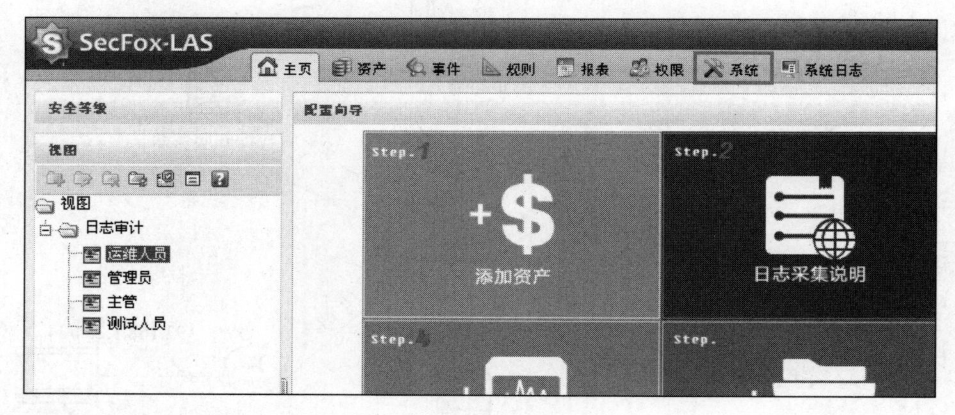

图 7-116 进入“系统”模块

(25) 单击“日志解析文件”,进行日志解析文件的导入,如图 7-117 所示。

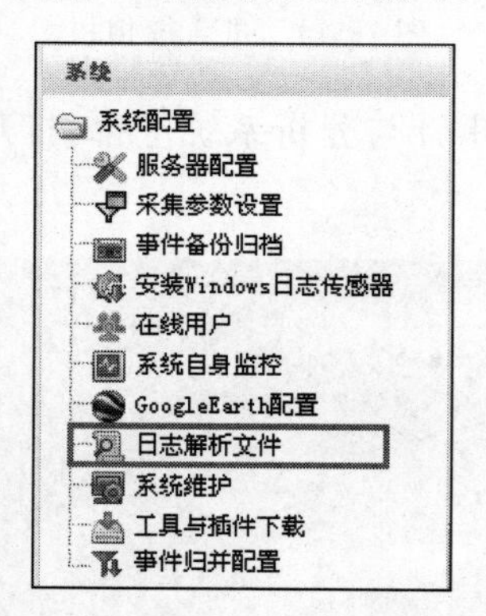

图 7-117 单击日志解析文件

(26) 进入“日志解析文件管理”界面,单击“导入”→“浏览”,如图 7-118 所示。

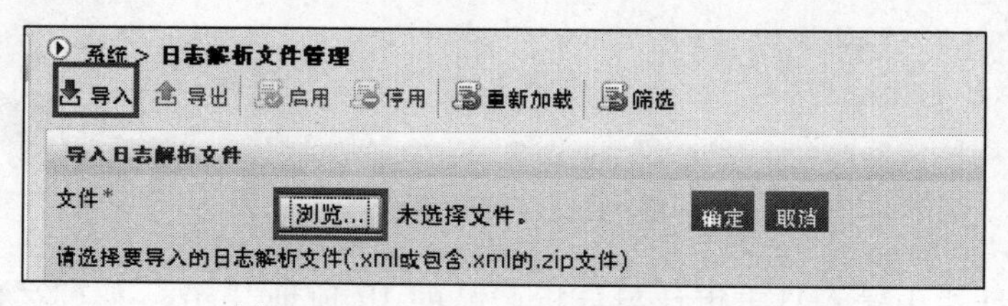

图 7-118 “日志解析文件管理”界面

（27）选择“桌面”上的“实验工具”文件夹，如图 7-119 所示。

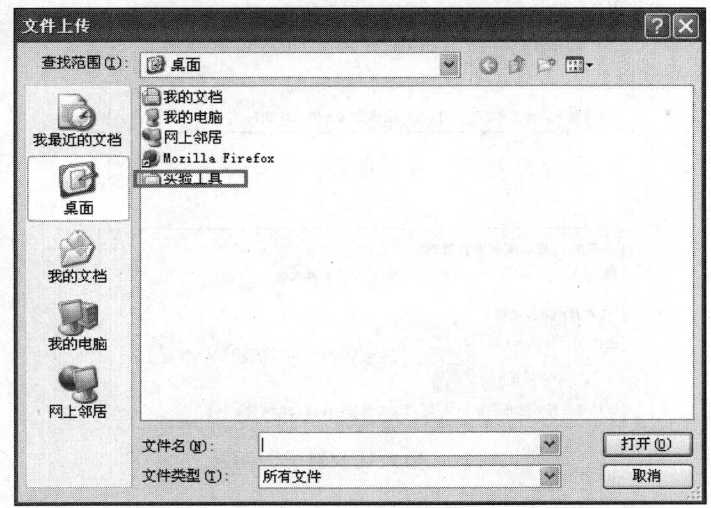

图 7-119 选择“实验工具”文件夹

（28）选择“NSG_360WS. xml”，单击“打开”按钮，如图 7-120 所示。

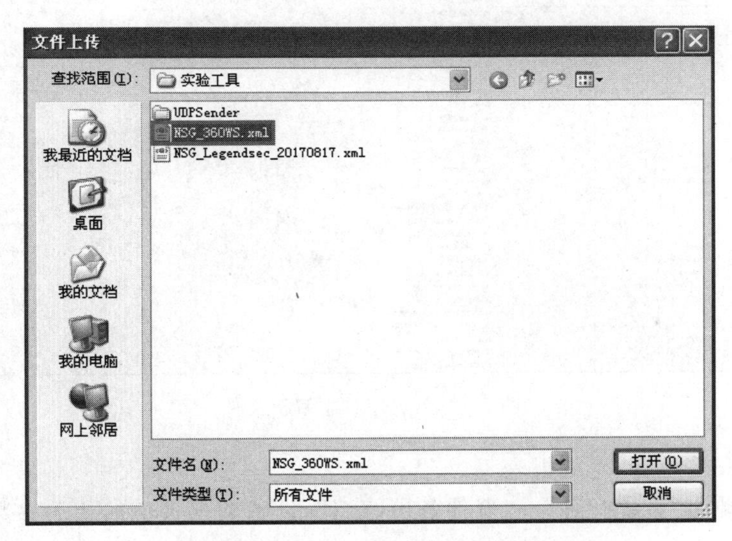

图 7-120 选择日志解析文件

（29）选择日志文件完成后，单击“确定”按钮，如图 7-121 所示。

（30）以同样的方式，再次导入存放在相同路径下的日志解析文件“NSG_Legendsec_20170817. xml”，单击“确定”按钮，如图 7-122 所示。

（31）在管理机中登录日志审计与分析系统平台，依次单击“系统”→“日志解析文件”，在日志解析文件列表中找到文件“NSG_360WS”和“NSG_Legendsec_20170817”，单击“启用”按钮，如图 7-123 所示。

图 7-121　导入日志解析文件之一

图 7-122　导入日志解析文件之二

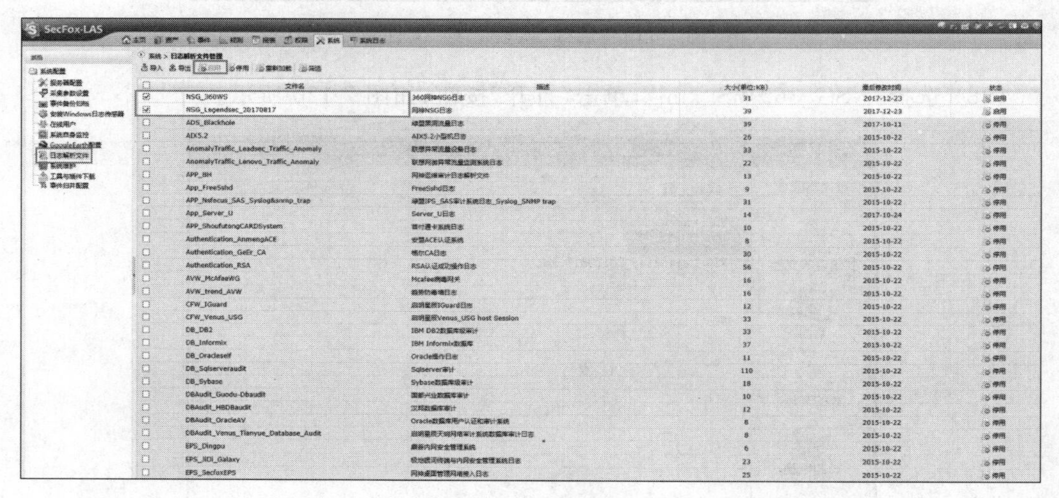

图 7-123　启用日志解析文件

10）事件归档设置、生成报表

(1) 依次单击"系统配置"→"事件备份归档"，设置数据备份的相关参数，如图 7-124 所示。

(2) 单击"事件备份归档"后，进入参数配置界面，在"基本配置"页面，可设置"日志自动备份时间间隔""日志保存最长时间""日志备份保存最大时间"和"日志数据大小告警阈值"。本实验中的参数配置保持默认设置即可，如图 7-125 所示。

(3) 由于报表直接生成查看结果，这一部分展现在实验结果中。

【实验预期】

(1) 以 Web 和 SSH 的方式登录日志审计与分析系统成功。

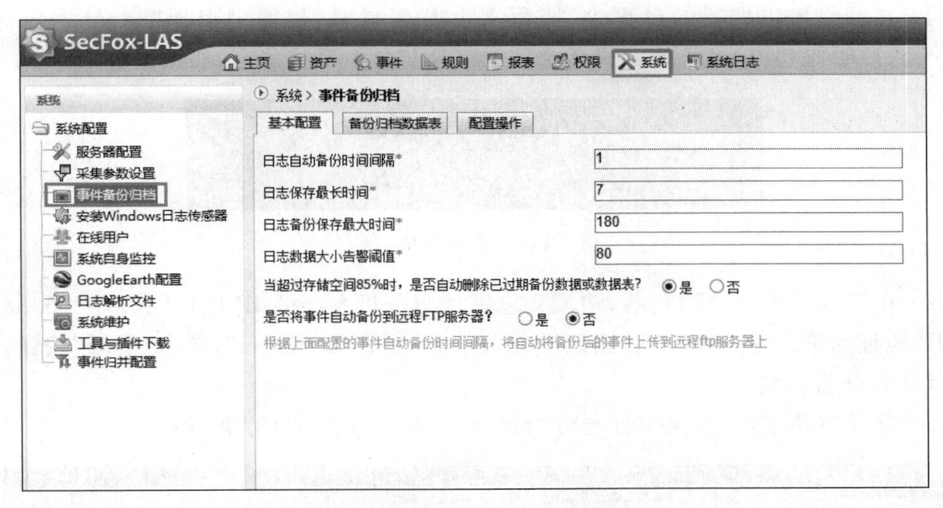

图 7-124　“事件备份归档”设置

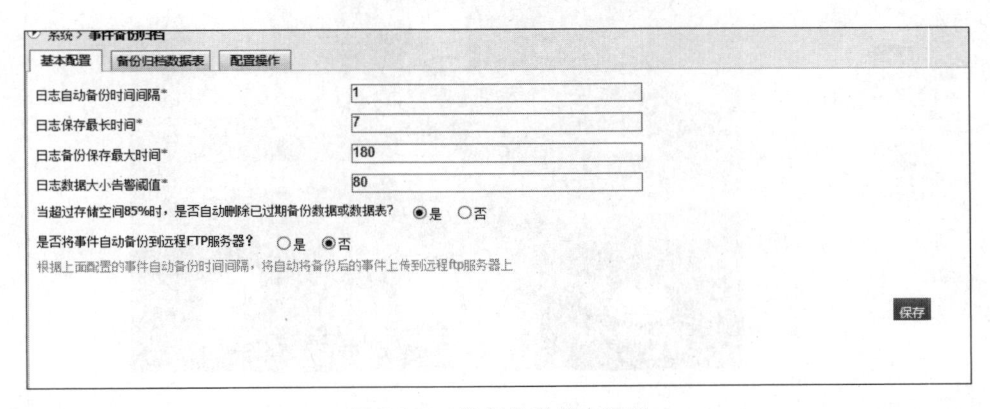

图 7-125　数据备份基本配置

(2) 用户 zhangjingli 可以正常登录。

(3) 进行 IP 限制后，用户 xiaoli 无法登录日志平台。

(4) 资产手动录入和批量导入成功。

(5) 日志系统成功收集到 Linux 系统、数据库、路由器、防火墙等设备的日志。

(6) 日志系统成功接收到 WinXP 虚拟机发送的日志。

(7) 日志停发后，“实时监视”和“实时分析”成功查到接收间隔告警事件。

(8) 对近期收集到的事件进行趋势分析，得到事件发展趋势。

(9) 在“告警查询”模块中，成功查询到接收间隔告警。

(10) 事件归档设置完成后，手动备份和手动恢复事件成功。

(11) 针对接收的日志事件，成功生成预定义报表和自定义报表。

【实验结果】

1) 以 SSH 和 Web 方式成功登录日志审计与分析系统成功

(1) 在网络接口配置的过程中,使用 Xshell 工具时,界面中出现“admin@SecFox_LAS ~”,说明成功以 SSH 的方式登录日志审计与分析系统后台,如图 7-126 所示。

图 7-126　登录系统后台

(2) 在管理机中打开浏览器,输入日志审计与分析系统的 IP 地址“10.70.25.88”(以实际 IP 地址为准),输入用户名/密码“admin/!1fw@2soc#3vpn”,单击“登录”按钮,登录日志审计与分析系统。

(3) 登录成功,进入日志审计与分析系统主界面,如图 7-127 所示。

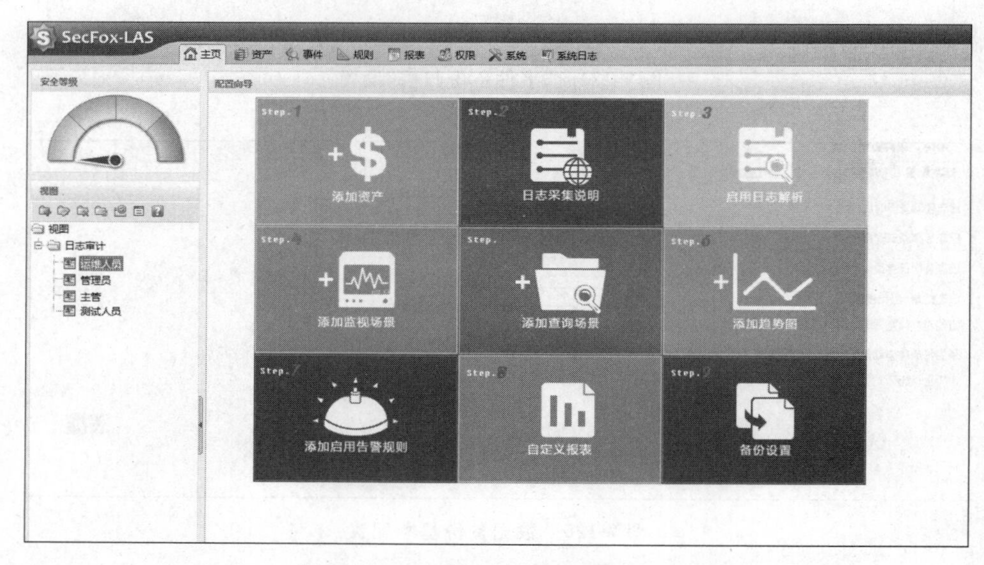

图 7-127　日志审计与分析系统主界面

2) 管理员用户 zhangjingli 登录成功

(1) 单击界面右上角的“退出”按钮,退出当前登录的 admin 用户,如图 7-128 所示。

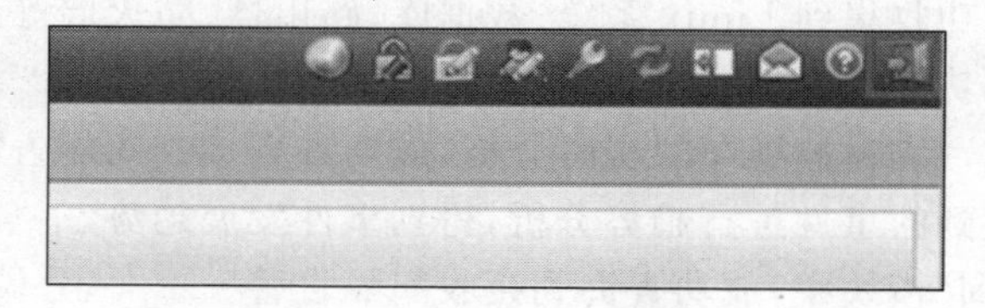

图 7-128　退出当前用户

(2) 登录刚刚创建的用户,在浏览器地址栏中输入日志审计与分析产品的 IP 地址“https://10.70.25.88”(以实际 IP 地址为准),打开平台登录界面,使用用户名/密码“zhangjingli/360testtest”登录设备平台,如图 7-129 所示。

图 7-129 登录界面

（3）登录后，需要输入原始密码和新密码，本实验没有必要修改密码，所以“原始密码”“新密码”和“确认新密码”都输入 360testtest，单击“确定”按钮。

（4）进入用户界面后，查看 zhangjingli 的用户权限，发现作为审计管理员的功能模块只有“系统日志”，说明审计管理员主要负责对日志审计与分析系统的工作状态进行监视与管理，如图 7-130 所示。

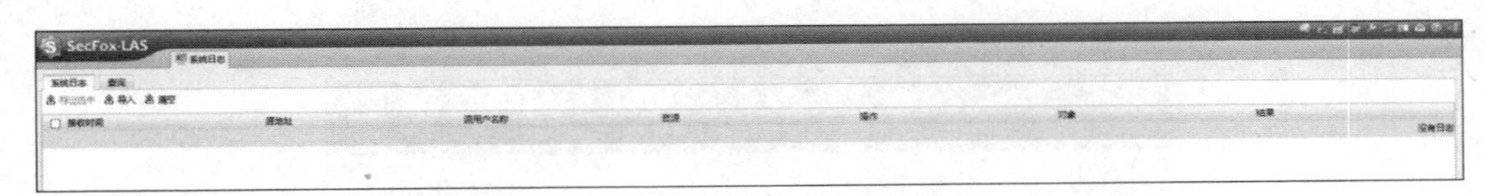

图 7-130 查看用户权限

3）xiaoli 经过 IP 限制后无法正常登录

（1）登录实验拓扑上方的 PC1，运行浏览器，在地址栏中输入日志审计与分析系统的 IP 地址“https://172.16.8.60”，打开平台登录界面。使用用户名/密码“xiaoli/360testtest”进行登录，如图 7-131 所示。

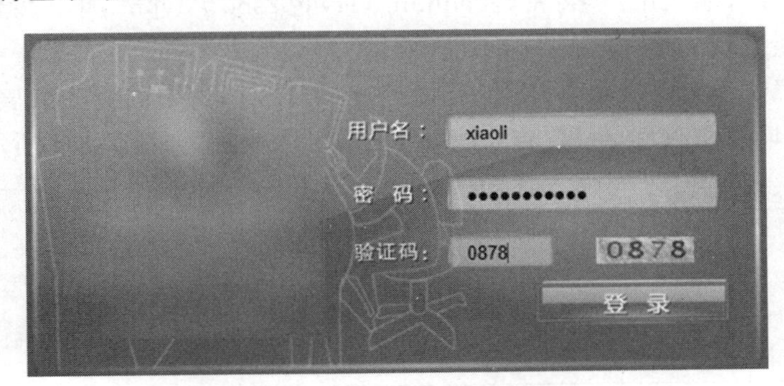

图 7-131 用户登录界面

（2）显示用户被限制登录，登录失败，如图 7-132 所示。

（3）综上所示，可以通过日志审计与分析设备对用户登录进行限制，满足预期要求。

4）资产批量录入成功

（1）单击界面右上角的“退出”按钮，退出当前登录的 admin 用户，如图 7-133 所示。

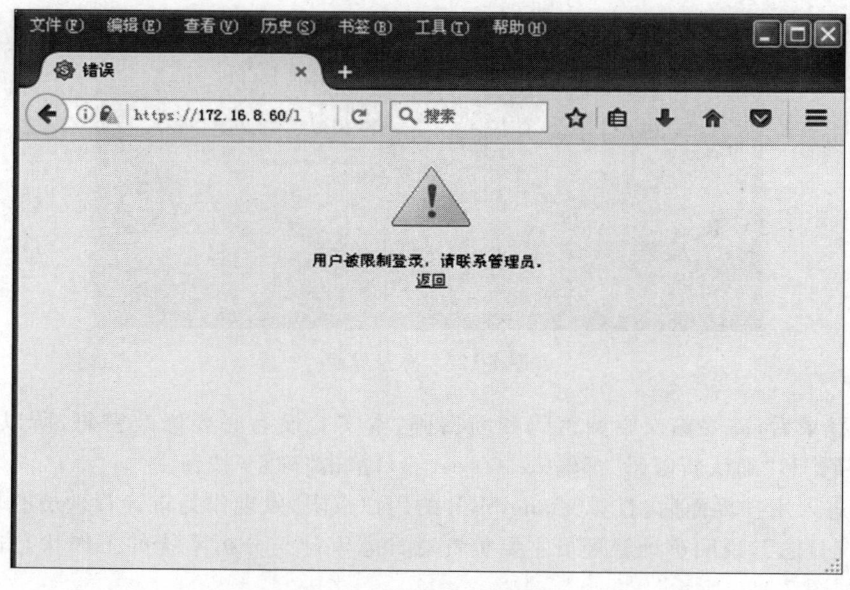

图 7-132 用户登录失败

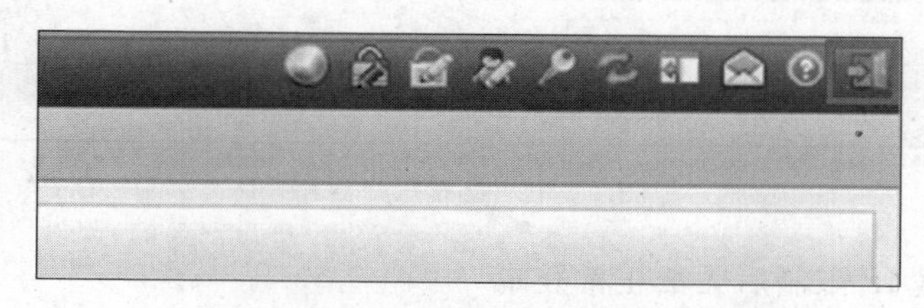

图 7-133 退出用户 admin

(2) 在管理机中打开浏览器，输入日志审计与分析系统的 IP 地址“10.70.25.88”(以实际 IP 地址为准)，输入用户名/密码“admin/!1fw@2soc＃3vpn”，单击“登录”按钮，登录日志审计与分析系统。

(3) “导入”资产文件成功，可以在“资产”→“资产对象”中的资产列表中找到刚刚导入的资产“防火墙”“防火墙 2”和“防火墙 3”，证明导入成功，如图 7-134 所示。

资产 > 资产对象 > 防火墙 > 设备列表

设备列表 | 资产事件统计

添加 修改 删除 移动 导入 导出

设备名称	设备 IP	MAC地址	业务关键度	设备类型	设备型号	设备位置
防火墙	192.168.1.50		0.0	安全设备	普通防火墙	北京市:北京市
防火墙2	192.168.2.50		0.0	安全设备	普通防火墙	北京市:北京市
防火墙3	192.168.3.50		0.0	安全设备	普通防火墙	北京市:北京市

图 7-134 导入资产文件成功

5) 采集路由器日志成功

(1) 在管理机中打开浏览器，输入日志审计与分析系统的 IP 地址“10.70.25.88”(以实际 IP 地址为准)，输入用户名/密码“admin/!1fw@2soc＃3vpn”，单击“登录”按钮，登录日志审计与分析系统。

（2）在管理机中登录日志审计与分析系统平台，依次单击“事件”→“实时监视”→“接收的外部事件”，查看到路由器日志规则修改的日志信息，如图 7-135 所示。

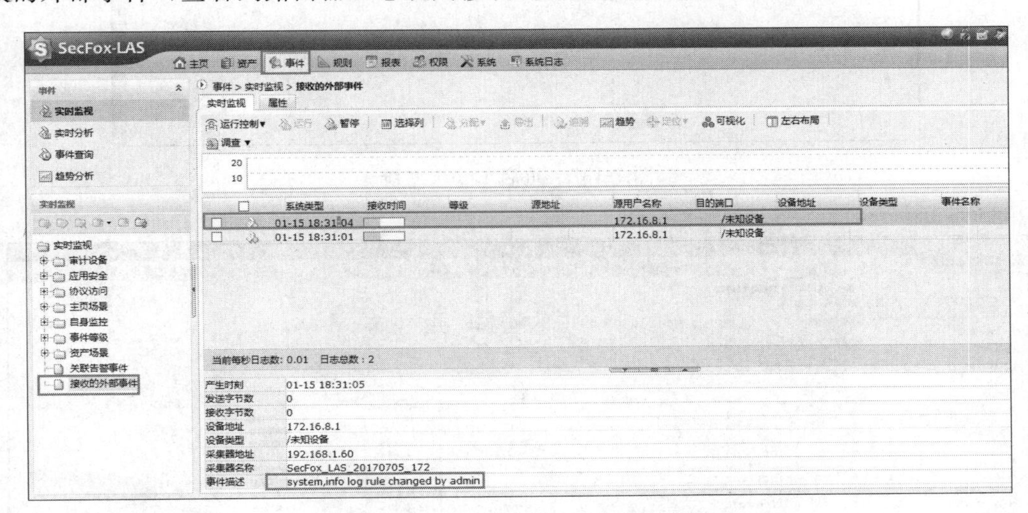

图 7-135　查看修改的日志信息

6）采集 linux 系统日志成功

（1）选择 Redhat6.0，打开 Linux 系统，如图 7-136 所示。

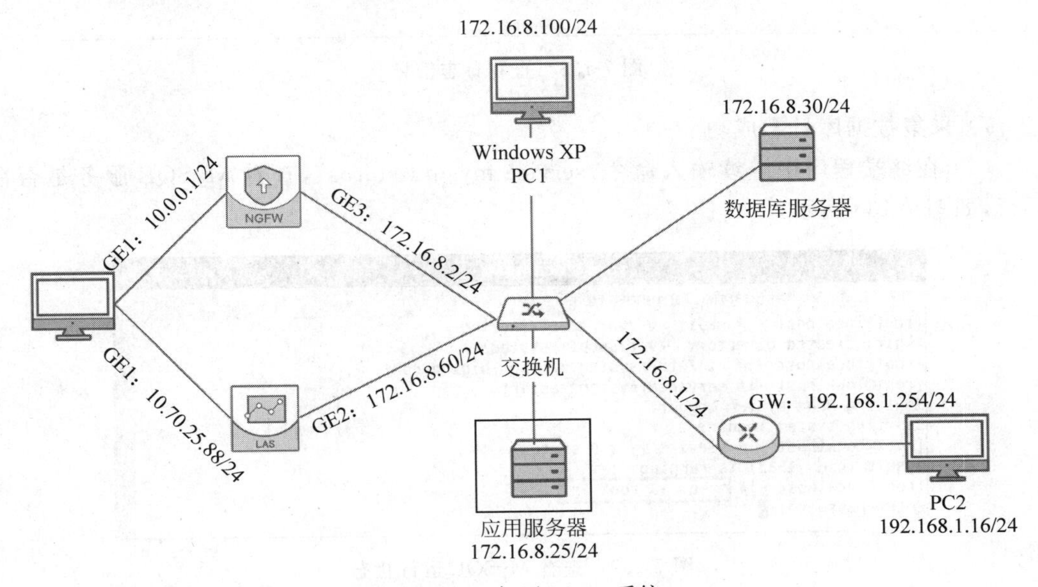

图 7-136　打开 Linux 系统

（2）输入命令“shutdown -r now”，重启 Linux 系统，如图 7-137 所示。

（3）在管理机中登录日志审计与分析系统平台，依次单击“事件”→“实时监视”→“接收的外部事件”，查看 IP 地址为“172.16.8.25”的日志信息，如图 7-138 所示。

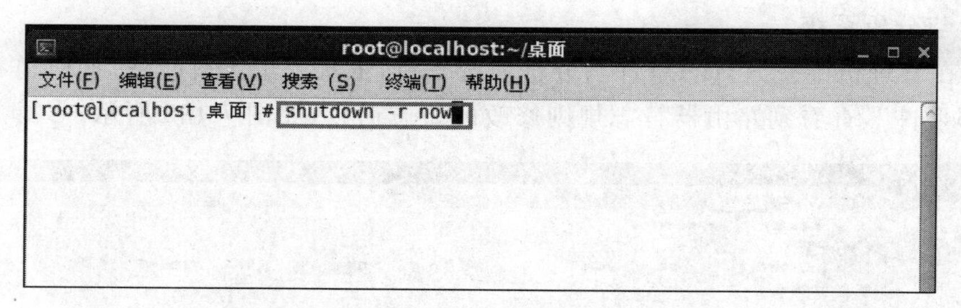

图 7-137　重启 Linux 系统

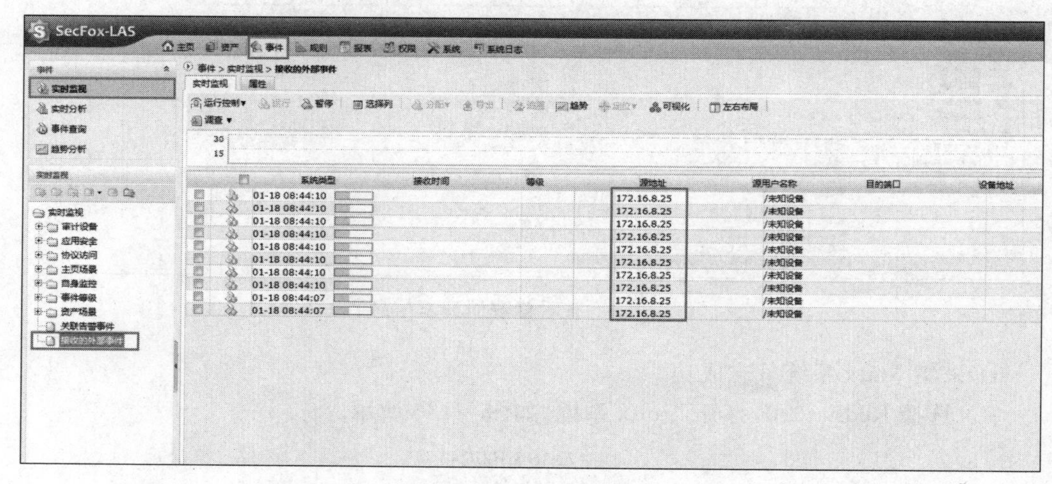

图 7-138　查看日志信息

7）采集数据库日志成功

（1）在终端程序中继续输入命令“service mysqld status”，查看 MySQL 服务是否在运行，如图 7-139 所示。

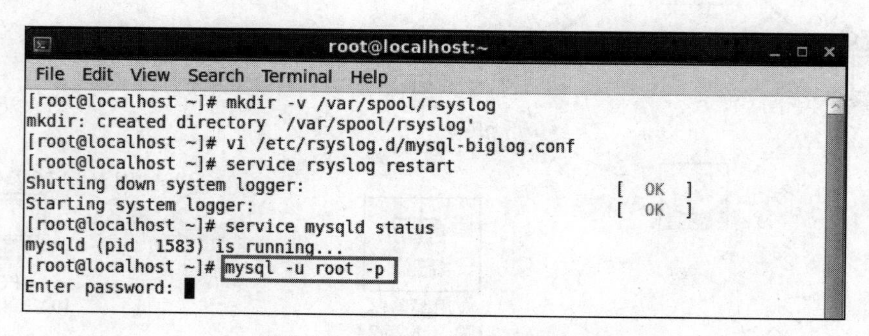

图 7-139　查看 MySQL 运行状态

（2）从显示的“mysqld is running”表明 MySQL 服务运行正常，再输入命令“mysql -u root -p”，表明使用 MySQL 的 root 账户登录，如图 7-140 所示。

（3）输入密码 root，显示数据流连接信息，并显示“mysql＞”，表明成功连接数据库，如图 7-141 所示。

```
root@localhost:~
File Edit View Search Terminal Help
[root@localhost ~]# mkdir -v /var/spool/rsyslog
mkdir: created directory `/var/spool/rsyslog'
[root@localhost ~]# vi /etc/rsyslog.d/mysql-biglog.conf
[root@localhost ~]# service rsyslog restart
Shutting down system logger:                               [  OK  ]
Starting system logger:                                    [  OK  ]
[root@localhost ~]# service mysqld status
mysqld (pid  1583) is running...
[root@localhost ~]# mysql -u root -p
Enter password: 
```

图 7-140　登录数据库

```
root@localhost:~
File Edit View Search Terminal Help
[root@localhost ~]# mkdir -v /var/spool/rsyslog
mkdir: created directory `/var/spool/rsyslog'
[root@localhost ~]# vi /etc/rsyslog.d/mysql-biglog.conf
[root@localhost ~]# service rsyslog restart
Shutting down system logger:                               [  OK  ]
Starting system logger:                                    [  OK  ]
[root@localhost ~]# service mysqld status
mysqld (pid  1583) is running...
[root@localhost ~]# mysql -u root -p
Enter password:
Welcome to the MySQL monitor.  Commands end with ; or \g.
Your MySQL connection id is 2
Server version: 5.1.73-log Source distribution

Copyright (c) 2000, 2013, Oracle and/or its affiliates. All rights reserved.

Oracle is a registered trademark of Oracle Corporation and/or its
affiliates. Other names may be trademarks of their respective
owners.

Type 'help;' or '\h' for help. Type '\c' to clear the current input statement.

mysql> 
```

图 7-141　连接数据库

(4) 输入命令“show databases;”，显示数据库中现有的数据库列表，如图 7-142 所示。

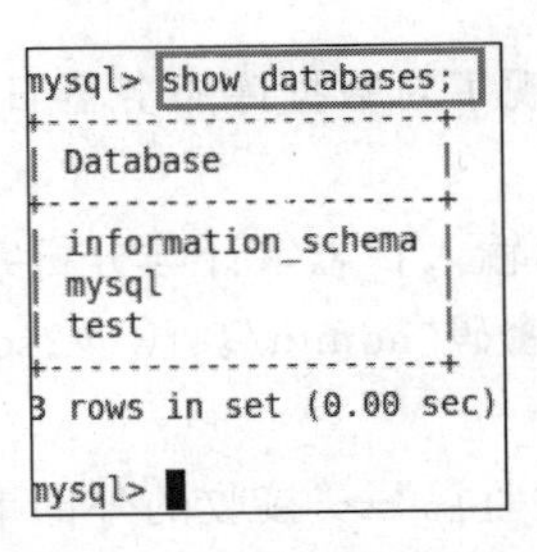

图 7-142　启动数据库

(5) 在管理机中登录日志审计与分析系统平台，依次单击“事件”→“实时监视”→“接收的外部事件”，查看 IP 地址为“172.16.8.30”的数据库查询的日志信息，如图 7-143 所示。

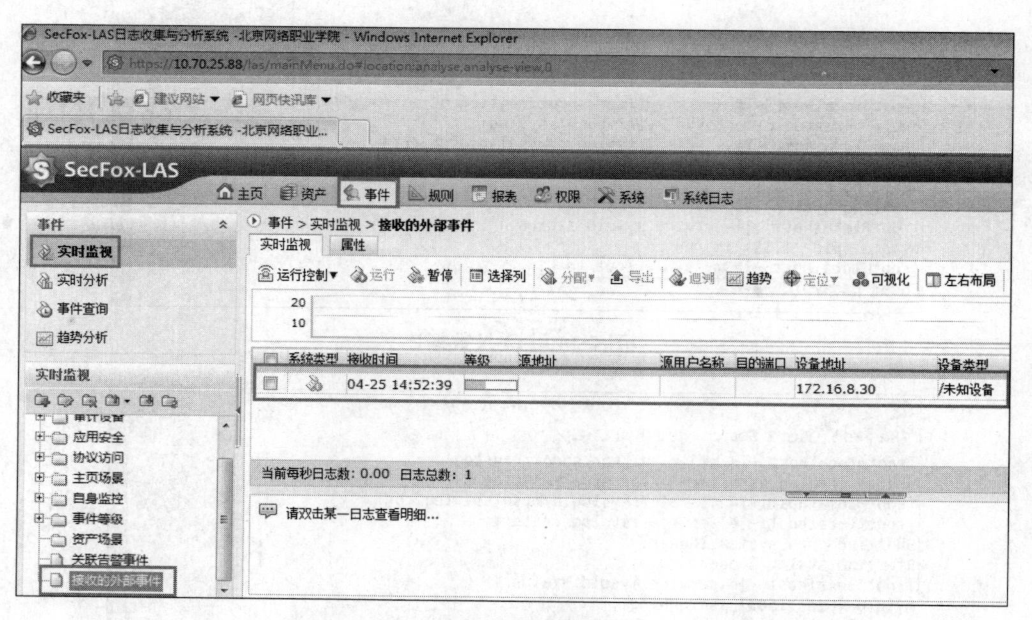

图 7-143　采集到日志信息

(6) 双击该日志信息，可查看该日志的详细信息，如图 7-144 所示。

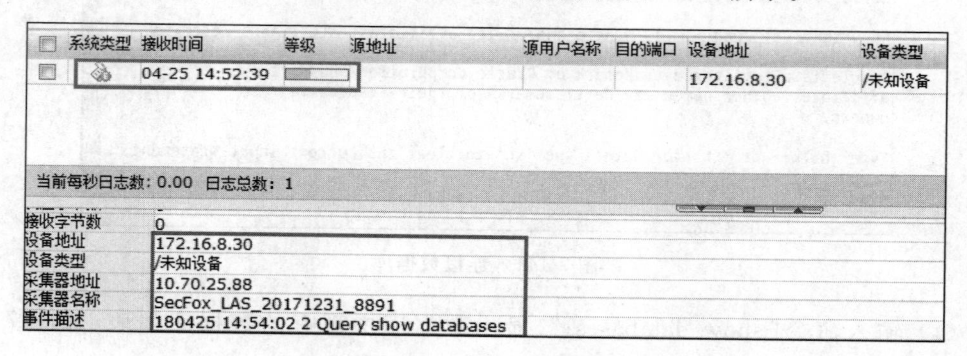

图 7-144　日志信息详情

(7) 日志审计与分析系统实现了对数据库服务器日志信息的采集符合预期要求。

8) 采集防火墙日志成功

(1) 在管理机中打开浏览器，输入日志审计与分析系统的 IP 地址“10.70.25.88”(以实际 IP 地址为准)，输入用户名/密码“admin/!1fw@2soc#3vpn”，单击“登录”按钮，登录日志审计与分析系统。

(2) 依次单击“事件”→“实时监视”→“接收的外部事件”，如图 7-145 所示。

(3) 查看接收到的防火墙相关日志，如图 7-146 所示。

9) 停发日志后实时监视与实时分析场景查看，事件趋势分析，告警事件查询

(1) 在管理机中重新登录日志审计与分析系统平台，依次单击“事件”→“实时监视”→“接收的外部事件”，如图 7-147 所示。

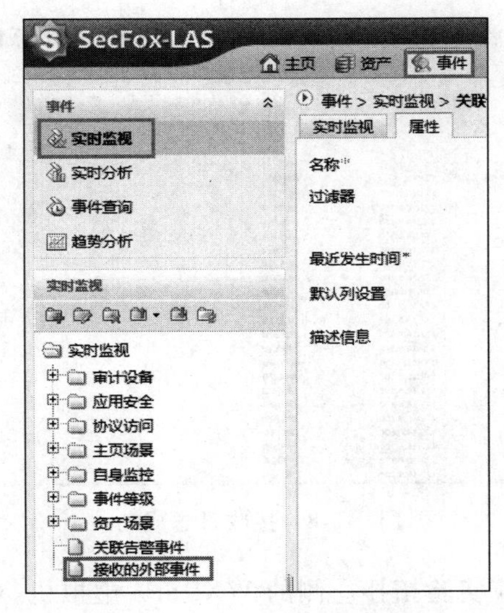

图 7-145　单击“接收的外部事件”

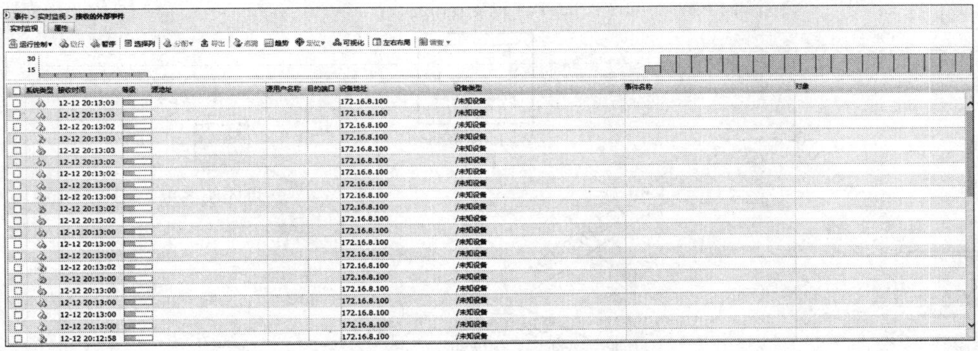

图 7-146　查看防火墙日志

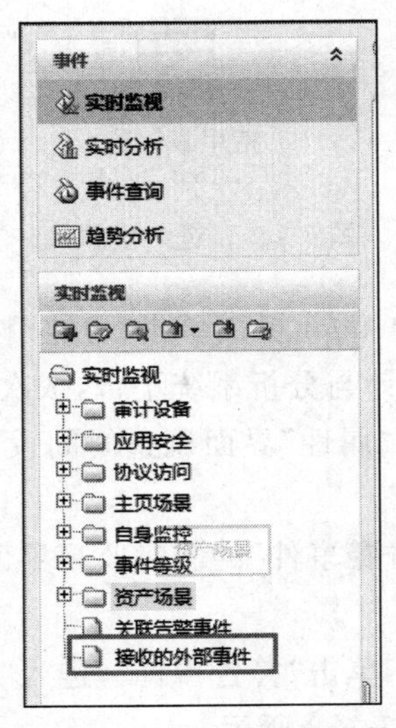

图 7-147　接收的外部事件

(2) 可以在“接收的外部事件”中实时查看发送过来的日志信息,如图 7-148 所示。

事件 > 实时监视 > 接收的外部事件

实时监视　属性

运行控制▾　运行　暂停　选择列　分组▾　导出　清除　趋势　定位▾　可视化　左右布局　检查▾

系统类型	接收时间	等级	源地址	源用户名称	目的端口	设备地址	设备类型	事件名称	对象
	12-12 20:13:03					172.16.8.100	/未知设备		
	12-12 20:13:03					172.16.8.100	/未知设备		
	12-12 20:13:02					172.16.8.100	/未知设备		
	12-12 20:13:03					172.16.8.100	/未知设备		
	12-12 20:13:03					172.16.8.100	/未知设备		
	12-12 20:13:02					172.16.8.100	/未知设备		
	12-12 20:13:02					172.16.8.100	/未知设备		
	12-12 20:13:00					172.16.8.100	/未知设备		
	12-12 20:13:00					172.16.8.100	/未知设备		
	12-12 20:13:02					172.16.8.100	/未知设备		
	12-12 20:13:02					172.16.8.100	/未知设备		
	12-12 20:13:00					172.16.8.100	/未知设备		
	12-12 20:13:00					172.16.8.100	/未知设备		
	12-12 20:13:00					172.16.8.100	/未知设备		
	12-12 20:13:02					172.16.8.100	/未知设备		
	12-12 20:13:00					172.16.8.100	/未知设备		
	12-12 20:13:00					172.16.8.100	/未知设备		
	12-12 20:13:00					172.16.8.100	/未知设备		
	12-12 20:13:00					172.16.8.100	/未知设备		
	12-12 20:13:00					172.16.8.100	/未知设备		
	12-12 20:12:58					172.16.8.100	/未知设备		

图 7-148　接收日志成功

(3) 登录实验平台对应实验拓扑左侧的 WXPSP3 虚拟机,对应实验拓扑中的右侧设备,如图 7-149 所示。

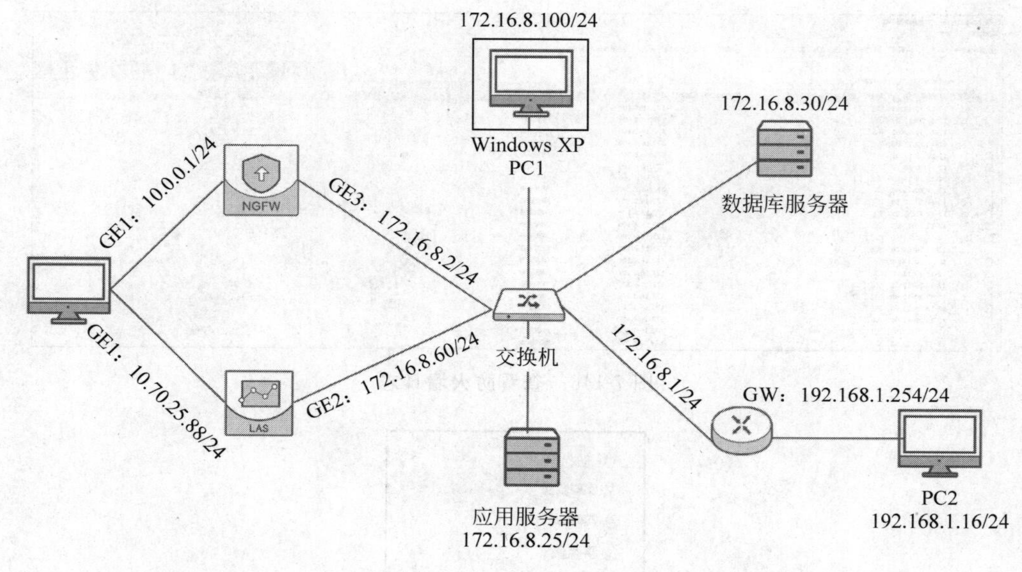

图 7-149　进入虚拟机

(4) 停止发送日志,在 UDPsender 界面单击“停止”按钮。

(5) 在管理机中登录日志审计与分析系统平台,依次单击“事件”→“实时监视”→“最近 5 分钟产生的告警事件”,进入“属性”界面调整时间设置,将“最近发生时间”设置为“5 天”,如图 7-150 所示。

(6) 在“最近 5 分钟产生的告警事件”的实时监视界面,可以看到产生的告警事件,如图 7-151 所示。

(7) 同样在“实时监视”模块,单击“警告事件”,进入“属性”界面调整时间设置,将“最近发生时间”设置为“5 天”,如图 7-152 所示。

图 7-150　时间设置

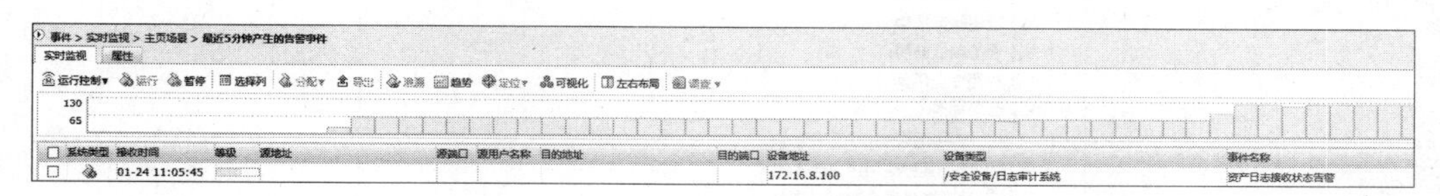

图 7-151　实时监视告警事件

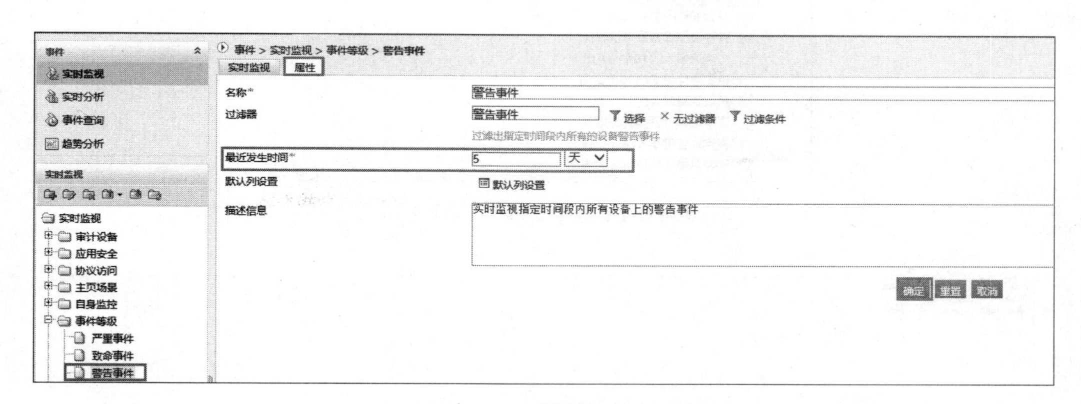

图 7-152　“属性”界面

（8）在“警告事件”的“实时监视”界面，可以看到产生的告警事件，如图 7-153 所示。

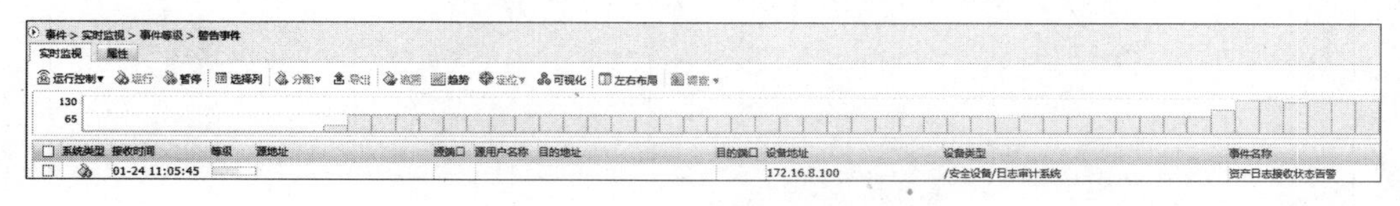

图 7-153　“实时监视”界面

（9）在管理机中重新登录日志审计与分析系统平台，依次单击“事件”→“实时分析”→“主页场景”→“各事件总数统计”，如图 7-154 所示。

（10）可以发现停止发送日志后，实时分析中的“各事件总数统计”便不再变化，即使单击“刷新”，数量也是不改变的，如图 7-155 所示。

（11）实时分析也可以对告警事件进行分析，单击“主页场景”，选中“各告警规则事件统计”，单击“修改”按钮，如图 7-156 所示。

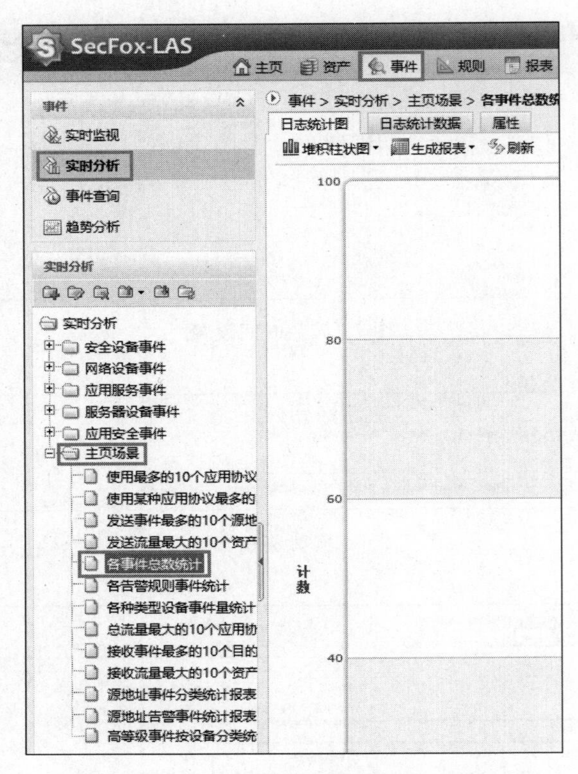

图 7-154　各事件总数统计之一

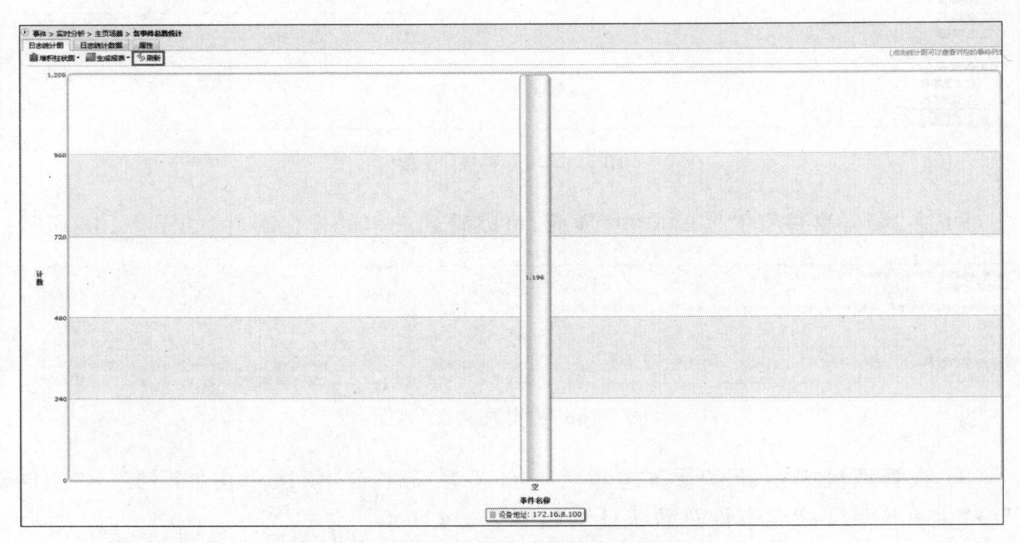

图 7-155　各事件总数统计之二

（12）为了便于观察实验结果，对分析场景的时间进行设置，单击“属性”，将“最近发生时间”设置为“5 天”，其他保存默认设置，单击“确定”按钮，如图 7-157 所示。

（13）完成设置后，双击场景“各告警规则事件统计”，如图 7-158 所示。

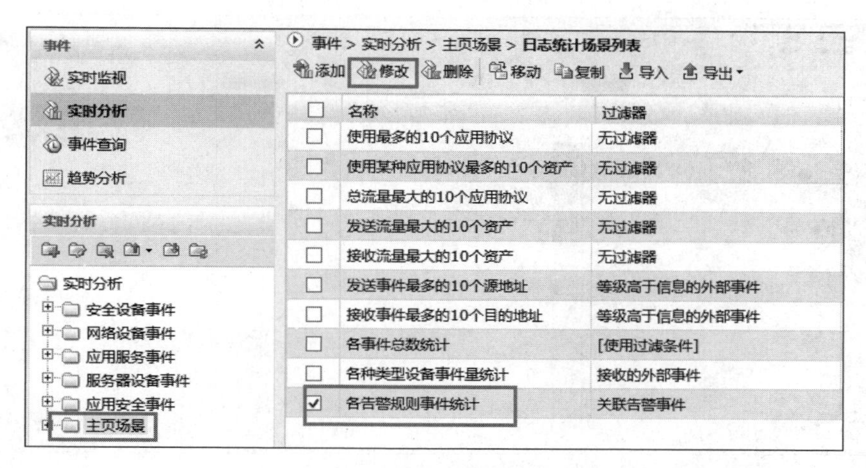

图 7-156　编辑实时分析场景信息

事件 > 实时分析 > 主页场景 > 各告警规则事件统计

日志统计图　日志统计数据　属性

名称*	各告警规则事件统计
过滤器	关联告警事件　选择　× 无过滤器　过滤条件 过滤出指定时间段内通过规则分析而得出的告警事件
条件1*	规则名称
条件2*	设备地址
统计结果	计数
Top*	10
最近发生时间*	5　天
描述信息	

确定　重置　取消

图 7-157　分析场景时间设置

事件 > 实时分析 > 主页场景 > 日志统计场景列表

添加　修改　删除　移动　复制　导入　导出

名称	过滤器	最近发生时间	条件1
使用最多的10个应用协议	无过滤器	5 分钟	应用协议
使用某种应用协议最多的10个资产	无过滤器	5 分钟	应用协议
总流量最大的10个应用协议	无过滤器	5 分钟	应用协议
发送流量最大的10个资产	无过滤器	5 分钟	源地址
接收流量最大的10个资产	无过滤器	5 分钟	目的地址
发送事件最多的10个源地址	等级高于信息的外部事件	5 分钟	源地址
接收事件最多的10个目的地址	等级高于信息的外部事件	5 分钟	目的地址
各事件总数统计	[使用过滤条件]	5 分钟	事件名称
各种类型设备事件量统计	接收的外部事件	5 分钟	设备类型
各告警规则事件统计	关联告警事件	5 天	规则名称

图 7-158　进入实时分析场景

(14) 可以看到日志停止发送后，日志审计与分析系统产生了告警事件，并可以通过实时分析进行查看，如图 7-159 所示。

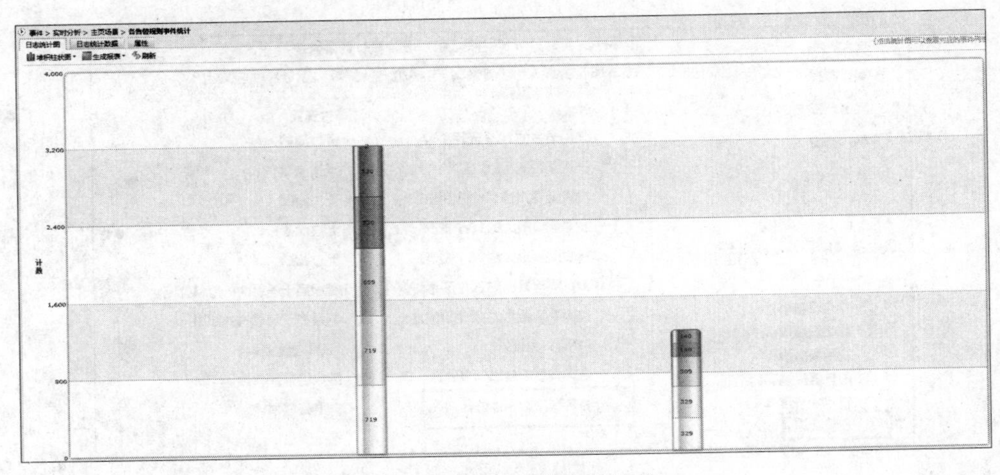

图 7-159　查看告警事件统计

(15) 在管理机中重新登录日志审计与分析系统平台,依次单击“事件”→“趋势分析”,如图 7-160 所示。

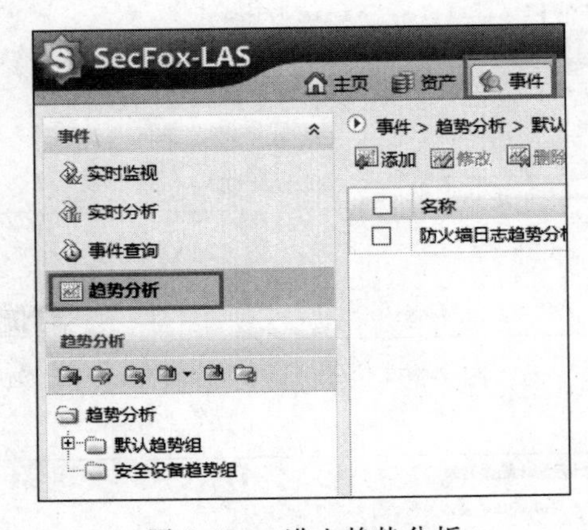

图 7-160　进入趋势分析

(16) 进入“趋势分析”后,首先新建趋势分析组,单击根目录“趋势分析”,然后单击上方的“添加”按钮,如图 7-161 所示。

(17) 在“添加”界面,输入“名称”为“安全设备趋势组”,这个趋势组中主要存放关于安全设备的趋势分析情况,如图 7-162 所示。

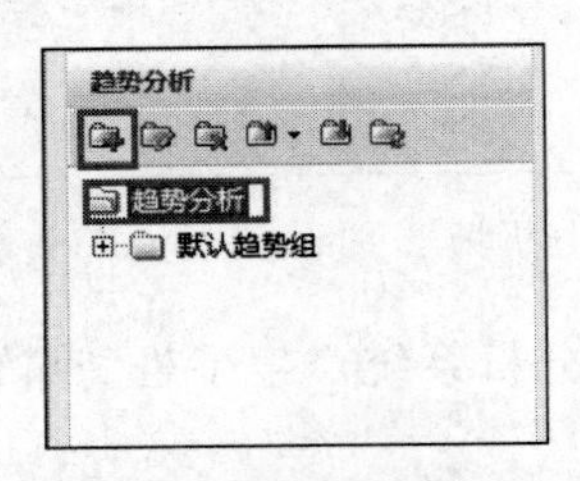

图 7-161　新建趋势分析组

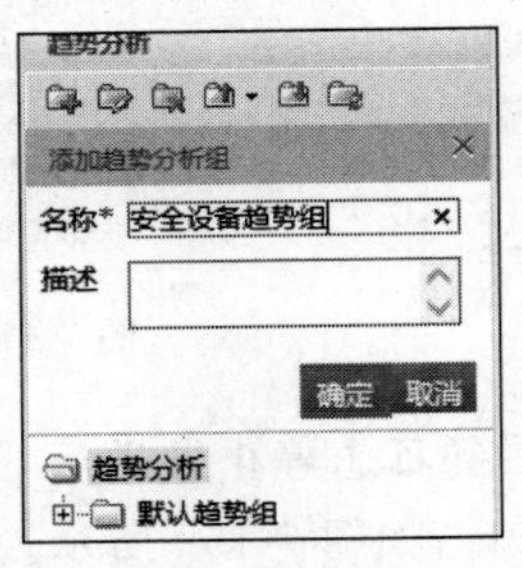

图 7-162　新建趋势分析组

(18) 选择“安全设备趋势组”以进入趋势组，然后单击“添加”按钮，如图 7-163 所示。

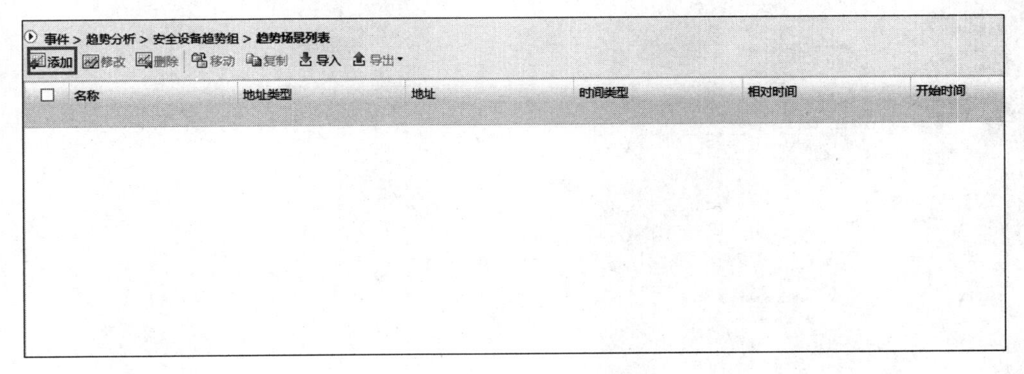

图 7-163　添加趋势场景

(19) 接下来进行趋势场景参数配置，“名称”输入“防火墙日志趋势分析”，在“数据来源”中选择“设备地址”，并输入本实验之前发送日志的虚拟机 IP 地址“172.16.8.100”，“时间范围”选中“相对时间”单选按钮并设置为“本周”，统计类型选中“事件数量”单选按钮，如图 7-164 所示。

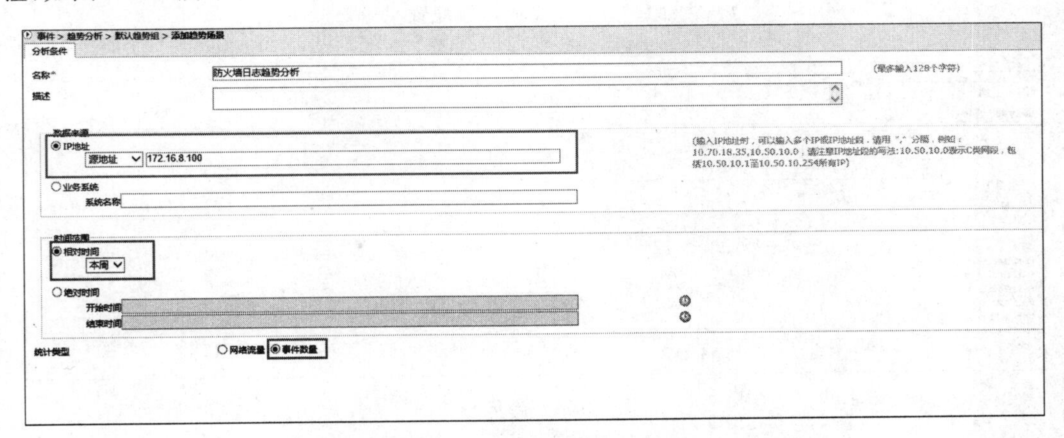

图 7-164　配置趋势场景参数

(20) 配置参数完成后，核对参数，单击下方的“确定”按钮，如图 7-165 所示。

(21) 在趋势分析结果界面，上半部分展示的是来自“172.16.8.100”的事件的数量趋势图，下半部分展示了每半个小时内，日志系统接收的事件数量，可以看出事件的数量呈上升趋势，如图 7-166 所示。

(22) 接下来进行告警规则的配置，单击“规则”→“告警规则”，进入规则列表，如图 7-167 所示。

(23) 本实验之前产生的告警是“资产日志接收状态告警”，现在选中“资产日志接收状态告警”复选框，单击“启用”按钮，如图 7-168 所示。

(24) 设置告警规则的时间，选中“资产日志接收状态告警”复选框，单击“修改”按钮，如图 7-169 所示。

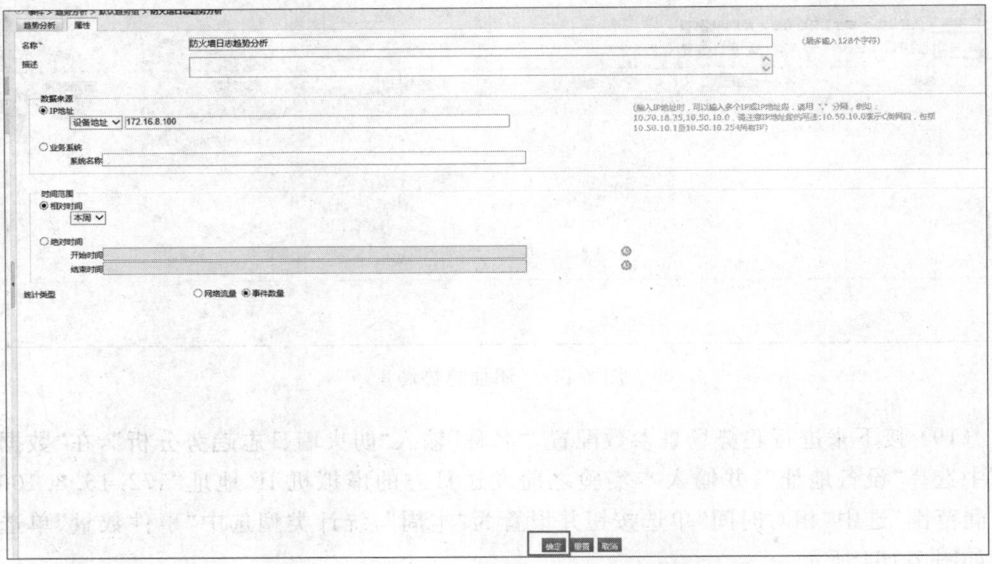

图 7-165　完成参数配置

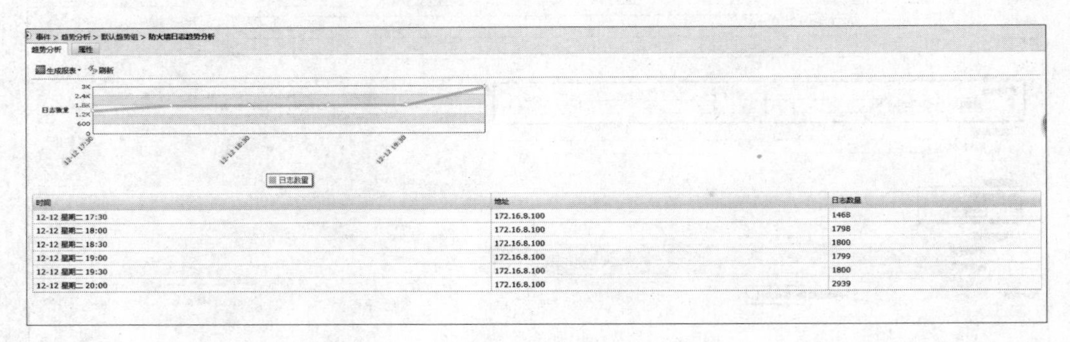

时间	地址	日志数量
12-12 星期二 17:30	172.16.8.100	1468
12-12 星期二 18:00	172.16.8.100	1798
12-12 星期二 18:30	172.16.8.100	1800
12-12 星期二 19:00	172.16.8.100	1799
12-12 星期二 19:30	172.16.8.100	1800
12-12 星期二 20:00	172.16.8.100	2939

图 7-166　趋势分析

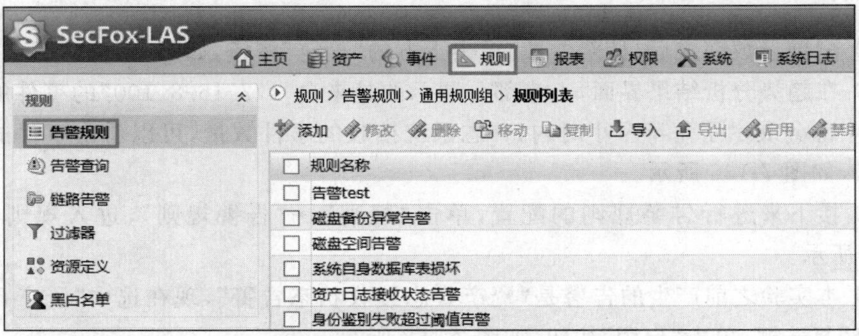

图 7-167　配置告警规则

规则 > 告警规则 > 通用规则组 > 规则列表

添加 修改 删除 移动 复制 导入 导出 启用 禁用

规则名称	类型	是否启用	创建时间
告警test	自定义		2017-12-20 14:18:45
磁盘备份异常告警	自定义		2012-05-11 14:35:28
磁盘空间告警	自定义		2012-05-11 14:35:28
系统自身数据库表损坏	自定义		2009-08-14 17:26:00
资产日志接收状态告警	自定义		2013-08-29 10:44:20
身份鉴别失败超过阈值告警	自定义		2015-05-12 19:07:40

图 7-168 启用告警规则

规则 > 告警规则 > 通用规则组 > 规则列表

添加 修改 删除 移动 复制 导入 导出 启用 禁用

规则名称	类型	是否启用	创建时间
告警test	自定义		2017-12-20 14:18:45
磁盘备份异常告警	自定义		2012-05-11 14:35:28
磁盘空间告警	自定义		2012-05-11 14:35:28
系统自身数据库表损坏	自定义		2009-08-14 17:26:00
资产日志接收状态告警	自定义		2013-08-29 10:44:20
身份鉴别失败超过阈值告警	自定义		2015-05-12 19:07:40

图 7-169 启用告警规则

(25) 单击“计数”,将“时间范围”设置为 5 天,如图 7-170 所示。

(26) 单击“告警查询”,对告警事件进行查询,如图 7-171 所示。

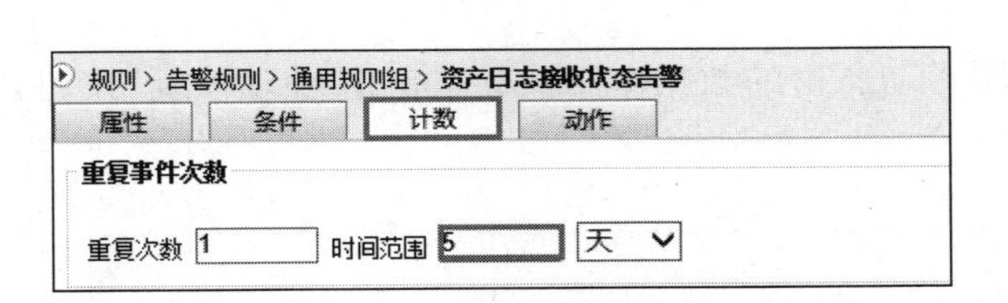

图 7-170 告警规则时间设置

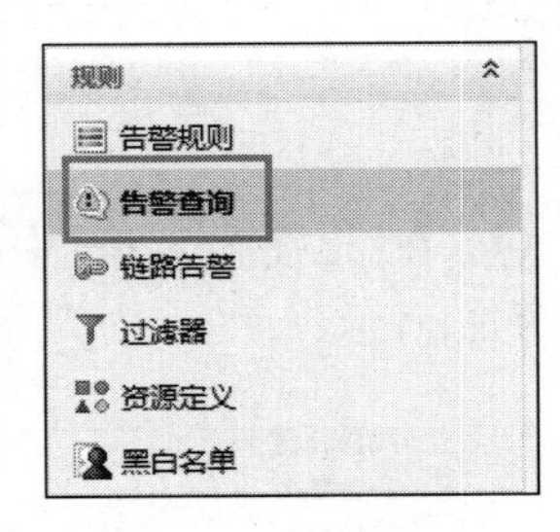

图 7-171 告警查询

(27) 启用告警规则后,查询结果就会显示在“告警查询”中,如图 7-172 所示。

规则 > 关联告警列表

修改状态 查询 刷新 导出选中 合规状态

告警等级	发生时间	告警标题	源设备IP	告警状态	告警描述
一般	2018-01-23 16:25:45	资产日志接收状态告警		? 未确认	告警规则名称:资产日志接收状态告警;事件时间:2018-01-23 16:25:45;等级:2;事件源地址: ;源端口:null;源用户名称: ;目的地址: ;目的端口:null;设备地址:192.168.34.34;传输层协议号:null;告警原始消息:type=Threshold priority=alert module=EventWatchService msg=资产 192.168.34.34 已超过 1分钟 未收到日志，请检查
一般	2018-01-23 16:25:45	资产日志接收状态告警		? 未确认	告警规则名称:资产日志接收状态告警;事件时间:2018-01-23 16:25:45;等级:2;事件源地址: ;源端口:null;源用户名称: ;目的地址: ;目的端口:null;设备地址:192.168.1.20;传输层协议号:null;告警原始消息:type=Threshold priority=alert module=EventWatchService msg=资产 192.168.1.20 已超过 1分钟 未收到日志，请检查
一般	2018-01-23 16:25:45	资产日志接收状态告警		? 未确认	告警规则名称:资产日志接收状态告警;事件时间:2018-01-23 16:25:45;等级:2;事件源地址: ;源端口:null;源用户名称: ;目的地址: ;目的端口:null;设备地址:172.16.8.30;传输层协议号:null;告警原始消息:type=Threshold priority=alert module=EventWatchService msg=资产 172.16.8.30 已超过 1分钟 未收到日志，请检查
一般	2018-01-23 16:25:45	资产日志接收状态告警		? 未确认	告警规则名称:资产日志接收状态告警;事件时间:2018-01-23 16:25:45;等级:2;事件源地址: ;源端口:null;源用户名称: ;目的地址: ;目的端口:null;设备地址:172.16.8.100;传输层协议号:null;告警原始消息:type=Threshold priority=alert module=EventWatchService msg=资产 172.16.8.100 已超过 1分钟 未收到日志，请检查
一般	2018-01-23 16:25:45	资产日志接收状态告警		? 未确认	告警规则名称:资产日志接收状态告警;事件时间:2018-01-23 16:25:45;等级:2;事件源地址: ;源端口:null;源用户名称: ;目的地址: ;目的端口:null;设备地址:172.168.8.100;传输层协议号:null;告警原始消息:type=Threshold priority=alert module=EventWatchService msg=资产 172.168.8.100 已超过 1分钟 未收到日志，请检查
一般	2018-01-23 16:15:45	资产日志接收状态告警		? 未确认	告警规则名称:资产日志接收状态告警;事件时间:2018-01-23 16:15:45;等级:2;事件源地址: ;源端口:null;源用户名称: ;目的地址: ;目的端口:null;设备地址:192.168.34.34;传输层协议号:null;告警原始消息:type=Threshold priority=alert module=EventWatchService msg=资产 192.168.34.34 已超过 1分钟 未收到日志，请检查

图 7-172 告警查询结果

10) 事件手动备份、手动恢复成功

(1) 单击“系统”→“事件备份归档”,并单击“备份归档数据表”,如图 7-173 所示。

(2) 由于日志审计与分析系统刚刚接收到事件,在“待备份数据”中选中数据 20180126,单击“手动备份”按钮,如图 7-174 所示。

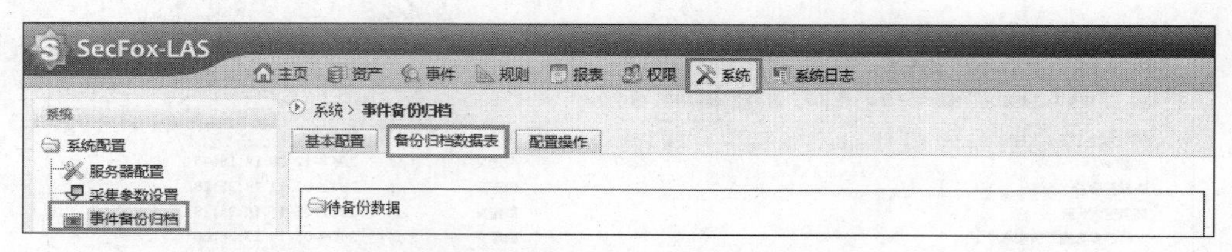

图 7-173　进入事件归档设置

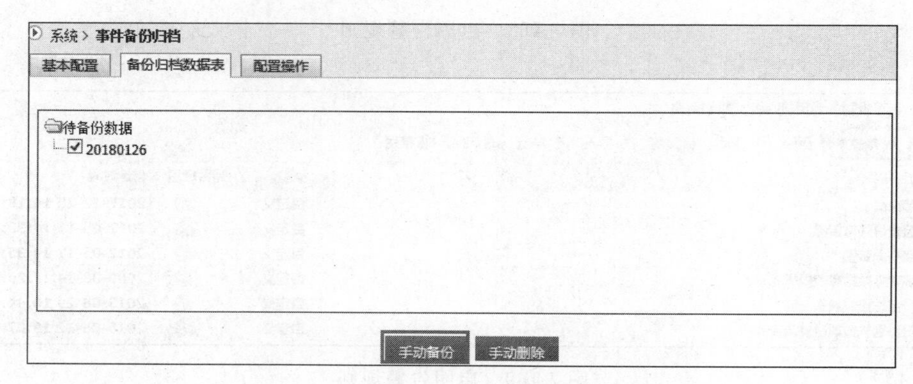

图 7-174　手动备份数据

(3) 界面下方显示手动备份成功，如图 7-175 所示。

图 7-175　手动备份成功

(4) 在“已备份数据”中找到刚刚手动备份的数据 20180126，单击“手动恢复”按钮，如图 7-176 所示。

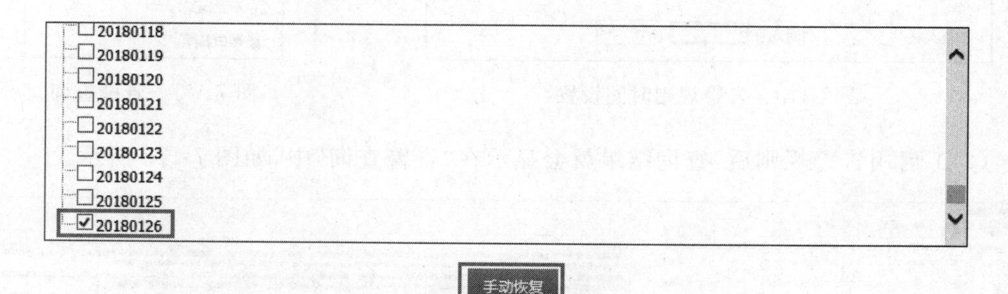

图 7-176　手动恢复数据

(5) 单击“系统日志”，下方显示手动恢复成功，如图 7-177 所示。

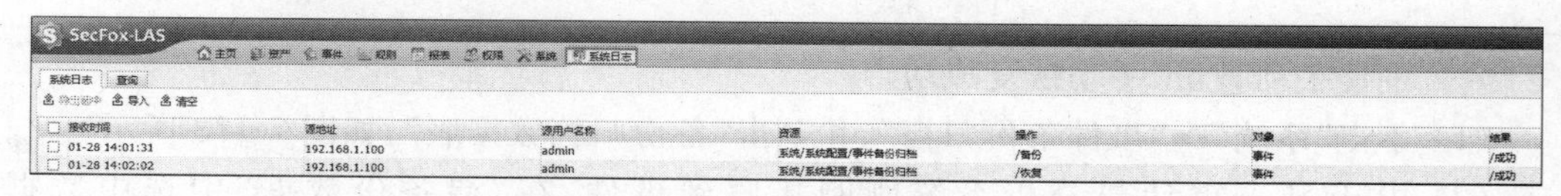

图 7-177　手动恢复成功

11）查看生成的预定义报表、自定义报表

（1）在管理机上重新登录日志审计与分析系统平台，依次单击“报表”→“预定义报表”→“等级化保护报表组”→“网络安全报表组”→“防火墙设备报表组”→“表-4 防火墙各事件总数统计”，如图 7-178 所示。

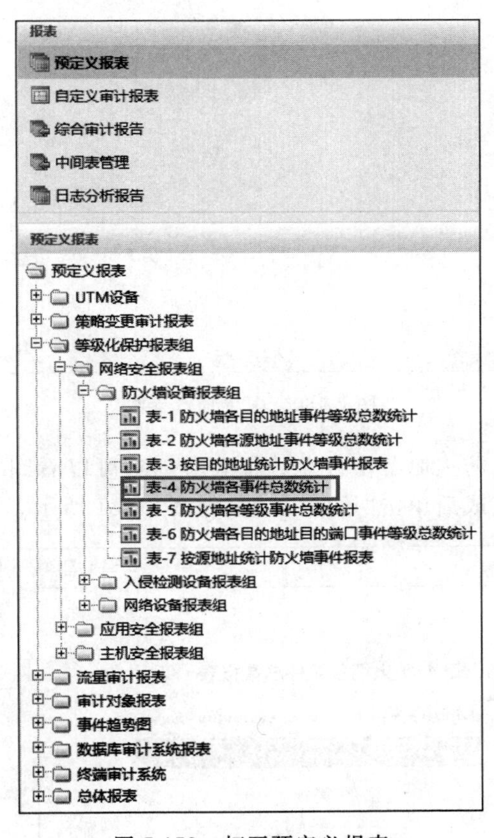

图 7-178　打开预定义报表

（2）单击“预览”按钮，预览报表内容，如图 7-179 所示。

图 7-179　单击“预览”

（3）配置预览参数，“时间范围”选中“相对时间”单选按钮并设置为“本天”，TOP 设置为 10，单击“确定”按钮，如图 7-180 所示。

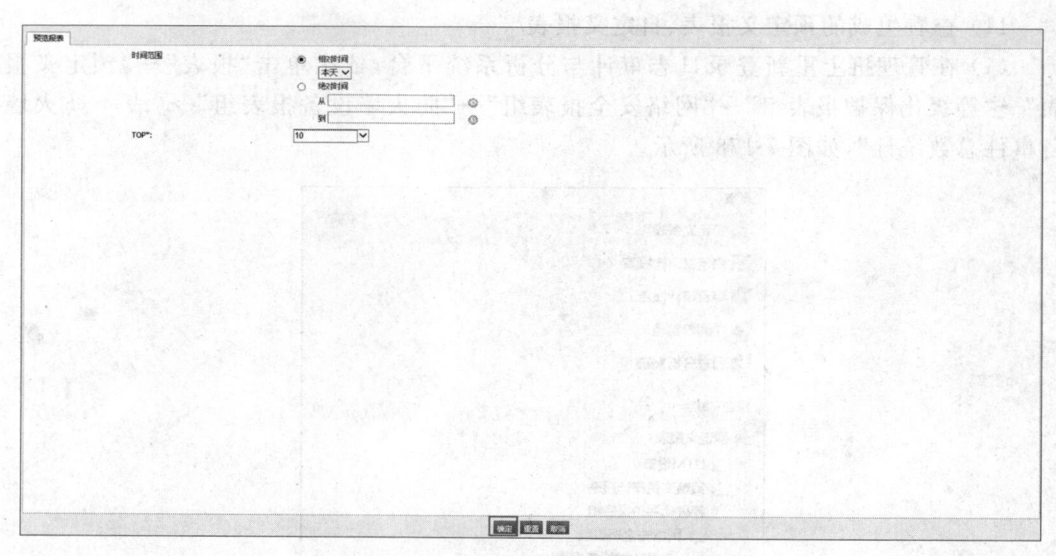

图 7-180　配置预览参数

(4) 预览报表“表-4 防火墙各事件总数报表”内容,可以看到“设备地址”“事件名称”和“计数”等信息,预览完成后单击“返回”按钮,如图 7-181 所示。

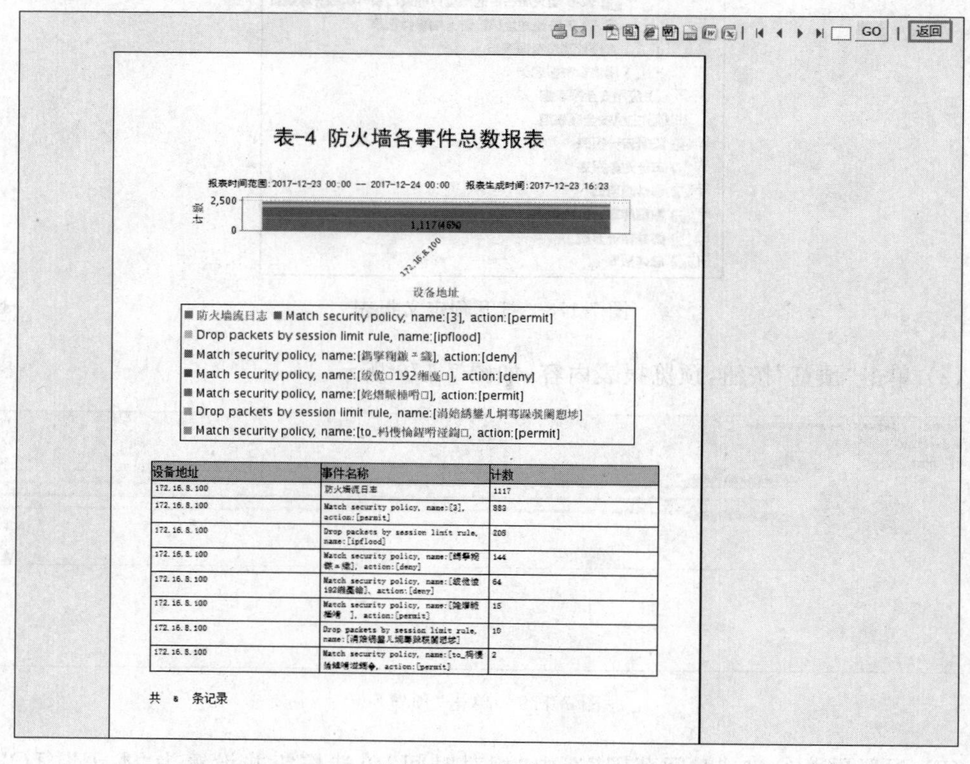

表-4 防火墙各事件总数报表

设备地址	事件名称	计数
172.16.8.100	防火墙流日志	1117
172.16.8.100	Match security policy, name:[3], action:[permit]	883
172.16.8.100	Drop packets by session limit rule, name:[ipflood]	208
172.16.8.100	Match security policy, name:[illegible], action:[deny]	144
172.16.8.100	Match security policy, name:[illegible], action:[deny]	64
172.16.8.100	Match security policy, name:[illegible], action:[permit]	15
172.16.8.100	Drop packets by session limit rule, name:[illegible]	10
172.16.8.100	Match security policy, name:[to_[illegible], action:[permit]	2

共 8 条记录

图 7-181　预览报表

(5) 由预览预定义报表可知，日志审计与分析系统收到了多种防火墙事件，事件名称各不相同，如果需要只针对“防火墙流日志”事件的计数生成报表，首先单击“报表”→“自定义审计报表”，单击“添加”按钮，如图 7-182 所示。

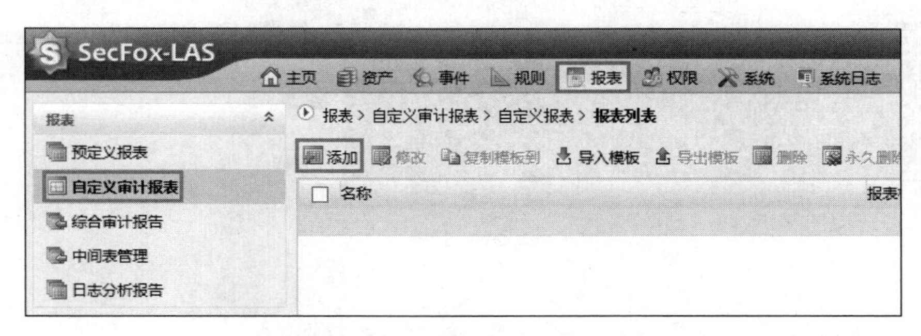

图 7-182　添加自定义报表

(6) 接下来配置自定义报表，“名称”输入“防火墙流日志计数”，“报表标题”输入“防火墙流日志”，单击“下一步”按钮，如图 7-183 所示。

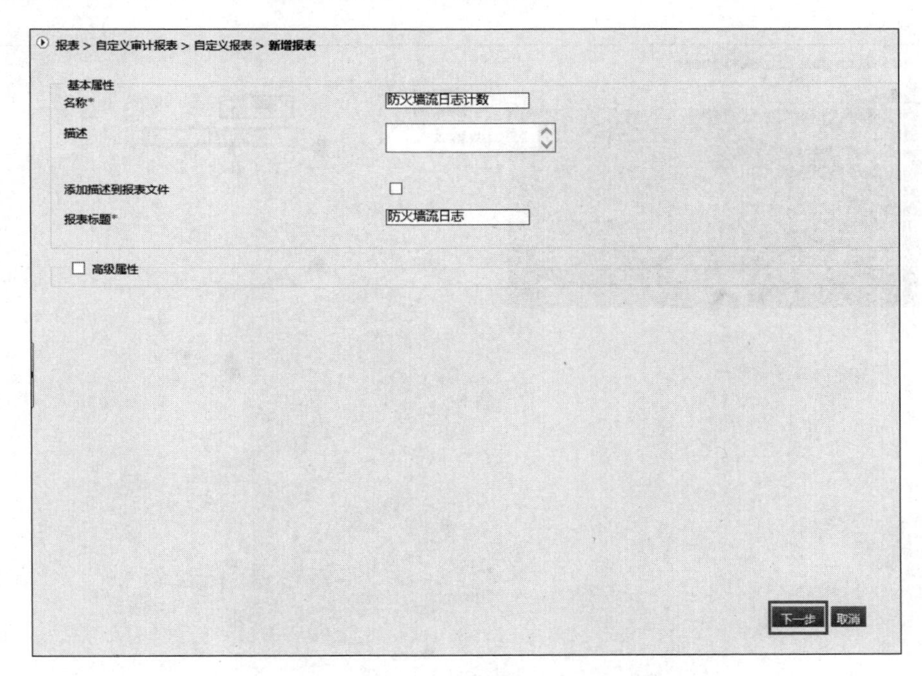

图 7-183　配置自定义报表

(7) 报表类型选中“数据报表”单选按钮，勾选“是否显示统计图”复选框，“数据源”设置为“针对通用数据源统计”，在“设置报表显示的列”中，选中“事件名称”和“计数”复选框，并单击“事件名称”后面的 G，将“事件名称”设置为分组，单击“下一步”按钮，如图 7-184 所示。

(8) 设置自定义报表的条件，在“条件字段”中选中“事件名称”，并将“条件操作符”设置为“等于”，“条件值”输入“防火墙流日志”，单击“下一步”按钮，如图 7-185 所示。

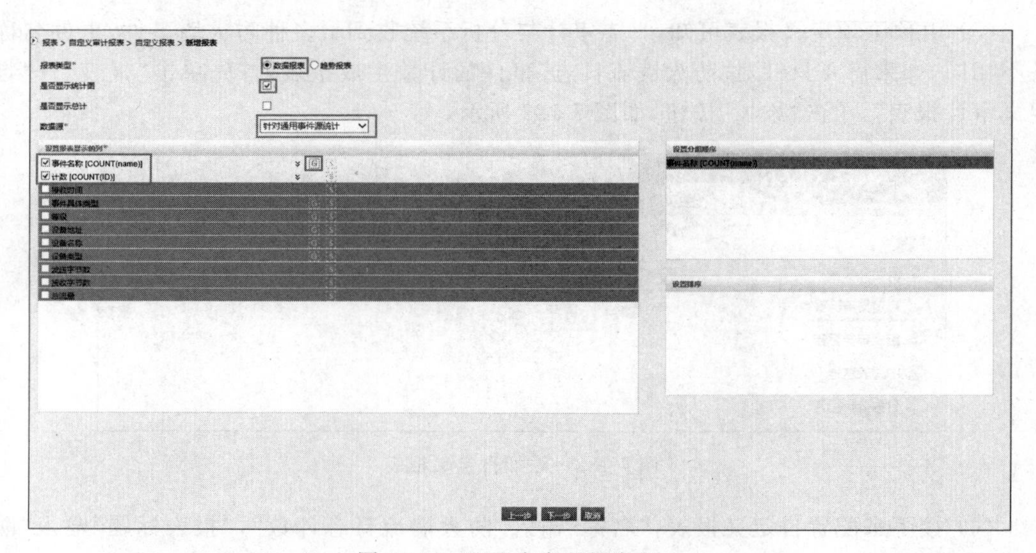

图 7-184　配置自定义报表之一

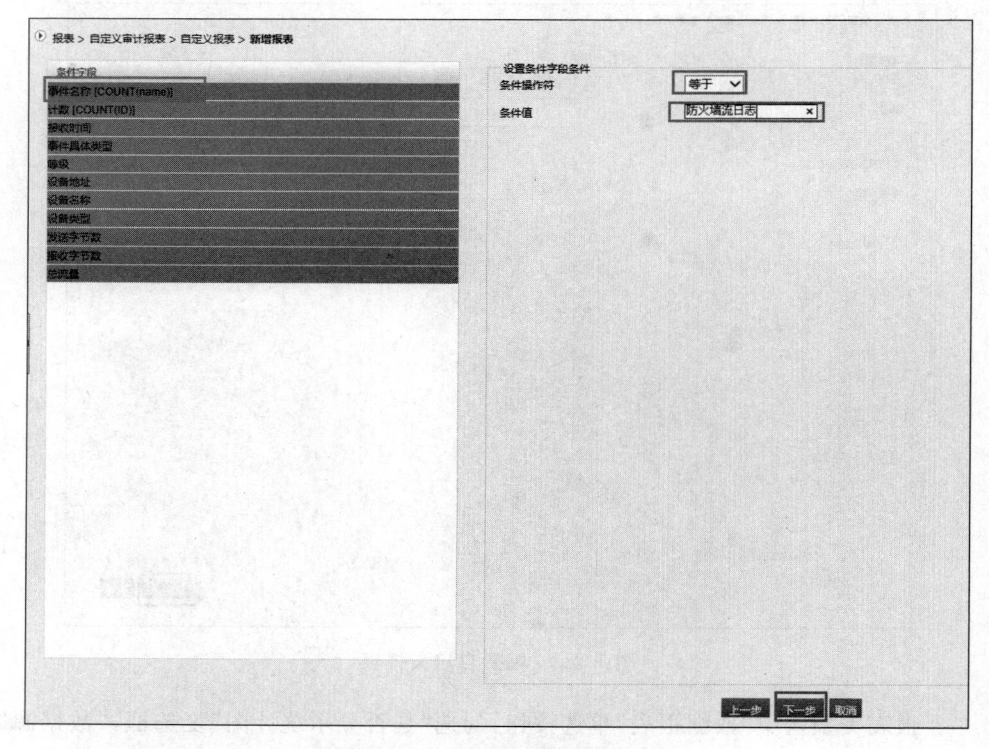

图 7-185　配置自定义报表之二

(9) “统计图配置”均保持默认配置即可,单击“完成”按钮,如图 7-186 所示。

(10) 在报表列表中选中刚刚创建的自定义报表“防火墙流日志计数”,单击“预览”按钮,查看报表内容,如图 7-187 所示。

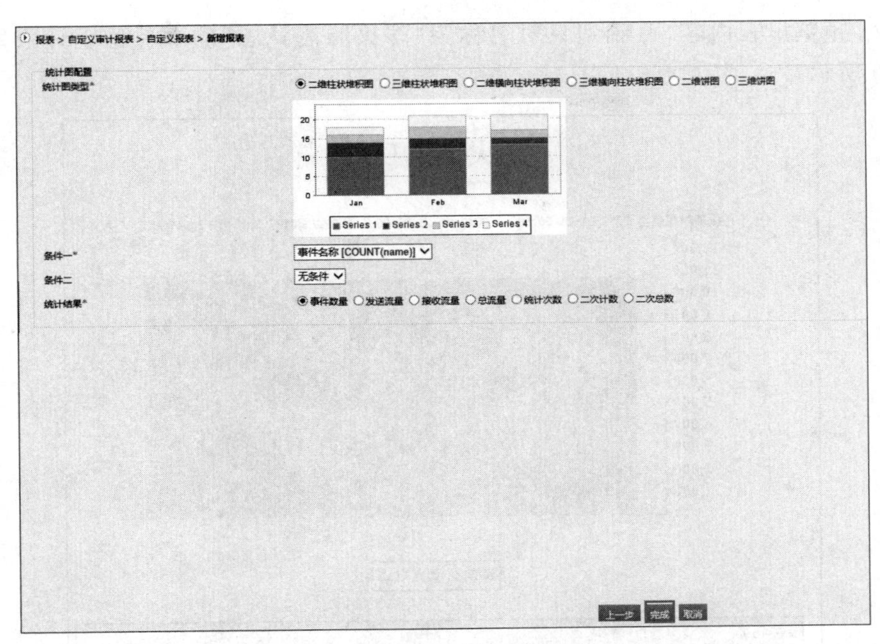

图 7-186　配置自定义报表之三

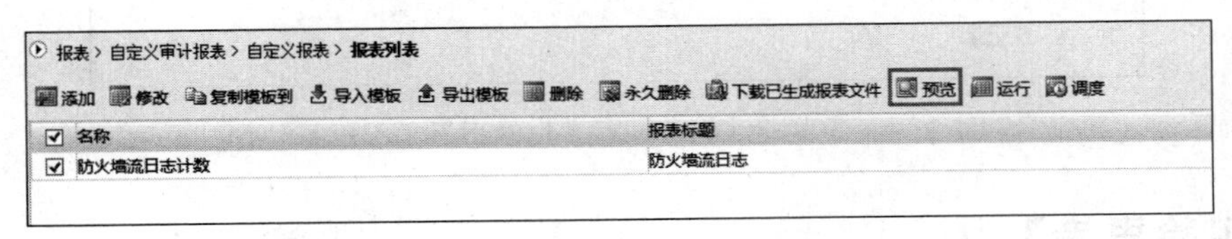

图 7-187　预览自定义报表

(11) 配置预览参数，保持默认设置，单击“确定”按钮，如图 7-188 所示。

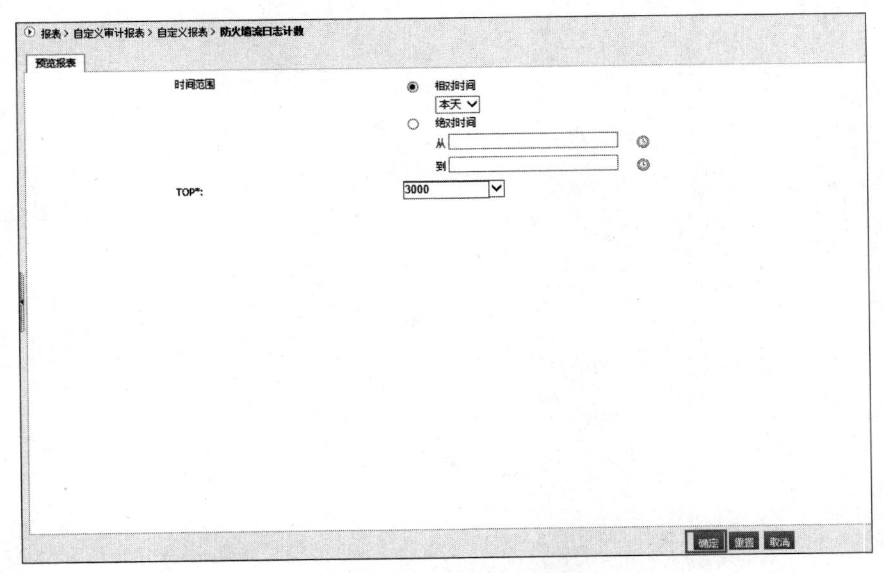

图 7-188　配置预览参数

(12) 预览报表内容,可看到只对名称为“防火墙流日志”的事件做了计数统计,如图 7-189 所示。

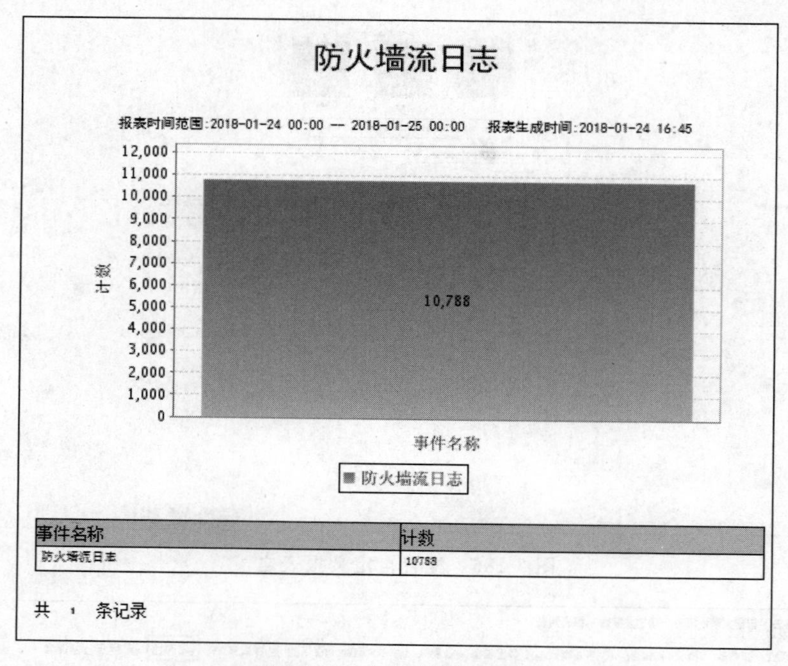

事件名称	计数
防火墙流日志	10788

图 7-189 自定义报表内容

【实验思考】

针对日志审计与分析系统的管理工作有什么工作和建议?

图书资源支持

感谢您一直以来对清华版图书的支持和爱护。为了配合本书的使用，本书提供配套的资源，有需求的读者请扫描下方的"书圈"微信公众号二维码，在图书专区下载，也可以拨打电话或发送电子邮件咨询。

如果您在使用本书的过程中遇到了什么问题，或者有相关图书出版计划，也请您发邮件告诉我们，以便我们更好地为您服务。

资源下载、样书申请

书圈

我们的联系方式：

地　　址：北京市海淀区双清路学研大厦A座701

邮　　编：100084

电　　话：010-83470236　010-83470237

资源下载：http://www.tup.com.cn

客服邮箱：2301891038@qq.com

QQ：2301891038（请写明您的单位和姓名）

扫一扫，获取最新目录

课程直播

用微信扫一扫右边的二维码，即可关注清华大学出版社公众号"书圈"。